高等院校艺术设计专业精品系列教材

“互联网 +”新形态立体化教学资源特色教材

AutoCAD2020
中文版标准教程

张　莉　周子良　何　婧　**编著**

总主编　肖　勇

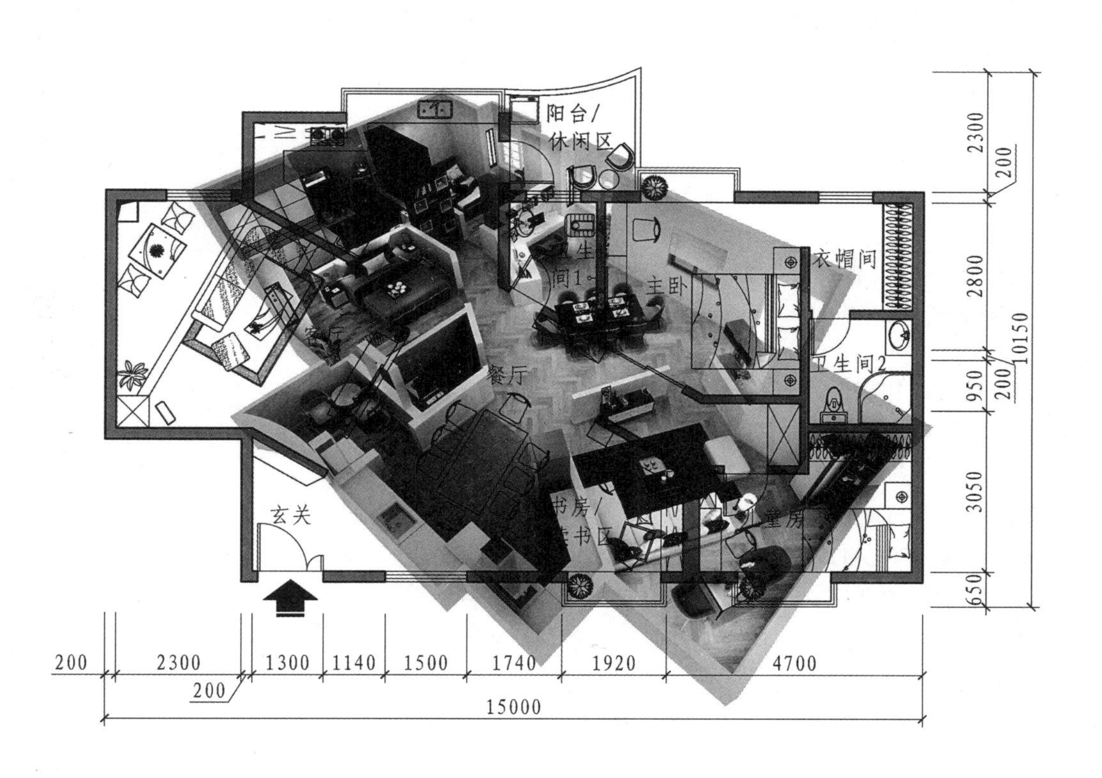

中国轻工业出版社

图书在版编目（CIP）数据

AutoCAD2020中文版标准教程 / 张莉，周子良，何婧编著. 一北京：中国轻工业出版社，2024. 2

ISBN 978-7-5184-2579-2

Ⅰ. ①A… Ⅱ. ①张… ②周… ③何… Ⅲ. ①AutoCAD软件－教材 Ⅳ. ①TP391.72

中国版本图书馆CIP数据核字（2019）第153950号

内容提要

本书共分9章，主要内容包括装修设计制图的相关要求和内容，AutoCAD2020的基本操作和基本设置，二维命令，辅助工具，建筑平面图、装饰平面图、地坪图、顶棚图、立面图、大样图及剖面图的绘制，还对各类空间的图样绘制进行了细致的讲解。本书相较于以往的教程，内容分节更细致，书中运用了大量的实例、案例来讲述AutoCAD2020应用绘图的方法与技巧。全书通过教学视频、全套图样案例、快捷键、快捷命令等资源，全面地讲解了AutoCAD的使用。

本书定位于AutoCAD2020装修设计从入门到精通层次，可以作为高等院校艺术设计、建筑装饰设计、建筑设计相关课程教材，也可以作为各类设计培训机构与设计人员的参考书。

本书附教学视频、PPT课件、素材二维码。

责任编辑：王　淳　徐　琪　　责任终审：孟寿萱

整体设计：锋尚设计　　责任校对：吴大朋　　责任监印：张　可

出版发行：中国轻工业出版社（北京鲁谷东街 5 号，邮编：100040）

印　　刷：北京君升印刷有限公司

经　　销：各地新华书店

版　　次：2024年2月第1版第5次印刷

开　　本：889 × 1194　1/16　印张：14.5

字　　数：250千字

书　　号：ISBN 978-7-5184-2579-2　定价：42.00元

邮购电话：010-85119873

发行电话：010-85119832　010-85119912

网　　址：http：//www.chlip.com.cn

Email：club@chlip.com.cn

240329J1C105ZBW

前言
PREFACE

AutoCAD 全称为 Autodesk Computer Aided Design，是美国 Autodesk（欧特克）公司于1982 年开发的首个自动计算机辅助设计软件，主要用于二维绘图、详细绘制、设计文档和基本三维设计等。AutoCAD 基本上隔几年更新一次，每一次的更新都会在原有的基础功能上有所创新，比较有代表性的是 2004 版、2010 版、2014 版以及 2018 版。

AutoCAD 支持多种硬件设备和操作平台，具有完善的图形绘制功能，可以进行多种图形格式的转换，具有较强的数据交换能力，且 AutoCAD 还具有强大的图形编辑功能，可以采用多种方式进行二次开发或用户定制。此外，从 AutoCAD2000 开始，该系统又增添了许多强大的功能，如 AutoCAD 设计中心（ADC）、多文档设计环境（MDE）、Internet 驱动、新的对象捕捉功能、增强的标注功能以及局部打开和局部加载的功能等。AutoCAD 采用 C 语言编写，适用于 XP 系统，安装包体积小，打开快速，功能相对全面。AutoCAD 不仅在机械、电子、建筑、室内装潢、家具、园林和市政工程等工程设计领域有广泛的应用，在地理、气象、航海等特殊图形的绘制，甚至在乐谱、灯光、幻灯和广告等领域也有广泛的应用，目前 AutoCAD 已经成为微型计算机 CAD 系统中应用较为广泛的图形软件之一。同时，AutoCAD 也是一个最具有开放性的工程设计开发平台，其开放性的源代码可以让各个行业进行广泛的二次开发。

鉴于 AutoCAD 强大的绘画功能和深厚的工程应用底蕴，我们希望可以编著一套全方位介绍 AutoCAD 的书籍。本书从最基础的操作界面开始，分门别类地讲述了如何运用 AutoCAD 灵活绘制设计图纸，主要包括利用 AutoCAD 绘制平面布置图、立面图、大样详图以及剖面图等。此外，对于 AutoCAD 的二维命令以及辅助工具如何操作也做了细致的讲解。本书中提到的经验、技巧、注意事项较多，更注重实用性，同时也能让读者少走一些弯路。

AutoCAD2020 是当前最新的版本，大幅度提高了绘图速度，并维持操作系统的稳定性，在室内设计、建筑装饰设计、建筑设计领域具有很强的实践应用价值。本书通过对不同空间图样绘制的细致讲解，重点在于教授读者加快绘图速度，提高工作效率，在短期内让使用者快速提高，达到职业竞争的需求。同时遵照我国相关制图标准、规范来提高图纸质量。我们更明确地了解到在绘制图样时，可能会遇到的问题，以及在绘制时需要注意的相关事项，通过本书的知识点能够很好地培养读者的工程设计实践能力。

本书配备了大量的图纸，讲解步骤清晰、明了，读者可很快上手，书中还配备有 AutoCAD 快捷键应用一览表，帮助读者更快速地掌握 AutoCAD 的操作工具。大量的素材图样与教学视频，可通过手机扫描二维码下载使用。

编者

2019 年 7 月

第一章　从基础了解AutoCAD2020

第一节　设计制图的种类……001
第二节　AutoCAD2020操作界面……002
第三节　AutoCAD2020基本操作……016
第四节　AutoCAD2020基本设置……027

第二章　由二维命令熟悉AutoCAD2020

第一节　点类二维绘图命令……035
第二节　线段类二维绘图命令……037
第三节　圆类二维绘图命令……042
第四节　平面图形类二维绘图命令……044
第五节　编辑类二维命令……046
第六节　常用二维工具栏……062

第三章　熟识AutoCAD2020辅助工具

第一节　设计中心与工具选项板……072
第二节　查询工具……075
第三节　图块及其属性……075
第四节　表格工具……078
第五节　文字标注工具……080
第六节　尺寸标注工具……084
第七节　基本工具栏一览……090

第四章　AutoCAD2020应用 · 平面图纸绘制

第一节　建筑平面图绘制前准备……094
第二节　建筑平面图轴线绘制……097

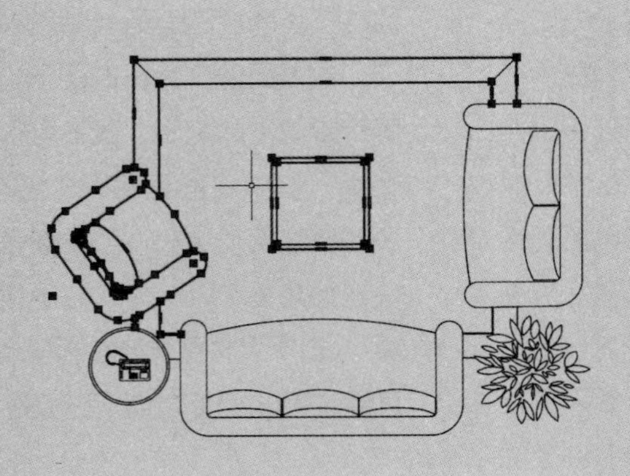

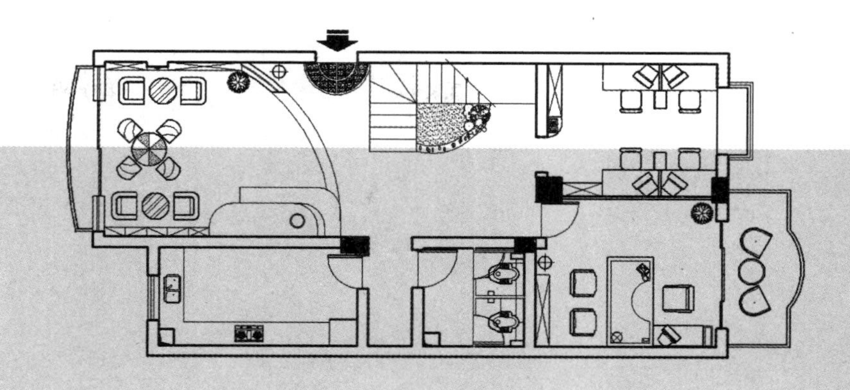

第三节　建筑平面图墙线绘制......098
第四节　建筑平面图门窗绘制......102
第五节　建筑平面图尺寸标注......107
第六节　建筑平面图文字标注......109
第七节　地坪图绘制前准备......111
第八节　地坪图绘制......112
第九节　顶棚图绘制前准备......120
第十节　顶棚灯具绘制......121
第十一节　顶面图案绘制......125
第十二节　顶棚图细节处理......132

第五章　AutoCAD2020应用 · 立面图纸绘制

第一节　电视背景墙前期立面绘制......135
第二节　电视背景墙中电视机的具体绘制......140
第三节　电视柜立面绘制及后期处理......142
第四节　玄关鞋柜立面绘制......143

第六章　AutoCAD2020应用 · 其他类图纸绘制

第一节　剖面图绘制前准备......148
第二节　剖面图具体内容绘制......149
第三节　大样详图绘制内容......153
第四节　剖面图绘制准备......156

第七章　AutoCAD2020应用实例 · 住宅空间图纸绘制

第一节　沙发及方形茶几绘制......158
第二节　双人床绘制......161
第三节　其他家具绘制......165
第四节　家具图块布置......168

第八章　AutoCAD2020应用实例 · 办公空间图纸绘制

第一节　一层入口、楼梯及景观区绘制......171
第二节　一层洽谈区绘制......176
第三节　一层其他区域绘制......178
第四节　二层设计部、工程部绘制......181
第五节　二层财务部绘制......187
第六节　二层工程展示区和会议室绘制......190
第七节　二层细节绘制与整理......193

第九章　AutoCAD2020应用实例 · 景观类图纸绘制

第一节　中式庭院景观平面图绘制前准备......196
第二节　中式庭院室内空间处理......198
第三节　中式庭院路牙绘制......200
第四节　中式庭院入户花砖与踏步绘制......202
第五节　中式庭院葡萄架绘制......204
第六节　中式庭院亲水设施绘制......205
第七节　中式庭院其他物件绘制......208
第八节　中式庭院景观平面图细节整理......211
第九节　广场长廊前期绘制......212
第十节　广场长廊地面铺装绘制......215

附录－AutoCAD2020快捷键一览表......221

参考文献......226

第一章

从基础了解AutoCAD2020

PPT 课件

视频教学

配套素材

*若扫码失败请使用浏览器或其他应用重新扫码

学习难度：★★☆☆☆

重点概念：制图种类、操作界面、基本操作、基本设置

章节导读

本章将具体讲解设计制图的基本概念和基本理论知识，同时还会讲解AutoCAD2020的操作界面以及相关操作知识，希望读者在深入阅读后，能够更好地了解设计制图与AutoCAD2020这款软件。

第一节　设计制图的种类

一套完整的装修设计图样一般包括建筑平面图、装饰平面图、顶棚图、地坪图、立面图、构造详图和透视图。下面简述几种图样的概念及内容。

一、平面图

平面图是以平行于地面的切面在距离地面1.5mm左右的位置将上部切去而形成的正投影图。平面图中包含的内容主要有以下几点：

（1）墙体、隔断及门窗、各空间大小及布局、家具陈设、人流交通路线、室内绿化等。如果不单独绘制地坪图，则应该在装饰平面图中标示地面材料。

（2）标注清楚各房间尺寸、家具陈设尺寸及布局尺寸，对于复杂的公共建筑，还应标注轴线编号。

（3）注明地面所铺设材料的名称及规格。

（4）依据功能分区注明各房间名称、家具名称。

（5）注明室内地坪标高。

（6）注明详图索引符号、图例及立面内视符号。

（7）注明图名和比例。

（8）如果是需要辅助文字说明的平面图，还要注明文字说明、统计表格等。

二、顶棚图

顶棚图是根据顶棚在其下方假想的水平镜面上的正投影绘制而成的镜像投影图。顶棚图中包含的内容主要有以下几点：

（1）注明顶棚的具体造型及所用材料的说明。

（2）注明顶棚灯具和电器的图例、名称规格等说明。

（3）注明顶棚造型尺寸以及灯具、电器的安装位置。

（4）注明顶棚标高。

（5）注明顶棚细部做法的说明。

（6）注明详图索引符号、图名、比例等。

三、立面图

立面图是平行于墙面的切面将前面部分切去后，剩余部分的正投影图。立面图中包含的内容主要有以下几点：

（1）墙面造型、材质以及家具陈设在立面上的正投影图。

（2）门窗立面及其他装饰元素的立面。

（3）注明立面各组成部分尺寸、地坪吊顶标高。

（4）注明材料名称及细部做法说明。

（5）注明详图索引符号、图名、比例等。

四、构造详图

构造详图一般是为了放大个别设计内容和细部的做法，多以剖面图的方式来表达局部剖开后的情况。构造详图中包含的内容主要有以下几点：

（1）要以剖面图的绘制方法绘制出各种材料的断面、构配件断面以及它们之间相互联系的关系。

（2）用细线表示出剖视方向上看到的部位轮廓以及其相互关系。

（3）注明材料断面图例。

（4）用指示标线注明构造层次的材料名称及做法。

（5）注明其他构造做法。

（6）注明各部分构造的具体尺寸。

（7）注明详图编号和比例。

五、透视图

透视图是根据透视原理在平面上绘制出能够反映三维空间效果的图形，它与人的视觉空间感受极其相似。设计制图中常用的绘图方法有一点透视、两点透视（成角透视）和鸟瞰图三种。

透视图可以人工绘制，也可以应用计算机绘制，由于透视图能直观地表达设计思想和效果，所以也被称为效果图或表现图，它是一个完整的设计方案不可缺少的部分。鉴于本书重点是介绍应用AutoCAD2020绘制二维图形，因此本书中不包含这部分内容。

第二节　AutoCAD2020操作界面

一、AutoCAD经典界面调整

AutoCAD的操作界面是AutoCAD显示和编辑图形的区域。为了便于学习和使用，所以采用AutoCAD2020经典风格的操作界面介绍。虽然从AutoCAD2015开始，AutoCAD就没有默认的经典模式了。但是相信不少用惯了AutoCAD经典工作界面的读者一定对新的工作界面非常不习惯，其实将现在的工作界面转换为经典界面并不难，具体的转换方法如下。

1. 显示菜单栏

（1）单击“快速启动按钮”，在下拉菜单中单击“显示菜单栏”命令，如图1-1所示。

单击“快速启动按钮”，在下拉菜单中单击“隐藏菜单栏”命令，或者在菜单栏工具条上右击，单击“显示菜单栏”，则系统不显示经典菜单栏。

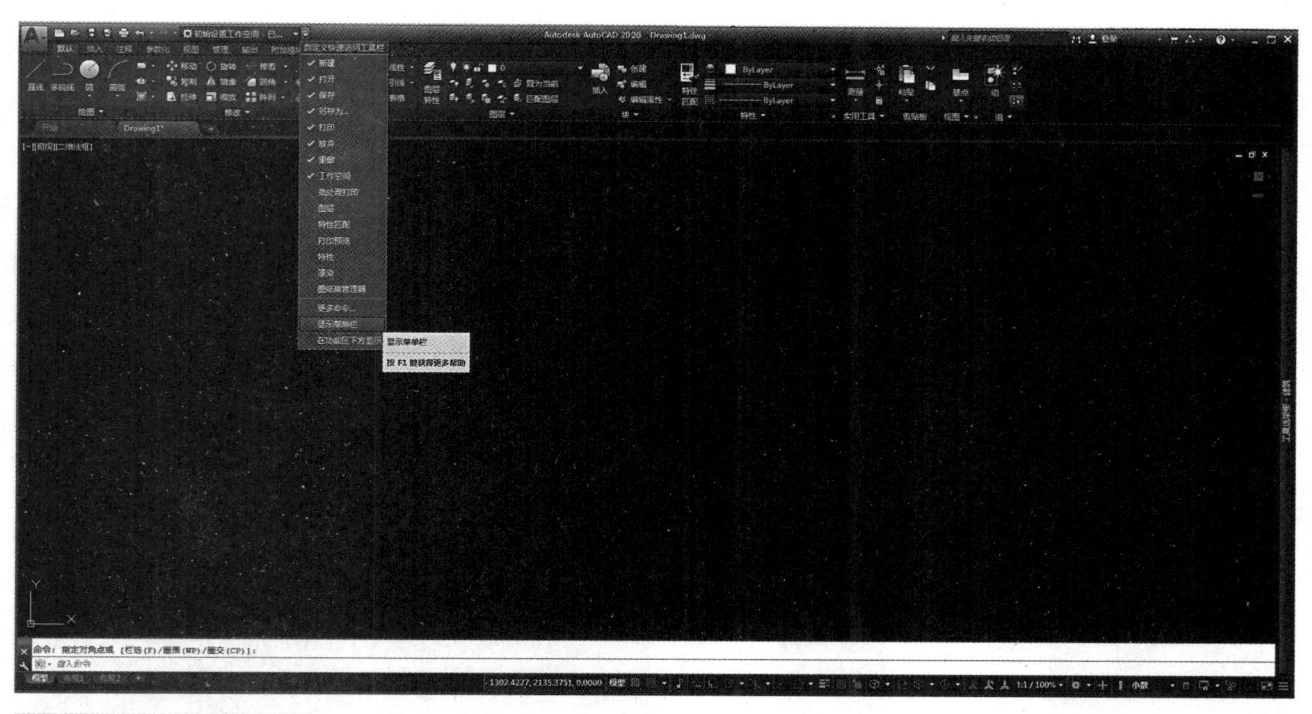

图1-1　单击“显示菜单栏”

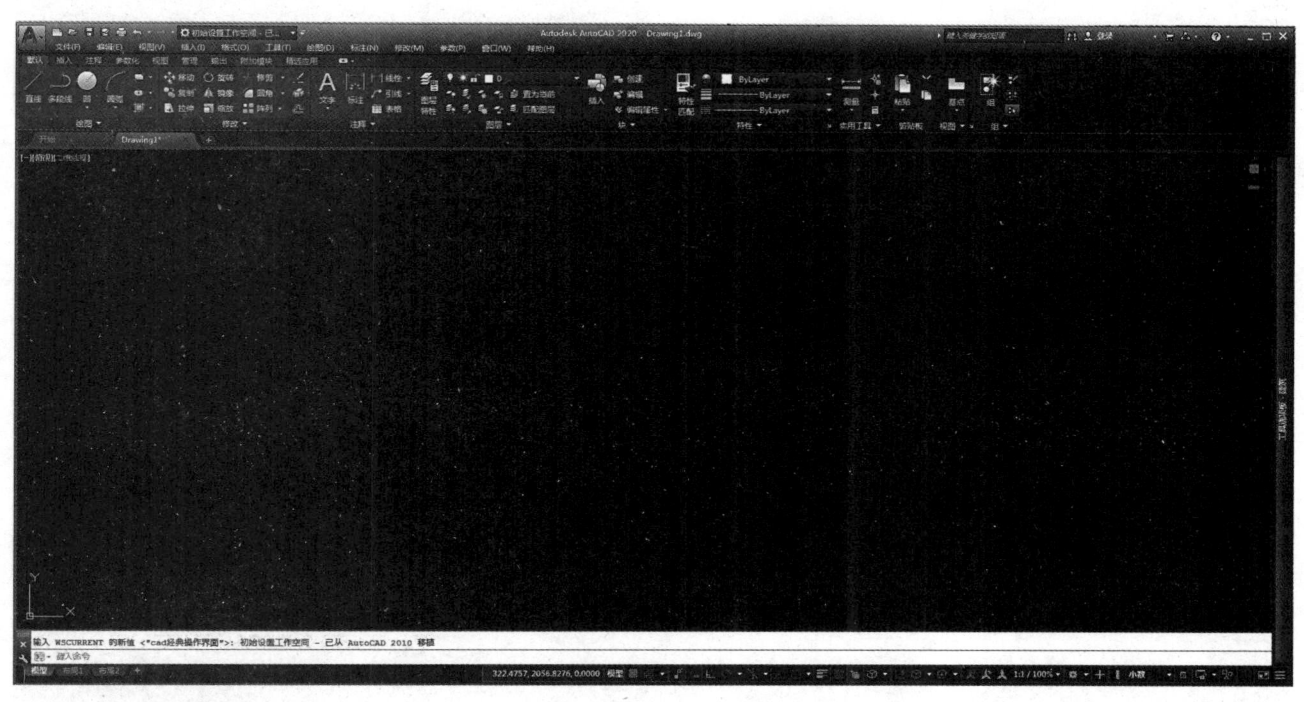

图1-2　显示菜单栏后的界面

（2）经过第一步的操作之后，系统显示经典菜单栏，包含“文件、编辑、视图、插入、格式、工具、绘图、标准、修改、参数、窗口、帮助”，如图1-2所示。

2. 调出工具栏

（1）依次单击“工具”“工具栏”“AutoCAD”，展开联级菜单，单击“修改”选项，如图1-3所示。

点击“修改”选项之后在操作界面的左边就出现

了传统的“修改”工具栏，如图1–4所示。

（2）将光标置于“修改”工具栏，右键单击，如图1–5所示。

（3）在弹出的快捷键菜单栏中选择“标注”“标准”“绘图”“绘图次序”“视

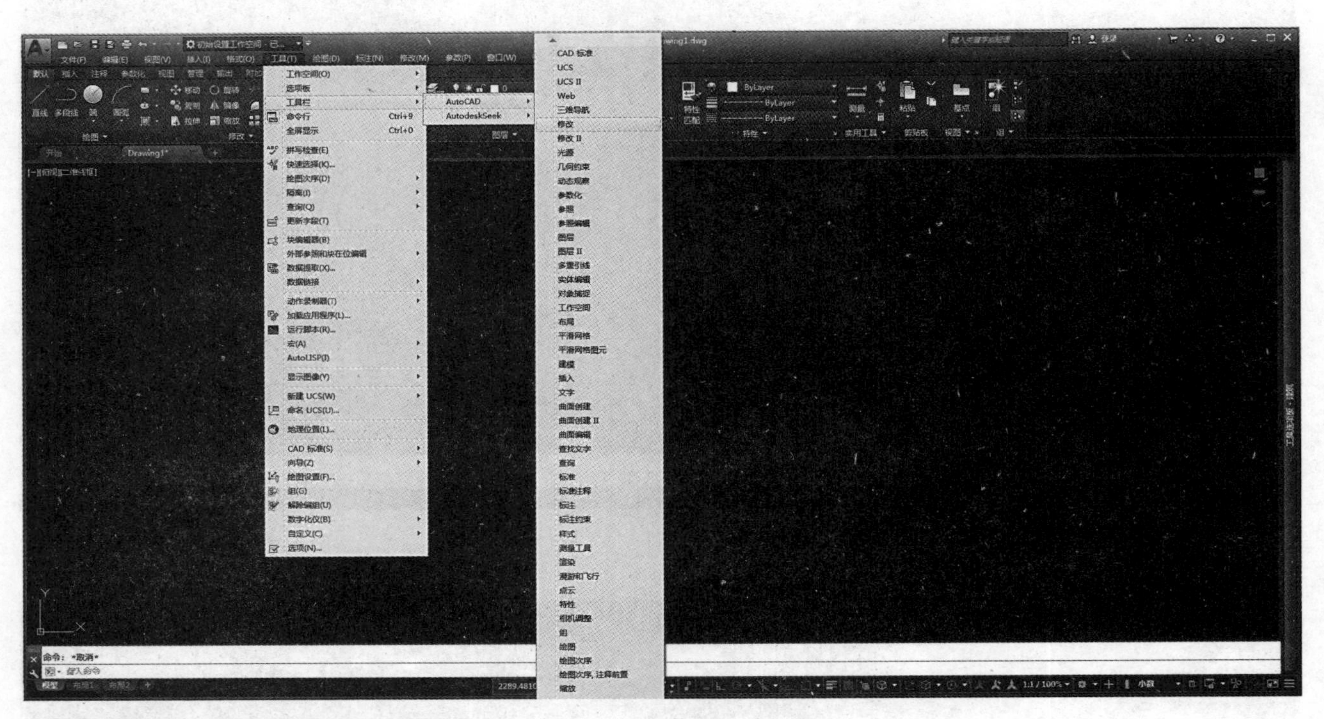

图1–3　依次展开菜单，点击“修改”选项

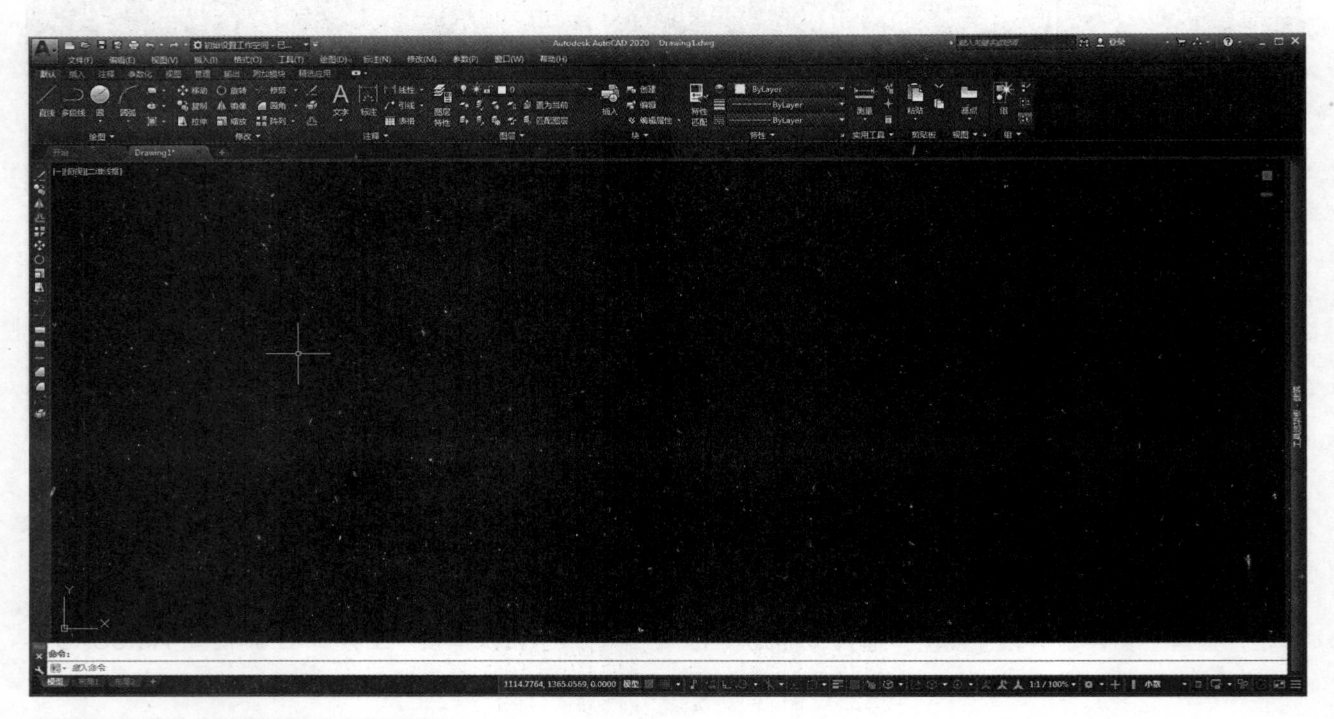

图1–4　界面的左边出现“修改工具栏”

觉样式”“特性”“图层”“修改”等选项，显示相应的工具栏，如图1-6所示。

调出传统的二维绘图与编辑等工具栏之后，整个界面较混乱，需根据个人习惯调整界面顺序，如图1-7所示。

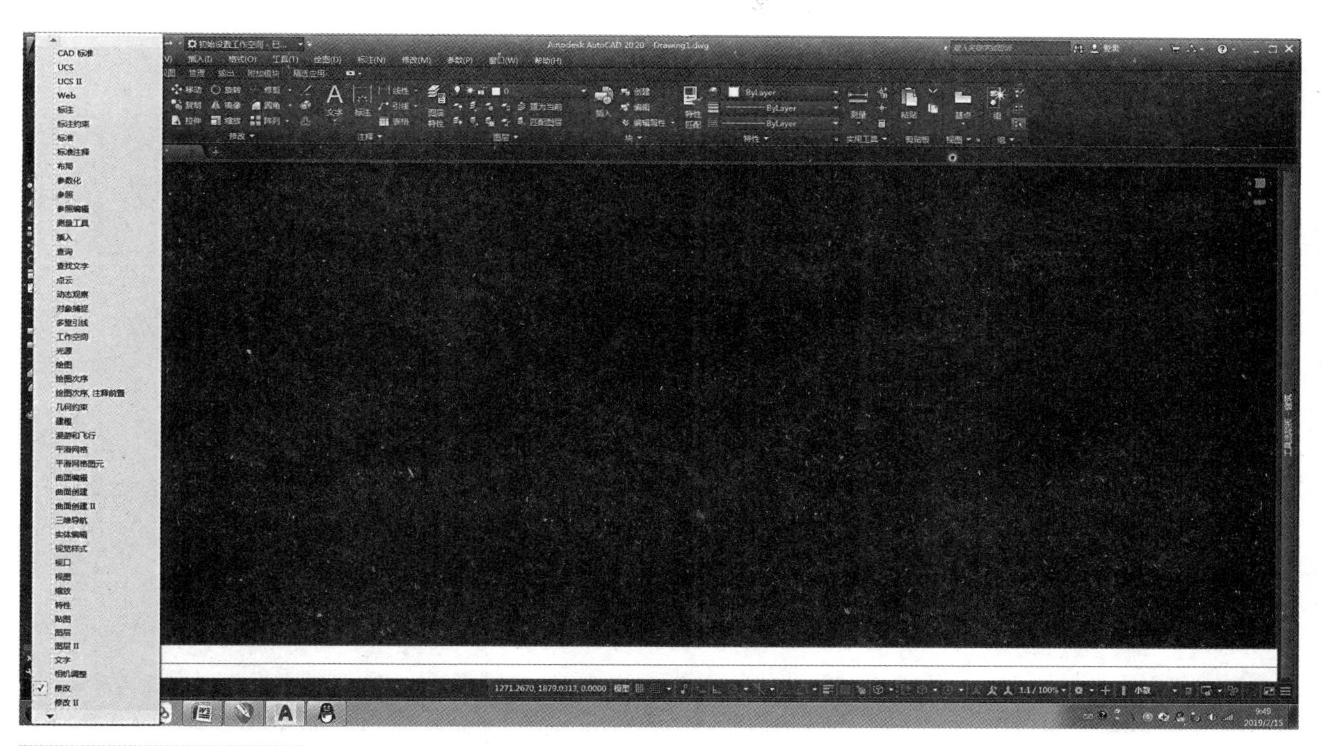

图1-5　在工具栏上右键单击显示快捷键菜单

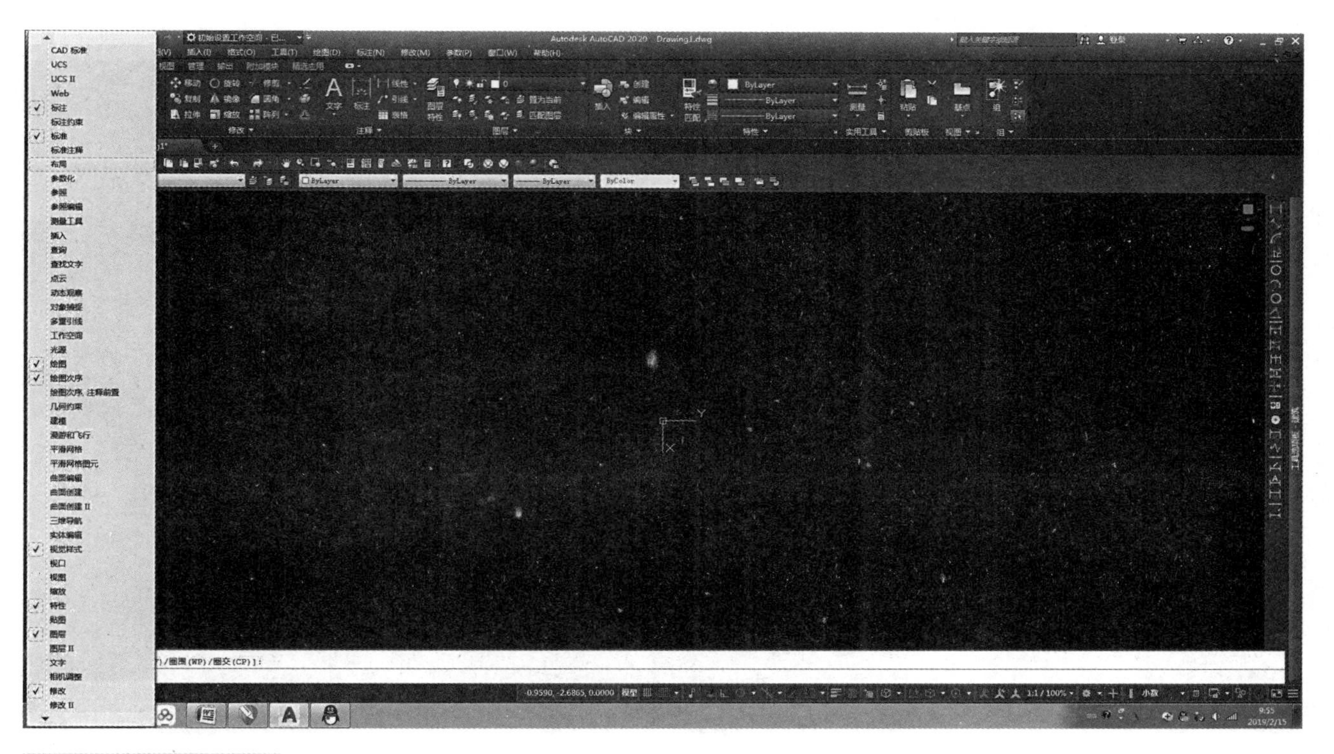

图1-6　在菜单栏中勾选

3. 切换选项卡、面板标题以及面板按钮

单击功能区“默认”一行最右边的三角形按钮，可以切换“最小化为选项卡”“最小化为面板标题”以及“最小化为面板按钮”三个选项，但系统并未关闭丝带式菜单，如图1-8所示。

4. 关闭功能区

如果对于功能区选项卡的“默认、插入、注释、参数化、视图、管理、输入、附加模块、精选应用”

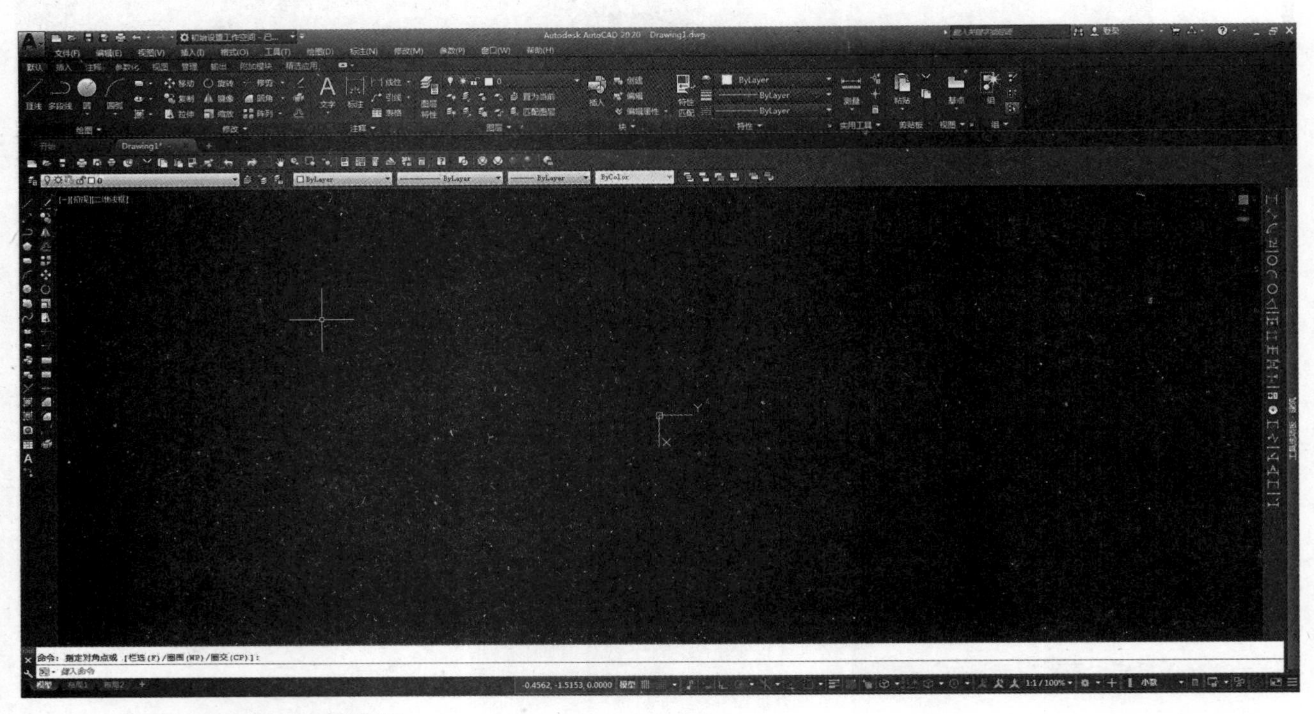

图1-7 根据个人喜好调整工作界面

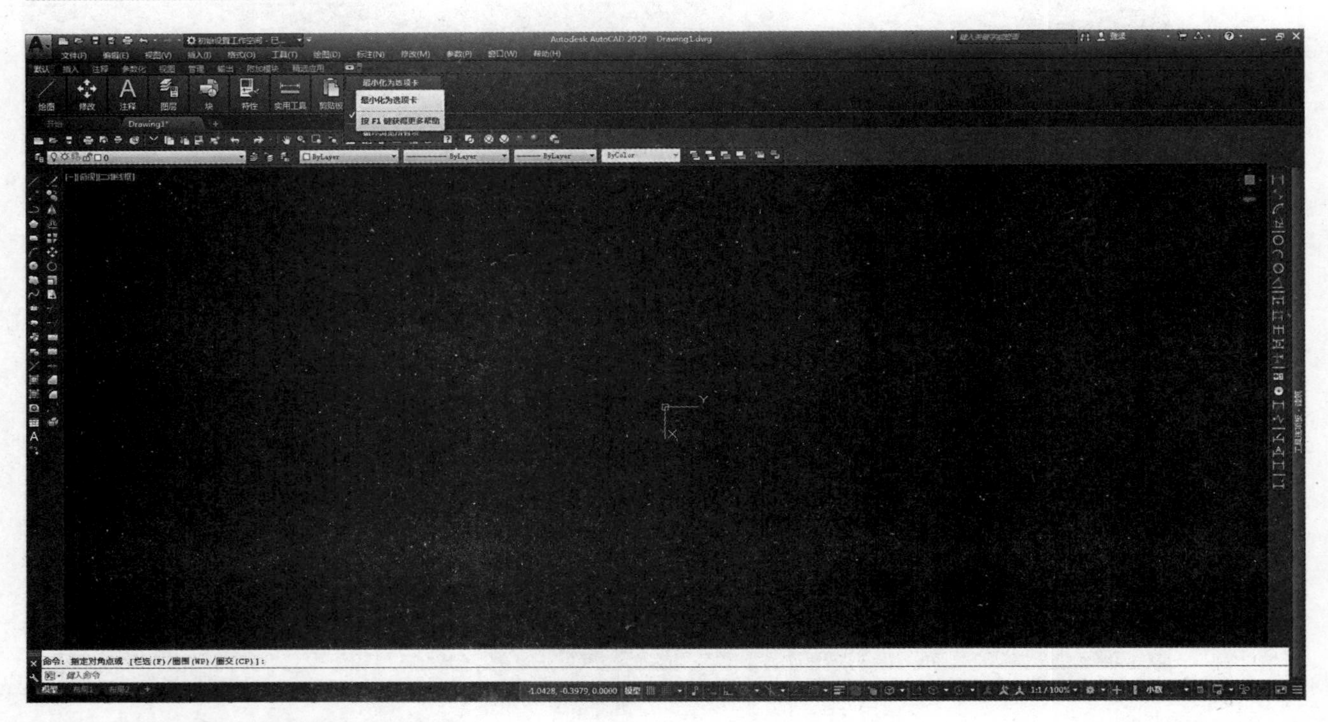

图1-8 切换选项卡、面板标题、面板按钮

工具条没有使用要求，则可在该行的任意位置单击鼠标右键，弹出快捷键菜单栏，点击“关闭”选项即可，或者直接命令输入“r”后，选择ribbonlose，单击回车键即可，如图1-9所示。

5. 建立经典工作界面

（1）经过上述的操作之后，传统的经典界面回归了，如图1-10所示，可以展开“工具”栏，点击“选项”。

点击“选项”中的“显示”，去掉“显示文件

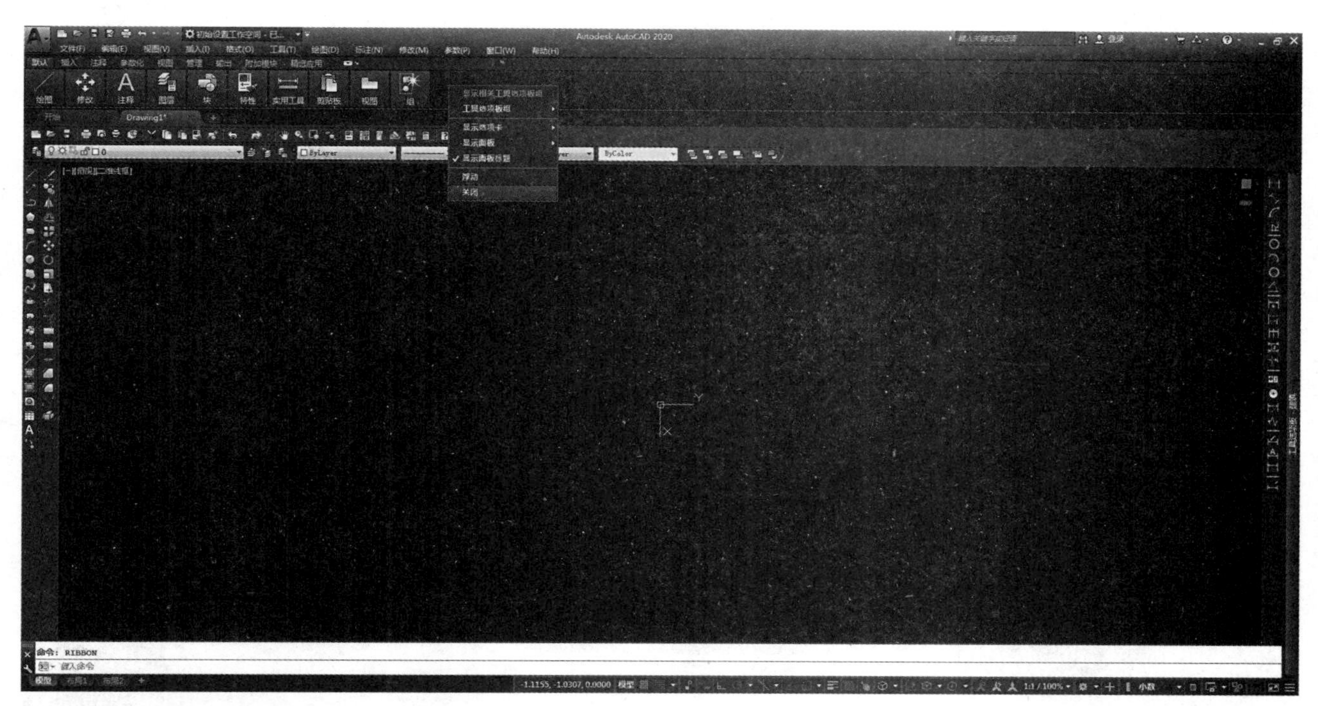

图1-9 关闭功能区ribbonlose

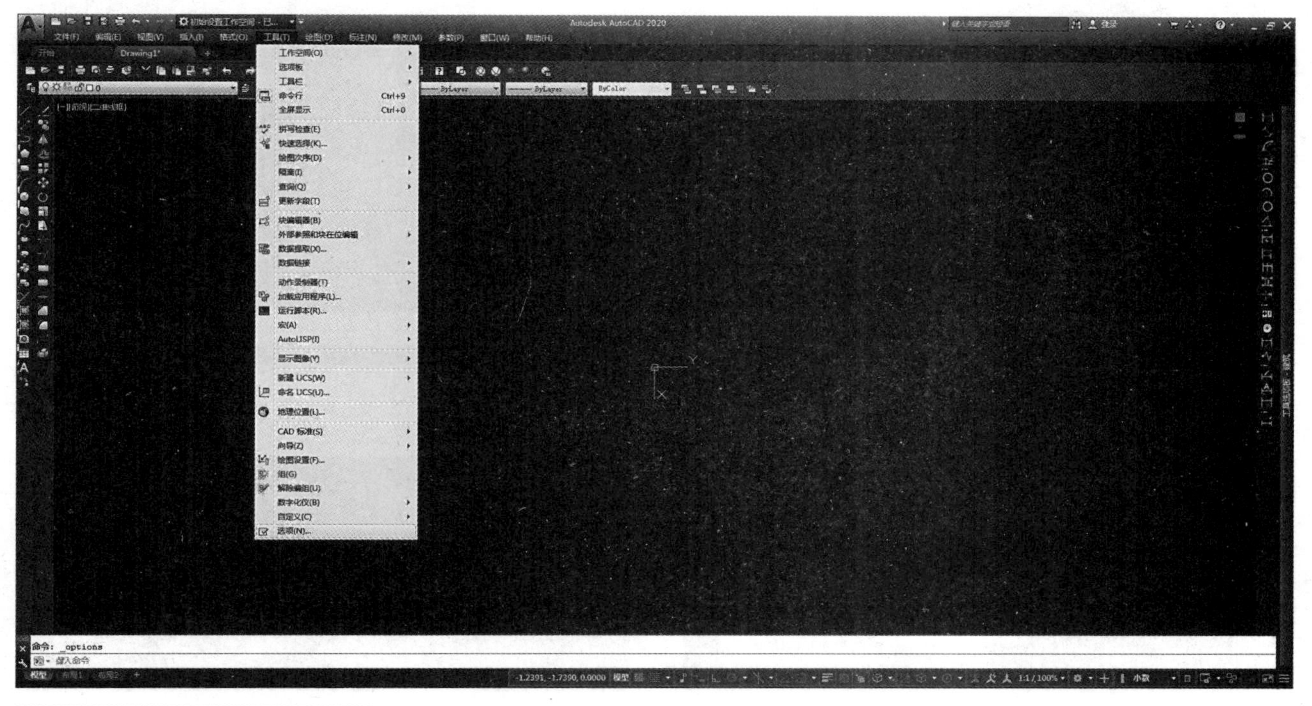

图1-10 展开工具栏点击“选项”

夹选项卡”的勾选，则不显示菜单栏下方的“开始”“drawing1”等文件的选项卡，如图1–11所示。

（2）单击“草图与注释”，在下拉列表中选择“将当前工作空间另存为…”，如图1–12所示。

（3）在弹出的对话框中输入“CAD经典操作界面”或其他容易识别的名字，点击保存，可以针对二维绘图和三维绘图分别建立自己的工作空间。当然，也可以在已有的工作空间“草图与注释”“三维基础”“三维建模”上进行修改，如图1–13所示。

二、操作界面

一个完整的AutoCAD经典操作界面包含的内容有标题栏、绘图区、十字光标、菜单栏、工具栏、坐标系图标、命令行窗口、状态栏、布局标签和滚动条等，如图1–14所示。

1. 标题栏

在AutoCAD2020中文版中，标题栏位于绘图窗口的最上端。标题栏主要显示了系统当前正在运行的应用程序。用户第一次启动AutoCAD时，在AutoCAD2020绘图窗口的标题栏中，会显示启动时创建并打开的图形文件的名称Drawing1.dwg，如图1–15所示。

2. 绘图区域

绘图区域是指标题栏下方的大片空白区域，是用户绘制图形的区域。

在绘图区域中，还有一个作用类似光标的十字线，其交点反映了光标在当前坐标系中的位置。在

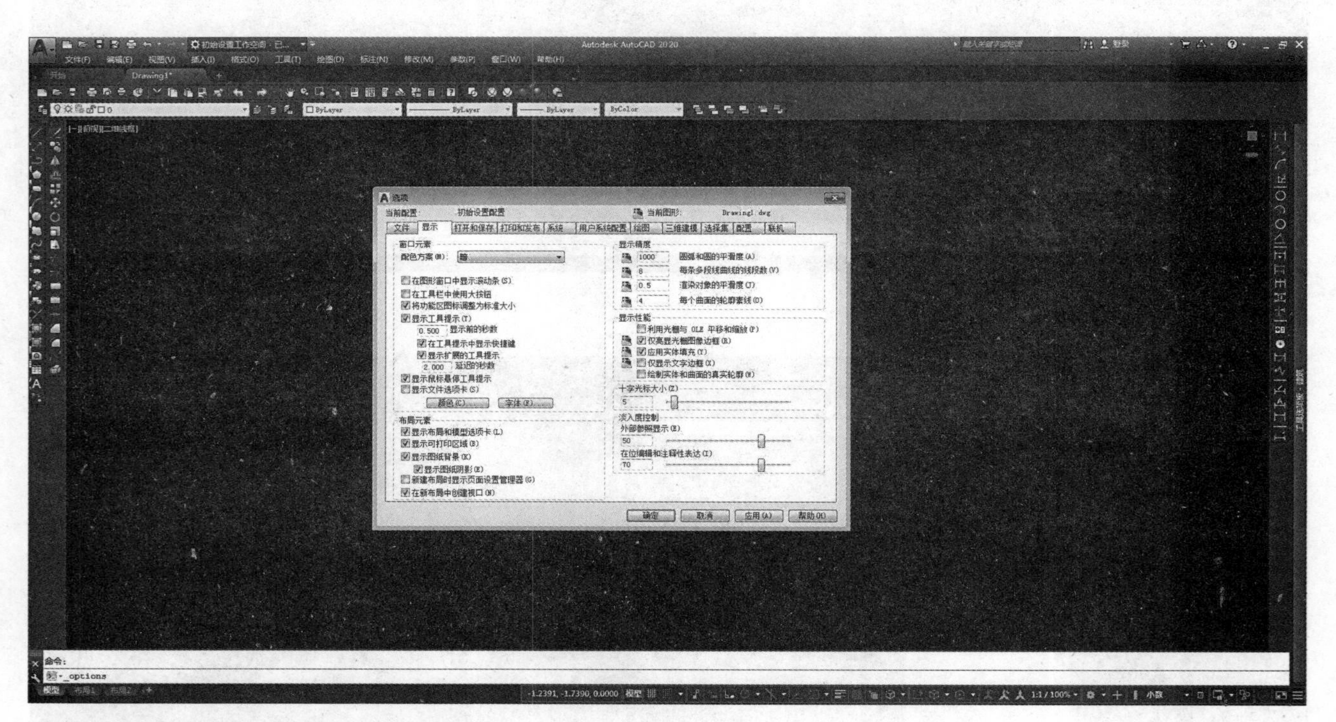

图1–11 去掉勾选的“显示文件夹选项卡”

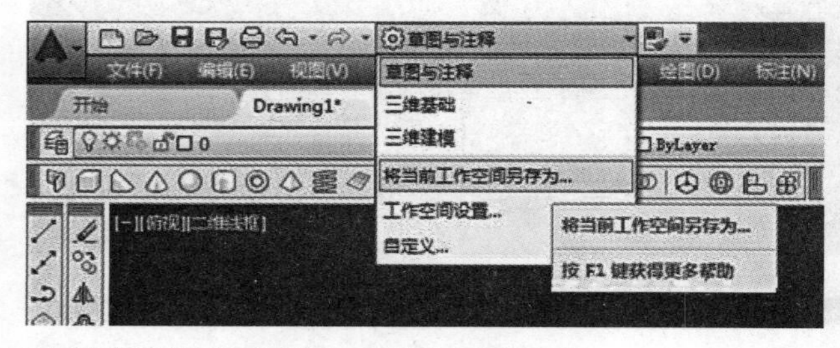

图1–12 选择“将当前工作空间另存为”

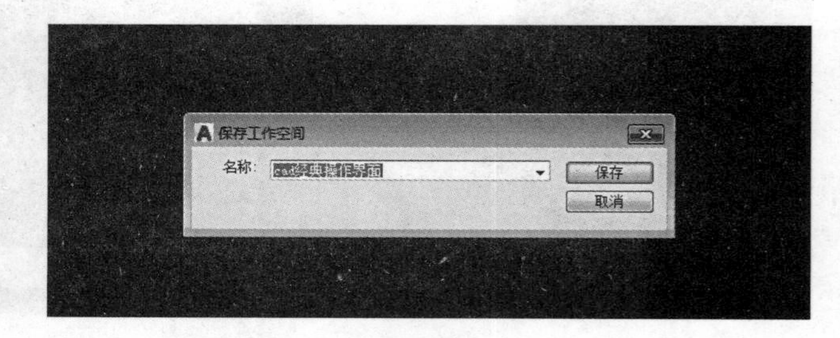

图1–13 保存工作空间对话框

AutoCAD2020中，将该十字线称为光标，AutoCAD通过光标显示当前点的位置。十字线的方向与当前用户坐标系的x轴和y轴方向平行，十字线的长度默认为屏幕大小的5%，如图1-16所示。

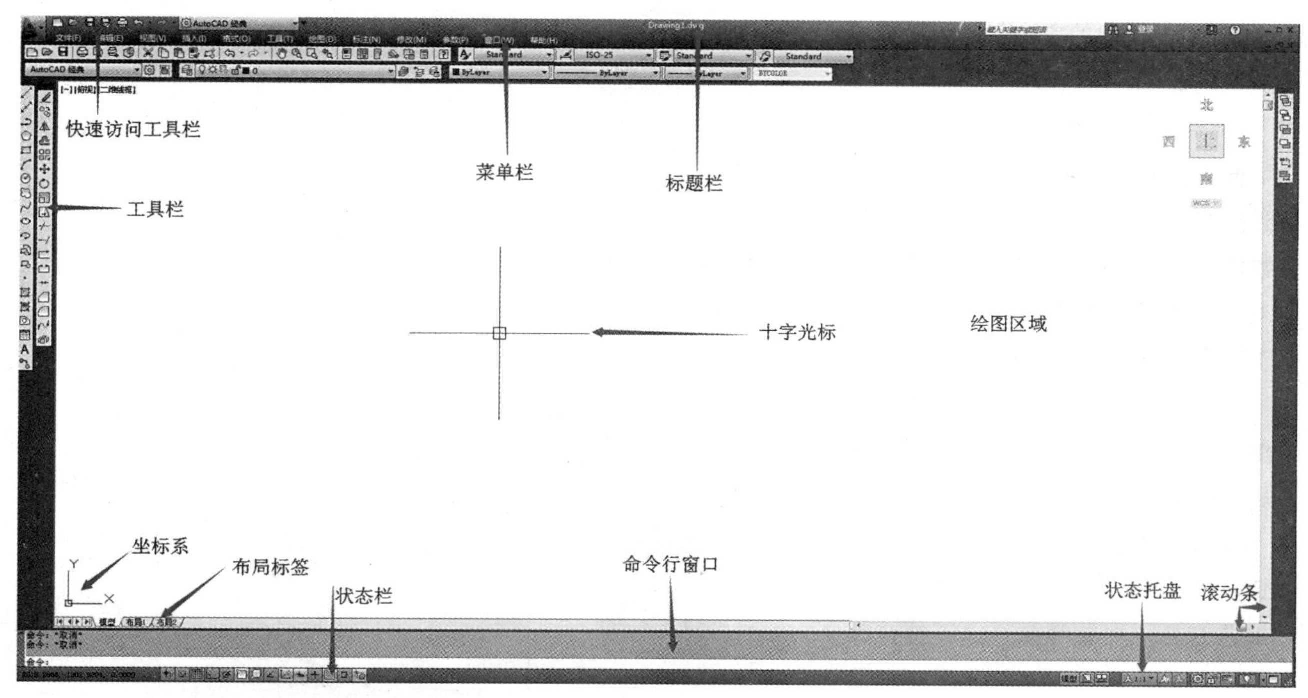

图1-14 AutoCAD2020中文版的操作界面说明

图1-15 AutoCAD启动时的标题栏

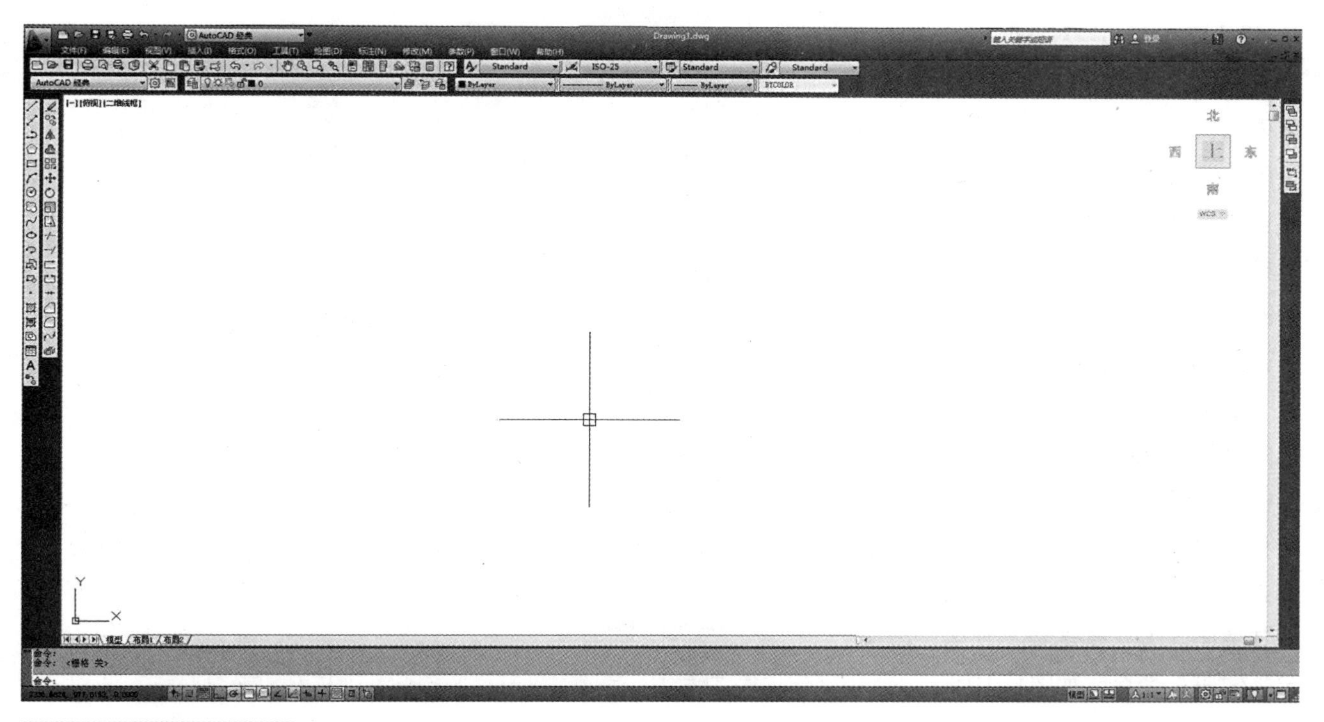

图1-16 操作界面的光标

（1）修改图形窗口中十字光标的大小。光标的长度默认为屏幕大小的5%，用户可以根据绘图的实际需要更改其大小。改变光标大小的方法有以下两种：

1）在操作界面中选择“工具”/“选项”命令，将弹出“选项”对话框。选择“显示”选项卡，在“十字光标大小”选项组的文本框中直接输入数值，或者拖动文本框后的滑块，即可对十字光标的大小进行调整，如图1-17所示。

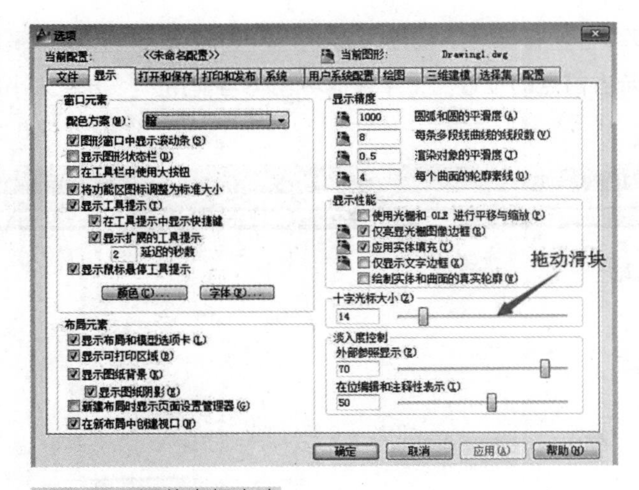

图1-17　调整光标大小

2）通过设置系统变量CURSORSIZE的值，实现对其大小的更改。执行该命令后，根据系统提示输入新值即可。

（2）修改绘图窗口的颜色。在默认情况下，AutoCAD2020的绘图窗口是黑色背景、白色线条，这不符合大多数用户的习惯，因此首先要修改绘图窗口的颜色。修改绘图窗口颜色的步骤如下：

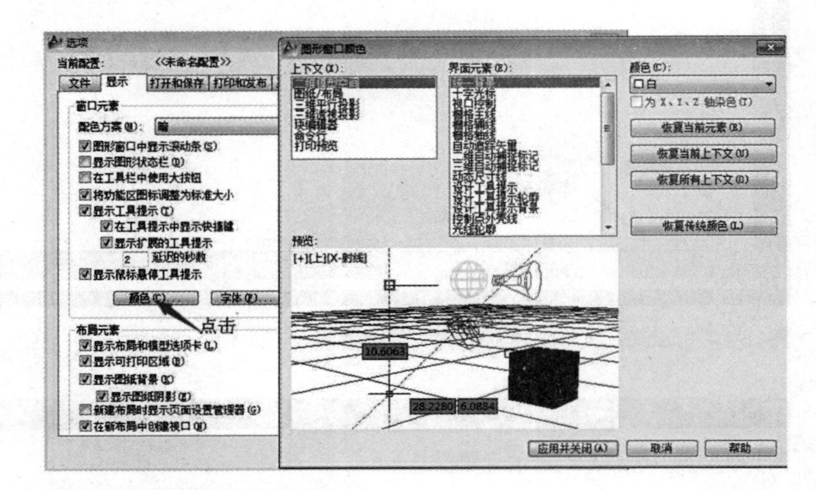

图1-18　选择窗口颜色

1）在“选项”对话框中单击“窗口元素”选项组中的“颜色”按钮，打开“图形窗口颜色”对话框。

2）在“颜色”下拉列表框中选择需要的窗口颜色，然后单击“应用并关闭”按钮，此时AutoCAD2020的绘图窗口变成了选择的窗口背景色，通常按视觉习惯选择白色为窗口颜色，如图1-18所示。

3. 坐标系图标

在绘图区域的左下角，有一个箭头指向图标，称为坐标系图标，表示用户绘图时正使用的坐标系形式。坐标系图标的作用是为点的坐标确定一个参照系。根据工作需要，用户可以选择将其关闭。方法是选择“视图”/“显示”/“开”命令，如图1-19所示。

图1-19　调节视图

4. 菜单栏

菜单栏位于AutoCAD2020绘图窗口标题栏的下方。AutoCAD2020的菜单栏中包含12个菜单，即“文件”“编辑”“视图”“插入”“格式”“工具”“绘图”“标注”“修改”“参数”“窗口”和“帮助”。这些菜单几乎包含了AutoCAD2020的所有绘图命令，一般来讲，AutoCAD下拉菜单中的命令主要有以下3种：

（1）带有子菜单的菜单命令。这种类型的命令后面带有小三角形，例如，单击菜单栏中的“绘图”菜单，指向其下拉菜单中的“圆”命令，屏幕上就会进一步显示出“圆”子菜单中所包含的命令，如图1-20所示。

（2）打开对话框的菜单命令。这种类型的命令后面带有省略号，例如，单击菜单栏中的“格式”菜单，选择其下拉菜单中的“文字样式（s）…”命令，如图1-21所示，屏幕上就会打开对应的“文字样式”对话框，如图1-22所示。

（3）直接执行操作的菜单命令。这种类型的命令后面既不带小三角形，也不带省略号，选择该命令

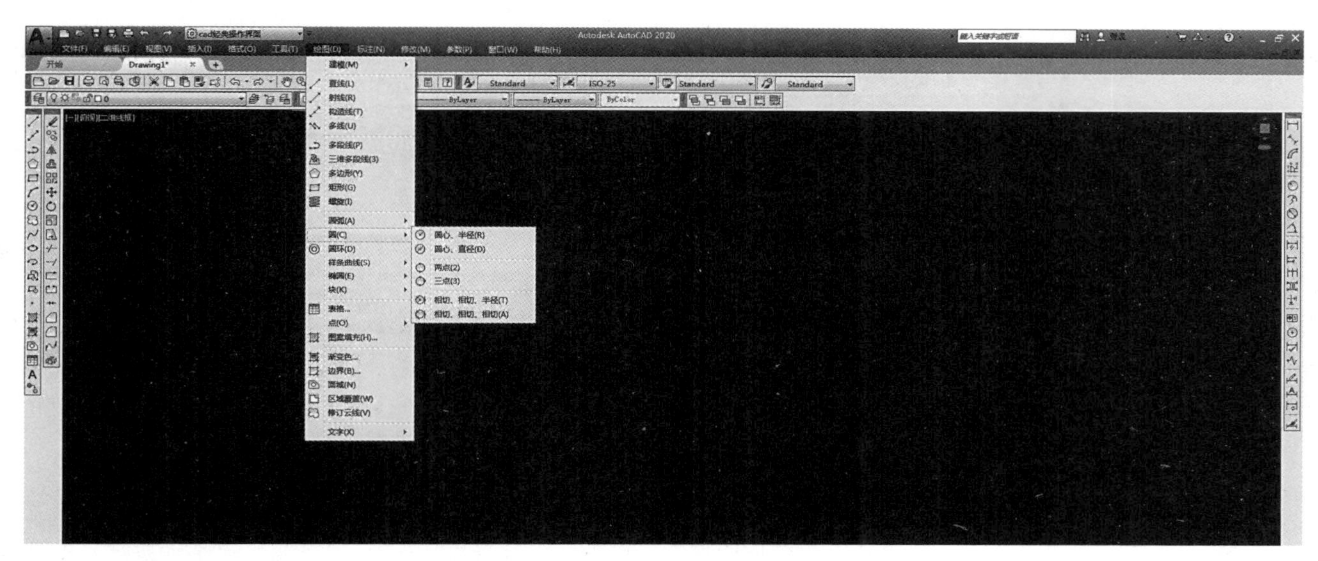

图1-20　带有子菜单的菜单命令

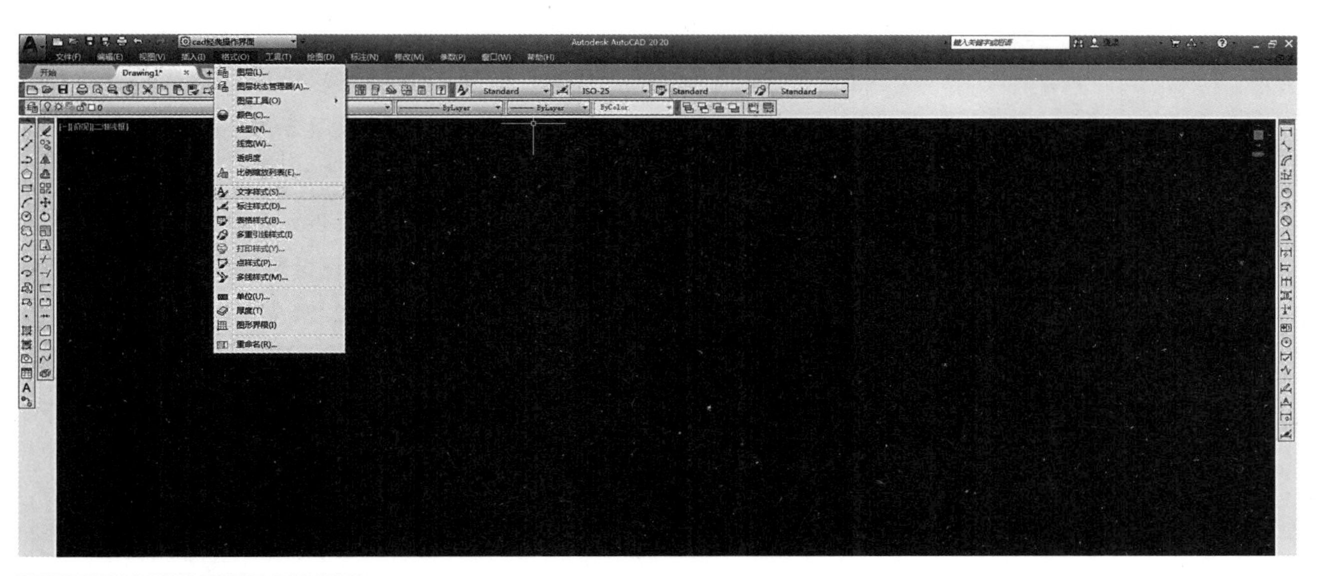

图1-21　打开对话框的菜单命令

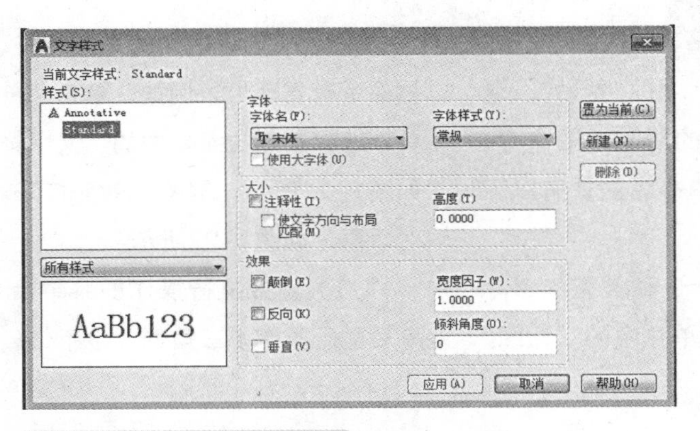

图1-22 “文字样式”对话框

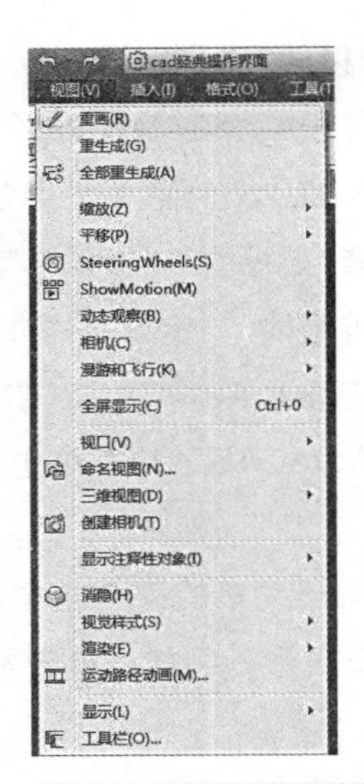

图1-23 直接执行操作的菜单命令

图1-24 “标准”“样式”“特性”“图层”工具栏

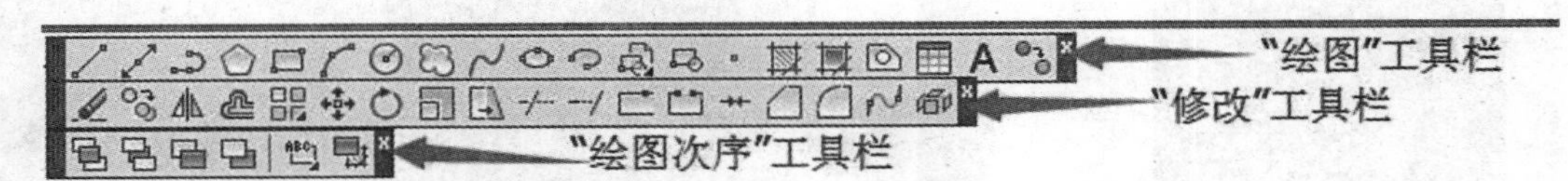

图1-25 “绘图”“修改”和“绘图次序”工具栏

将直接进行相应的操作。例如，选择菜单栏中的“视图”“重画”命令，系统将刷新显示所有视口，如图1-23所示。

5. 工具栏

工具栏是图标型工具的集合，把光标移动到某个图标，稍停片刻即在该图标一侧显示相应的工具提示，同时在状态栏中会显示对应的说明和命令名。此时，单击图标也可以启动相应的命令。

在默认情况下，可以看到绘图区域顶部的“标准”工具栏、“样式”工具栏、“特性”工具栏以及“图层”工具栏和位于绘图区域两侧的“绘图”工具栏、“修改”工具栏和“绘图次序”工具栏，如图1-24、图1-25所示。

将光标放在任意一个工具栏的非标题区，单击鼠标右键，系统会自动打开单独的工具栏标签。单击某一个未在界面显示的工具栏名称，系统自动打开该工具栏。反之，关闭该工具栏。

工具栏可以在绘图区域“浮动”。此时显示该工具栏标题，并可关闭该工具栏，用鼠标可以拖动“浮动”工具栏到图形区边界，使它变为“固定”工具栏，此时该工具栏标题隐藏。也可以把“固定”工具栏拖出，使它成为

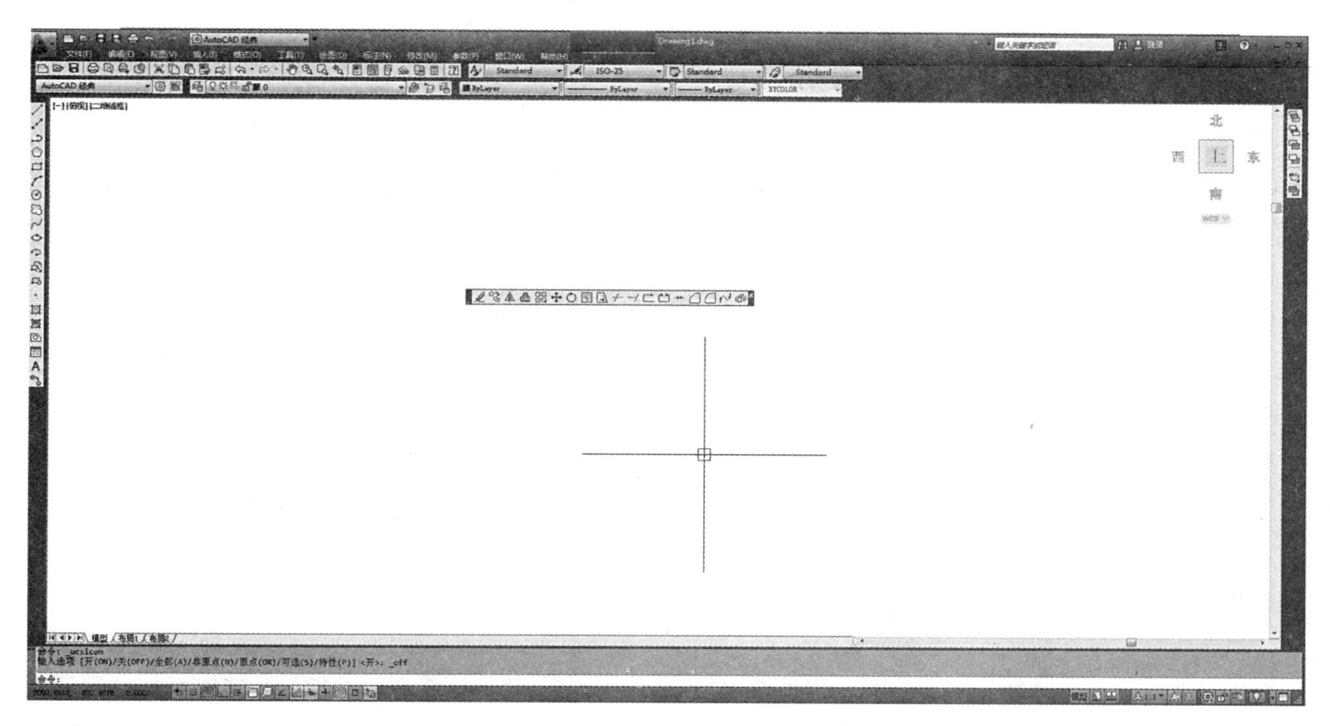

图1-26 “绘图”“修改”和“绘图次序”工具栏

“浮动”工具，如图1-26所示。

在有些图标的右下角带有一个小三角，单击后会打开相应的工具列表，将光标移动到某一图标上单击，该图标就为当前图标。单击当前图标，即可执行相应命令，如图1-27所示。

6. 命令行窗口

命令行窗口是输入命令和显示命令提示的区域，默认的命令行窗口位于绘图区域下方，显示的是若干文本行。对当前命令窗口中输入内容，可以按F2键用文本编辑的方法进行编辑，如图1-28所示。

对于命令行窗口，有以下几点需要说明：

（1）移动拆分条，可以扩大与缩小命令行窗口。

（2）可以拖动命令行窗口，将其放置在屏幕上的其他位置。默认情况下，命令行窗口位于图形窗口

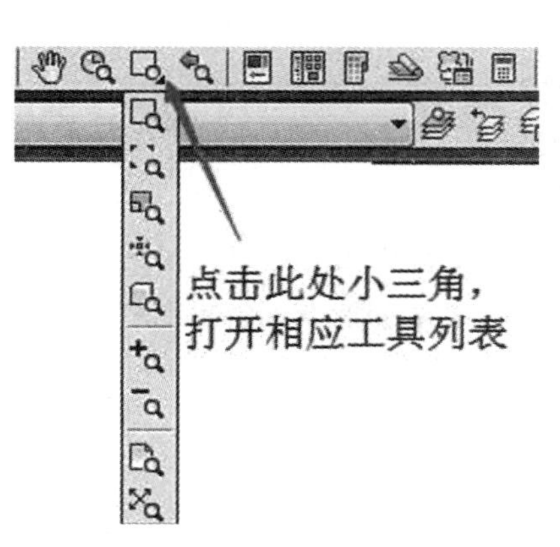

图1-27 打开相应的工具列表

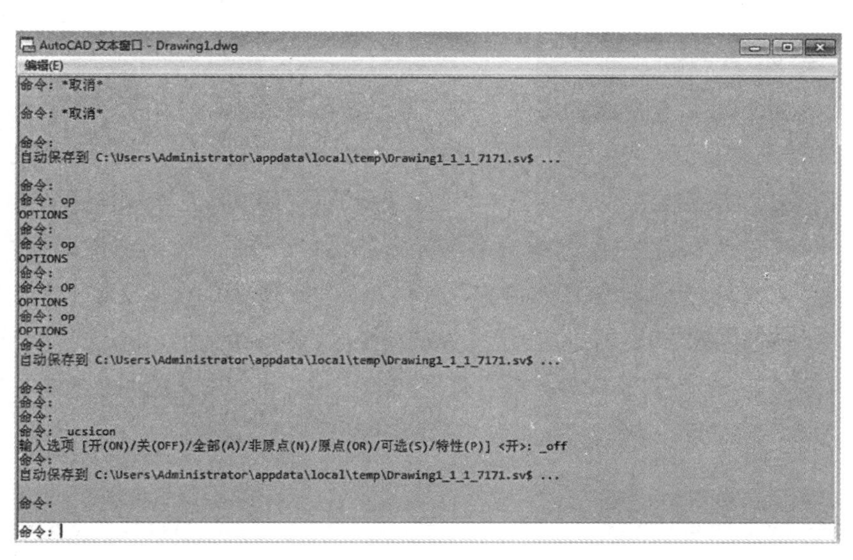

图1-28 打开文本窗口

的下方。

（3）对当前命令行窗口中输入的内容，可以按下“F2”键，采用文本编辑的方法进行编辑。在AutoCAD2020中，文本窗口和命令行窗口相似，它可以显示当前AutoCAD进程中命令的输入和执行过程，在AutoCAD2020中执行某些命令时，它会自动切换到文本窗口，列出有关信息。

（4）AutoCAD通过命令行窗口，反馈各种信息，包括出错信息。因此，用户要时刻关注在命令行窗口中出现的信息。

7. 布局标签

AutoCAD2020系统默认设定一个模型空间布局标签和“布局1”“布局2”两个图样空间布局标签。

（1）布局。布局是系统为绘图设置的一种环境，包括图纸大小、尺寸单位、角度设定、数值精确度等，在系统默认的3个标签中，这些环境变量都是默认设置。用户可以根据实际需要改变这些变量值，也可以根据需要设置符合自己要求的新标签，具体方法将在后面章节介绍。

（2）模型。AutoCAD2020的空间分为模型空间和图纸空间。模型空间是用户绘图的环境，而在图纸空间中，用户可以创建称为“浮动视口”的区域，以不同视图显示所绘图形。用户可以在图纸空间中调整浮动视口并决定所包含视图的缩放比例。如果选择图纸空间，则可打印多个视图，用户可以打印任意布局的视图。

8. 状态栏

状态栏位于屏幕的底部，左端显示绘图区域中光标定位点的坐标X、Y、Z，向右侧依次有“推断约束”“捕捉模式”“栅格显示”“正交模式”“极轴追踪”“对象捕捉”“三维对象捕捉”“对象捕捉追踪”“允许/禁止动态UCS”“动态输入”“显示/隐藏线宽”“显示/隐藏透明度”“快捷特征”“选择循环”14个功能开关按钮。单击这些开关按钮，可以实现这些功能的开启和关闭，如图1-29所示。

9. 滚动条

在AutoCAD2020 绘图窗口的下方和右侧方还提供了用来浏览图形的水平和竖直方向的滚动条。在滚动条中单击或拖动其中的滚动块，可以在绘图窗口中按水平或竖直两个方向浏览图形。

10. 状态托盘

AutoCAD中的状态托盘包括一些常见的显示工具和注释工具，包括模型空间和布局空间转换工具，如图1-30所示。通过这些按钮可以更好地控制图形或绘图区域的状态。通过状态中的图标，可以很方便地访问注释比例的常用功能。

（1）模型与布局空间转换按钮。在模型空间与布局空间之间进行转换。

（2）快速查看布局按钮。快速查看当前图形在布局空间的位置。

（3）快速查看图形按钮。快速查看当前图形在模型空间的图形位置。

（4）注释比例按钮。左键单击注释比例右下角小三角符号弹出注释比例列表，可以根据需要选择适当的注释比例，如图1-31所示。

（5）注释可见性按钮。当图标亮显时表示显示所有比例的注释对象；当图标变暗时表示仅显示当前比例的注释对象。

（6）自动添加注释按钮。注释比例更改时，自动将比例添加到注释对象。

（7）工作空间转换按钮。进行工作空间转换，如图1-32所示。

（8）锁定按钮。控制是否锁定工具栏或绘图区在操作界面中的位置。

（9）硬件加速按钮。设定图形卡的驱动程序以及设置硬件加速的选项。

（10）隔离对象。当选择隔离对象时，在当前视图中显示选定对象，所有其他对象都暂时隐藏；当选

图1-29 状态栏

择隐藏对象时，在当前视图中暂时隐藏选定对象，所有其他对象都可见。

（11）状态栏菜单下拉按钮。单击该下拉按钮，可以选择打开或锁定相关选项位置。

（12）全屏显示按钮。单击该按钮可以清楚操作界面的标题栏、工具栏和选项板等界面元素，使AutoCAD的绘图区全屏显示，如图1-33所示。

11. 快速访问工具栏和交互信息工具栏

（1）快速访问工具栏。该工具栏包括“新建”“打开”“保存”“另存为”“打印”“放弃”“重做”和“工作空间”等几个常用工具。用户也可以单击本工具栏后面的下拉按钮，设置需要的常用工具。

（2）交互信息工具栏。该工具栏包括“搜索”“Autodesk360”“Autodesk Exchange应用程序”“保持连续”和“帮助”等几个常用的数据交互访问工具。

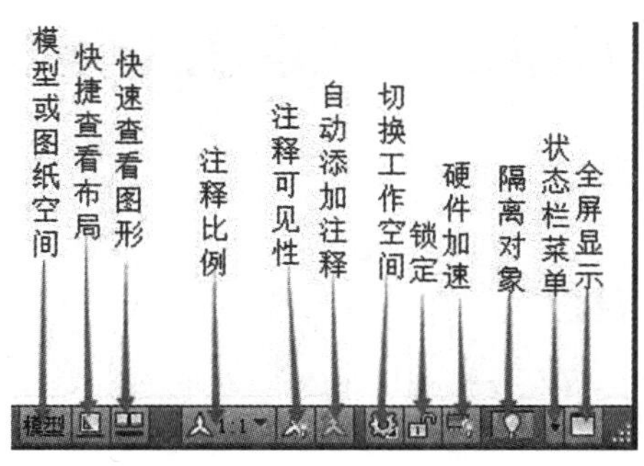

图1-30 状态托盘工具

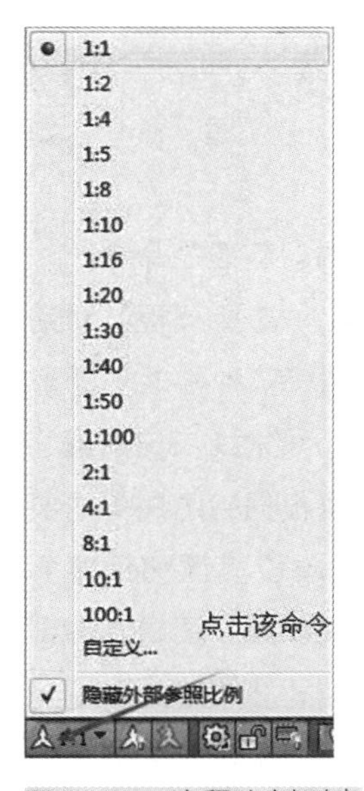

图1-31 注释比例列表

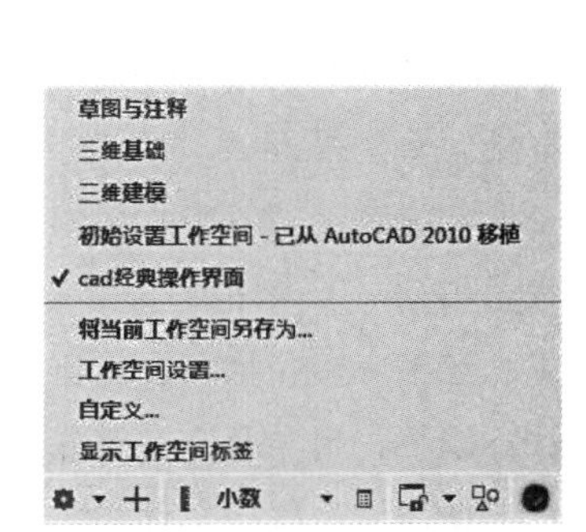

图1-32 工作空间转换列表

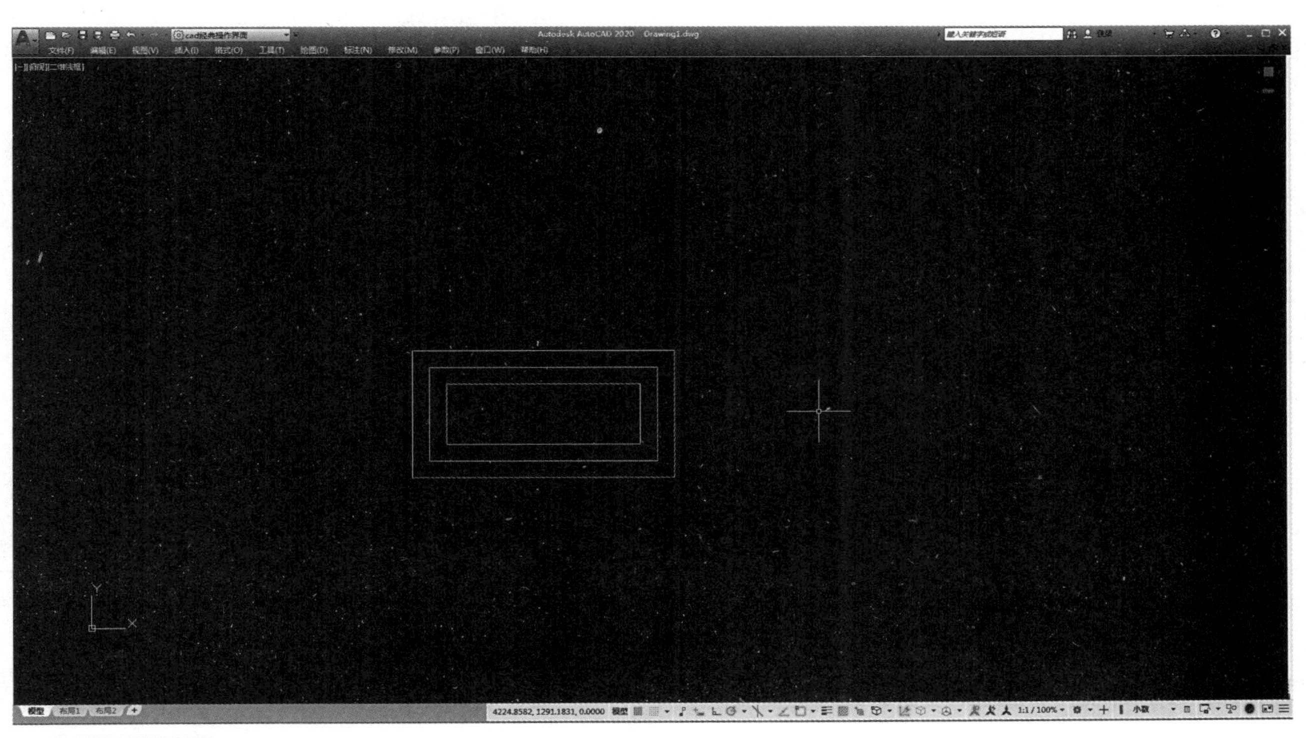
图1-33 全屏显示

第三节 AutoCAD2020基本操作

一、文件管理

1. 新建文件

新建图形文件的方法有以下3种：

（1）在命令行中输入“NEW”或“QNEW”命令。

（2）选择菜单栏中的“文件”/“新建”命令，如图1–34所示。

（3）单击“标准”工具栏中的“新建”命令。

执行上述命令后，系统会弹出“选择样板”对话框，在“文件类型”下拉列表框中有3种格式的图形样板，分别是.dwt、.dwg、.dws，如图1–35所示。

在每种图形样板文件中，系统根据绘图任务的要求进行统一的图形设置，如绘图单位类型和精度要求、绘图界限、捕捉、网格与正文设置、图层、图框和标题栏、尺寸及文本格式、线型和线宽等。

使用图形样板文件绘图的优点在于，在完成绘图任务时不但可以保持图形设置的一致性，而且可以大大提高工作效率。用户也可以根据自己的需要设置新的样板文件。

一般情况下，.dwt文件是标准的样板文件，通常将一些规定的标准性的样板文件设成.dwt文件；.dwg文件是普通的样板文件；而.dws文件是包含标准图层、标注样式、线型和文字样式的样板文件。

2. 打开文件

打开图形文件的方法主要有以下3种：

（1）在命令行中输入“OPEN”命令，如图1–36所示。

（2）选择菜单栏中的“文件”/“打开”命令。

（3）单击“标准”工具栏中的“打开”命令。

执行上述命令后，系统弹出“选择文件”对话框，如图1–37所示，在“文件类型”下拉列表框中可选.dwg文件、.dwt文件、.dxf文件和.dws文件。.dxf文件是用文本形式存储的图形文件，能够被其他程序读取，许多第三方应用软件都支持.dxf格式。

3. 保存文件

保存图形文件的方法主要有以下3种：

（1）在命令行中输入“QSAVE”或“SAVE”命令。

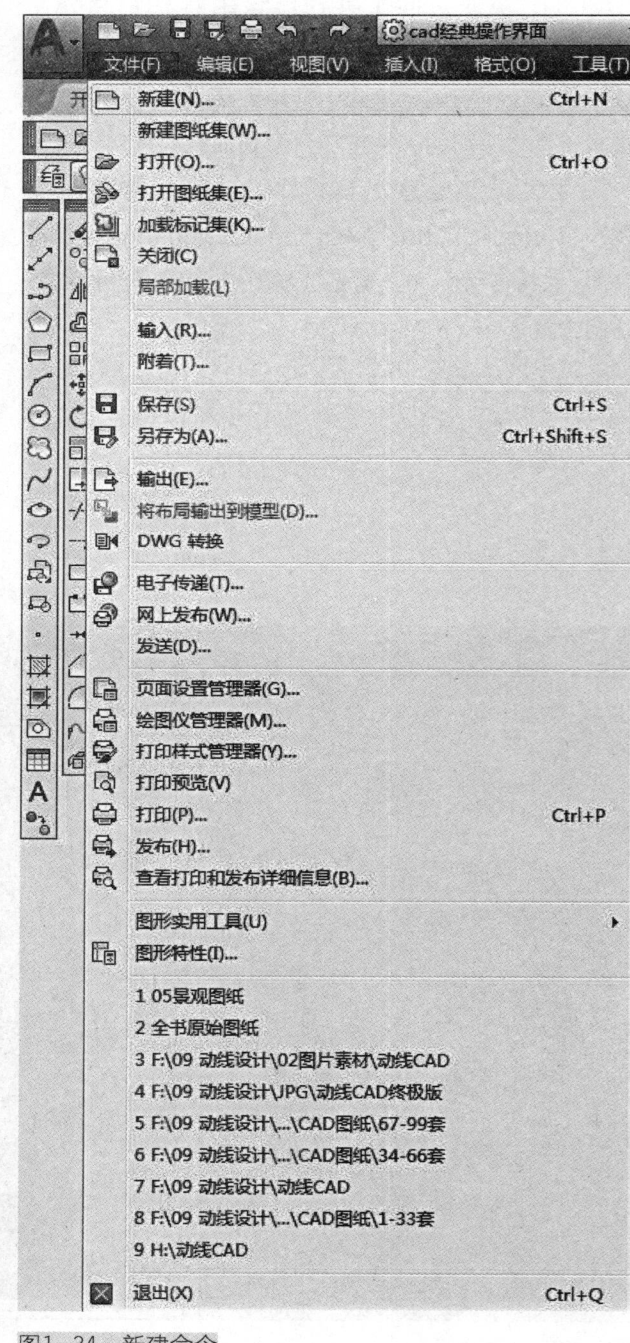

图1–34 新建命令

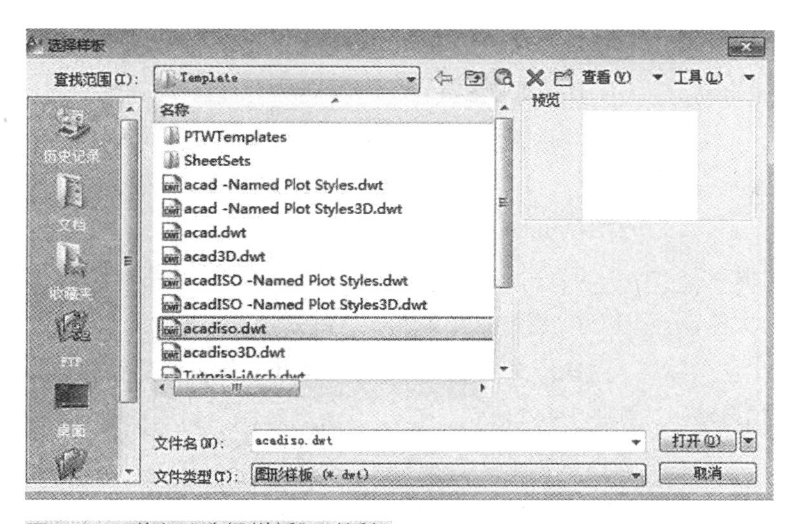

图1-35 弹出“选择样板”对话框

图1-36 输入“OPEN”命令

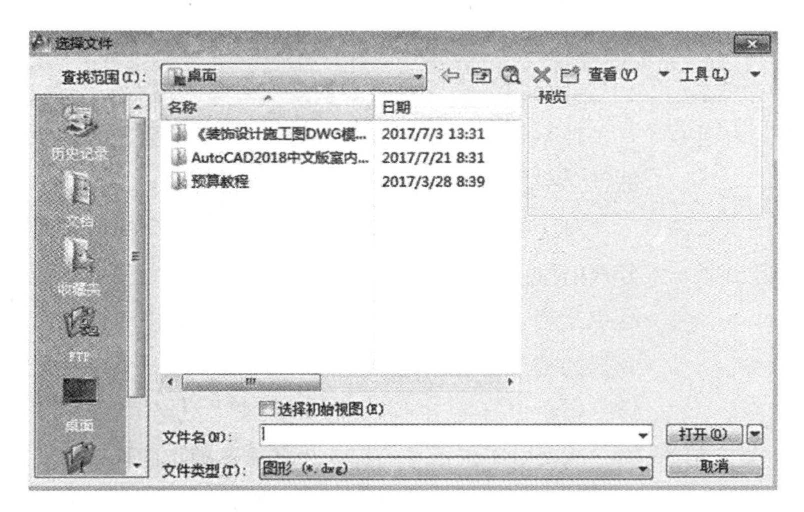

图1-37 弹出“选择文件”对话框

图1-38 “标准”工具栏中的保存命令

图1-39 弹出“图形另存为”对话框

（2）选择菜单栏中的“文件”/“保存”命令。

（3）单击“标准”工具栏中的“保存”命令，如图1-38所示。

执行上述命令后，若文件已命名，则AutoCAD 自动保存；若文件未命名（即为默认名Drawing1.dwg），则弹出“图形另存为”对话框，如图1-39所示，用户可以命名保存。在“保存于”下拉列表框中可以指定保存文件的路径；在“文件类型”下拉列表框中可以指定保存文件的类型。

为了防止因意外操作或计算机系统故障导致正在绘制的图形文件丢失，可以对当前图形文件设置自动保存。步骤如下：

（1）利用系统变量SAVEFILEPATH设置所有“自动保存”文件的位置，如C：\HU\。

（2）利用系统变量SAVEFILE存储“自动保存”文件名。该系统变量存储的文件名文件是只读文件，用户可以从中查询自动保存的文件名。

（3）利用系统变量SAVETIME指定在使用“自动保存”时多长时间保存一次图形。

4. 另存为

对打开的已有图形进行修改后，可用“另存为”命令对其进行改名存储，具体方法主要有以下两种：

（1）在命令行中输入“SAVEAS”命令。

（2）选择菜单栏中的“文件”/“另存为”命令。

执行上述命令后，系统弹出“图形另存为”对话框，可以将图形用其他名称保存。

5. 退出

图形绘制完毕后，想退出AutoCAD可用退出命令，调用退出命令的方法主要有以下3种：

（1）在命令行输入“QUIT”或“EXIT”命令。

（2）选择菜单栏中的“文件”/“退出”命令。

（3）单击AutoCAD操作界面右上角的“关闭”命令。

执行上述命令后，若用户对图形所作的修改尚未保存，则会出现“系统警告”对话框，如图1-40所示。单击“是”按钮，系统将保存文件，然后退出；单击“否”按钮，系统将不保存文件。若用户对图形所做的修改已经保存，则直接退出。

6. 图形修复

调用图形修复命令的方法主要有以下两种：

（1）可以在窗口下端的命令行中输入“DRAWINGRECOVERY”命令。

（2）选择菜单栏中的“文件”/“图形实用工具”/“图形修复管理器”命令。

执行上述命令后，系统弹出“图形修复管理器”，如图1-41所示，打开“备份文件”列表中的文件，可以重新保存，从而进行修复。

二、基本输入操作

1. 命令输入方式

AutoCAD交互绘图必须输入必要的指令和参数。有多种AutoCAD命令输入方式，下面以画直线为例进行介绍。

（1）在命令行窗口输入命令名。命令字符不区分大小写。执行命令时，在命令行提示中经常会出现命令选项。例如，输入绘制直线命令LINE后，在命令行的提示下在屏幕上指定一点或输入一个点的坐标，当命令行提示“指定下一点或［放弃（U）］：”时，选项中不带括号的提示为默认选项，因此可以直接输入直线段的起点坐标或在屏幕上指定一点，如果要选择其他选项，则应该首先输入该选项的标识字符，如“放弃”选项的标识字符“U”，然后按系统提示输入数据即可。在命令选项的后面有时还带有尖括号，尖括号内的数值为默认数值。

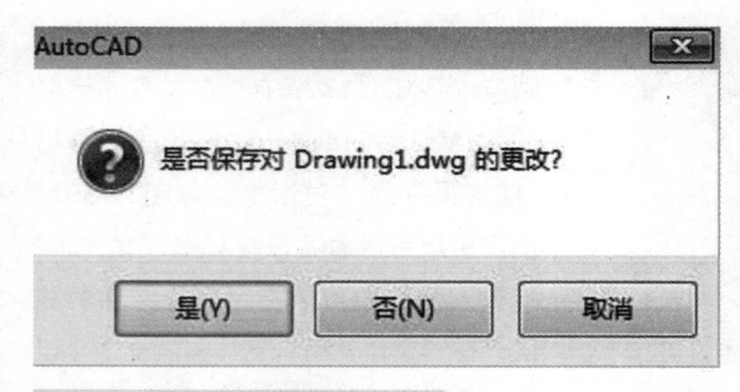

图1-40　弹出“系统警告”对话框

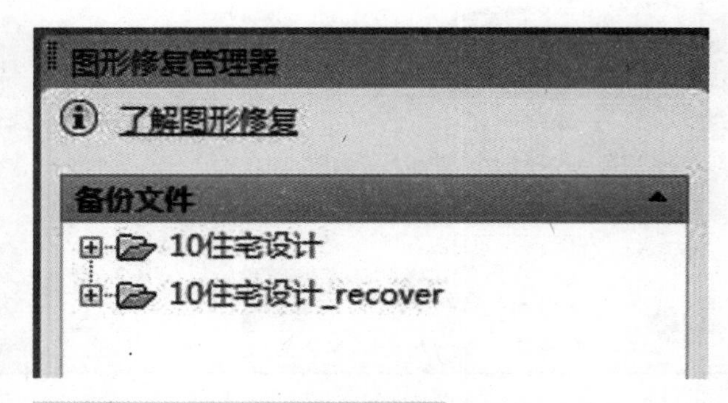

图1-41　弹出“图形修复管理器”

（2）在命令行窗口输入命令缩写字。如L（Line）、C（Circle）、A（Are）、Z（Zoom）、R（Redraw）、M（More）、CO（Copy）、PL（Pline）、E（Erase）等。

（3）选择“绘图”菜单中的“直线”命令。选择该命令后，在状态栏中可以看到对应的命令说明及命令名。

（4）单击工具栏中的对应图标。单击相应图标后，在状态栏中也可以看到对应的命令说明及命令名。

（5）在命令行窗口打开右键快捷菜单。如果在前面刚使用过要输入的命令，则可以在命令行窗口单击鼠标右键，打开快捷菜单，在“最近使用的命令”子菜单中选择需要的命令，如图1–42所示。“最近使用的命令”子菜单中存储最近使用的6个命令，如果经常重复使用某6次操作以内的命令，这种方法就比较简捷。

（6）在绘图区域单击鼠标右键。如果用户要重复使用上次使用的命令，可以直接在绘图区域单击鼠标右键，系统立即重复执行上次使用的命令，这种方法适用于重复执行某个命令。

2. 命令的重复、撤销和重做

（1）命令的重复。在命令行窗口中按Enter键可重复调用上一个命令，不管上一个命令是完成了还是被取消了。

（2）命令的撤销。在命令执行的任何时刻都可以取消和终止命令的执行。执行该命令时，调用方法有以下4种：

1）在命令行中输入“UNDO”命令，如图1–43所示。

2）选择菜单栏中的“编辑”/“放弃”命令，如图1–44所示。

3）单击“标准”工具栏中的“放弃”命令，如图1–45所示。

4）利用快捷键<Esc>。

（3）命令的重做。已被撤销的命令还可以恢复重做，即恢复撤销的最后一个命令。执行该命令时，调用方法有以下3种：

1）在命令行中输入“REDO”命令。

2）选择菜单栏中的“编辑”/“重做”命令。

3）单击“标准”工具栏中的“重做”命令。

还可以一次执行多重放弃和重做操作，方法是单击UNDO或REDO列表箭头，在弹出的列表中选择要放弃或重做的操作即可，如图1–46所示。

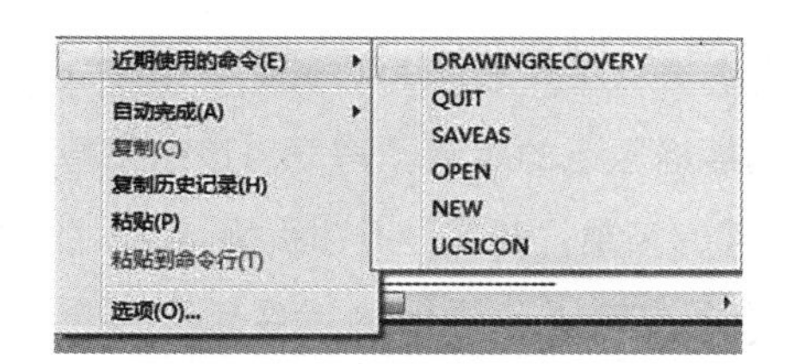

图1–42　弹出“快捷菜单”

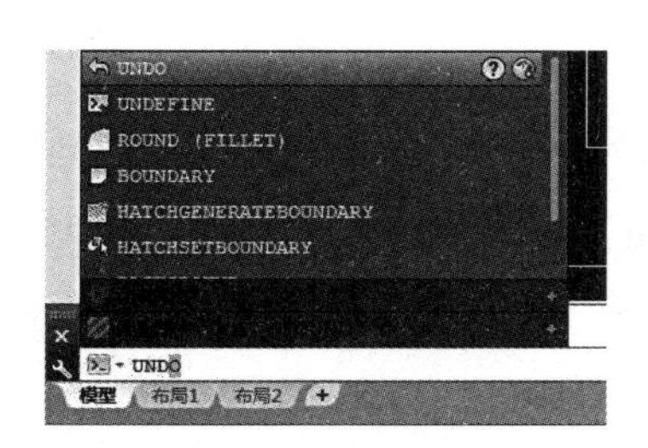

图1–43　命令行输入命令

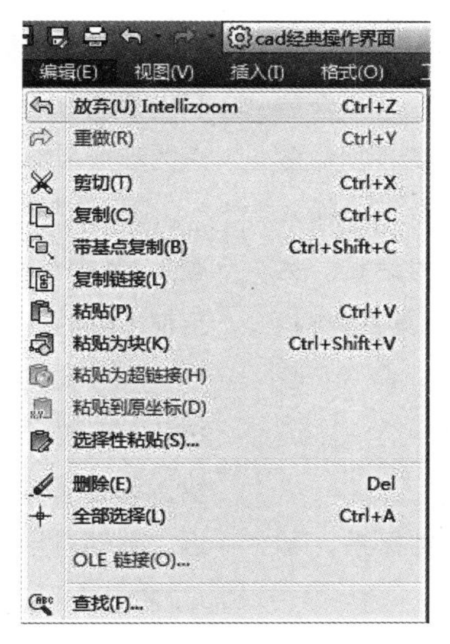

图1–44　菜单栏中“放弃”命令

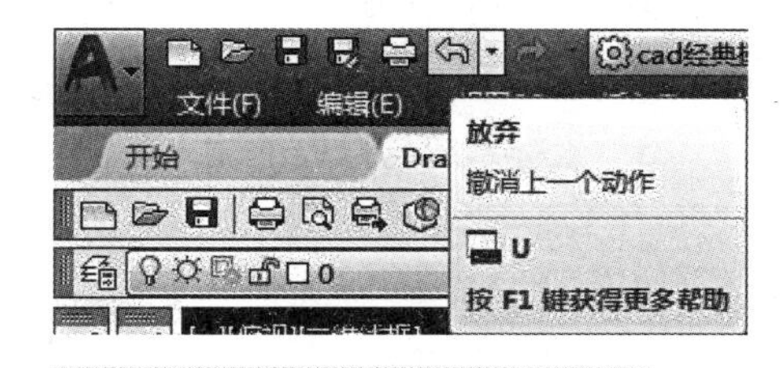

图1–45　标准栏中的“放弃”命令

图1–46　多重放弃或重做

3. 透明命令

在AutoCAD2020中，有些命令不仅可以直接在命令行中使用，还可以在其他命令的执行过程中插入并执行，待该命令执行完毕后，系统继续执行原命令，这种命令被称为透明命令。透明命令一般多为修改图形设置或找开辅助绘图工具的命令。

如执行圆弧命令ARC时，在命令行提示“指定圆弧的起点或［圆心（C）]：”时输入“ZOOM”，则透明使用显示缩放命令，按<Esc>键退出该命令后，则恢复执行ARC命令，如图1-47所示。

4. 按键定义

在AutoCAD2020中，除了可以通过在命令行窗口输入命令、单击工具栏图标或选择菜单命令来完成命令外，还可以使用键盘上的一组功能键或快捷键，快速实现指定功能，如按F1键，系统将调用AutoCAD帮助对话框。

系统使用AutoCAD传统标准（Windows之前）或Microsoft Windows标准解释快捷键。有些功能键或快捷键在AutoCAD的菜单中已经指出，如“粘贴”功能的快捷键为“Ctrl+V”，这些只要在使用的过程中多加留意，就会熟练掌握。快捷键的定义参见菜单命令后面的说明。

5. 命令执行方式

有的命令有两种执行方式，通过对话框或通过命令行输入命令。如果指定使用命令行方式，可以在命令名前加短横线来表示，如“-LAYER”表示用命令行方式执行“图层”命令。而如果在命令行中输入“LAYER”，系统则会自动打开”图层”对话框。另外，有些命令同时存在命令行、菜单和工具栏3种执行方式，这时如果选择菜单或工具栏方式，命令行会显示该命令，并在前面加一个下划线。

6. 坐标系统与数据的输入方法

（1）坐标系。AutoCAD采用两种坐标系，即世界坐标系（WCS）与用户坐标系。刚进入AutoCAD2020时出现的坐标系统就是世界坐标系，是固定的坐标系统。世界坐标系也是坐标系统中的基准，绘制图形时多数情况下都是在这个坐标系统下进行的。调用用户坐标系命令的方法有以下3种：

1）在命令行中输入“UCS”命令。

2）选择菜单栏中的“工具”/“新建UCS”命令。

3）单击“UCS”工具栏中的“UCS”命令。

AutoCAD有两种视图显示方式，即模型空间和布局空间。模型空间是指单一视图显示法，用户通常使用的都是这种显示方式，如图1-48所示；布局空间是指在绘图区域创建图形的多视图，用户可以对其中每一个视图进行单独操作，如图1-49所示。在默认情况下，当前UCS与WCS重合。

（2）数据输入方法。在AutoCAD2020中，点的坐标可以用直角坐标、极坐标、球面坐标和柱面坐标表示，每一种坐标又分别具有两种坐标输入方式：绝对坐标和相对坐标。其中直角坐标和极坐标最为常用，下面主要介绍它们的输入。

1）直角坐标法。用点的X、Y坐标值表示的坐标，如图1-50所示。

2）极坐标法。用长度和角度表示的坐标，只能用来表示二维坐标。

在绝对坐标输入方式下，表示为“长度＜角度”，其中长度为该点到坐标原点的距离，角度为该点至原点的连线与X轴正向的夹角，如图1-51a所示。

在相对坐标输入方式下，表示为“@长度＜角度”，其中长度为该点到前一点的距离，角度为该点至前一点的连线与X轴正向的夹角，如图1-51b所示。

（3）动态数据输入。按下状态栏上的“DYN”按钮，系统弹出动态输入功能，可以在屏幕上动态地输入某些参数数据，例如在绘制直线时，在光标附近，会动态地显示“指定第一点”，以及后面的坐标

命令: _arc
ARC 指定圆弧的起点或 [圆心(C)]: zoom
模型 布局1 布局2 +

图1-47　命令行输入“ZOOM”命令

图1-48 模型空间

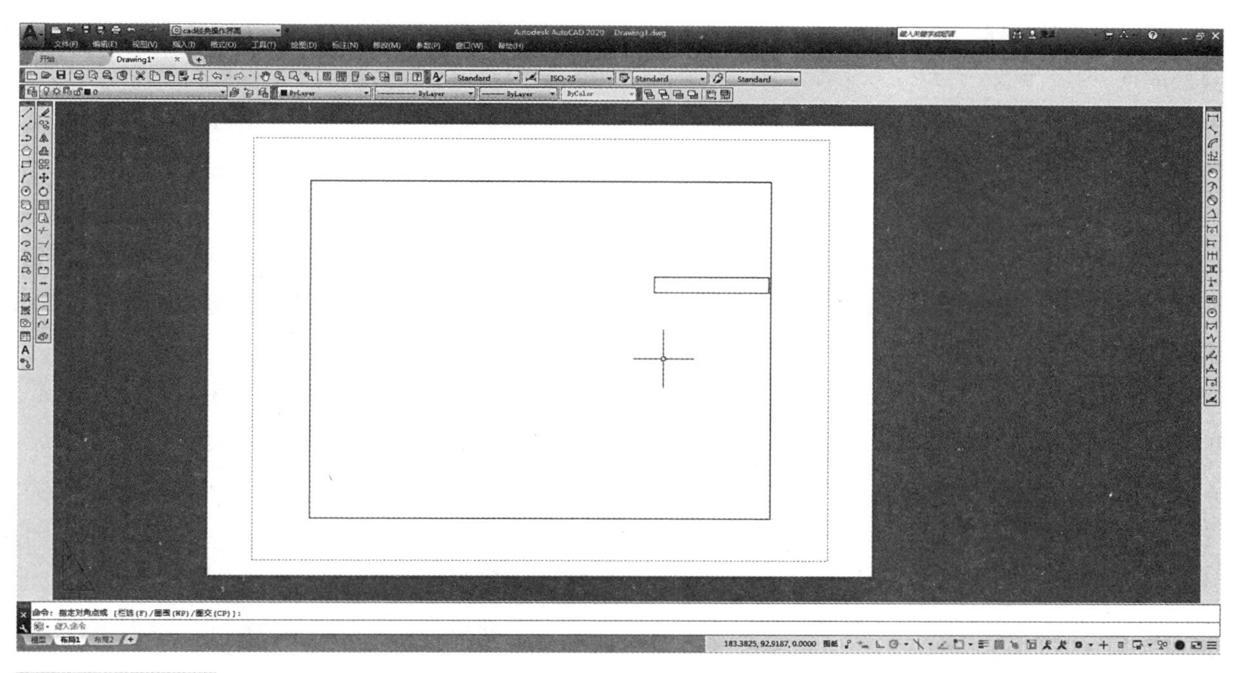

图1-49 布局空间

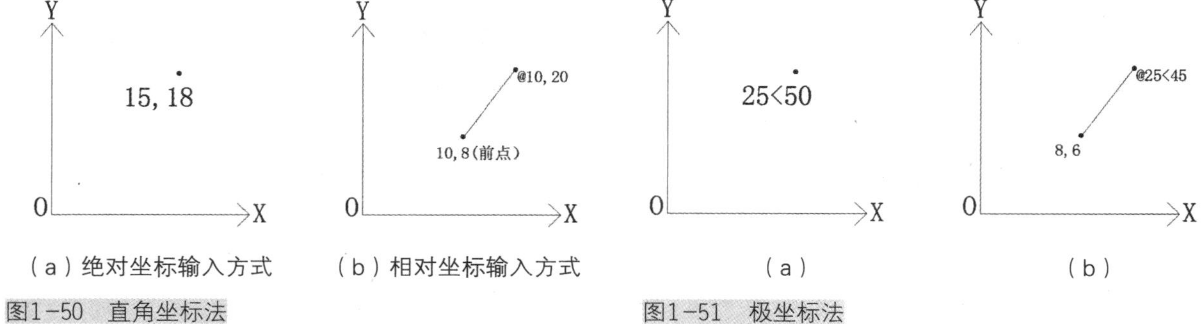

图1-50 直角坐标法

图1-51 极坐标法

框，当前显示的是光标所在位置，可以输入数据，两个数据之间以逗号隔开。在选择第一点后，系统动态显示直线的角度，同时要求输入线段长度值，其输入效果与“@长度<角度”方式相同，如图1-52所示。

以下介绍点与距离值的输入方法：

1）点的输入。绘图过程中，常需要输入点的位置，AutoCAD提供了以下几种输入点的方式。

①用键盘直接在命令行窗口中输入点的坐标。直角坐标有两种输入方式，即“X，Y”（点的绝对坐标值）和“@X，Y”（相对于上一点的相对坐标值）。坐标值均相对于当前的用户坐标系。

②极坐标的输入方式为“长度<角度”（其中，长度为点到坐标原点的距离，角度为原点至该点连线与X轴的正向夹角）或“@长度<角度”（相对于上一点的相对极坐标）。

③用鼠标等定标设备移动光标单击鼠标在屏幕上直接取点。

④用目标捕捉方式捕捉屏幕上已有图形的特殊点（如端点、中点、中心点、插入点、交点、切点、垂足点等）。

⑤直接输入距离，即先用光标拖拉出橡筋线确定方向，然后用键盘输入距离。这样有利于准确控制对象的长度等参数。

2）距离值的输入。在AutoCAD命令中，有时需要提供高度、宽度、半径、长度等距离值。AutoCAD提供了两种输入距离值的方式：

①用键盘在命令行窗口中直接输入数值。

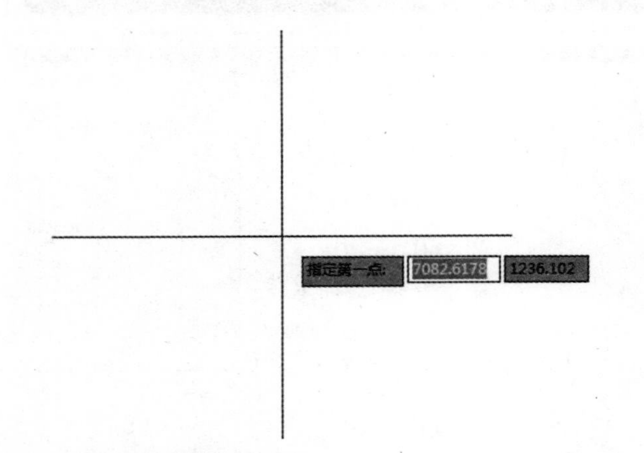

图1-52 动态输入数据

②在屏幕上拾取两点，以两点的距离值定出所需数值。

三、绘图辅助工具

绘图辅助工具主要指辅助定位工具，在绘制图形时，可以使用直角坐标和极坐标精确定位点，但是有些点（如端点、中心点等）的坐标是不知道的，要想精确地指定这些点，难度是可想而知的，有时甚至是不可能的。AutoCAD提供了辅助定位工具，使用这类工具，可以很容易地在屏幕中捕捉到这些点，进行精确的绘图。

1. 栅格

AutoCAD的栅格由有规则的点的矩阵组成，延伸到指定为图形界限的整个区域。使用栅格和在坐标纸上绘图是十分相似的，利用栅格可以对齐对象并直观显示对象之间的距离。如果放大或缩小图形，可能需要调整栅格间距，使其更适合新的比例。虽然栅格在屏幕上是可见的，但它并不是图形对象，因此它不会被打印成图形中的一部分，也不会影响在何处绘图。

可以单击状态栏上的“栅格”按钮或按“F7”键打开或关闭栅格。启用栅格并设置栅格在X轴方向和Y轴方向上的间距的方法如下：

（1）在命令行中输入“DSETTINGS”或“DS”，“SE”或“DDRMODES”命令。

（2）选择菜单栏中的“工具”/“绘图设置”命令。

（3）右键单击“栅格”按钮，在弹出的快捷菜单中选择“设置”命令。

执行上述命令，系统弹出“草图设置”对话框，如图1-53所示。

如果需要显示栅格，选中“启用栅格”复选框。在“栅格X轴间距”文本框中输入栅格点之间的水平距离，单位为mm。如果使用相同的间距设置垂直和水平分布的栅格点，则按Tab键；如果间距设置不同则可以在“栅格Y轴间距”文本框中输入栅格点之间的垂直距离。

用户可改变栅格与图形界限的相对位置。捕捉可以使用户直接使用鼠标快速地定位目标点。捕捉模式

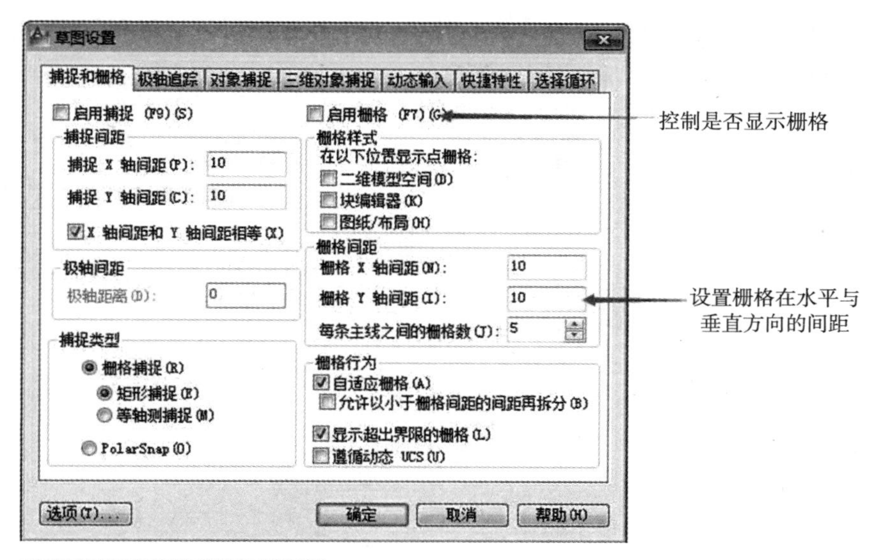

图1-53 “草图设置”对话框

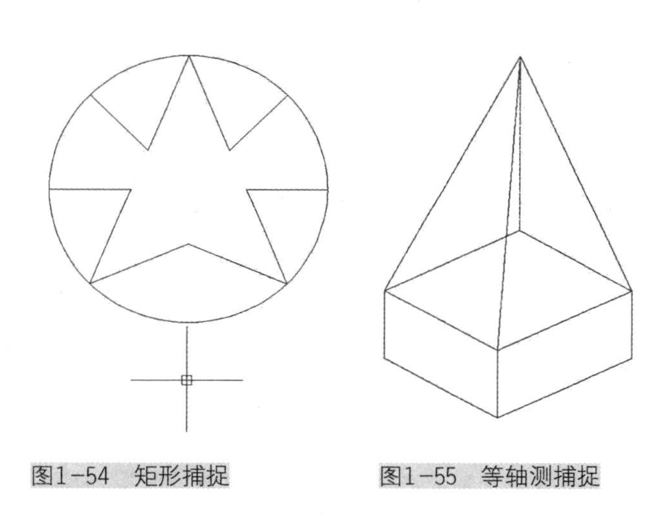

图1-54 矩形捕捉　　图1-55 等轴测捕捉

有几种不同的形式：栅格捕捉、对象捕捉、极轴捕捉和自动捕捉。这些在下文中将详细讲解。另外，可以使用GRID命令通过命令行方式设置栅格，功能与“草图设置”对话框类似，此处不再详细解说。

2. 捕捉

AutoCAD可以生成一个隐含分布于屏幕上的栅格，这种栅格能够捕捉光标，使得光标只能落到其中的一个栅格点上。捕捉可分为“矩形捕捉”和“等轴测捕捉”两种类型，如图1-54、图1-55所示。默认设置为“矩形捕捉”，即捕捉点的阵列类似于栅格。用户可以指定捕捉模式在x轴方向和Y轴方向上的间距，也可改变捕捉模式与图形界限的相对位置。与栅格不同之处在于捕捉间距的值为正实数；另外捕捉模式不受图形界限的约束。“等轴测捕捉”的模式是绘制正等轴测图时的工作环境。在“等轴测捕捉”模式下，栅格和光标十字线成特定角度。

（1）极轴捕捉。极轴捕捉是在创建或修改对象时，按事先给定的角度增量和距离增量来追踪特征点，即捕捉相对于初始点并且满足指定极轴距离和极轴角的目标点。

极轴追踪设置主要是设置追踪的距离增量和角度增量，以及与之相关联的捕捉模式。这些设置可以通过“草图设置”对话框的“捕捉和栅格”选项卡与“极轴追踪”选项卡来实现。

1）设置极轴距离。在“草图设置”对话框的“捕捉和栅格”选项卡中，可以设置极轴距离，单位为mm。绘图时，光标将按指定的极轴距离增量进行移动，如图1-56所示。

2）设置极轴角度。在“草图设置”对话框的“极轴追踪”选项卡中，可以设置极轴角增量角度。设置时，可以在“增量角”下拉列表框中选择90、45、30、22.5、18、15、10和5为极轴角增量，也可以直接输入其他任意角度。光标移动时，如果接近极轴角，将显示对齐路径和工具栏提示，如图1-57所示。

“附加角”用于设置极轴追踪时是否采用附加角度追踪。选中“附加角”复选框后，可通过“增加”

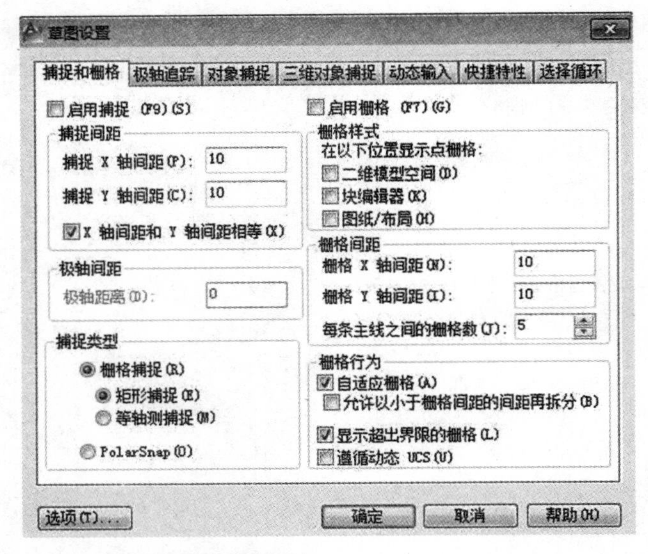

图1-56 设置捕捉和栅格

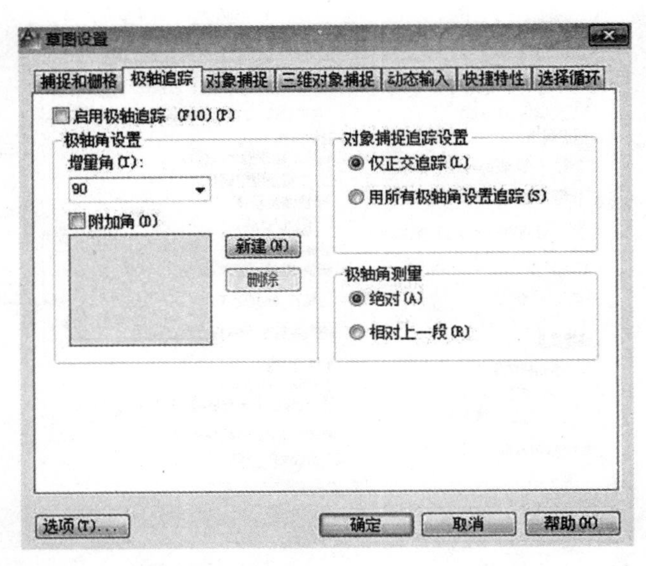

图1-57 设置极轴追踪

命令或者“删除”命令来增加、删除附加角度值。

3）对象捕捉追踪设置。用于设置对象捕捉追踪的模式。如果选中“仅正交追踪”单选按钮，则当采用追踪功能时，系统仅在水平和垂直方向上显示追踪数据；如果选中“用所有极轴角设置追踪”单选按钮，则当采用追踪功能时，系统不仅可以在水平和垂直方向显示追踪数据，还可以在设置的极轴追踪角度与附加角度所确定的一系列方向上显示追踪数据。

4）极轴角测量。用于设置极轴角的角度测量采用的参考基准，“绝对”则是相对水平方向逆时针测量，“相对上一段”则是以上一段对象为基准进行测量。

（2）对象捕捉。AutoCAD给所有的图形对象都定义了特征点，对象捕捉则是指在绘图过程中，通过捕捉这些特征点，迅速准确地将新的图形对象定位在现有对象的确切位置上，例如圆的圆心、线段中点或两个对象的交点等。在AutoCAD2020中，可以通过单击状态栏中的“对象捕捉”命令，或是在“草图设置”对话框中选择“对象捕捉”选项卡并选中“启用对象捕捉”单选命令，来完成启用对象捕捉功能。在绘图过程中，对象捕捉功能的调用可以通过以下方式完成：

1）“对象捕捉”工具栏，如图1-58所示。在绘图过程中，当系统提示需要指定点位置时，可以单击“对象捕捉”工具栏中相应的特征点命令，再把光标移动到要捕捉的对象上的特征点附近，AutoCAD会自动提示并捕捉到这些特征点。

图1-58 “对象捕捉”工具栏

2）对象捕捉快捷菜单。在需要指定点位置时，还可以按住Ctrl键或Shift键，单击鼠标右键，弹出“对象捕捉”快捷菜单，如图1-59所示，从该菜单中可以选择某一种特征点执行对象捕捉，把光标移动到要捕捉对象上的特征点附近，即可捕捉到这些特征点。

3）使用命令行。当需要指定点位置时，在命令行中输入相应特征点的关键字，把光标移动到要捕捉对象上的特征点附近，即可捕捉到这些特征点。

（3）自动对象捕捉。在绘制图形的过程中，使用对象捕捉的频率非常高，出于此种考虑，AutoCAD2020提供了自动对象捕捉模式。如果启用自动捕捉功能，当光标距指定的捕捉点较近时，系统会自动精确地捕捉这些特征点，并显示出相应的标记以及该捕捉的提示。选择“草图设置”对话框中的“对象捕捉”选项卡，选中“启用对象捕捉追踪”复选框，可以启用自动对象捕捉功能，如图1-60所示。注意，对象捕捉命令不可单独使用，且不能捕捉不可见的对象。

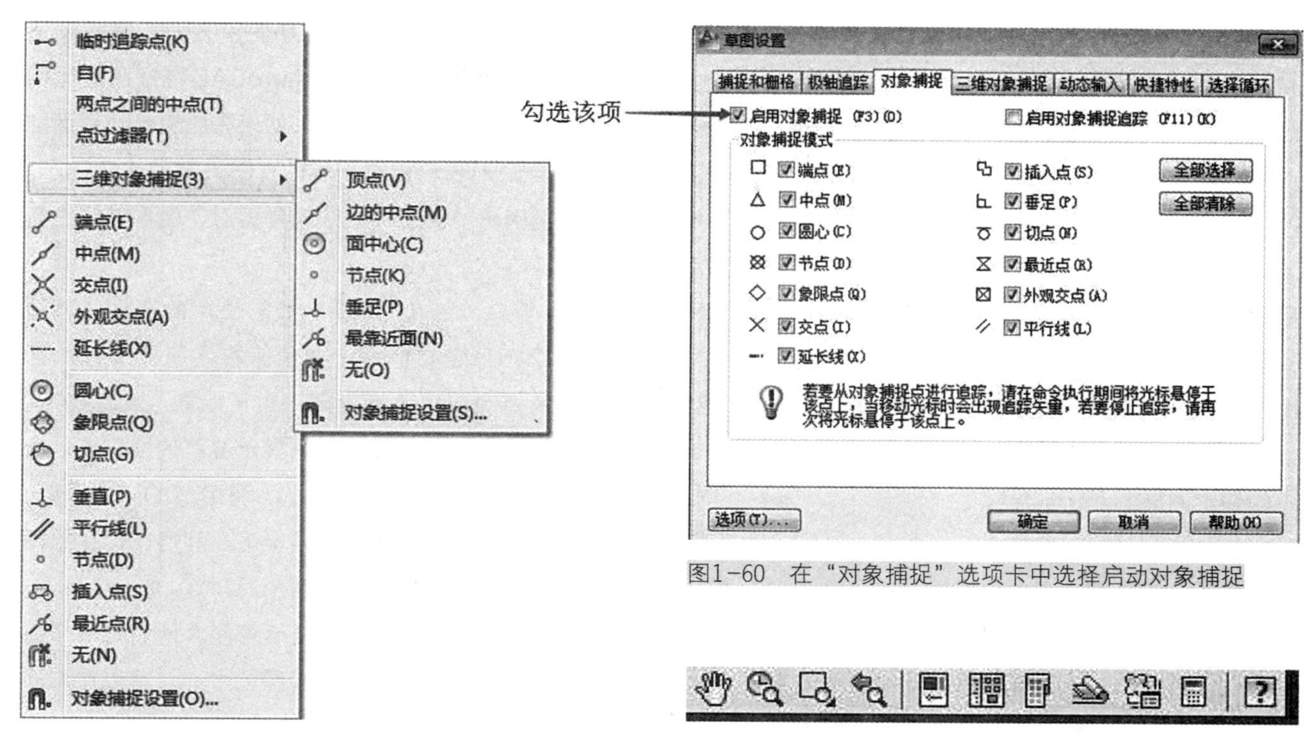

图1-59 “对象捕捉”快捷菜单

图1-60 在“对象捕捉”选项卡中选择启动对象捕捉

图1-61 “标准”工具栏

3. 正交绘图

正交绘图模式是指在执行命令的过程中，光标只能沿X轴或Y轴移动。所有绘制的线段和构造线都将平行于X轴或Y轴，因此它们相互垂直成90°相关，即正交。使用正交绘图特别是当绘制构造线时经常使用，而且当捕捉模式为等轴测模式时，它还迫使直线平行于3个等轴测中的一个。

设置正交绘图可以直接单击状态栏中“正交”按钮或按“F8”键，相应地会在文本窗口中显示开/关提示信息。也可以在命令行中输入“ORTHO”命令，执行开启或关闭正交绘图功能。注意正交模式和极轴模式不能同时打开。

四、图形显示工具

为解决对图形局部细节进行更好地查看和操作这类问题，AutoCAD提供了缩放、平移、视图、鸟瞰视图和视口命令等一系列图形显示控制命令，可以用来任意地放大、缩小或移动屏幕上的图形显示，或者同时从不同的角度、不同的部位来显示图形。AutoCAD还提供了重画和重新生成命令来刷新屏幕、重新生成图形。

1. 图形缩放

图形缩放命令类似于照相机的镜头，可以放大或缩小屏幕所显示的范围，只改变视图的比例，但是对象的实际尺寸并不发生变化。图形缩放功能在绘制大幅面机械图，尤其是装配图时非常有用，是使用频率最高的命令之一。该命令可以在其他命令执行时运行。执行图形缩放命令，主要有以下3种方法：

（1）在命令行中输入“ZOOM”命令。

（2）选择菜单栏中的“视图”/“缩放”命令。

（3）单击“标准”工具栏中的“实时缩放”命令，如图1-61所示。

执行上述命令后，根据系统提示指定窗口的角点，然后输入比例因子。命令行提示中各选项的含义如下：

1）实时。这是缩放命令的默认操作，即在输入“ZOOM”命令后，直接按Enter键，将自动执行实时缩放操作。实时缩放就是通过上下移动鼠标交替进行放大和缩小。在使用实时缩放时，系统会显示一个“+”号或“-”号。当缩放比例接近极限时，AutoCAD将不再与光标一起显示“+”号或“-”号。需要从实时缩放操作中退出时，可按Enter键、Esc键或在空白处单击鼠标右键，在弹出的快捷菜单中选择“退出”命令。

2）全部（A）。执行ZOOM命令后，在提示文字后输入“A”，即可执行“全部（A）”缩放操作。不论图形有多大，该操作都将显示图形的边界或范围，即使对象不包括在边界以内，它们也将被显示。因此，使用“全部（A）”缩放选项，可查看当前视口中的整个图形。

3）中心（C）。通过确定一个中心点，该选项可以定义一个新的显示窗口。操作过程中需要指定中心点以及输入比例或高度。默认新的中心点就是视图的中心点，默认的输入高度就是当前视图的高度，直接按<Enter>键后，图形将不会被放大、输入比例，则数值越大，图形放大倍数也将越大。也可以在数值后面紧跟一个X，如3X，表示在放大时不是按照绝对值变化，而是按相对于当前视图的相对值缩放。

4）动态（D）。通过操作一个表示视口的视图框，可以确定所需显示的区域。选择该选项，在绘图窗口中出现一个小的视图框，按住鼠标左键左右移动可以改变视图框的大小，定形后释放左键，再按下鼠标左键移动视图框，确定图形中的放大位置，系统将清除当前视口并显示一个特定的视图选择屏幕。这个特定屏幕由有关当前视图及有效视图的信息所构成。

5）范围（E）。可以使图形缩放至整个显示范围。图形的范围由图形所在的区域构成，剩余的空白区域将被忽略。应用这个选项，图形中所有的对象都尽可能地被放大。

6）上一个（P）。在绘制一幅复杂的图形时，有时需要放大图形的一部分以进行细节的编辑。当编辑完成后，有时希望回到前一个视图。这种操作可以使用“上一个（P）”选项来实现。当前视口由缩放命令的各种选项或移动视图、视图恢复、平行投影或透视命令引起的任何变化，系统都会保存。每一个视口最多可以保存10个视图。连续使用“上一个（P）”选项可以恢复前10个视图。

7）比例（S）。提供了3种使用方法。在提示信息下，直接输入比例系数，AutoCAD将按照此比例因子放大或缩小图形的尺寸。如果在比例系数后面加一个“X”，则表示相对于当前视图计算的比例因子。使用比例因子的第三种方法就是相对于图形空间进行设置。

8）窗口（W）。窗口是最常使用的选项。通过确定一个矩形窗口的两个对角来指定所需缩放的区域，对角点可以由鼠标指定，也可以输入坐标确定。指定窗口的中心点将成为新的显示屏幕的中心点。窗口中的区域将被放大或者缩小。调用ZOOM命令时，可以在没有选择任何选项的情况下，利用鼠标在绘图窗口中直接指定缩放窗口的两个对角点。

9）对象（O）。缩放以便尽可能大地显示一个或多个选定的对象并使其位于视图的中心。可以在启动ZOOM命令前后选择对象。

2. 图形平移

当图形幅面大于当前视口时，可以使用图形缩放命令将图形放大，如果需要在当前视口之外观察或绘制一个特定区域时，可以使用图形平移命令来实现。平移命令能将在当前视口以外的图形的一部分移动进来查看并编辑，但不会改变图形的缩放比例。执行图形平移命令，主要有以下4种方法：

（1）在命令行中输入“PAN”命令。

（2）选择菜单栏中的“视图”/“平移”命令。

（3）单击“标准”工具栏中的“实时平移”命令。

（4）在绘图区域中单击鼠标右键，在弹出的快捷菜单中选择“平移”命令。

激活平移命令之后，光标形状将变成一只“小手”，可以在绘图窗口中任意移动，以示当前正处于平移模式。单击并按住鼠标左键将光标锁定在当前位置，即“小手”已经抓住图形，然后拖动图形使其移动到所需位置上。释放鼠标左键将停止平移图形。可以反复按下鼠标左键，拖动，释放，将图形平移到其他位置上，如图1-62所示。

平移命令预先定义了一些不同的菜单选项与命令，它们可用于在特定方向上平移图形，在激活平移命令后，这些选项可以从菜单“视图”/“平移”中

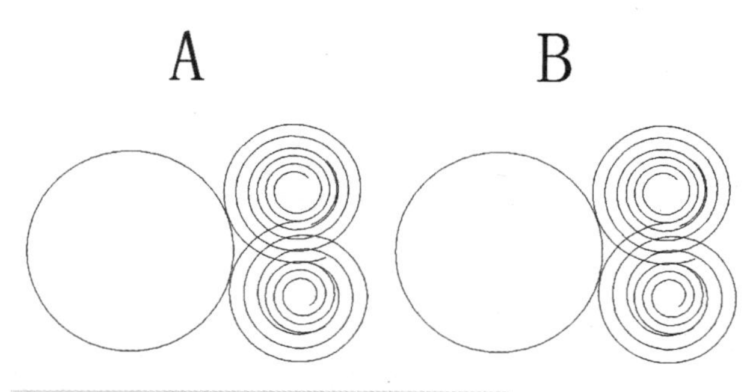

图1-62　平移命令将图形从A处移到B处

调用。

1）实时。它是平移命令中最常用的选项，也是默认选项，前面提到的平移操作都是指实时平移，通过鼠标的拖动来实现任意方向上的平移。

2）点。这个选项要求确定位移量，这就需要确定图形移动的方向和距离。可以通过输入点的坐标或用鼠标指定点的坐标来确定位移。

3）左。该选项移动图形使屏幕左部的图形进入显示窗口。

4）右。该选项移动图形使屏幕右部的图形进入显示窗口。

5）上。该选项向底部平移图形后，使屏幕顶部的图形进入显示窗口。

6）下。该选项向顶部平移图形后，使屏幕底部的图形进入显示窗口。

第四节　AutoCAD2020基本设置

一、设置绘图环境

一般来讲，使用AutoCAD2020的默认配置就可以绘图，但为了使用用户的定点设备或打印机并提高绘图的效率，推荐用户在开始作图前先进行必要的配置。

1. 图形单位

设置图形单位主要有以下两种方法：

（1）在命令行中输入“DDUNITS”或“UNITS”命令。

（2）选择菜单栏中的“格式”/“单位”命令。

执行上述命令后，系统打开“图形单位”对话框，如图1-63所示。该对话框用于定义单位和角度格式，其中的各参数设置如下：

1）“长度”选项组。在这里指定测量长度的当前单位及当前单位的精度。

2）“角度”选项组。在这里指定测量角度的当前单位、精度及旋转方向，默认方向为逆时针。

3）“插入时的缩放单位”下拉列表框。它控制使用工具选项板拖入当前图形的块的测量单位。如果块或图形创建时使用的单位与该选项指定的单位不同，则在插入这些块或图形时，将对其按比例缩放。插入比例是源块或图形使用的单位与目标图形使用的单位之比。如果插入块时不按指定单位缩放，则选择“无单位”选项。

4）“输出样例”选项组。在这里设定显示当前输出的样例值。

5）“光源”下拉列表框。它用于指定光源强度的单位。

6）“方向”按钮。单击该按钮，系统显示“方向控制”对话框。可以在该对话框中进行方向控制设置，如图1-64所示。

2. 图形边界设置

设置图形界限主要有以下两种方法：

（1）在命令行中输入“LIMITS”命令。

（2）选择菜单栏中的“格式”/“图形界限”命令。

执行上述命令后，根据系统提示输入图形边界左下角和右上角的坐标后按<Enter>键。执行该命令时，命令行各选项含义如下：

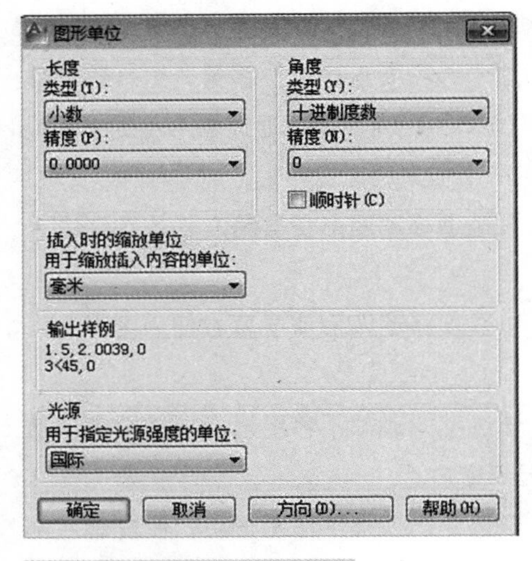

图1-63 “图形单位”对话框

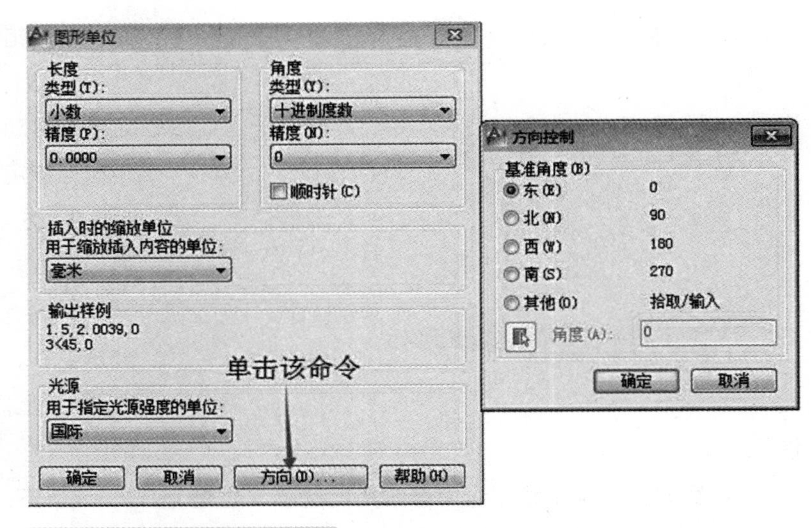

图1-64 “方向控制”对话框

1）开（ON）。使绘图边界有效，系统在绘图边界以外拾取点视为无效。

2）关（OFF）。使绘图边界无效，用户可以在绘图边界以外拾取点或实体。

3）动态输入角点坐标。它可以直接在屏幕上输入角点坐标，输入了横坐标值后，按下“,”键，接着输入纵坐标值，也可以在光标位置直接按下鼠标左键确定角点位置。

二、图层设置

AutoCAD中的图层就如同在手工绘图中使用的重叠透明图纸，可以使用图层来组织不同类型的信息。在AutoCAD2020中，图形的每个对象都位于一个图层上，所有图形对象都具有图层、颜色、线型和线宽这4个基本属性。每个CAD文档中图层的数量是不受限制的，每个图层都有自己的名称。

1. 建立新图层

新建的CAD文档中只能自动创建一个名为0的特殊图层。默认情况下，图层0将被指定使用7号颜色、Continuous线型、默认线宽以及NORMAL打印样式。不能删除或重命名图层0。通过创建新的图层，可以将类型相似的对象指定给同一个图层使其相关联。通过将对象分类放到各自的图层中，可以快速有效地控制对象的显示以及对其进行更改。调用图层特性管理器命令的方法有以下3种：

（1）在命令行中输入“LAYER”或“LA”命令。

（2）选择菜单栏中“格式”/“图层”命令。

（3）单击“图层”工具栏中的“图层特性管理器”命令。

执行上述命令后，系统弹出“图层特性管理器”选项板，如图1-65所示。

单击“图层特性管理器”选项板中的“新建”命令，建立新图层，默认的图层名为“图层1”。图层可以根据绘图需要更改名称，例如改为实体层、中心线层或标准层等。

在一个图形中可以创建的图层数以及在每个图层中可以创建的对象数实际上是无限的。图层最长可使用255个字符的字母数字命名。图层特性管理器按名称的字母顺序排列图层。

在每个图层属性设置中，包括图层名称、关闭/打开图层、冻结/解冻图层、锁定/解锁图层、图层线条颜色、图层线条线型、图层线条宽度、图层透明度、图层打印样式以及图层是否打印等几个参数。下面将分别介绍如何设置这些图层参数：

1）设置图层线条颜色。在工程制图中，整个图形包含多种不同功能的图形对象，例如实体、剖面线与尺寸标注等，为了便于直观地区分它们，有必要针对不同的图形对象使用不同的颜色，例如实体层使用白色、剖面线层使用青色等。

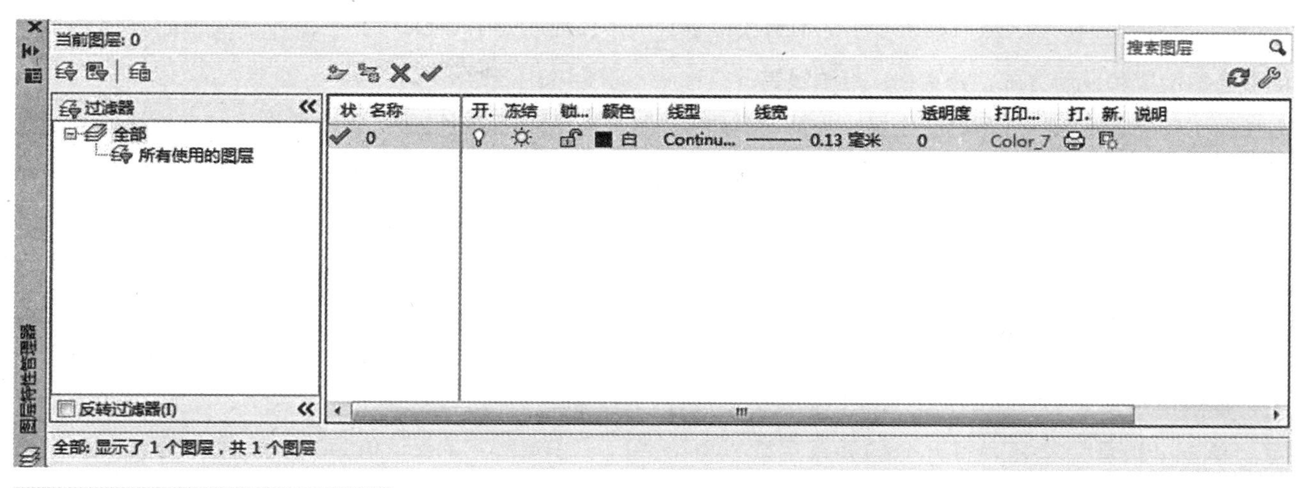

图1-65 “图层特性管理器”选项板

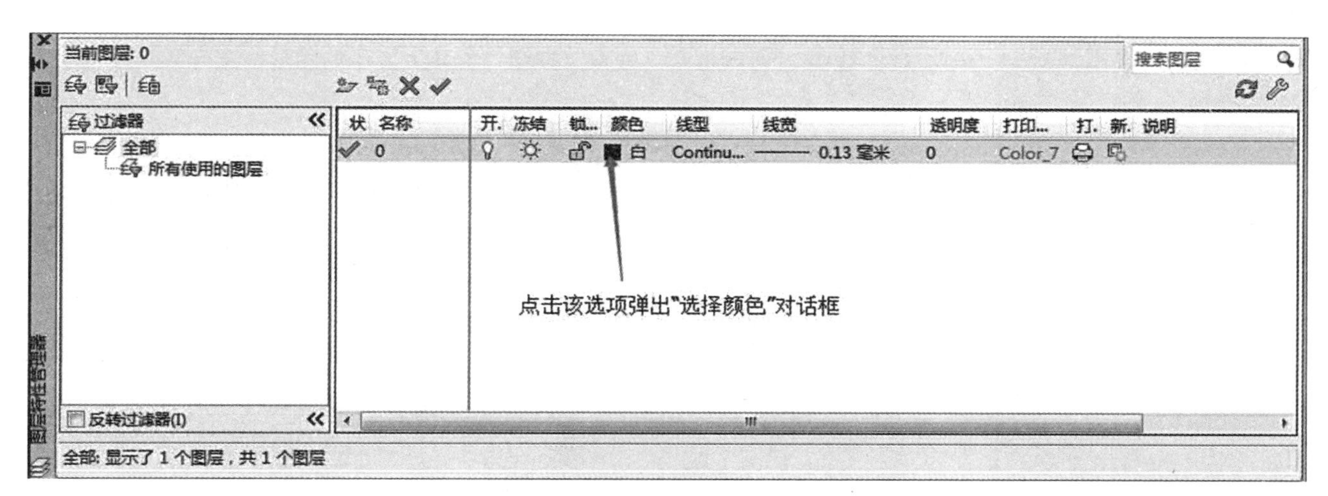

（a）

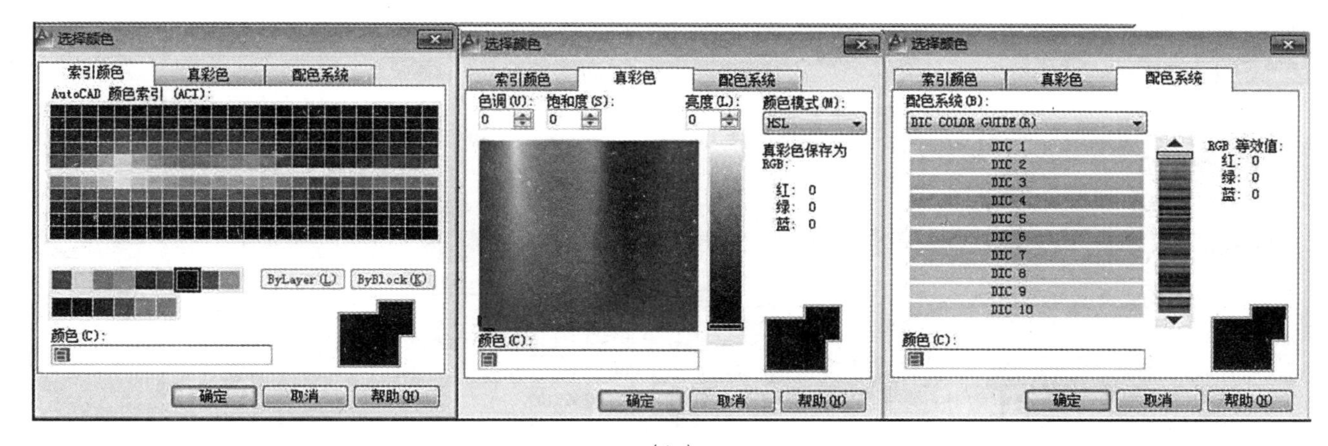

（b）

图1-66 “选择颜色”对话框

在改变图层的颜色时，单击图层所对应的颜色图标，弹出“选择颜色”对话框，它是一个标准的颜色设置对话框，可以使用“索引颜色”“真彩色”和“配色系统”3个选项卡来选择颜色。系统显示RGB，即Red（红）、Green（绿）和Blue（蓝）3种颜色的配比，如图1-66所示。

2）设置图层线型。线型是指作为图形基本元素的线条的组成和显示方式，如实线、点画线等。在许多绘图工作中，常常以线型划分图层，为某一个图层设置适合的线型，在绘图时，只需将该图层设为当前工作层，即可绘制出符合线型要求的图形对象，极大地提高了绘图的效率。

单击图层所对应的线型图标，弹出“选择线型”对话框。默认情况下，在“已加载的线型”列表框中，系统中只添加了Continuous线型，如图1–67所示。单击“加载”按钮，打开“加载或重载线型”对话框，可以看到AutoCAD2020还提供了许多其他的线型，用鼠标选择所需线型，单击“确定”按钮，即可把该线型加载到“已加载的线型”列表框中，可以按住<Ctrl>键选择几种线型同时加载，如图1–68所示。

3）设置图层线宽。线宽设置顾名思义就是改变线条的宽度。用不同宽度的线条表现图形对象的类型，可以提高图形的表达能力和可读性，例如绘制外螺纹时大径使用粗实线，小径使用细实线。单击图层所对应的线宽图标，弹出“线宽”对话框，选择一个线宽，单击“确定”按钮完成对图层线宽的设置。

图层线宽的默认值为0.25mm。在状态栏为“模型”状态时，显示的线宽同计算机的像素有关。线宽为零时，显示为一个像素的线宽。单击状态栏中的”线宽”按钮，屏幕上显示的图形线宽与实际线宽成比

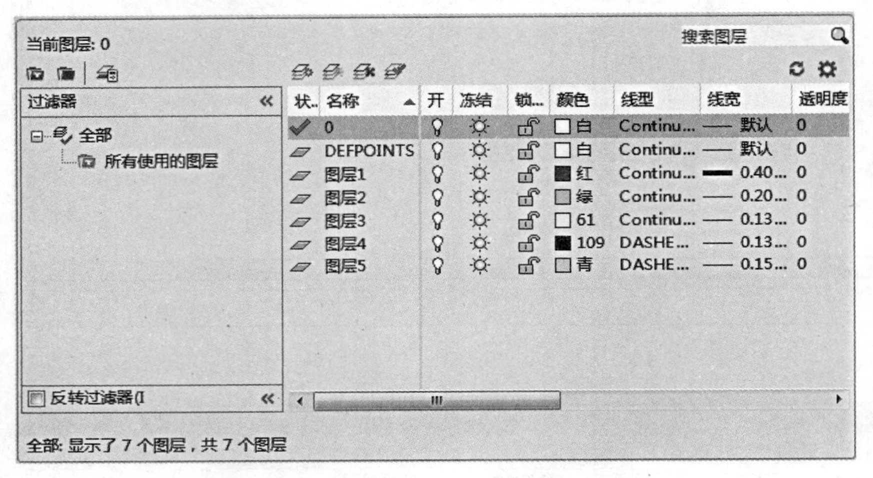

（a）

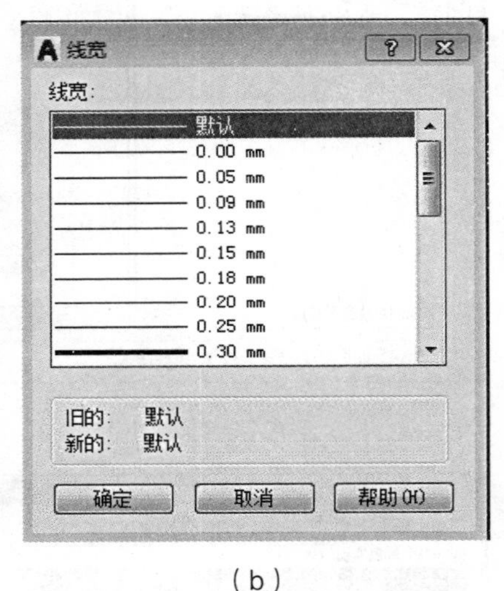

（b）

图1–67　修改线型

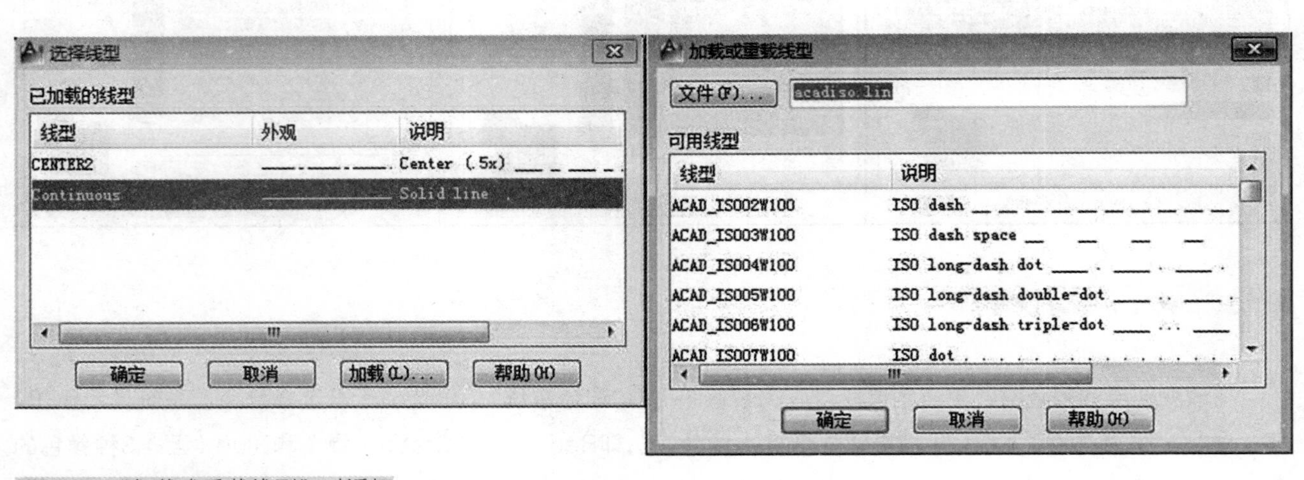

图1–68　“加载或重载线型”对话框

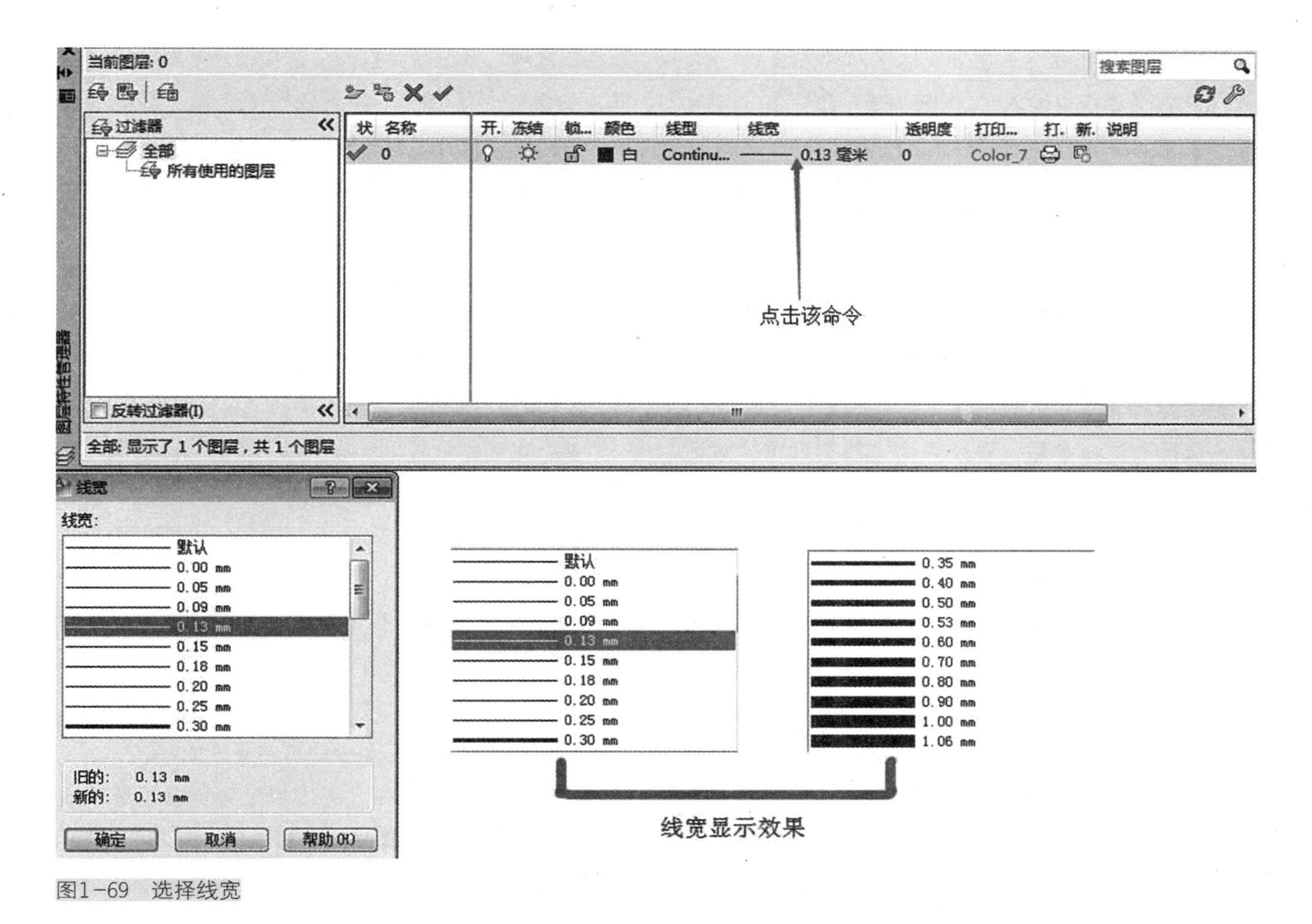

图1-69　选择线宽

例，但线宽不随着图形的放大和缩小而变化。“线宽”功能关闭时，不显示图形的线宽，图形的线宽均以默认宽度值显示。可以在“线宽”对话框中选择需要的线宽，如图1-69所示。

2. 设置图层

除了上面讲述的通过图层管理器设置图层的方法外，还有几种其他的简便方法可以设置图层的颜色、线宽、线型等参数。

（1）直接设置图层。可以直接通过命令行或菜单设置图层的颜色、线宽、线型。

1）调用颜色命令，主要有以下两种方法：

①在命令行中输入“COLOR”命令。

②选择菜单栏中的“格式”/“颜色”命令。

执行上述命令后，系统弹出“选择颜色”对话框，如图1-70所示。

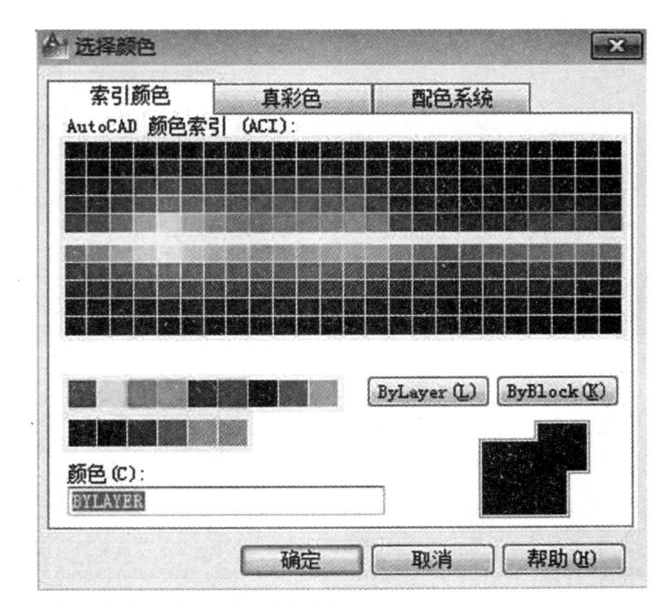

图1-70　“选择颜色”对话框

2）调用线型命令，主要有以下两种方法：

① 在命令行中输入“LINETYPE”命令。

② 选择菜单栏中的“格式”/“线型”命令。

执行上述命令后，系统弹出“线型管理器”对话框，该对话框的使用方法与“选择线型”对话框类似，如图1–71所示。

3）调用线宽命令，主要有以下两种方法：

① 在命令行中输入“LINEWEIGHT”命令。

② 选择菜单栏中的“格式”/“线宽”命令。

执行上述命令后，系统弹出“线宽设置”对话框，该对话框的使用方法与“线宽”对话框类似，如图1–72所示。

（2）利用“特性”工具栏设置图层。AutoCAD提供了一个“特性”工具栏，如图1–73所示。使用该工具栏可以快速地查看和改变所选对象的图层、颜色、线型和线宽等特性。“特性”工具栏上的图层颜色、线型、线宽和打印样式的控制增强了查看和编辑对象属性的命令。在绘图区选择任何对象后都将在工具栏上自动显示其所在图层、颜色、线型等属性。

也可以在“特性”工具栏上的“颜色”“线型”“线宽”和“打印样式”下拉列表框中选择需要的参数值。如果在“颜色”下拉列表框中选择“选择颜色”选项，系统就会打开“选择颜色”对话框；同样，如果在“线型”下拉列表框中选择“其他”选项，系统就会打开“线型管理器”对话框。

（3）用“特性”选项板设置图层。调用特性命令，主要有以下3种方法：

1）在命令行中输入“DDMODIFY”或“PROPERTIES”命令。

2）选择菜单栏中的“修改”/“特性”命令。

3）单击“标准”工具栏中的“特性”命令。

执行上述命令后，系统弹出“特性”选项板，在其中可以方便地设置或修改图层、颜色、线型、线宽等属性，如图1–74所示。

3. 控制图层

（1）切换当前图层。不同的图形对象需要绘制在不同的图层中，在绘制前，需要将工作图层切换到所需的图层上。打开“图层特性管理器”选项板，选择图层，单击“当前”命令即可完成设置。

（2）删除图层。在“图层特性管理器”选项板中的图层列表框中选择要删除的图层，单击“删除”按钮即可删除该图层。从图形文件定义中删除选定的图层，只能删除未参照的图层。参照图层包括图层0及DEFPOINTS、包含对象（包括块定义中的对象）

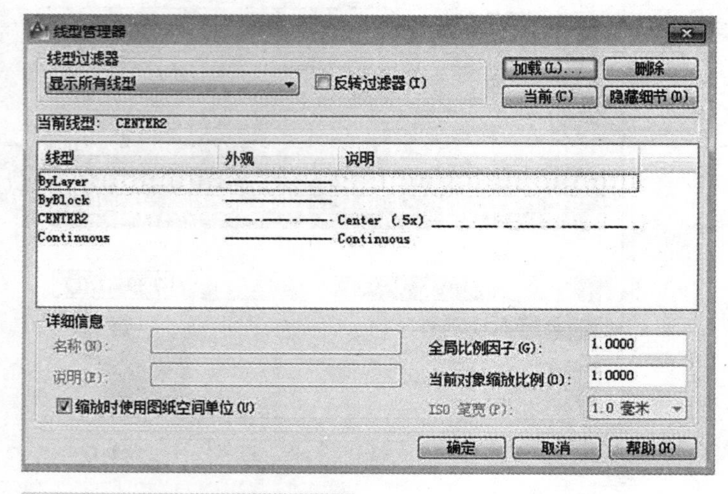

图1–71 “线型管理器”对话框

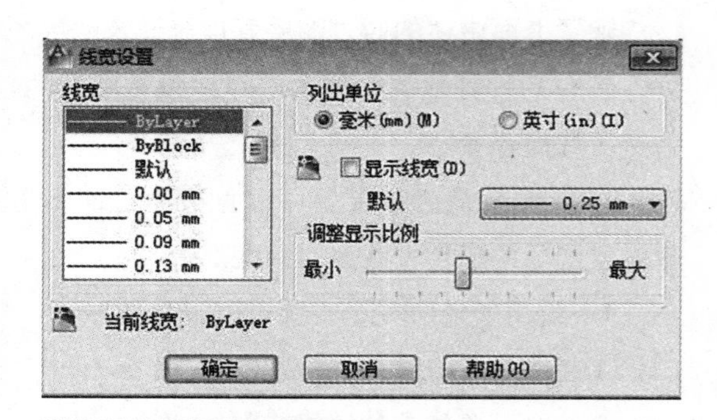

图1–72 “线宽设置”对话框

图1–73 “特性”工具栏

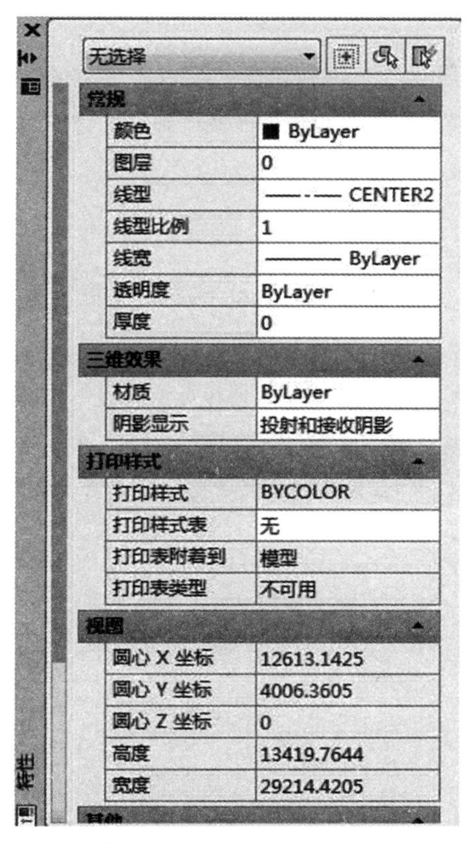

图1-74 “特性”选项板

的图层、当前图层和依赖外部参照的图层。不包含对象（包括块定义中的对象）的图层、非当前图层和不依赖外部参照的图层都可以删除。

（3）关闭/打开图层。在“图层特性管理器”选项板中单击“开/关图层”按钮，可以控制图层的可见性。

当图层打开时，图标小灯泡呈鲜艳的颜色，该图层上的图形可以显示在屏幕上或绘制在绘图仪上。当单击“开/关图层”按钮后，图标小灯泡呈灰暗色时，该图层上的图形不显示在屏幕上，而且不能被打印输出，但仍然作为图形的一部分保留在文件中。

（4）冻结/解冻图层。在“图层特性管理器”选项板中单击“在所有视口中冻结/解冻”按钮，可以冻结图层或将图层解冻。图标呈雪花灰暗色时，该图层是冻结状态；图标呈太阳鲜艳色时，该图层是解冻状态，如图1-75所示。冻结图层上的对象不能显示，也不能打印，同时也不能编辑修改该图层上的图形对象。在冻结了图层后，该图层上的对象不影响其他图层上对象的显示和打印。例如，在使用HIDE命令消隐时，被冻结图层上的对象不隐藏。

（5）锁定/解锁图层。在“图层特性管理器”选项板中单击“锁定/解锁图层”按钮，可以锁定图层或将图层解锁。锁定图层后，该图层上的图形依然显示在屏幕上并可打印输出，也可以在该图层上绘制新的图形对象，但用户不能对该图层上的图形进行编辑修改操作。可以对当前图层进行锁定，也可对锁定图层上的图形执行查询和对象捕捉命令。锁定图层可以防止对图形的意外修改。

（6）打印样式。在AutoCAD2020中，可以使用

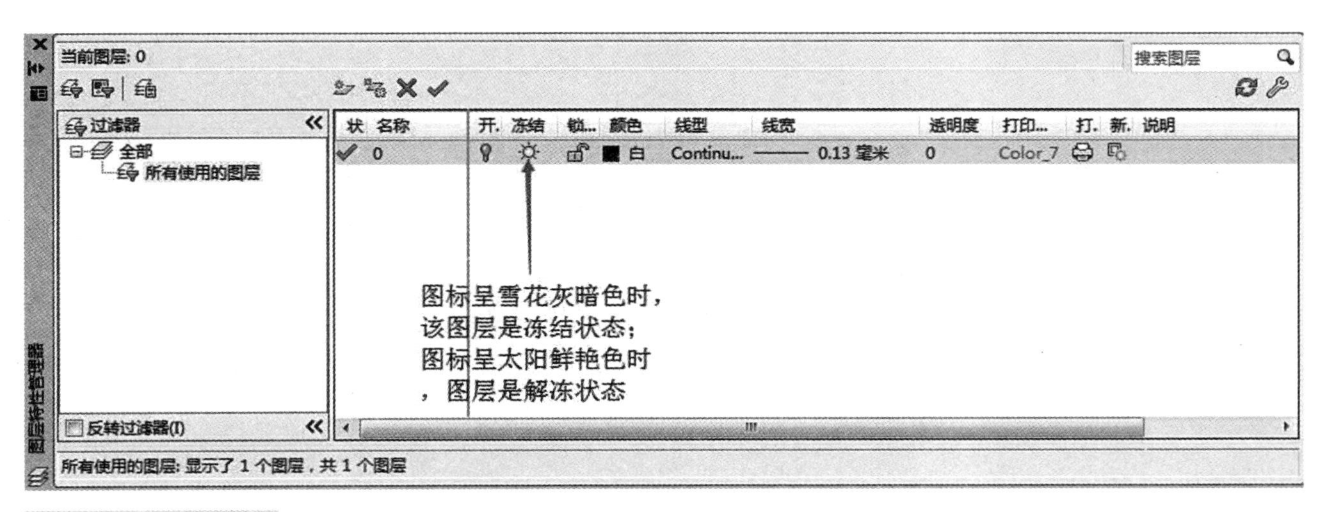

图1-75 冻结/解冻图层

一个称为“打印样式”的新的对象特性。打印样式控制对象的打印特性，包括颜色、抖动、灰度、笔号、虚拟笔、淡显、线型、线宽、线条端点样式、线条连接样式和填充样式。使用打印样式给用户提供了很大的灵活性，因为用户可以设置打印样式来替代其他对象特性，也可以按用户需要关闭这些替代设置。

（7）打印/不打印。在“图层特性管理器”选项板中单击“打印/不打印”按钮，可以设置在打印时该图层是否打印，以在保证图形显示可见不变的条件下，控制图形的打印特征。打印功能只对可见的图层起作用，对于已经被冻结或被关闭的图层不起作用。

（8）冻结新视口。控制在当前视口中图层的冻结和解冻。不解冻图形中设置为“关”或“冻结”的图层，对于模型空间视口不可用。

本章小结：

本章介绍了AutoCAD2020的基本操作方法，初学者需要彻底熟悉AutoCAD2020的操作界面与窗口布局状况，一定要熟记国家制图标准与材料图例，不要急于绘图，待基础知识掌握牢固后再开始绘制图纸。

课后练习

1. 正确设置操作界面，调用常用的工具栏。
2. 了解AutoCAD2020的基本操作界面。
3. 熟练掌握AutoCAD2020的基本操作工具。
4. 尝试在AutoCAD2020中设置图层、线宽、颜色以及线型等。

第二章

由二维命令熟悉AutoCAD2020

PPT 课件

视频教学

配套素材

*若扫码失败请使用浏览器或其他应用重新扫码

学习难度：★★★☆☆
重点概念：点类、线段类、圆类、平面图形类、编辑类、二维工具栏

章节导读

二维图形是指在二维平面空间绘制的图形，主要由一些图形元素组成，如点、直线、圆弧、圆、椭圆、矩形、多边形、多段线、样条曲线、多线等，本章主要讲述直线、圆和圆弧、椭圆和椭圆弧、平面图形、点、多段线、样条曲线和多线等的绘图命令。

第一节　点类二维绘图命令

点在AutoCAD2020中有多种不同的表达方式，用户可以根据需要进行设置，也可以设置等分点和测量点。

一、点命令

1. 绘制点

通常认为，点是最简单的图形单元。在工程图形中，点通常用来标定某个特殊的坐标位置，或者作为某个绘制的起点和基础。为了使点更显眼，AutoCAD为点设置了各种样式，用户可以根据需要来选择。调用点命令，主要有以下两种方法：

（1）在命令行中输入“POINT”或“PO”命令。

（2）选择菜单栏中的“绘图”/“点”命令。

执行点命令之后，将出现命令行提示，在命令行提示后输入点的坐标或使用鼠标在屏幕上进行单击，即可完成点的绘制。

1）通过菜单方法进行操作时，“单点”命令表示只输入一个点，“多点”命令表示可输入多个点，如图2-1所示。

2）可以单击状态栏中的“对象捕捉”开关按钮，设置点的捕捉模式，帮助用户拾取点。

3）点在图形中的表示样式共有20种。可通过DDPTYPE命令或选择“格式”/“点样式”命令，打开“点样式”对话框来设置点样式，如图2-2所示。

2. 绘制定数等分点

有时需要把某个线段或曲线按一定的份数

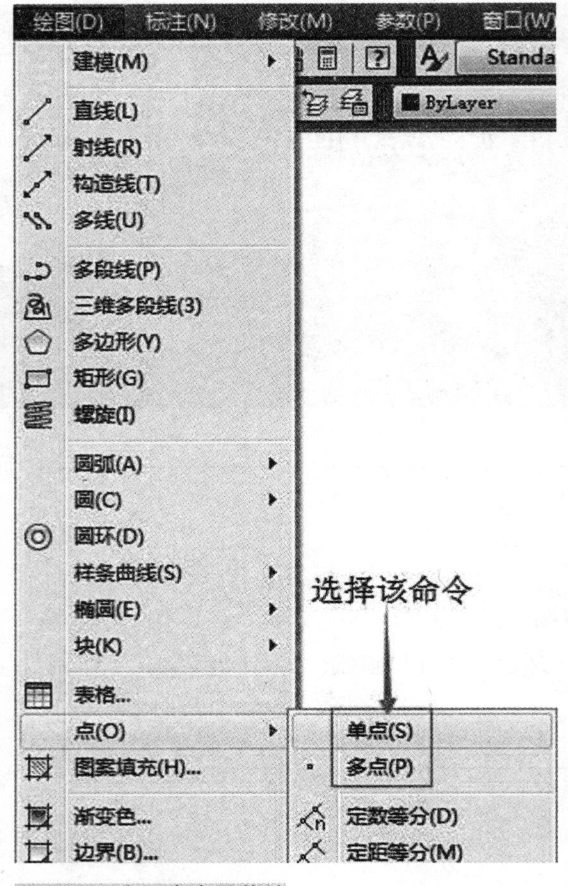

图2-1 “点”命令子菜单

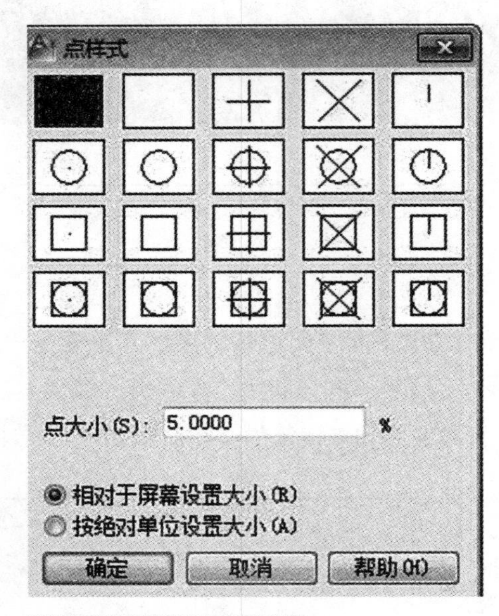

图2-2 “点样式”对话框

进行等分。这一点在手工绘图中很难实现，但在AutoCAD中，可以通过相关命令轻松完成。调用绘制定数等分点命令主要有以下两种方法：

（1）在命令行中输入“DIVIDE”或“DIV”命令。

（2）选择菜单栏中的“绘图”/“点”/“定数等分”命令。

执行上述命令后，根据系统提示拾取要等分的对象，并输入等分数，创建等分点。执行该命令时，需注意以下3点：

1）等分数目范围为2～32767。

2）在等分点处，按当前点样式设置画出等分点。

3）在第二提示行选择“块（B）”选项时，表示在等分点处插入指定的块（BLOCK）。

3. 绘制定距等分点

和定数等分类似，有时需要把某个线段或曲线以给定的长度为单元进行等分。在AutoCAD中，可以通过相关命令来完成。调用绘制定距等分点命令主要有以下两种方法：

（1）在命令行中输入“MEASURE”或“ME”命令。

（2）选择菜单栏中的“绘图”/“点”/“等距等分”命令。

执行上述命令后，根据系统提示选择要定距等分的实体，并指定分段长度。执行该命令时，需注意以下4点：

1）设置的起点一般是指定线的绘制起点。

2）在第二提示行选择“块（B）”选项时，表示在等分点处插入指定的块。

3）在等分点处，按当前点样式设置绘制测量点。

4）最后一个测量段的长度不一定等于指定分段长度。

第二节　线段类二维绘图命令

一、直线类命令

直线类命令主要包括直线和构造线命令。

1. 绘制直线段

复杂的图形，都是由点、直线、圆弧等按不同的粗细、间隔、颜色组合而成的。直线是AutoCAD绘图中最简单、最基本的一种图形单元，连续的直线可以组成折线，直线与圆弧的组合又可以组成多段线。直线在建筑制图中则常用于建筑平面投影。调用直线命令，主要有以下3种方法：

（1）在命令行中输入“LINE”或“L”命令。

（2）选择菜单栏中的“绘图”/“直线”命令。

（3）单击“绘图”工具栏中的“直线”命令。

执行上述命令后，根据系统提示输入直线段的起点，用鼠标指定点或者给定点的坐标。再输入直线段的端点，也可以用鼠标指定一定角度后，直接输入直线的长度，如图2-3所示。在命令行提示下输入一直线段的端点。输入选项“U”表示放弃前面的输入；单击鼠标右键或按<Enter>键结束命令。在命令行提示下输入下一直线段的端点，或输入选项“C”使图形闭合，结束命令。

使用直线命令绘制直线时，命令行提示中各选项的含义如下：

1）若采用按<Enter>键响应“指定第一点：”提示，系统会把上次绘制图线的终点作为本次图线的起始点。若上次操作为绘制圆弧，按<Enter>键响应后绘出通过圆弧终点并与该圆弧相切的直线段，该线段的长度为光标在绘图区域指定的一点与切点之间线段的距离。

2）在“指定下一点：”提示下，用户可以指定多个端点，从而绘出多条直线段，但每一段直线是一个独立的对象，可以进行单独的编辑操作。

3）绘制两条以上直线段后，若采用输入选项“C”响应“指定下一点：”提示，系统会自动连接起始点和最后一个端点，从而绘出封闭的图形；若采用输入选项“U”响应提示，则删除最近一次绘制的直线段。

4）若设置正交方式（按下状态栏中的“正交”命令），只能绘制水平线段或垂直线段。

5）若设置动态数据输入方式（按下状态栏中的“动态输入”命令），则可以动态输入坐标或长度值，效果与非动态数据输入方式类似。除了特别需要，以后不再强调，而只按非动态数据输入方式输入相关数据。

2. 绘制构造线

构造线就是无穷长度的直线，用于模拟手工作图中的辅助作图线。构造线用特殊的线型显示，在图形输出时可不输出。应用构造线作为辅助线绘制机械图中的三视图是构造线的最主要用途，构造线的应用保证了三视图之间“主、俯视图长对正，主、左视图高平齐，俯、左视图宽相等”的对应关系。构造线的绘制方法有“指定点”“水平”“垂直”“角度”“二等分”和“偏移”6种方式。

调用构造线命令，主要有以下3种方法：

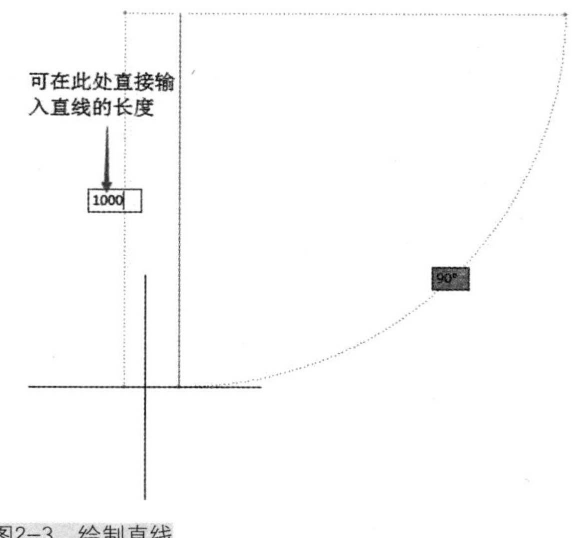

图2-3　绘制直线

（1）在命令行中输入“XLINE”或“XL”命令。

（2）选择菜单栏中的“绘图”/“构造线”命令。

（3）单击“绘图”工具栏中的“构造线”命令。

执行上述命令后，根据系统提示指定起点和通过点，绘制一条双向无限长直线。在命令行提示“指定通过点：”后继续指定点，继续绘制直线，按<Enter>键结束命令。

二、多段线命令

多段线是一种由线段和圆弧组合而成的、不同线宽的多线，这种线由于其组合形式的多样和线宽的不同，弥补了直线或圆弧功能的不足，适合绘制各种复杂的图形轮廓，因而得到了广泛的应用。

1. 绘制多段线

调用多段线命令，主要有以下3种方法：

（1）在命令行中输入“PLINE”或“PL”命令。

（2）选择菜单栏中的“绘图”/“多段线”命令。

（3）单击“绘图”工具栏中的“多段线”命令。

执行上述命令后，根据系统提示指定多段线的起点和下一个点。此时，命令行提示中各选项的含义如下：

1）圆弧。将绘制直线的方式转变为绘制圆弧的方式，这种绘制圆弧的方法与用ARC命令绘制圆弧的方法类似。

2）半宽。用于指定多段线的半宽值，AutoCAD将提示输入多段线的起点半宽值与终点半宽值。

3）长度。定义下一条多段线的长度，AutoCAD将按照上一条直线的方向绘制这一条多段线。如果上一段是圆弧，则将绘制与此圆弧相切的直线。

4）宽度。设置多段线的宽度值。

2. 编辑多段线

调用编辑多段线命令，主要有以下3种方法：

（1）在命令行中输入“PEDIT”或“PE”命令。

（2）选择菜单栏中的“修改”/“对象”/“多段线”命令。

（3）选择要编辑的多线段，在绘图区域单击鼠标右键，从打开的快捷菜单中选择“编辑多段线”命令，执行上述命令后，根据系统提示选择一条要编辑的多段线，并根据需要输入其中的选项，如图2-4所示。

此时，命令行提示中各选项的含义如下：

1）合并（J）。以选中的多段线为主体，合并其他直线段、圆弧或多段线，使其成为一条多段线。能合并的条件是各段线的端点首尾相连，如图2-5所示。

2）宽度（W）。修改整条多段线的线宽，使其具有同一线宽，如图2-6所示。

3）编辑顶点（E）。选择该选项后，在多段线起点处出现一个斜的十字交叉线“×”，它为当前顶点的标记，并在命令行出现后续操作提示中选择任意选

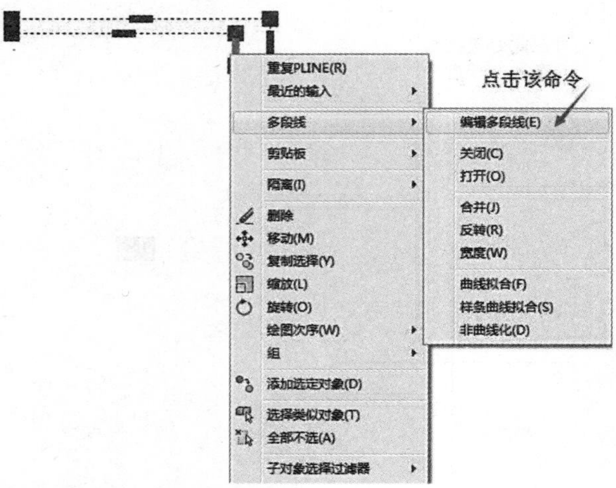

图2-4 “编辑多段线”命令

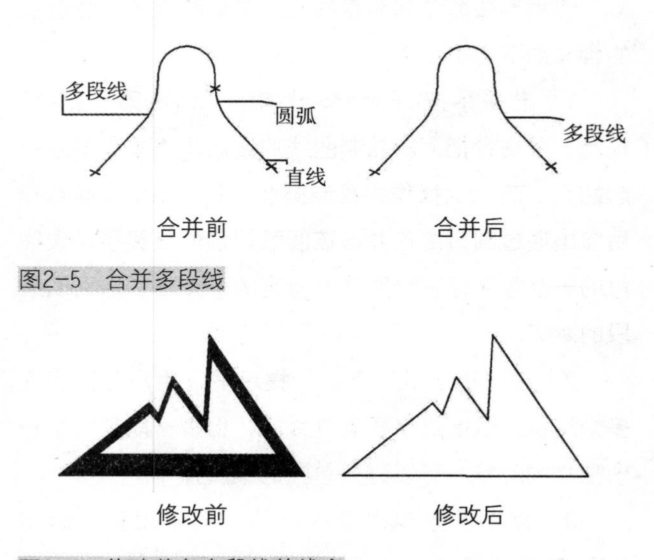

图2-5 合并多段线

图2-6 修改整条多段线的线宽

项，这些选项允许用户进行移动、插入顶点和修改任意两点间的线的线宽等操作。

4）拟合（F）。从指定的多段线生成由光滑圆弧连接而成的圆弧拟合曲线，如图2–7所示，该曲线经过多段线的各顶点，如图2–8所示。

5）样条曲线（S）。以指定的多段线的各顶点作为控制点生成B样条曲线，如图2–9、图2–10所示。

6）非曲线化（D）。用直线代替指定的多段线中的圆弧。对于选择“拟合（F）”选项或“样条曲线（S）”选项后生成的圆弧拟合曲线或样条曲线，删去其生成曲线时新插入的顶点，则恢复成由直线段组成的多段线。

7）线型生成（L）。当多段线的线型为点画线时，控制多段线的线型生成方式开关。选择ON时，将在每个顶点所处位置允许以短横线开始或结束生成线型；选择OFF时，将在每个顶点所处位置允许以长横线开始或结束生成线型。“线型生成”不能用于包含带变宽的线段的多段线。

三、样条曲线命令

AutoCAD2020使用一种称为非一致有理B样条曲线的特殊样条曲线类型，如图2–11所示。B样条曲线在控制点之间产生一条光滑的样条曲线。样条曲线可用于创建形状不规则的曲线。

1. 绘制样条曲线

使用样条曲线命令可生成拟合光滑曲线，可以通过起点、控制点、终点及偏差变量来控制曲线，一般用于绘制建筑大样图等图形。绘制样条曲线主要有以下3种方法：

（1）在命令行中输入“SPLINE”或“SPL”命令。

（2）选择菜单栏中的“绘图”/“样条曲线”命令。

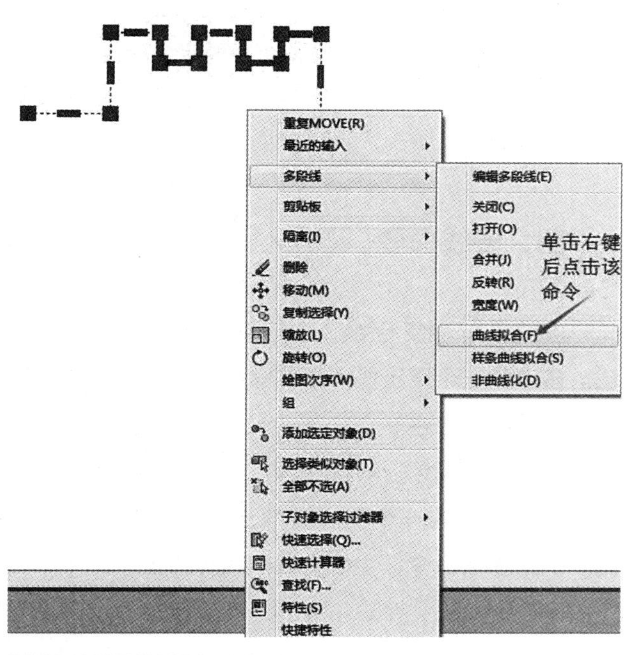

图2–7　执行曲线拟合命令

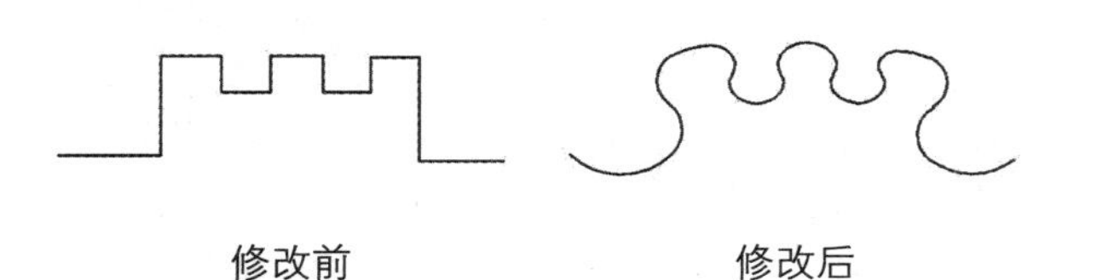

图2–8　生成圆弧拟合曲线

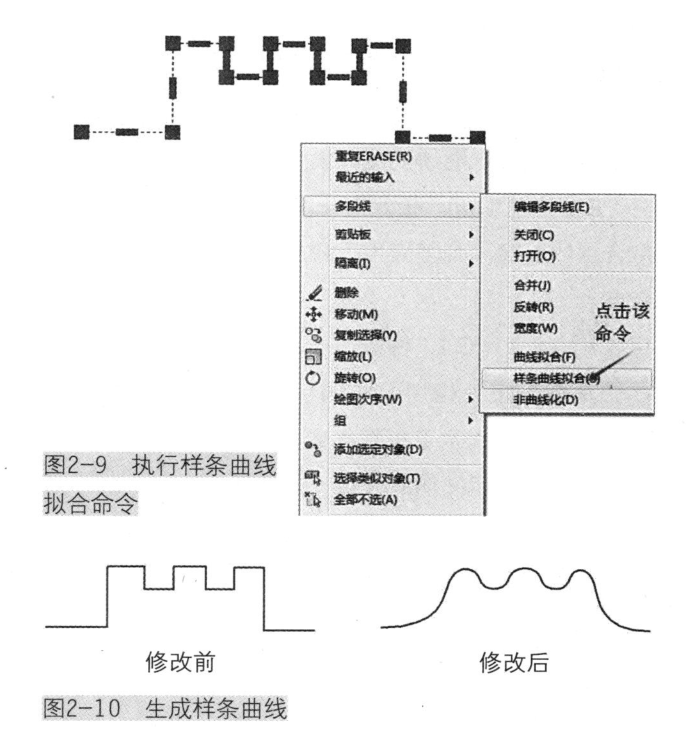

图2–9　执行样条曲线拟合命令

图2–10　生成样条曲线

图2–11　样条曲线

（3）单击“绘图”工具栏中的“样条曲线”命令。

执行上述命令后，系统将提示指定样条曲线的点，在绘图区域依次指定所需位置的点即可创建出样条曲线。绘制样条曲线的过程中，各选项的含义如下。

1）方式（M）。控制是使用拟合点还是使用控制点来创建样条曲线。选项会因选择的是使用拟合点创建样条曲线的选项还是使用控制点创建样条曲线的选项而异，如图2–12、图2–13所示。

2）节点（K）。指定节点参数化，它会影响曲线在通过拟合点时的形状，如图2–14、图2–15所示。

3）对象（O）。将二维或三维的二次或三次样条曲线拟合多段线转换为等价的样条曲线，然后（根据DELOBJ系统变量的设置）删除该多段线。

4）起点切向（T）。定义样条曲线的第一点和最后一点的切向。如果在样条曲线的两端都指定切向，可以输入一个点或使用“切点”和“垂足”对象捕捉模式使样条曲线与已有的对象相切或垂直。如果按<Enter>键，系统将计算默认切向。

5）端点相切（T）。停止基于切向创建曲线。可通过指定拟合点继续创建样条曲线。

6）公差（L）。指定距样条曲线必须经过的指定拟合点的距离。公差应用于除起点和端点外的所有拟合点。

7）闭合（C）。将最后一点定义与第一点一致，并使其在连接处相切，以闭合样条曲线。选择该选项，在命令行提示下指定点或按<Enter>键，用户可以指定一点来定义切向矢量，或按下状态栏中的“对象捕捉”按钮，使用“切点”和“垂足”对象捕捉模式使样条曲线与现有对象相切或垂直。

2. 编辑样条曲线

调用编辑样条曲线命令，主要有以下3种方法：

（1）在命令行中输入“SPLINEDIT”命令或“SPL”命令。

（2）选择菜单栏中的“修改”/“对象”/“样条曲线”命令。

（3）选择要编辑的样条曲线，在绘图区域单击鼠标右键，从打开的快捷菜单中选择“编辑样条曲线”命令。

执行上述命令后，根据系统提示选择要编辑的样条曲线。若选择的样条曲线是用SPLINE命令创建的，其近似点以夹点的颜色显示出来；若选择的样条曲线是用PLINE命令创建的，其控制点以夹点的颜色显示出来。此时，命令行提示中各选项的含义如下：

1）拟合数据（F）。编辑近似数据。选择该选项后，创建该样条曲线时指定的各点将以小方格的形式显示出来。

2）移动顶点（M）。移动样条曲线上的当前点。

3）精度（R）。调整样条曲线的定义精度。

4）反转（E）。翻转样条曲线的方向。该项操作主要用于应用程序。

四、多线命令

多线是一种复合线，由连续的直线线段复合组成。多线的一个突出优点是能够提高绘图效率，保证图线之间的统一性。

1. 绘制多线

多线应用的一个最主要的场合是建筑墙线的绘制。调用多线命令，主要有以下两种方法：

指定第一个点或 m

图2–12 输入m

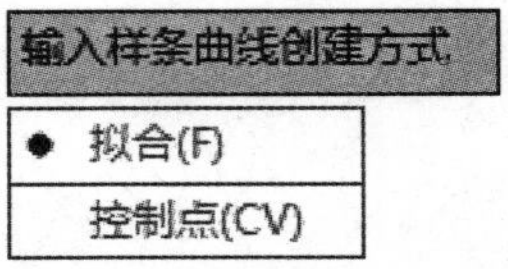

输入样条曲线创建方式
- 拟合(F)
- 控制点(CV)

图2–13 选择样条曲线创建方式

指定第一个点或 k

图2–14 输入k

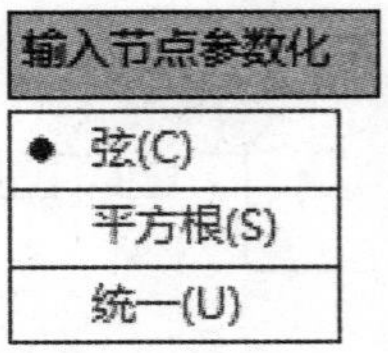

输入节点参数化
- 弦(C)
- 平方根(S)
- 统一(U)

图2–15 选择节点参数化

（1）在命令行中输入“MLINE”或“ML”命令。

（2）选择菜单栏中的“绘图”/“多线”命令。

执行此命令后，根据系统提示指定起点和下一点。在命令行提示下继续指定下一点绘制线段；输入“U”，则放弃前一段多线的绘制；单击鼠标右键或按<Enter>键，结束命令。在命令行提示下继续指定下一点绘制线段；输入“C”则闭合线段，结束命令。在执行多线命令的过程中，命令行提示中各主要选项的含义如下：

1）对正（J）。该选项用于指定绘制多线的基准。共有3种对正类型，即“上”“无”和“下”。其中，“上”表示以多线上侧的线为基准，其他两项依此类推。

2）比例（S）。选择该选项，要求用户设置平行线的间距。输入值为零时，平行线重合；输入值为负时，多线的排列倒置。

3）样式（ST）。用于设置当前使用的多线样式。

2. 定义多线样式

使用多线命令绘制多线时，首先应对多线的样式进行设置，其中包括多线的数量，以及每条线之间的偏移距离等。调用多线样式命令，主要有以下两种方法：

（1）在命令行中输入“MLSTYLE”命令。

（2）选择“格式”/“多线样式”命令。

执行上述命令后，系统弹出“多线样式”对话框。在该对话框中，用户可以对多线样式进行定义、保存和加载等操作，如图2-16所示。

3. 编辑多线

利用编辑多线命令，可以创建和修改多线样式。调用编辑多线命令，主要有以下两种方法：

（1）在命令行中输入“MLEDIT”命令。

（2）选择“修改”/“对象”/“多线”命令。

执行上述操作后，弹出“多线编辑工具”对话框，如图2-17所示。

利用该对话框，可以创建或修改多线的模式。对话框中分4列显示了比例图形：第一列管理十字交叉形式的多线；第二列管理T形多线；第三列管理拐角接合点和节点形式的多样；第四列管理多线被剪切或连接的形式。

单击选择某个示例图形，然后单击“关闭”按钮，就可以调用该项编辑功能。

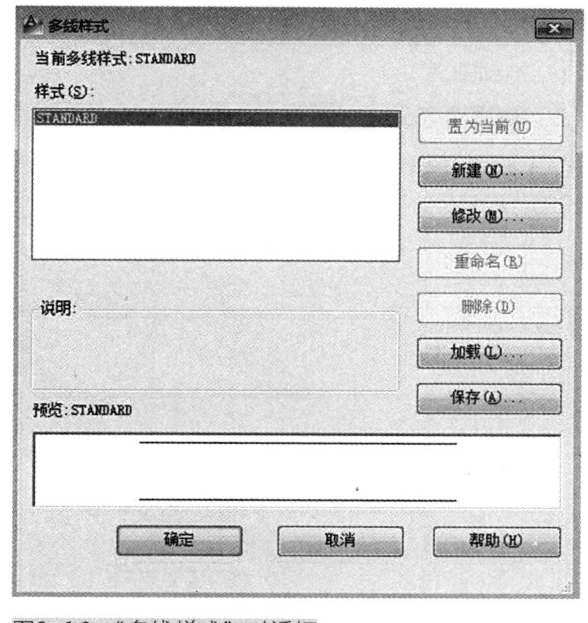

图2-16 “多线样式”对话框

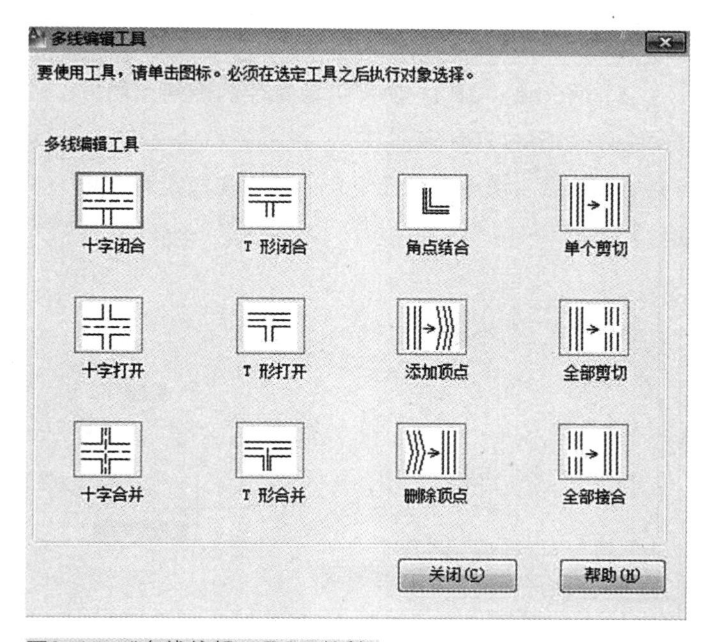

图2-17 “多线编辑工具”对话框

第三节　圆类二维绘图命令

圆类命令主要包括“圆”“圆弧”“椭圆”“椭圆弧”以及“圆环”等命令，这几个命令是AutoCAD 2020中最简单的圆类命令。

一、圆和圆弧

1. 绘制圆

圆是最简单的封闭曲线，也是在绘制工程图形时经常用的图形单元。调用圆命令，主要有以下3种方法：

（1）在命令行中输入“CIRCLE”或“C”命令。

（2）选择菜单栏中的“绘图”/“圆”命令。

（3）单击“绘图”工具栏中的“圆”命令。

执行上述命令后，根据系统提示指定圆心位置；在命令行提示“指定圆的半径或［直径（D）］：”后直接输入半径数值或用鼠标指定半径长度；在命令行提示“指定圆的直径<默认值>“后输入直径数值或用鼠标指定直径长度，如图2-18所示。

使用圆命令时，命令行提示中各选项的含义如下：

1）三点（3P）。使用指定圆周上三点的方法画圆，如图2-19所示。

2）两cc点（2P）。使用指定直径的两端点的方法画圆，如图2-20所示。

3）切点、切点、半径（T）。使用先指定两个相切对象，后给出半径的方法画圆。

4）相切、相切、相切（A）。依据需要拾取相切的第一个圆弧、第二个圆弧和第三个圆弧。

2. 绘制圆弧

圆弧是圆的一部分。在工程造型中，圆弧的使用比圆更普遍。我们通常强调的“流线形”造型或圆润的造型实际上就是圆弧造型。调用圆弧命令，主要有以下3种方法：

（1）在命令行中输入“ARC”或“A”命令。

（2）选择菜单栏中的“绘图”/“圆弧”命令。

（3）单击“绘图”工具栏中的“圆弧”命令。

执行上述命令后，根据系统提示指定圆弧的起点、第二点和端点。用命令行方式画圆弧时，可以根据系统提示选择不同的选项，具体功能和用“绘制”菜单中“圆弧”子菜单提供的11种方式的功能相似，如图2-21所示。

需要强调的是“继续”方式，其绘制的圆弧与上一线段或圆弧相切，因此只需提供端点即可。

二、圆环和椭圆

1. 绘制圆环

调用圆环命令，主要有以下两种方法：

（1）在命令行中输入“DONUT”命令。

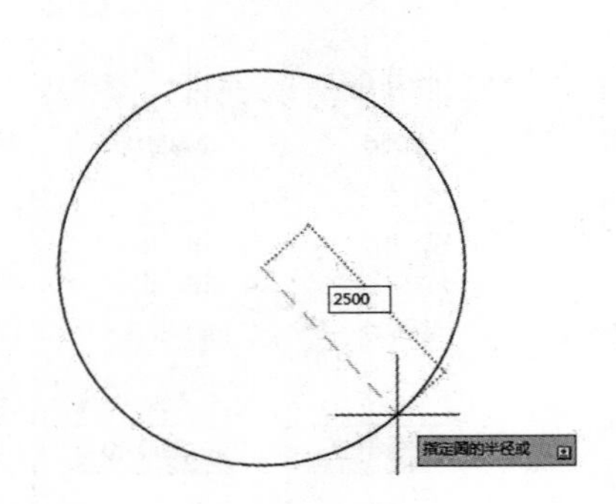

图2-18　指定圆的半径

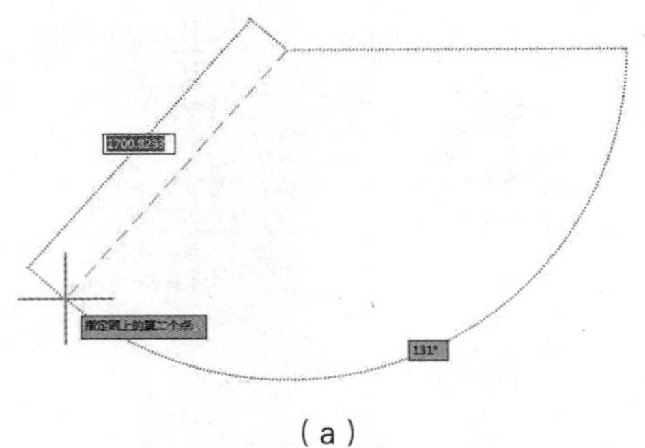

（a）

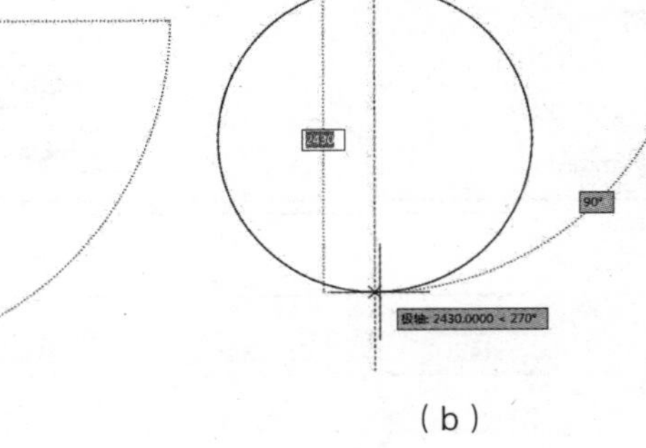

（b）

图2-19　三点画圆

（2）选择菜单栏中的“绘图”/“圆环”命令。

执行上述命令后，指定圆环内径和外径，再指定圆环的中心点：在命令行提示“指定圆环的中心点或<退出>：”后继续指定圆环的中心点，则继续绘制相同内外径的圆环。按<Enter>键、空格键或单击鼠标右键，结束命令。若指定内径为零，则画出实心填充圆。用命令FILL可以控制圆环是否填充，根据系统提示选择“开”表示填充，选择“关”表示不填充，如图2-22所示。

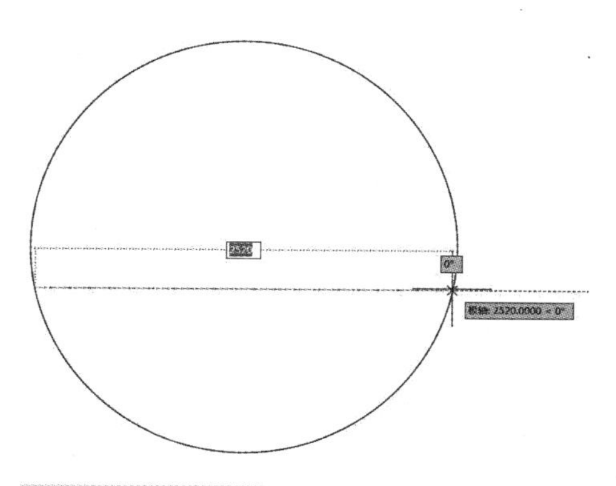

图2-20　两点画圆

2. 绘制椭圆

椭圆也是一种典型的封闭曲线图形，圆在某种意义上可以看成是椭圆的特例。椭圆在工程图形中的应用不多，只在某些特殊造型，如室内设计单元中的浴盆、桌子等造型或机械造型中的杆状结构的截面形状等图形中才会出现，如图2-23所示。

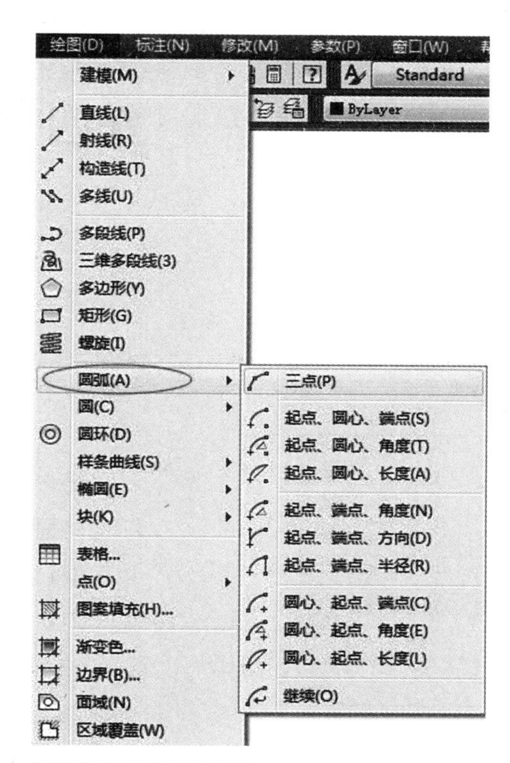

图2-21　圆弧子菜单

调用椭圆命令，主要有以下3种方法：

（1）在命令行中输入“ELLIPSE”或“EL”命令。

（2）选择菜单栏中的“绘图”/“椭圆”命令下的子命令。

（3）单击“绘图”工具栏中的“椭圆”命令。

执行上述命令后，根据系统提示指定轴端点和另一个轴端点。在命令行提示“指定另一条半轴长度或［旋转（R）］：”后按<Enter>键。使用椭圆命令时，命令行提示中各选项的含义如下：

1）指定椭圆的轴端点。根据两个端点定义椭圆的第一条轴，第一条轴的角度确定了整个椭圆的角度。

2）圆弧（A）。用于创建一段椭圆弧，与单击“绘图”工具栏中的“椭圆弧”命令功能相同。其中第一条轴的角度确定了椭圆弧的角度。

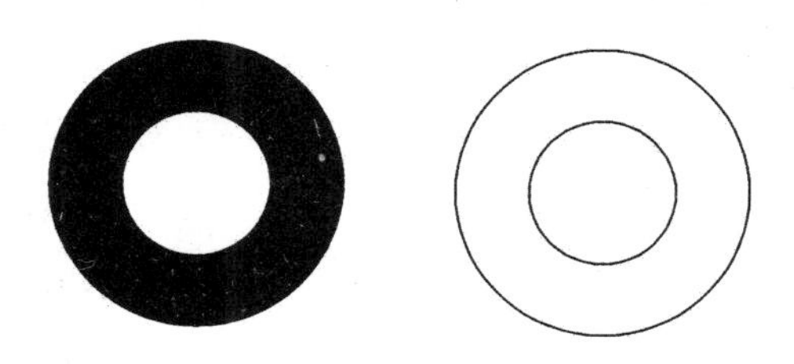

图2-22　圆环

执行该命令后，根据系统提示输入“A”，之后指定端点或输入“C”并指定另一端点。在命令行提示下指定另一条半轴长度或输入“R”并指定起始角度、指定适当点或输入“P”。在命令行提示“指定端点角度或［参数（P）/包含角度（I）］：”后指定适当点。其中各选项的含义如下：

3）起始角度。指定椭圆弧端点的两种方式之一，光标与椭圆中心点连线的夹角为椭圆端点位置的角度。

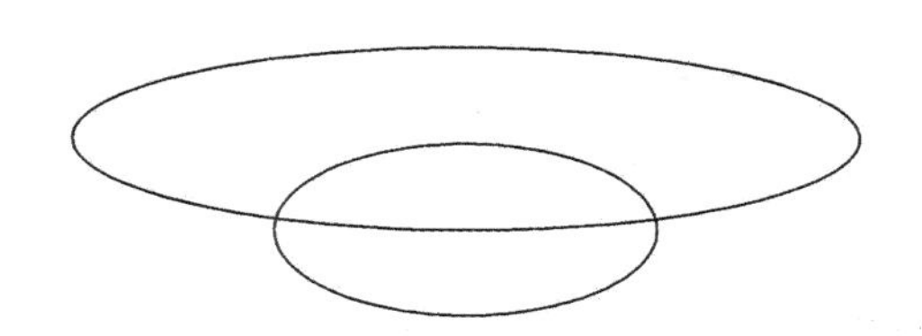

图2-23　椭圆

4）参数（P）。指定椭圆弧端点的另一种方式，该方式同样是指定椭圆弧端点的角度，但通过以下矢量参数方程式创建椭圆弧：p（u）=c+a×cos（u）+b×sin（u）。其中，c是椭圆的中心点，a和b分别是椭圆的长轴和短轴，u为光标与椭圆中心点连线的夹角。

5）包含角度（I）。定义从起始角度开始的包含角度。

6）中心点（C）。通过指定的中心点创建椭圆。

7）旋转（R）。通过绕第一条轴旋转来创建椭圆，相当于将一个圆围绕椭圆轴翻转一个角度后的投影视图。

第四节　平面图形类二维绘图命令

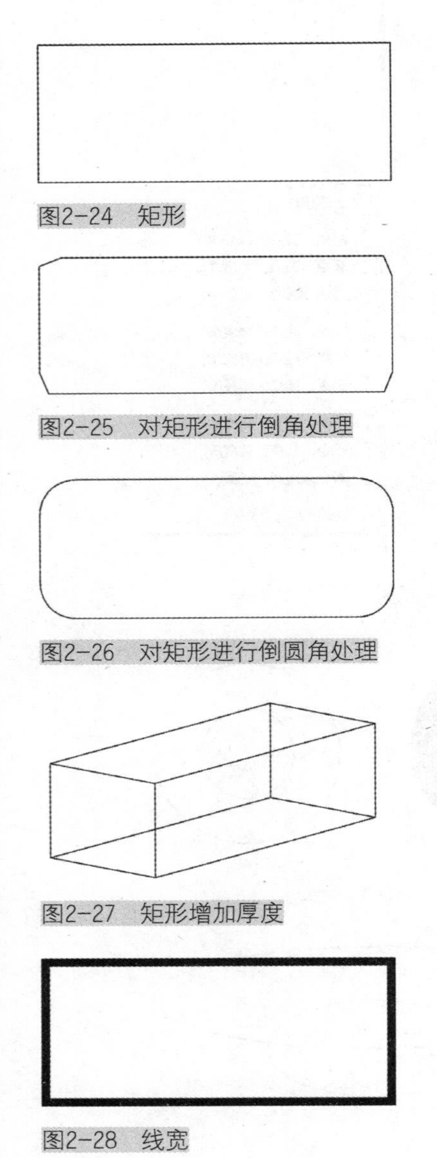

图2-24　矩形

图2-25　对矩形进行倒角处理

图2-26　对矩形进行倒圆角处理

图2-27　矩形增加厚度

图2-28　线宽

简单的平面图形命令包括矩形和正多边形命令。

一、矩形命令

矩形是最简单的封闭直线图形，在机械制图中常用来表达平行投影平面的面，在建筑制图中常用来表达墙体平面。调用矩形命令，主要有以下3种方法：

（1）在命令行中输入“RECTANG”或“REC”命令。

（2）选择菜单栏中的“绘图”/“矩形”命令。

（3）单击“绘图”工具栏中的“矩形”命令。

执行上述命令后，根据系统提示指定角点，并指定另一角点，绘制矩形。在执行矩形命令时，命令行提示中各选项的含义如下：

1）第一个角点。通过指定两个角点确定矩形，如图2-24所示。

2）倒角（C）。指定倒角距离，绘制带倒角的矩形。每一个角点的逆时针和顺时针方向的倒角可以相同，也可以不同，其中第一个倒角距离是指角点逆时针方向倒角距离，第二个倒角距离是指角点顺时针方向倒角距离，如图2-25所示。

3）标高（E）。指定矩形标高（Z坐标），即把矩形旋转在标高为Z且与XOY坐标面平行的平面上，并作为后续矩形的标高值。

4）圆角（F）。指定圆角半径，绘制带圆角的矩形，如图2-26所示。

5）厚度（T）。指定矩形的厚度，如图2-27所示。

6）宽度（W）。指定线宽，如图2-28所示。

7）面积（A）。指定面积和长或宽来创建矩形。选择选项，操作如下：

①在命令行提示“输入以当前单位计算的矩形面积＜20.0000＞：”后输入面积值。

②在命令行提示“计算矩形标注时依据［长度（L）/宽度（W）］＜长度＞：”后按<Ente>键或输入“W”。

③在命令行提示“输入矩形长度＜4.0000＞：”后指定长度或宽度。

④指定长度或宽度后，系统自动计算另一个维度，绘制出矩形。如果矩形被倒角或圆角，则长度或面积计算中也会考虑此设置。

8）尺寸（D）。使用长和宽来创建矩形，第二个指定点将矩形定位在与第一角点相关的4个位置之一内。

9）旋转（R）。使所绘制的矩形旋转一定角度。选择该项，操作如下：

①在命令行提示“指定旋转角度或［拾取点（P）］＜135＞：”后指定角度。

②在命令行提示“指定另一角点或［面积（A）/尺寸（D）/（旋转（R）]：”后指定另一个角点或选择其他选项。

③指定旋转角度后，系统按指定角度创建矩形。

二、正多边形命令

正多边形是相对复杂的一种平面图形，人类曾经为准确找到手工绘制正多边形的方法而长期求索。伟大数学家高斯为发现正十七边形的绘制方法而引以为毕生的荣誉，以致他的墓碑被设计成正十七边形。现在利用AutoCAD可以轻松地绘制任意边数的正多边形。调用正多边形命令，主要有以下3种方法：

（1）在命令行中输入“POLYGON”或“POL”命令。

（2）选择菜单栏中的“绘图”/“多边形”命令。

（3）单击“绘图”工具栏中的“多边形”命令。

执行上述命令后，根据系统提示指定多边形的边数和中心点，之后指定是内接于圆或外切于圆，输入外接圆或内切圆的半径。在执行正多边形命令的过程中，提示行中各选项的含义如下：

1）边（E）。选择该选项，则只要指定多边形的一条边，系统就会按逆时针方向创建该正多边形。

2）内接于圆（I）。选择该选项，绘制的多边形内接于圆，如图2–29所示。

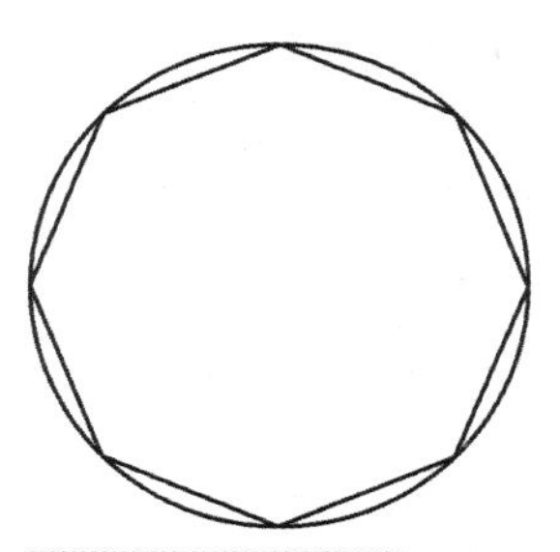

图2–29　内接于圆

3）外切于圆（C）。选择该选项，绘制的多边形外切于圆，如图2–30所示。

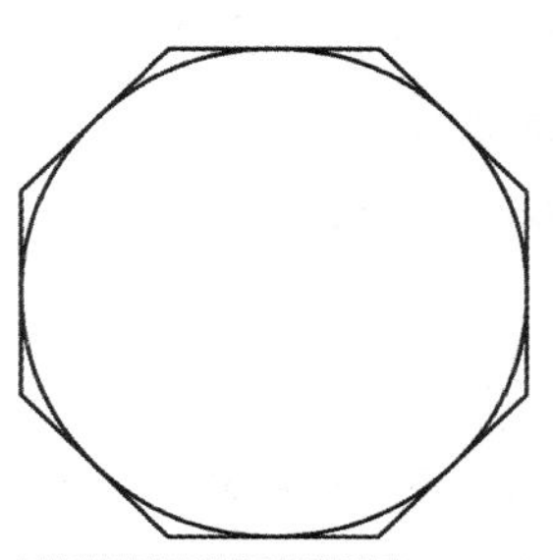

图2–30　外切于圆

第五节　编辑类二维命令

二维图形的编辑操作配合绘图命令的使用可以进一步完成复杂图形对象的绘制工作，并可使用户合理安排和组织图形，保证绘图准确，减少重复。因此，对编辑命令的熟练掌握和使用有助于提高设计和绘图的效率。

本节主要内容包括：选择对象、删除及恢复类命令、复制类命令、改变位置类命令、改变几何特性类命令、对象编辑和图案填充等。

一、选择、编辑对象

1. 选择对象

选择对象是进行编辑的前提，AutoCAD提供了多种对象选择方法，如点取方法、用选择窗口选择对象、用对话框选择对象等。

AutoCAD可以把选择的多个对象组成整体，如选择集和对象组，进行整体编辑与修改。

AutoCAD提供两种执行效果相同的途径编辑图形：先执行编辑命令，然后选择要编辑的对象；先选择要编辑的对象，然后执行编辑命令。

（1）构造选择集。选择集可以仅由一个图形对象构成，也可以是一个复杂的对象组，如位于某一特定层上的具有某种特定颜色的一组对象。选择集的构造可以在调用编辑命令之前或之后进行。

AutoCAD提供以下几种方法来构造选择集：

1）先选择一个编辑命令，然后选择对象，按<Enter>键结束操作。

2）使用SELECT命令。

3）用点选设备选择对象，然后调用编辑命令。

4）定义对象组。

下面结合SELECT命令说明选择对象的方法。

SELECT命令可以单独使用，即在命令行中输入“SELECT”后按<Enter>键，也可以在执行其他编辑命令时被自动调用。此时，屏幕出现提示“选择对象：”，等待用户以某种方式选择对象作为回答。AutoCAD提供多种选择方式，可以输入“?”查看这些选择方式。选择该选项后，出现提示“需要点或窗口（W）/上一个（L）/窗交（C）/框选（BOX）/全部（ALL）/栏选（F）/圈围（WP）/圈交（CP）/编组（G）/添加（A）/删除（R）/多个（M）/上一个（P）/放弃（U）/自动（AU）/单选（SI）/子对象（SU）/对象（O）”。

上面各选项的含义如下：

①点。该选项表示直接通过点取的方式选择对象。这是较常用也是系统默认的一种对象选择方法。用鼠标或键盘移动拾取框，使其框住要选取的对象，然后单击鼠标左键，就会选中该对象并高亮显示。该点的选定也可以使用键盘输入一个点坐标值来实现。当选定点后，系统将立即扫描图形，搜索并且选择穿过该点的对象。用户可以选择“工具”/“选项”命令打开“选项”对话框设置拾取框的大小。在“选项”对话框中选择“选择”选项卡，移动“拾取框大小”选项组的滑块可以调整拾取框的大小。左侧的空白区中会显示相应的拾取框的尺寸大小。

②窗口（W）。用由两个对角顶点确定的矩形窗口选取位于其范围内部的所有图形，与边界相交的对象不会被选中。指定对角顶点时应该按照从左向右的顺序。在“选择对象：”提示下输入“W”，按<Enter>键，选择该选项后，输入矩形窗口的第一个对角点的位置和另一个对角点的位置。指定两个对角顶点后，位于矩形窗口内部的所有图形被选中，并高亮显示，如图2-31所示。

③上一个（L）。在“选择对象：”提示下输入“L”后按<Enter>键，系统会自动选取最后给出的一个对象。

④窗交（C）。该方式与上述“窗口”方式类似，区别在于它不但选择矩形窗口内部的对象，也选中与矩形窗口边界相交的对象。在“选择对象：”提示下输入“C”，按<Enter>键，选择该选项后，输入矩形窗口的第一个对角点的位置和另一个对角点的位置即

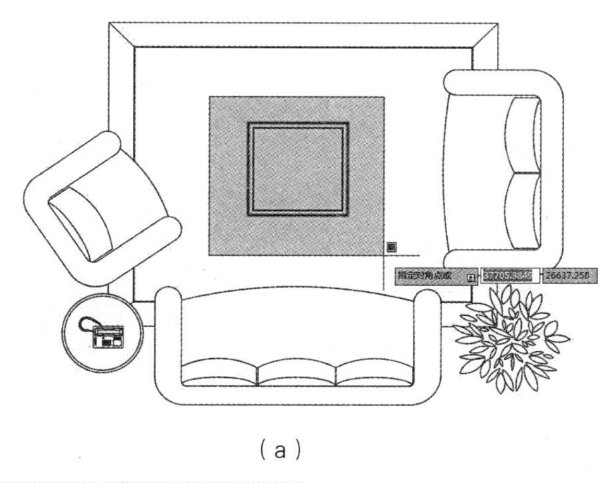

（a）

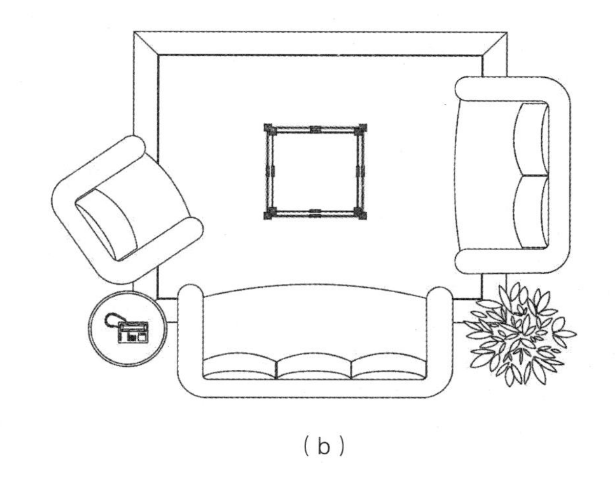

（b）

图2-31 “窗口”对象选择方式

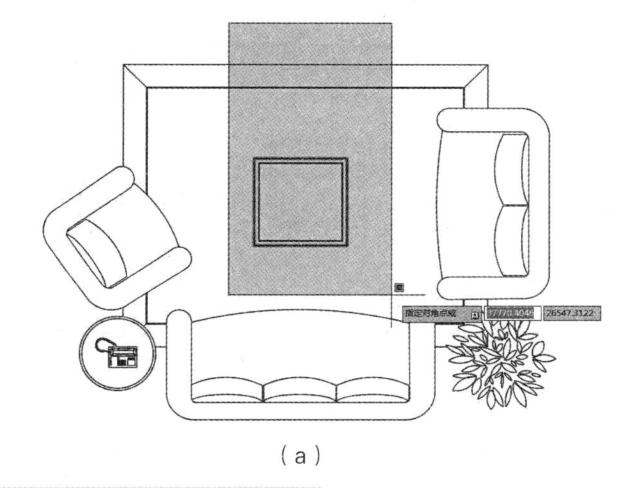

（a）

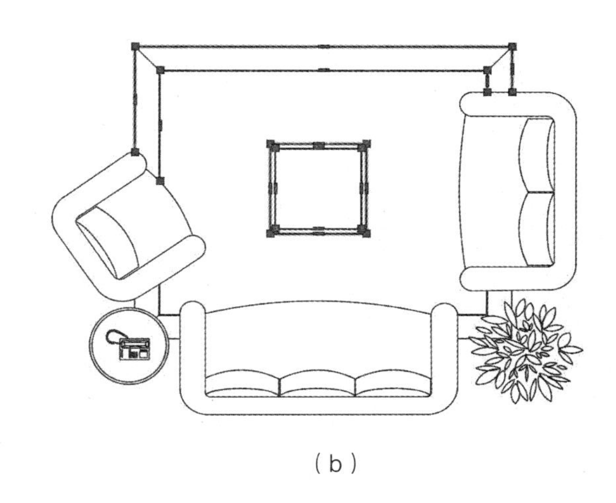

（b）

图2-32 “窗交”对象选择方式

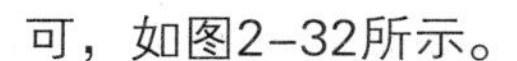

可，如图2–32所示。

⑤框选（BOX）。该方式没有命令缩写字。使用时，系统根据用户在屏幕上给出的两个对角点的位置自动引用“窗口”或“窗交”选择方式。若从左向右指定对角点，为“窗口”方式；反之，为“窗交”方式。

⑥全部（ALL）。选取图面上所有对象。在“选择对象：”提示下输入“ALL”，按<Enter>键。此时，绘图区域内的所有对象均被选中。

⑦栏选（F）。用户临时绘制一些直线，这些直线不必构成封闭图形，凡是与这些直线相交的对象均被选中。这种方式对选择相距较远的对象比较有效。交线可以穿过本身。在“选择对象：”提示下输入“F”，按<Enter>键，选择该选项后，选择指定交线的第一点、第二点和下一条交线的端点。选择完毕，按<Enter>键结束，如图2–33所示。

⑧圈围（WP）。使用一个不规则的多边形来选择对象。在“选择对象：”提示下输入“WP”，选择该选项后，输入不规则多边形的第一个顶点坐标和第二个顶点坐标后按<Enter>键，如图2–34所示。

根据提示，用户顺次输入构成多边形所有顶点的坐标，直到最后按<Enter>键做出回答结束操作，系统将自动连接第一个顶点与最后一个顶点形成封闭的多边形。多边形的边不能接触或穿过本身。若输入“U”，将取消刚才定义的坐标点并且重新指定。凡是被多边形围住的对象均被选中（不包括边界）。

⑨圈交（CP）。类似于“圈围”方式，在“选择对象：”提示后输入“CP”，后续操作与“圈围”方式相

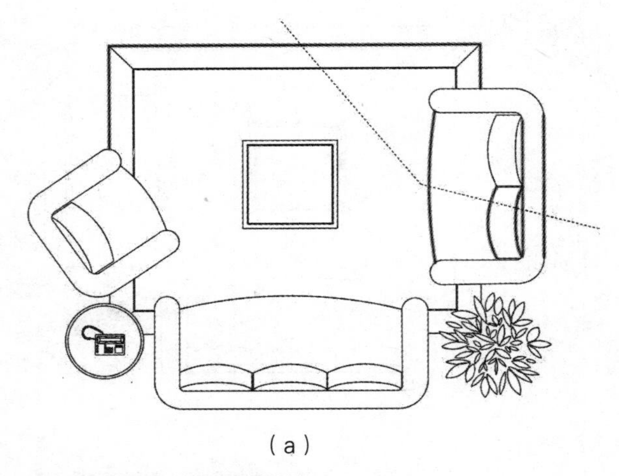
(a)

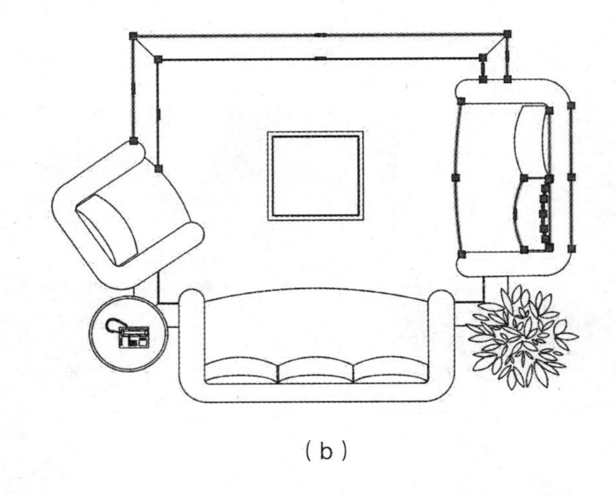
(b)

图2-33 “栏选”对象选择方式

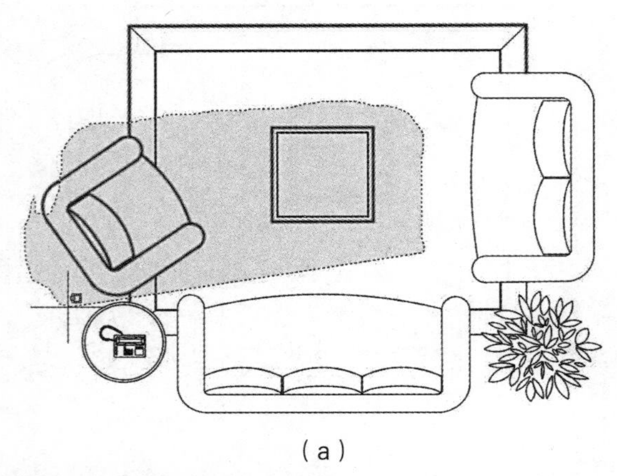
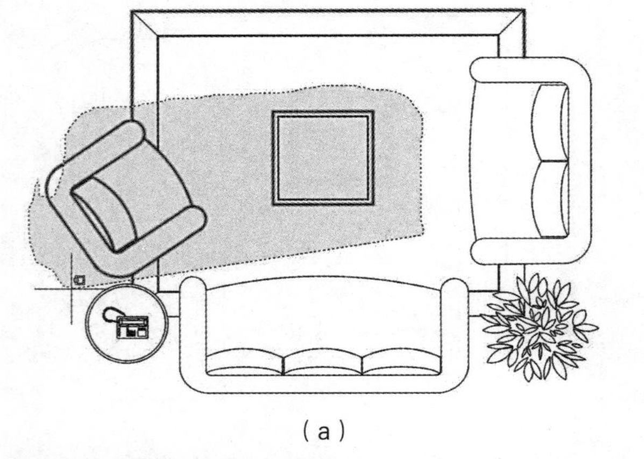
(a)

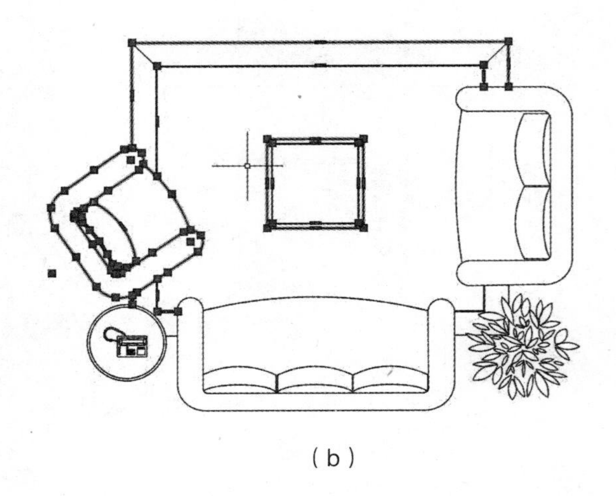
(b)

图2-34 “圈围”对象选择方式

同。区别在于与多边形边界相交的对象也被选中。

⑩编组（G）。使用预先定义的对象组作为选择集。事先将若干个对象组成对象组，用组名引用。

⑪添加（A）。添加下一个对象到选择集。也可用于从移走模式到选择模式的切换。

⑫删除（R）。按住<Shift>键选择对象，可以从当前选择集中移走该对象。对象由高亮度显示状态变为正常显示状态。

⑬多个（M）。指定多个点，不高亮度显示对象。这种方法可以加快在复杂图形上的选择对象过程。若两个对象交叉，两次指定交叉点，则可以选中这两个对象。

⑭上一个（P）。用关键字P回应“选择对象：”的提示，则把上次编辑命令中的最后一次构造的选择集或最后一次使用SELECT（DDSELECT）命令预置的选择集作为当前选择集。这种方法适用于对同一选择集进行多种编辑操作的情况。

⑮放弃（U）。用于取消加入选择集的对象。

⑯自动（AU）。选择结果视用户在屏幕上的选择操作而定。如果选中单个对象，则该对象为自动选择的结果；如果选择点落在对象内部或外部的空白处，系统会提示“指定对角点”，此时，系统会采取一种窗口的选择方式。对象被选中后，变为虚线形式，并以高亮度显示。

⑰单选（SI）。选择指定的第一个对象或对象集，而不继续提示进行下一步的选择。

⑱子对象（SU）。使用户可以逐个选择原始形状，这些形状是复合实体的一部分或三维实体上的顶

点、边和面。可以选择这些子对象的其中之一，也可以创建多个子对象的选择集。选择集可以包含多种类型的子对象。

⑲对象（O）。结束选择子对象的功能，使用户可以使用对象选择方法。

⑳单个（SI）。选择指定的第一个对象或对象集，而不继续提示进行下一步的选择。

（2）快速选择。有时需要选择具有某些共同属性的对象来构造选择集，如选择具有相同颜色、线型或线宽的对象，当然可以使用前面介绍的方法来选择这些对象，但如果要选择的对象数量较多且分布在较复杂的图形中，则会导致很大的工作量。AutoCAD2020提供了QSELECT命令来解决这个问题。调用QSELECT命令后，打开“快速选择”对话框，利用该对话框可以根据用户指定的过滤标准快速创建选择集，如图2-35所示。

调用快速选择命令主要有以下3种方法：

1）在命令行中输入“QSELECT”命令。

2）选择菜单栏中的“工具”/“快速选择”命令。

3）在右键快捷菜单中选择“快速选择”命令或在“特性”选项板中单击“快速选择”命令，如图2-36、图2-37所示。

执行上述命令后，系统打开“快速选择”对话框，在该对话框中可以选择符合条件的对象或对象组。

（3）构造对象组。对象组与选择集并没有本质的区别，当我们把若干个对象定义为选择集并想让它们在以后的操作中始终作为一个整体时，为了简捷，可以给这个选择集命名并保存起来，这个命名了的对象选择集就是对象组，它的名字称为组名。

如果对象组可以被选择（位于锁定层上的对象组不能被选择），那么可以通过它的组名引用该对象组，并且一旦组中任何一个对象被选中，那么组中的全部对象成员都被选中。构造对象组命令的调用方法是在命令行中输入“GROUP”命令。

执行上述命令后，系统打开“对象编组”对话框。利用该对话框可以查看或修改存在的对象组的属性，也可以创建新的对象组。

2. 对象编辑

在对图形进行编辑时，还可以对图形对象本身的某些特性进行编辑，从而方便地进行图形绘制。

（1）钳夹功能。利用钳夹功能可以快速方便地编辑对象。AutoCAD在图形对象上定义了一些特殊点，称为夹点，利用夹点可以灵活地控制对象，如图2-38所示。

要使用钳夹功能编辑对象，必须先打开钳夹功能，打开方法是：选择“工具”/“选项”命令，打

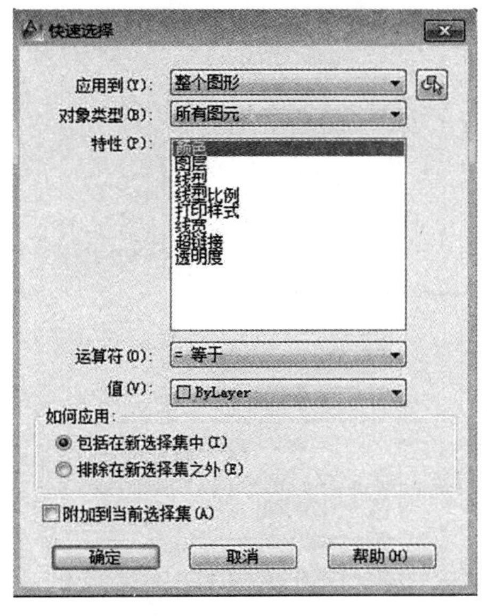

图2-35 “快速选择”对话框

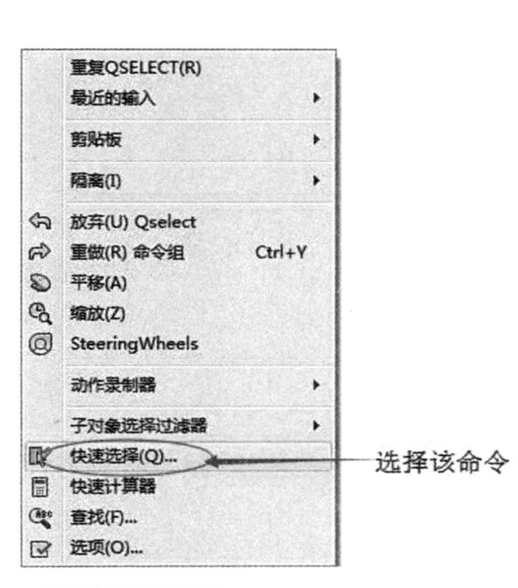

图2-36 快捷菜单

图2-37 “特性”选项板

开“选项”对话框，选择“选择集”选项卡，选中“启用夹点”复选框。在该选项卡中，还可以设置代表夹点的小方格的尺寸和颜色。

也可以通过GRIPS系统变量来控制是否打开钳夹功能，“1”代表打开，“0”代表关闭。打开了钳夹功能后，应该在编辑对象之前先选择对象。夹点表示了对象的控制位置。使用夹点编辑对象，要选择一个夹点作为基点，称为基准夹点。然后，选择一种编辑操作，如拉伸拟合点、镜像、移动、旋转和缩放等。可以用空格键、<Enter>键选择这些功能。

下面仅就其中的拉伸拟合点操作为例进行讲述，其他操作类似。

在图形上拾取一个夹点，该夹点改变颜色，此点为夹点编辑的基准夹点。这时系统提示：**拉伸**。

指定拉伸点或【基点（B）/复制（C）/放弃（U）/退出（X）】：

在上述拉伸编辑提示下输入移动命令，或单击鼠标右键，在弹出的快捷菜单中选择“移动”命令，系统就会转换为“移动”操作。其他操作类似，如图2-39所示。

（2）修改对象属性。主要通过“特性”选项板进行，可以通过以下3种方法打开该选项板：

1）在命令行中输入“DDMODIFY”或“PROPERTIES”命令。

2）选择菜单栏中的“修改”/“特性”命令。

3）单击“标准”工具栏中的“特性”命令。

执行上述命令后，AutoCAD打开“特性”选项板。利用它可以方便地设置或修改对象的各种属性。

不同的对象属性各类和值不同，修改属性值，对象的属性即可改变。

二、图案填充

当需要用一个重复的图案填充某个区域时，可以使用BHATCH命令建立一个相关联的填充阴影对象，即所谓的图案填充。

1. 基本概念

（1）图案边界。当进行图案填充时，首先要确定图案填充的边界。定义边界的对象只能是直线、双向射线、单向射线、多段线、样条曲线、圆弧、圆、椭圆、椭圆弧、面域等，或用这些对象定义的块，而且作为边界的对象，在当前屏幕上必须全部可见。

（2）孤岛。在进行图案填充时，我们把位于总填充域内的封闭区域称为孤岛，在用BHATCH命令进行图案填充时，AutoCAD允许用户以拾取点的方式确定填充边界，即在希望填充的区域内任意拾取一点，AutoCAD会自动确定出填充边界，同时也确定该边界内的孤岛。如果用户是以点选取对象的方式确

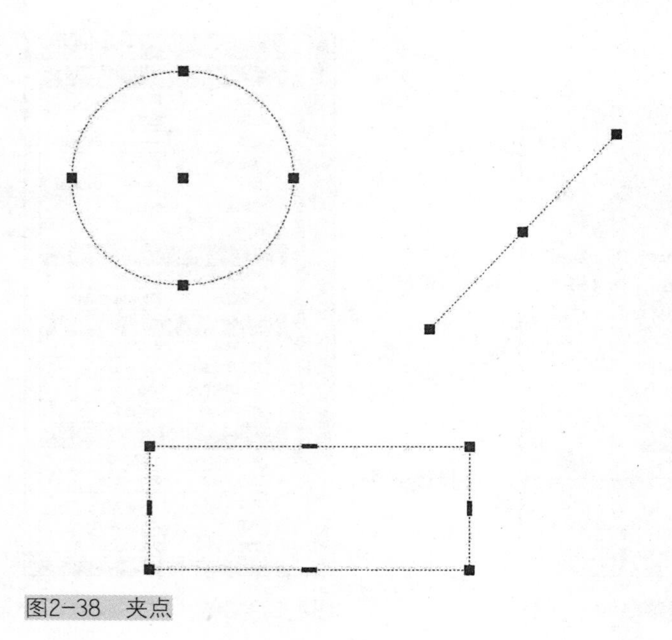

图2-38　夹点

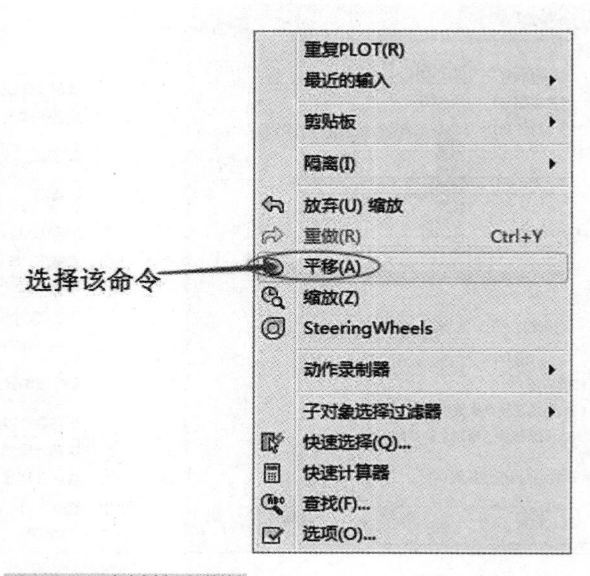

图2-39　右键快捷菜单

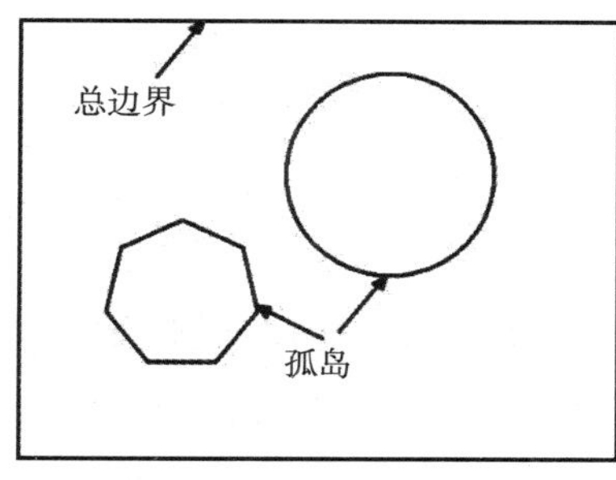

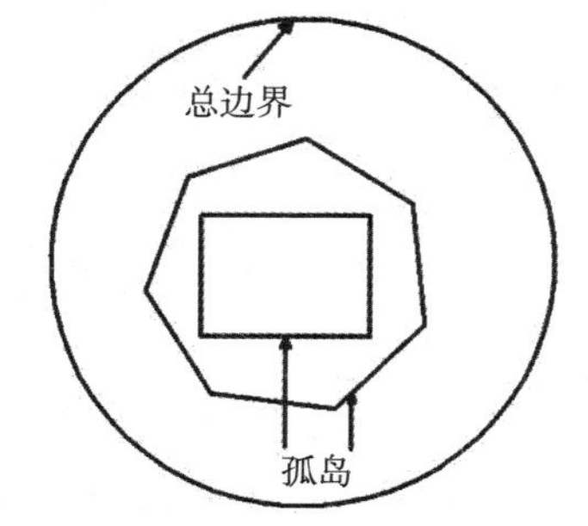

图2-40　孤岛

定填充边界的，则必须确切地点取这些孤岛，如图2-40所示。

（3）填充方式。在进行图案填充时，需要控制填充的范围，AutoCAD系统为用户设置了以下3种填充方式，实现对填充范围的控制。

1）普通方式。该方式从边界开始，由每条填充线或每个填充符号的两端向里画，遇到内部对象与之相交时，填充线或符号断开，直到遇到下一次相交时再继续画。采用这种方式时，要避免剖面线或符号与内部对象的相交次数为奇数。该方式为系统内部的默认方式，如图2-41所示。

2）最外层方式。该方式从边界向里画剖面符号，只要在边界内部与对象相交，剖面符号由此断开，而不再继续画，如图2-42所示。

3）忽略方式。该方式忽略边界内的对象，所有内部结构都被剖面符号覆盖，如图2-43所示。

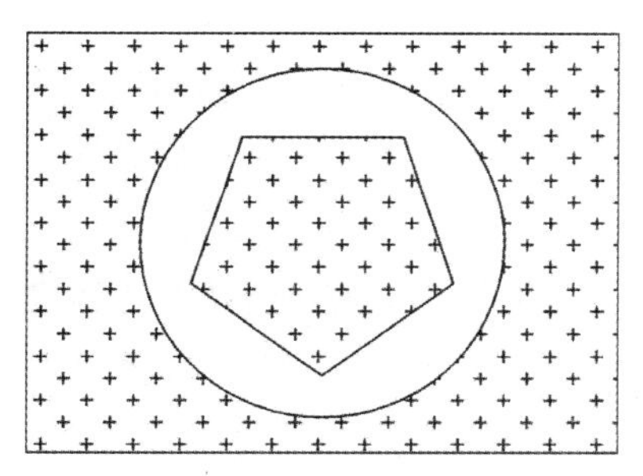

图2-41　普通方式填充

2. 图案填充的操作

在AutoCAD2020中，可以对图形进行图案填充，图案填充是在“图案填充和渐变色”对话框中进行的，如图2-44所示。

打开“图案填充和渐变色”对话框，主要有以下3种方法：

（1）在命令行中输入“BHATCH”命令。

（2）选择菜单栏中的“绘图”/“图案填充”命令。

（3）单击“绘图”工具栏中的“图案填充”命令或“渐变色”命令。

执行上述命令后系统打开“图案填充和渐变色”对话框。各选项组和命令的含义如下：

1）“图案填充”选项卡。此选项卡中各选项用来确定图案及其参数。选择该选项卡后，弹出的选项组中各选项的含义如下：

①类型。用于确定填充图案的类型及图案。单击设置区中的小箭

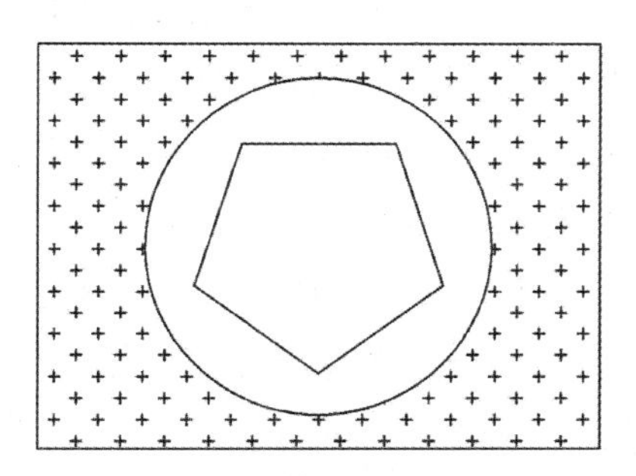

图2-42　最外层方式填充

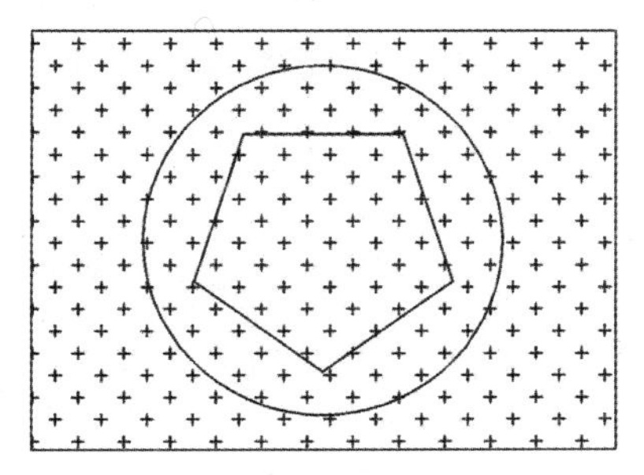

图2-43　忽略方式填充

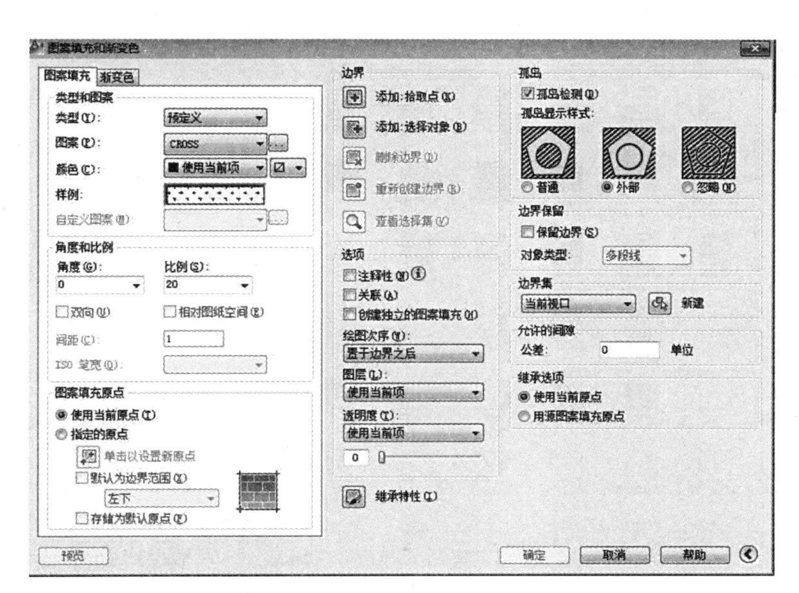

图2-44　“图案填充和渐变色”对话框

头，弹出一个下拉列表，在该列表中，“用户定义”选项表示用户要临时定义填充图案，与命令行方式中的“U”选项作用一样：“自定义”选项表示选用ACAD.PAT图案文件或其他图案文件（.PAT文件）中的图案填充；“预定义”选项表示用AutoCAD标准图案文件（ACAD.PAT文件）中的图案填充。

②图案。用于确定标准图案文件中的填充图案。用户可从中选取填充图案。选择所需要的填充图案后，在“样例”选项的图像框内会显示出该图案。只有用户在“类型”下拉列表框中选择了“预定义”选项，此项才以正常亮度显示，即允许用户从自己定义的图案文件中选取填充图案。如果选择的图案类型是“其他预定义”，单击“图案”下拉列表框右边的按钮，系统会弹出“填充图案选项板”对话框，该对话框中显示出所选类型所具有的图案，用户可从中确定所需要的图案，如图2-45所示。

③样例。此选项用来给出一个样本图案。在其右面有一方形图像框，显示出当前用户所选用的填充图案。用户可以通过单击该图像的方式迅速查看或选取已有的填充图案。

④自定义图案。用于选取用户自定义的填充图案。只有在“类型”下拉列表框中选用“自定义”选项后，该项才以正常亮度显示，即允许用户从自己定义的图案文件中选取填充图案。

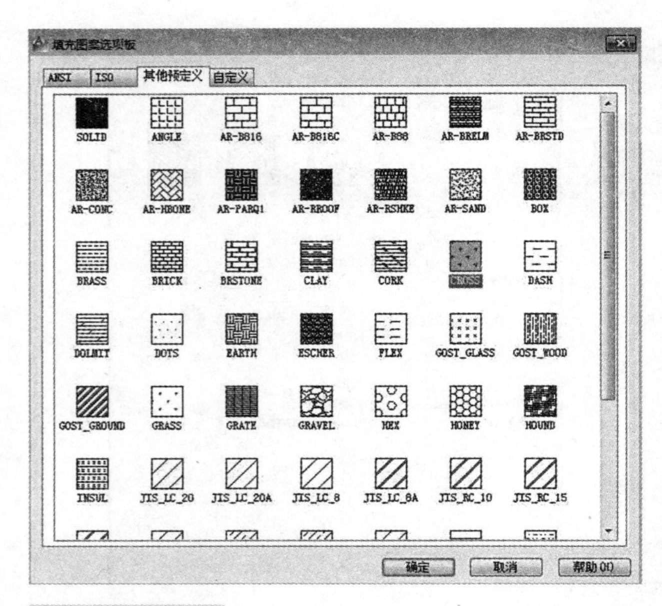

图2-45 图案列表

⑤角度。用于确定填充图案时的旋转角度。每种图案在定义时的旋转角度为零，用户可在“角度”文本框内输入所希望的旋转角度。

⑥比例。用于确定填充图案的比例值。每种图案在定义时的初始比例为1，用户可以根据需要放大或缩小，方法是在“比例”文本框内输入相应的比例值。

⑦双向。用于确定用户临时定义的填充线是一组平行线，还是相互垂直的两组平行线。只有当在“类型”下拉列表框中选择“用户定义”选项时，该项才可以使用。

⑧相对图纸空间。确定是否相对于图纸空间单位确定填充图案的比例值。选中该复选框，可以按适合于版面布局的比例方便地显示填充图案。该选项仅适用于图形版面编排。

⑨间距。用于指定线之间的间距，在“间距”文本框内输入值即可。只有当在“类型”下拉列表框中选择“用户定义”选项时，该项才可以使用。

⑩ISO笔宽。用于告诉用户根据所选择的笔宽确定与ISO有关的图案比例。只有选择了已定义的ISO填充图案后，才可确定它的内容。

⑪图案填充原点。用于控制填充图案生成的起始位置。有些图案填充（例如砖块图案）需要与图案填充边界上的一点对齐。默认情况下，所有图案填充原点都对应于当前的UCS原点，也可以选择“指定的原点”及下面一级的选项重新指定原点。

2）“渐变色”选项卡。渐变色是指从一种颜色到另一种颜色的平滑过渡。渐变色能产生光的效果，可为图形添加视觉效果，如图2-46所示。

选择该选项卡后，其中各选项的含义如下。

①“单色”单选按钮。应用所选择的单色对所选择的对象进行渐变填充。其右边的显示框显示了用户所选择的真彩色，单击右边的小方钮，系统将打开“选择颜色”对话框，如图2-47所示。

②“双色”单选按钮。应用双色对所选择的对象进行渐变填充。填充颜色将从颜色1渐变到颜色2。颜色1和颜色2的选取与单色选取类似。

③“渐变方式”样板。在“渐变色”选项卡的下

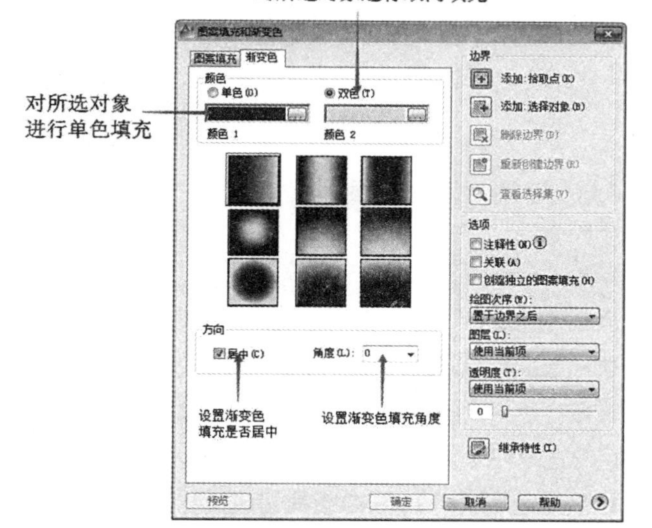

图2-46 “渐变色”对话框

图2-47 “选择颜色”对话框

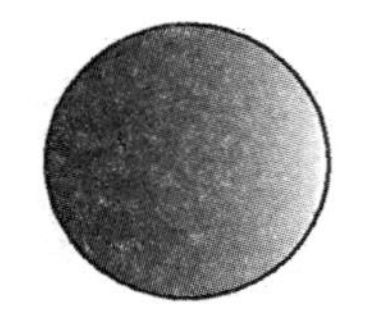

（a）单色线形居中
0° 渐变填充

（b）双色抛物线形居中
0° 渐变填充

（c）双色线形不居中
45° 渐变填充

（d）单色球形居中
90° 渐变填充

图2-48 不同的渐变色填充

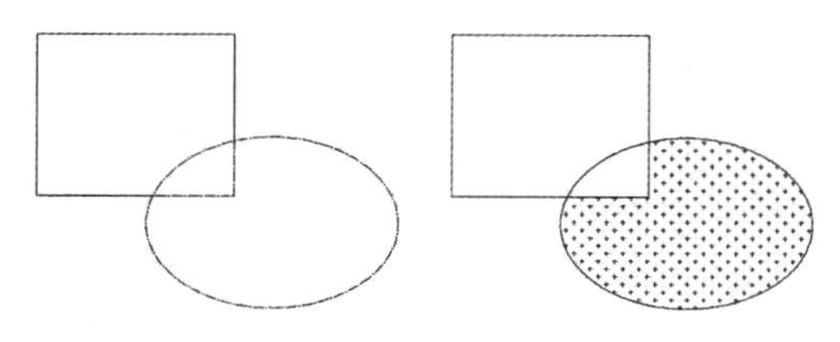

图2-49 确定边界

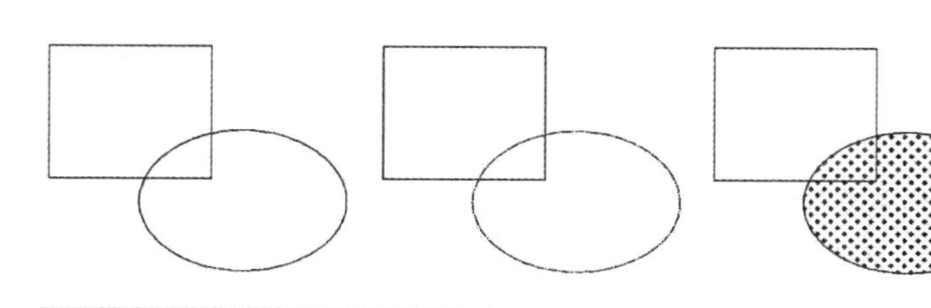

图2-50 确定填充区域的边界

方有9个“渐变方式”样板，分别表示不同的渐变方式，包括线形、球形和抛物线等方式。

④“居中”复选框。该复选框决定渐变填充是否居中。

⑤“角度”下拉列表框。在该下拉列表框中选择角度，此角度为渐变色倾斜的角度，如图2-48所示。

3）“边界”选项组。其中各选项的含义如下：

①“添加：拾取点”命令。以点取点的形式自动确定填充区域的边界。在填充的区域内任意点取一点，系统会自动确定出包围该点的封闭填充边界，并且高亮度显示，如图2-49所示。

②“添加：选择对象”命令。以选取对象的方式确定填充区域的边界。可以根据需要选取构成区域的边界。同样，被选择的边界也会以高亮度显示，如图2-50所示。

③“删除边界”命令。从边界定义中删除以前添加的任何对象，如图2-51所示。

④“重新创建边界”命令。围绕选定的图案填充或填充对象创建多段线或面域。

⑤“查看选择集”命令。观看填充区域的边界。

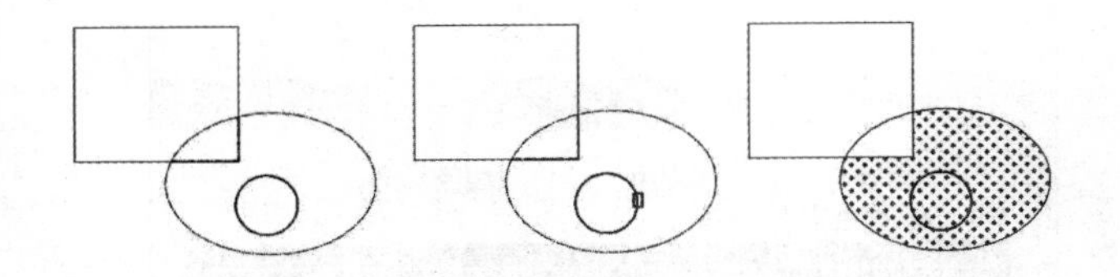

图2-51　删除“岛”后的边界

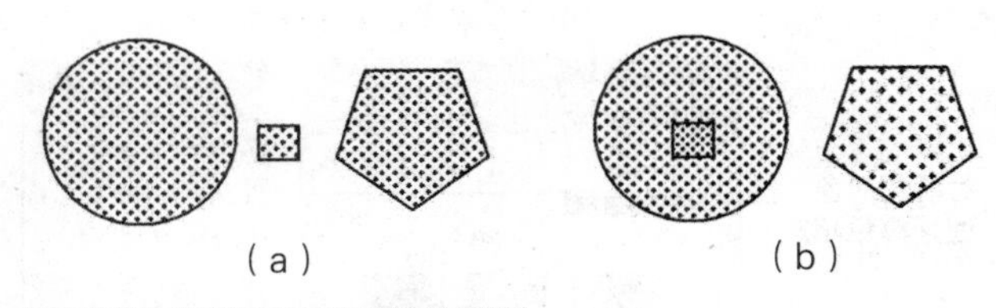

图2-52　“独立”与“不独立”

单击该命令，AutoCAD临时切换到作图屏幕，将所选择的作为填充边界的对象以高亮度方式显示。只有通过“添加：拾取点”命令或”添加：选择对象”命令选取了填充边界，“查看选择集”命令才可以使用。

4）“选项”选项组。其中各选项的含义如下：

①关联。用于确定填充图案与边界的关系。如果选中该复选框，那么填充的图案与填充边界保持着关联关系，即图案填充后，当用钳夹功能对边界进行拉伸等编辑操作时，AutoCAD会根据边界的新位置重新生成填充图案。

②创建独立的图案填充。当指定了几个独立的闭合边界时，该选项控制是创建单个图案填充对象，或是创建多个图案填充对象，如图2-52所示。

③绘图次序。该选项指定图案填充的绘图顺序。图案填充可以放在所有其他对象之后、所有其他对象之前、图案填充边界之后或图案填充边界之前。

④继承特性。此选项的作用是继承特性，即选用图中已有的填充图案作为当前的填充图案。

5）“孤岛”选项组。其中各选项的含义如下：

①孤岛显示样式。该选项用于确定图案的填充方式。用户可以从中选取所要的填充方式，默认的填充方式为“普通”，用户也可以在右键快捷菜单中选择填充方式。

②孤岛检测。该选项用于确定是否检测孤岛。

6）边界保留。指定是否将边界保留为对象，并确定应用于这些对象的对象类型是多段线还是面域。

7）边界集。此选项组用于定义边界集。当单击“添加：拾取点”命令以根据一指定点的方式确定填充区域时，有两种定义边界集的方式：一种是将包围所指定点的最近的有效对象作为填充边界，即“当前视口”选项，这是系统的默认方式；另一种方式是用户自己选定一组对象来构造边界，即“现有集合”选项，选定对象通过其上面的“新建”命令实现，单击该命令后，AutoCAD临时切换到作图屏幕，并提示用户选取作为构造边界集的对象。此时若选择“现有集合”选项，AutoCAD会根据用户指定的边界集中的对象来构造一个封闭边界。

8）允许的间隙。设置将对象用作图案填充边界时可以忽略的最大间隙。默认值为0，此值指定对象必须封闭区域而没有间隙。

9）继承选项。使用“继承特性”创建图案填充时，控制图案填充原点的位置。

3. 编辑填充的图案

在对图形对象以图案进行填充后，还可以对填充图案进行编辑，如更改填充图案的类型、比例等。更改图案填充，主要有以下两种方法：

（1）在命令行中输入“HATCHEDIT”命令。

（2）选择菜单栏中的“修改”/“对象”/“图案填充”命令。

执行上述命令后，根据系统提示选取关联填充物体后，系统弹出“图案填充”对话框，如图2-53所示。只有正常显示的选项才可以对其进行操作。该对话框中各项的含义与“图案填充和渐变色”对话框中各项的含义相同。利用该对话框，可以对已弹出的图案进行一系列的编辑修改。

三、基本命令

1. 删除及恢复类命令

这一类命令主要用于删除图形的某部分或对已删除的部分进行恢复，包括删除、恢复和清除等命令。

（1）删除命令。如果所绘制的图形不符合要求

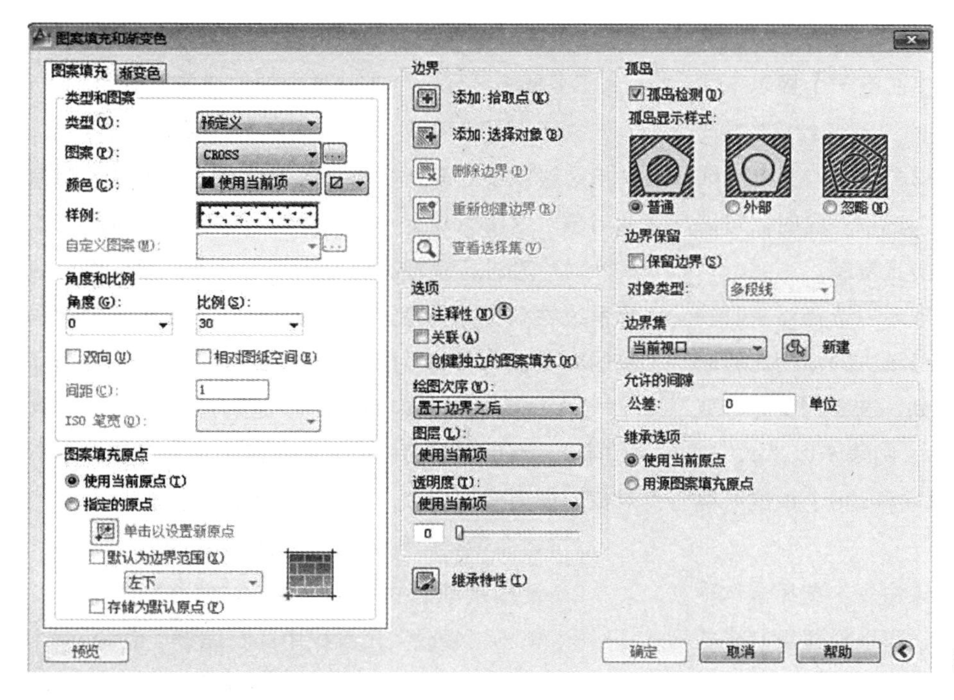

图2-53 “图案填充”对话框

或错绘了图形，则可以使用删除命令ERASE将其删除。调用删除命令，主要有以下4种方法：

1）在命令行中输入“ERASE”命令。

2）选择菜单栏中的“修改”/“删除”命令。

3）单击“修改”工具栏中的“删除”命令。

4）在快捷菜单中选择“删除”命令。

执行上述命令后，可以先选择对象后调用删除命令，也可以先调用删除命令后选择对象。选择对象时可以使用前面介绍的对象选择的各种方法。

当选择多个对象时，多个对象都被删除；若选择的对象属于某个对象组，则该对象组的所有对象都被删除。

（2）恢复命令。若误删除了图形，则可以使用恢复命令OOPS恢复误删除的对象。调用恢复命令，主要有以下3种方法：

1）在命令行中输入“OOPS”或“U”命令。

2）单击“标准”工具栏中的“放弃”命令。

3）利用快捷键<Ctrl+Z>。

（3）清除命令。此命令与删除命令的功能完全相同。调用清除命令，主要有以下两种方法：

1）选择菜单栏中的“编辑”/“删除”命令。

2）利用快捷键<Delete>。

执行上述命令后，根据系统提示选择要清除的对象，按<Enter>键执行清除命令。

2. 复制类命令

利用复制类命令，可以方便地编辑绘制图形。

（1）复制命令。使用复制命令可以将一个或多个图形对象复制到指定位置，也可以将图形对象进行一次或多次复制操作。调用复制命令，主要有以下4种方法：

1）在命令行中输入“COPY”命令。

2）选择菜单栏中的“修改”/“复制”命令。

3）单击“修改”工具栏中的“复制”命令。

4）选择快捷菜单中的“复制选择”命令。

执行上述命令，将提示选择要复制的对象。按<Enter>键结束选择操作。在命令行提示“指定基点或［位移（D）/模式（O）］<位移>：”后指定基点或位移。使用复制命令时，命令行提示中各选项的含义如下：

①指定基点。指定一个坐标点后，AutoCAD2020把该点作为复制对象的基点，并提示指定第二个点。指定第二个点后，系统将根据这两点确定的位移矢量把选择的对象复制到第二点处。如果此时直接按<Enter>键，即选择默认的“用第一点进行位

移”，则第一个点被当作相对于X、Y、Z的位移。例如，如果指定基点为“2，3”，并在下一个提示下按<Enter>键，则该对象从它当前的位置开始在X方向上移动2个单位，在Y方向上移动3个单位。复制完成后，根据提示指定第二个点或输入选项。这时，可以不断指定新的第二点，从而实现多重复制。

②位移。直接输入位移值，表示以选择对象时的拾取点为基准，以拾取点坐标为移动方向纵横比移动指定位移后确定的点为基点。例如，选择对象时拾取点坐标为（4，6），输入位移为8，则表示以（4，6）点为基准，沿纵横比为6：3的方向移动8个单位所确定的点为基点。

③模式。控制是否自动重复该命令。选择该选项后，系统提示输入复制模式选项，可以设置复制模式是单个或多个。

（2）镜像命令。镜像对象是指把选择的对象以一条镜像线为对称轴进行镜像。镜像操作完成后，可以保留源对象也可以将其删除。调用镜像命令，主要有以下3种方法：

1）在命令行中输入“MIRROR”命令。

2）选择菜单栏中的“修改”/“镜像”命令。

3）单击“修改”工具栏中的“镜像”命令。

执行上述命令后，系统提示选择要镜像的对象，并指定镜像线的第一个点和第二个点，确定是否删除源对象。这两点确定一条镜像线，被选择的对象以该线为对称轴进行镜像。包含该线的镜像平面与用户坐标系统的XY平面垂直，即镜像操作工作在用户坐标系统的XY平面平行的平面上，如图2-54、图2-55所示。

（3）偏移命令。偏移对象是指保持选择的对象的形状，然后在不同的位置以不同的尺寸新建的一个对象。调用偏移命令，主要有以下3种方法：

1）在命令行中输入“OFFSET”命令。

2）选择菜单栏中的“修改”/“偏移”命令。

3）单击“修改”工具栏中的“偏移”命令。

执行上述命令后，将提示指定偏移距离或选择选项，选择要偏移的对象并指定偏移方向。使用偏移命令绘制构造线时，命令行提示中各选项的含义如下。

①指定偏移距离。输入一个距离值，或按<Enter>键使用当前的距离值，系统把该距离值作为偏移距离，如图2-56所示。

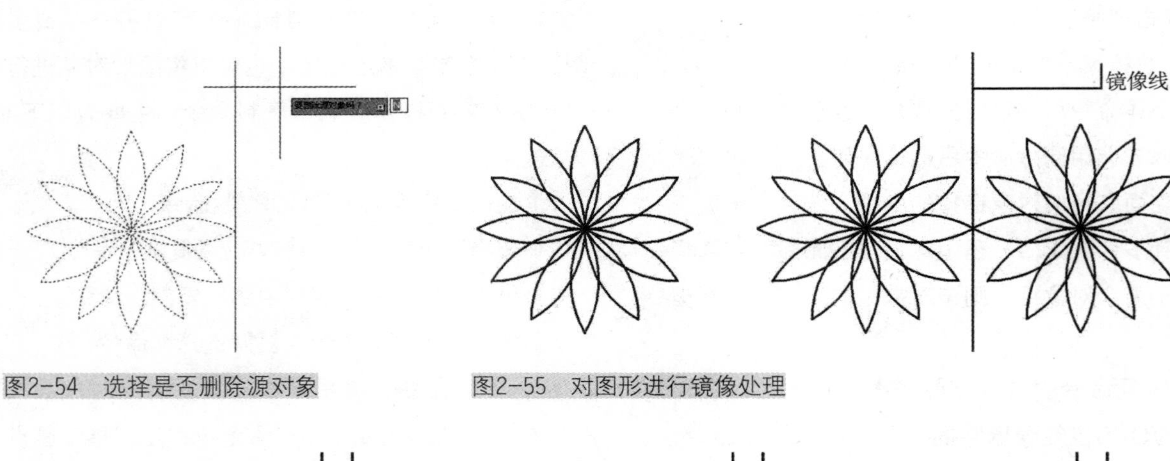

图2-54 选择是否删除源对象

图2-55 对图形进行镜像处理

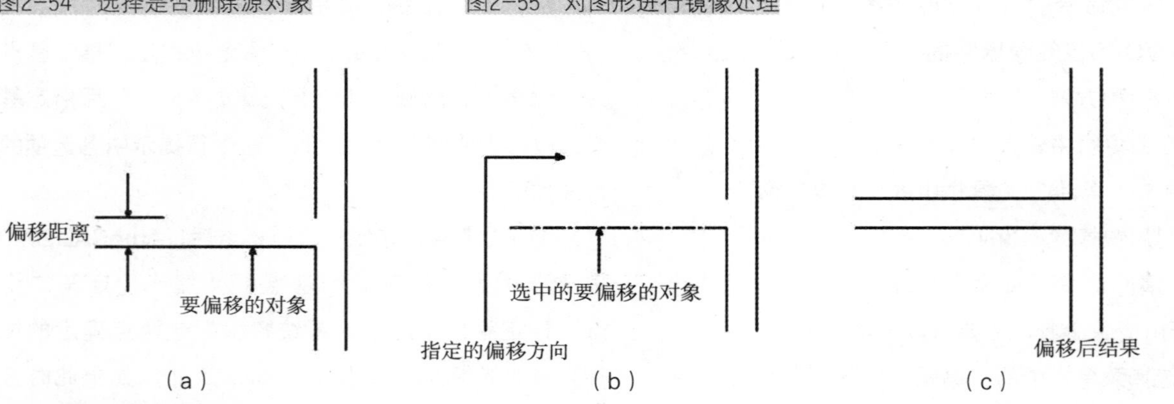

图2-56 指定距离偏移对象

②通过（T）。指定偏移的通过点。选择该选项后选择要偏移的对象后按<Enter>键，并指定偏移对象的一个通过点。操作完毕后系统根据指定的通过点给出偏移对象。

③删除（E）。偏移后，将源对象删除。

④图层。确定将偏移对象创建在当前图层上还是源对象所在的图层上。选择该选项后输入偏移对象的图层选项，操作完毕后系统根据指定的图层绘出偏移对象。

（4）阵列命令。阵列是指多重复制选择对象并把这些副本按矩形或环形排列。把副本按矩形排列称为建立矩形阵列，把副本按环形排列称为建立环形阵列。建立环形阵列时，应该控制复制对象的次数和对象是否被旋转；建立矩形阵列时，应该控制行和列的数量以及对象副本之间的距离。

使用阵列命令可以一次将选择的对象复制多个并按一定规律进行排列。调用阵列命令主要有以下3种方法：

1）在命令行中输入“ARRAY”命令。

2）选择菜单栏中的“修改”/“阵列”命令。

3）单击“修改”工具栏中的“阵列”的命令。

执行阵列命令后，根据系统提示选择对象，按<Enter>键结束选择后输入阵列类型。在命令行提示下选择路径曲线或输入行列数，如图2-57、图2-58所示。

在执行阵列命令的过程中，命令行提示中各主要选项的含义如下：

①方向（O）。控制选定对象是否将相对于路径的起始方向重定向（旋转），然后再移动到路径的起点。

②表达式（E）。使用数学公式或方程式获取值。

③基点（B）。指定阵列的基点。

④关键点（K）。对于关联阵列，在源对象上指定有效的约束点（或关键点）以用作基点。如果编辑生成的阵列是源对象，阵列的基点保持与源对象的关键点重合。

⑤定数等分（D）。沿整个路径长度平均定数等分项目。

⑥全部（T）。指定第一个和最后一个项目之间的总距离。

⑦关联（AS）。指定是否在阵列中创建项目作为关联阵列对象，或作为独立对象。

⑧项目（I）。编辑阵列中的项目数。

⑨行数（R）。指定阵列中的行数和行间距，以及它们之间的增量标高。

⑩层级（L）。指定阵列中的层数和层间距。

⑪对齐项目（A）。指定是否对齐每个项目以与路径的方向相切。对齐相对于第一个项目的方向。

⑫Z方向（Z）。控制是否保持项目的原始Z方向或沿三维路径自然倾斜项目。

⑬退出（X）。退出命令。

3. 改变位置类命令

这一类编辑命令的功能是按照指定要求改变当前图形或图形的某部分的位置，主要包括移动、旋转和缩放等命令。

（1）移动命令。利用移动命令可以将图形从当前位置移动到新位置。调用移动命令主要有以下4种方法：

1）在命令行中输入“MOVE”命令。

2）选择菜单栏中的“修改”/“移动”命令。

3）单击“修改”工具栏中的“移动”命令。

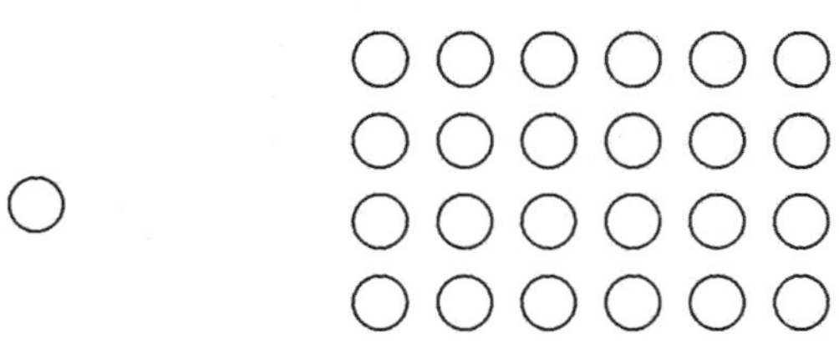

（a）原始图形　（b）矩形阵列后的图形

图2-57　矩形阵列

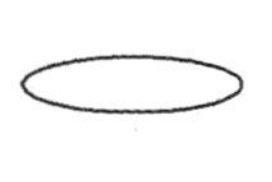

（a）原始图形

（b）环形阵列后的图形

图2-58　环形阵列

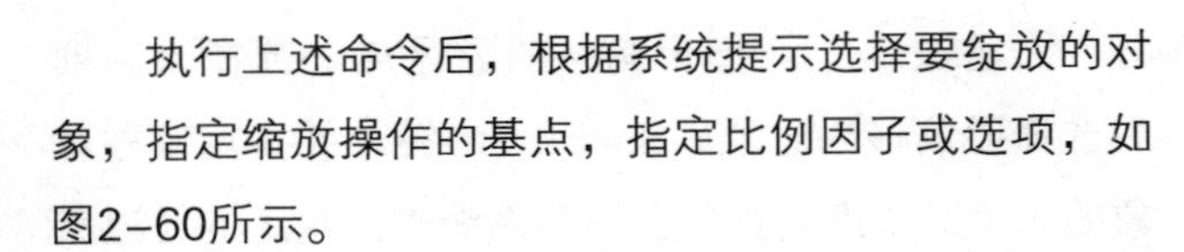

4）选择快捷菜单中的“移动”命令。

执行上述命令后，根据系统提示选择对象，按<Enter>键结束选择。在命令行提示下指定基点或移至点，并指定第二个点或位移量。各选项功能与COPY命令相关选项功能相同。所不同的是对象被移动后，原位置处的对象消失。

（2）旋转命令。利用旋转命令可以将图形围绕指定的点进行旋转。调用旋转命令主要有以下4种方法：

1）在命令行中输入“ROTATE”命令。

2）选择菜单栏中的“修改”/“旋转”命令。

3）单击“修改”工具栏中的“旋转”命令。

4）在快捷菜单中选择“旋转”命令。

执行上述命令后，根据系统提示选择要旋转的对象，并指定旋转的基点和旋转的角度，如图2-59所示。

在执行旋转命令的过程中，命令行提示中各主要选项的含义如下：

①复制（C）。选择该选项，旋转对象的同时，保留原对象。

②参照（R）。采用参考方式旋转对象时，根据系统提示指定要参考的角度和旋转后的角度值，操作完毕后，对象被旋转至指定的角度位置。

（3）缩放命令。使用缩放命令可以改变实体的尺寸大小，在执行缩放的过程中，用户需要指定缩放比例。调用缩放命令，主要有以下4种方法：

1）在命令行中输入“SCALE”命令。

2）选择菜单栏中的“修改”/“缩放”命令。

3）单击“修改”工具栏中的“缩放”命令。

4）在快捷菜单中选择“缩放”命令。

执行上述命令后，根据系统提示选择要缩放的对象，指定缩放操作的基点，指定比例因子或选项，如图2-60所示。

在执行缩放命令的过程中，命令行提示中各主要选项的含义如下：

①参照（R）。采用参考方向缩放对象时，根据系统提示输入参考长度值并指定新长度值。若新长度值大于参考长度值，则放大对象；反之，则缩小对象。操作完毕后，系统以指定的基点按指定的比例因子缩放对象。如果选择“点（P）”选项，则指定两点来定义新的长度。

②指定比例因子。选择对象并指定基点后，从基点到当前光标位置会出现一条线段，线段的长度即为比例大小。鼠标选择的对象会动态地随着该连线长度的变化而缩放，按〈Enter〉键，确认缩放操作。

③复制（C）。选择“复制（C）”选项时，可以复制缩放对象，即缩放对象时，保留源对象，如图2-61所示。

4. 改变几何特性类命令

这一类编辑命令在对指定对象进行编辑后，使编辑对象的几何特性发生改变，包括倒角、圆角、打断、修剪、延伸、拉长、拉伸等命令。

（1）圆角命令。圆角是指用指定半径决定的一段平滑圆弧连接两个对象的操作。系统规定可以圆角连接一对直线段、非圆弧的多段线、样条曲线、双向无限长线、射线、圆、圆弧和椭圆。可以在任何时刻圆角连接非圆弧多段线的每个节点。调用圆角命令，主要有以下3种方法：

1）在命令行中输入“FILLET”命令。

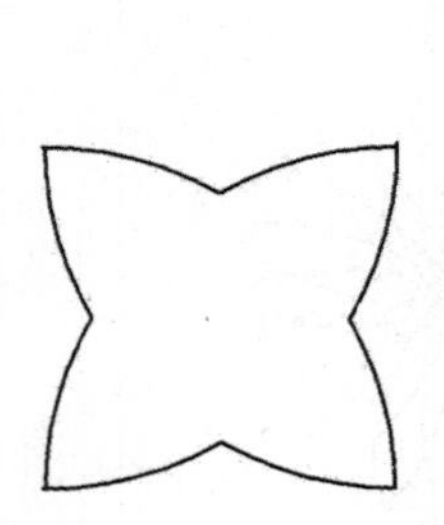

（a）原始图形　（b）旋转后的图形

图2-59　旋转图形

（a）原始图形　（b）缩放后的图形

图2-60　缩放图形

2）选择菜单栏中的“修改”/“圆角”命令。

3）单击“修改”工具栏中的“圆角”命令。

执行上述命令后，根据系统提示选择第一个对象或其他选项，再选择第二个对象，如图2-62所示。

使用圆角命令对图形对象进行圆角时，命令行提示主要选项的含义如下：

①多段线（P）。在一条二维多段线的两段直线段的节点处插入圆滑的弧。选择多段线后系统会根据指定的圆弧的半径把多段线各顶点用圆滑的弧连接起来。

②半径（R）。确定圆角半径。

③修剪（T）。决定在圆滑连接两条边时，是否修剪这两条边，如图2-63所示。

④多个（M）。同时对多个对象进行圆角编辑。

（2）倒角命令。倒角是指用斜线连接两个不平行的线型对象的操作。可以用斜线连接直线段、双向无限长线、射线和多段线。调用倒角命令，主要有以下3种方法：

1）在命令行中输入“CHAMFER”命令。

2）选择菜单栏中的“修改”/“倒角”命令。

3）单击“修改”工具栏中的“倒角”命令。

执行上述命令后，根据系统提示选择第一条直线或别的选项，再选择第二条直线，如图2-64所示。

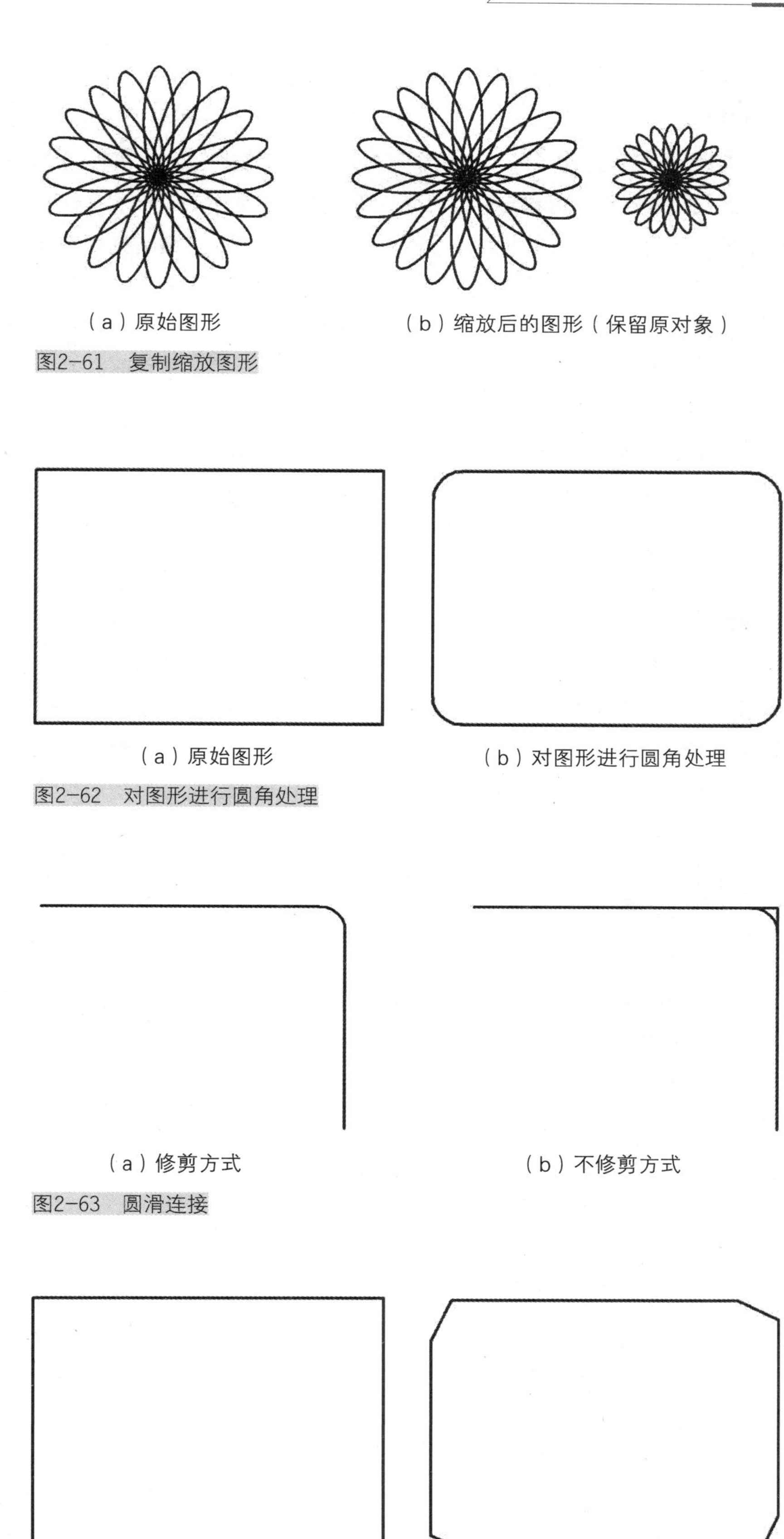

（a）原始图形　（b）缩放后的图形（保留原对象）

图2-61　复制缩放图形

（a）原始图形　（b）对图形进行圆角处理

图2-62　对图形进行圆角处理

（a）修剪方式　（b）不修剪方式

图2-63　圆滑连接

（a）原始图形　（b）对图形进行倒角处理

图2-64　对图形进行倒角处理

执行倒角命令对图形进行倒角处理时，命令行中各选项的含义如下：

①距离（D）。选择倒角的两个斜线距离。斜线距离是指从被连接的对象与斜线的交点到被连接的两对象的可能的交点之间的距离。这两个斜线距离可以相同也可以不相同，若两者均为0，则系统不绘制连接的斜线，而是把两个对象延伸至相交，并修剪超出的部分。

②角度（A）。选择第一条直线的斜线距离和角度。采用这种方法斜线连接对象时，需要输入两个参数，即斜线与一个对象的斜线距离和斜线与该对象的夹角，如图2-65、图2-66所示。

③多段线（P）。对多段线的各个交叉点进行倒角编辑。为了得到最好的连接效果，一般设置斜线是相等的值。系统根据指定的斜线距离把多段线的每个交叉点都作斜线连接，连接的斜线成为多段线新添加的构成部分。

④修剪（T）。与圆角命令FILLET相同，该选项决定连接对象后，是否剪切源对象。

⑤方式（M）。决定采用“距离”方式还是“角度”方式来倒角。

⑥多个（U）。同时对多个对象进行倒角编辑。

（3）修剪命令。可以将走出修剪边界的线条进行修剪，被修剪的对象可以是直线、多段线、圆弧、样条曲线、构造线等。调用修剪命令，主要有以下3种方法：

1）在命令行中输入“TRIM”命令。

2）选择菜单栏中的“修改”/“修剪”命令。

3）单击“修改”工具栏中的“修剪”命令。

执行上述命令后，根据系统提示选择剪切边，选择一个或多个对象并按<Enter>键，或者按<Enter>键选择所有显示的对象。按<Enter>键结束对象选择，如图2-67所示。

使用修剪命令对图形对象进行修剪时，命令行提示主要选项的含义如下：

①按<Shift>键。在选择对象时，如果按住<Shift>键，系统就自动将“修剪”命令转换成“延伸”命令。

②边（E）。选择此选项时，可以选择对象的修剪方式。

●延伸（E）。延伸边界进行修剪。在此方式下，如果剪切边没有与要修剪的对象相交，系统会延伸剪切边直至与要修剪的对象相交，然后再修剪。

●不延伸（N）。不延伸边界修剪对象，只修剪与剪切边相交的对象。

③栏选（F）。选择此选项时，系统以栏选的方式选择被修剪对象。

④窗交（C）。选择此选项时，系统以窗交的方式选择被修剪对象。被选择的对象可以互为边界和被修剪对象，此时系统会在选择的对象中自动判断边界。

（4）延伸命令。延伸是指延伸要延伸的对象直至另一个对象的边界线的操作。调用延伸命令，主要有以下3种方法：

1）在命令行中输入“EXTEND”命令。

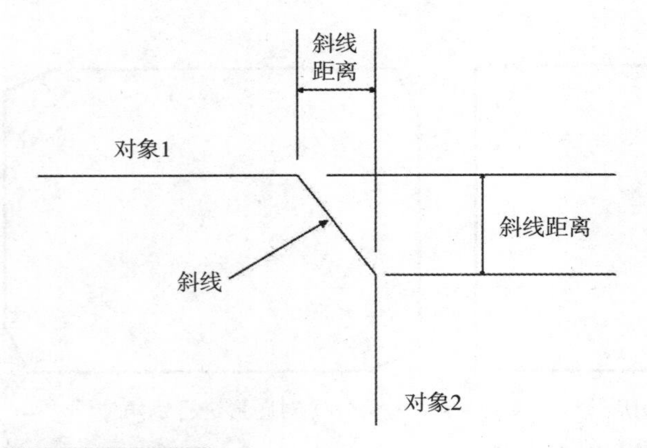

图2-65　斜线距离

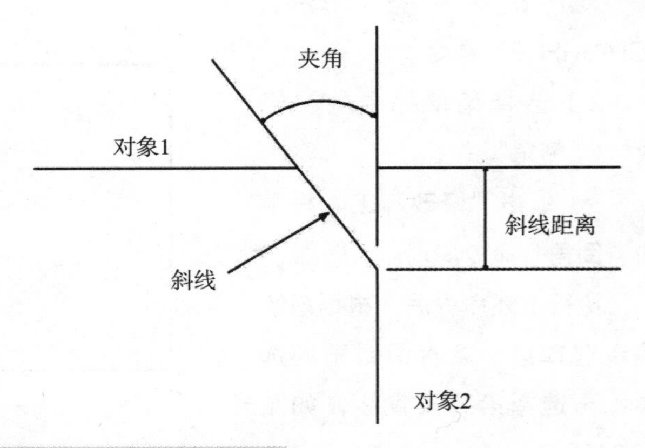

图2-66　斜线距离与夹角

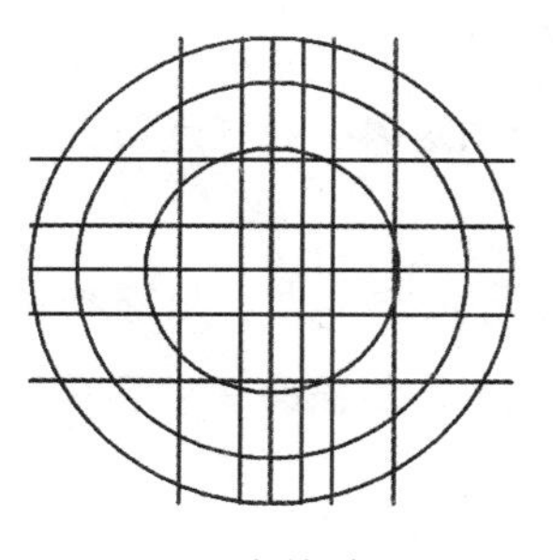
（a）修剪前

（b）修剪后

图2-67　修剪图形

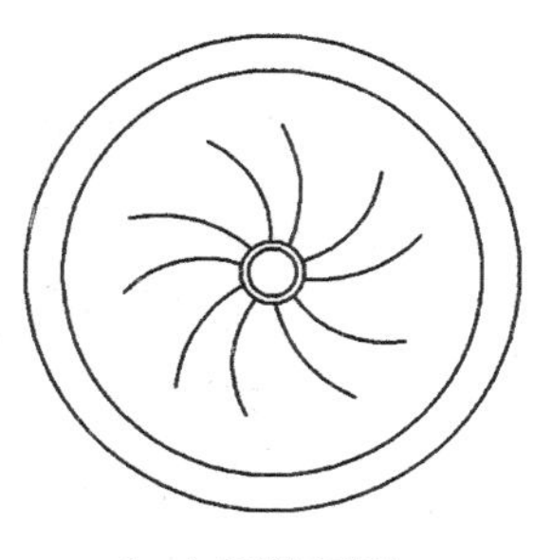
（a）原始图形

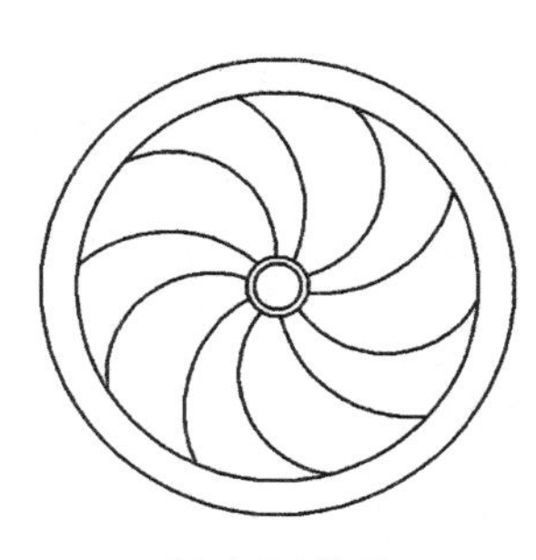
（b）延伸后

图2-68　延伸图形

2）选择菜单栏中的“修改”/“延伸”命令。

3）单击“修改”工具栏中的“延伸”命令。

执行上述命令后，根据系统提示选择边界的边，选择边界对象。此时可以选择对象来定义边界。若直接按<Enter>键，则选择所有对象作为可能的边界对象。

AutoCAD2020规定可以用作边界对象的对象有直线段、射线、双向无限长线、圆弧、圆、椭圆、二维和三维多段线、样条曲线、文本、浮动的视口、区域。如果选择二维多段线作边界对象，系统会忽略其宽度而把对象延伸至多段线的中心线。

选择边界对象后，系统继续提示选择要延伸的对象，此时可继续选择或按<Enter>键结束。使用延伸命令对图形对象进行延伸，如图2-68所示，选择对象时，如果按住<Shift>键，系统自动将“延伸”命令转换成“修剪”命令。

（5）拉伸命令。拉伸是指拖拉选择的对象，并使其形状发生改变的操作。拉伸对象时，应指定拉伸的基点和移置点。利用一些辅助工具，如捕捉、钳夹功能及相对坐标等可以提高拉伸的精度。调用拉伸命令，主要有以下3种方法：

1）在命令行中输入“STRETCH”命令。

2）选择菜单栏中的“修改”/“拉伸”命令。

3）单击“修改”工具栏中的“拉伸”命令。

执行上述命令后，根据系统提示输入“C”，采用交叉窗口的方式选择要拉伸的对象，指定拉伸的基点和第二点。

此时，若指定第二个点，系统将根据这两点决定的矢量拉伸对象。若直接按<Enter>键，系统会把第一个点的坐标值作为X和Y轴的分量值。

STRETCH仅移动位于交叉窗口内的顶点和端点，不更改那些位于交叉窗口外的顶点和端点。部分包含在交叉窗口内的对象将被拉伸。

（6）拉长命令。拉长命令是指拖拉选择的对象至某点或拉长一定长度。执行拉长命令，主要有以下两种方法：

1）在命令行中输入“LENGTHEN”命令。

2）选择菜单栏中的“修改”/“拉长”命令。

执行上述命令后，根据系统提示选择对象。使用拉长命令对图形对象进行拉长时，命令行提示主要选项的含义如下：

①增量（DE）。用指定增加量的方法改变对象的长度或角度。

②百分数（P）。用指定占总长度的百分比的方法改变圆弧或直线段的长度。

③全部（T）。用指定新的总长度或总角度值的方法来改变对象的长度或角度。

④动态（DY）。打开动态拖拉模式。在这种模式下，可以使用拖拉鼠标的方法来动态地改变对象的长度或角度。

（7）打断命令。利用打断命令可以将直线、多段线、射线、样条曲线、圆和圆弧等建筑图形分成两个对象或删除对象中的一部分。调用该命令主要有以下3种方法：

1）在命令行中输入“BREAK”命令。

2）选择菜单栏中的“修改”/“打断”命令。

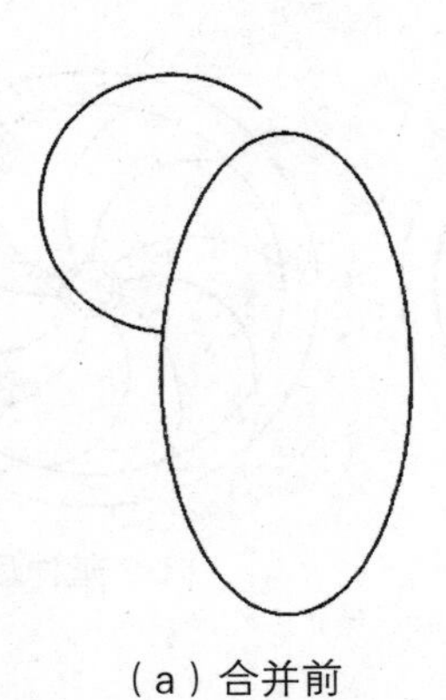

（a）合并前

（b）合并后

图2-69　合并对象

3）单击“修改”工具栏中的“打断”命令。

执行上述命令后，根据系统提示选择要打断的对象，并指定第二个打断点或输入“F”。

（8）打断于点。打断于点命令是指在对象上指定一点，从而把对象在此点拆分成两部分。此命令与打断命令类似。调用该命令主要有如下两种方法：

1）选择菜单栏中的“修改”/“打断”命令。

2）单击“修改”工具栏中“打断于点”命令。

执行上述命令后，根据系统提示选择要打断的对象，并选择打断点，图形由断点处断开。

（9）分解命令。利用分解命令可以将图形进行分解。执行分解命令，主要有以下3种方法：

1）在命令行中输入“EXPLODE”命令。

2）选择菜单栏中的“修改”/“分解”命令。

3）单击“修改”工具栏中的“分解”命令。

执行上述命令后，根据系统提示选择要分解的对象。选择一个对象后，该对象会被分解。系统将继续提示允许分解多个对象。选择的对象不同，分解的结果就不同。

（10）合并命令。可以将直线、圆弧、椭圆弧和样条曲线等独立的对象合并为一个对象。调用合并命令，主要有以下3种方法：

1）在命令行中输入“JOIN”命令。

2）选择菜单栏中的“修改”/“合并”命令。

3）单击“修改”工具栏中的“合并”命令。

执行上述命令后，根据系统提示选择一个对象，再选择要合并到源的另一个对象，合并完成，如图2-69所示。

第六节　常用二维工具栏

一、绘图栏

1. 直线

创建直线段。使用line命令，可以创建一系列连续的直线段。每条线段都是可以单独进行编辑的直线对象，如图2-70所示。

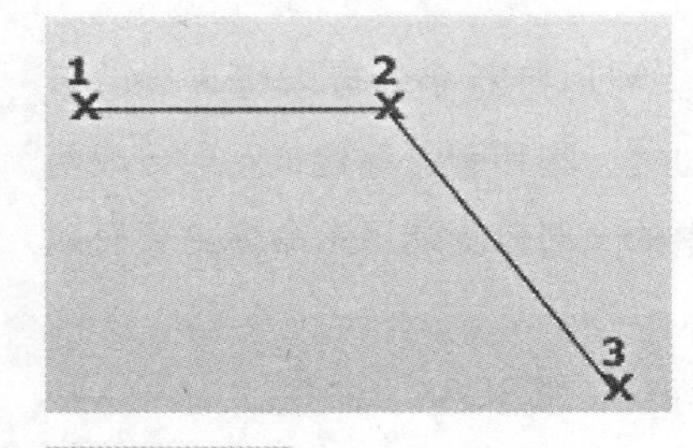

图2-70　直线

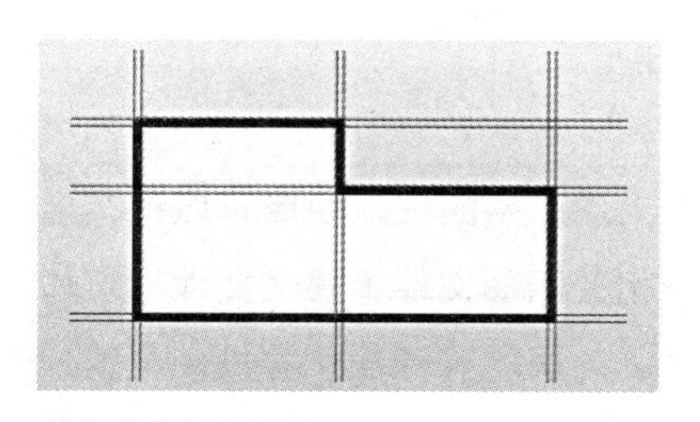

图2-71　构造线

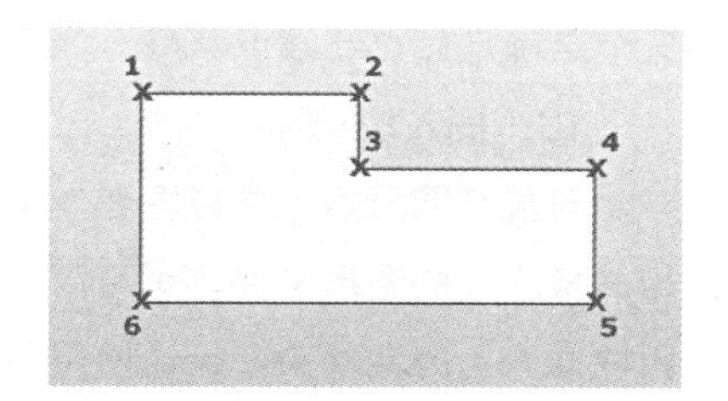

图2-72　多段线

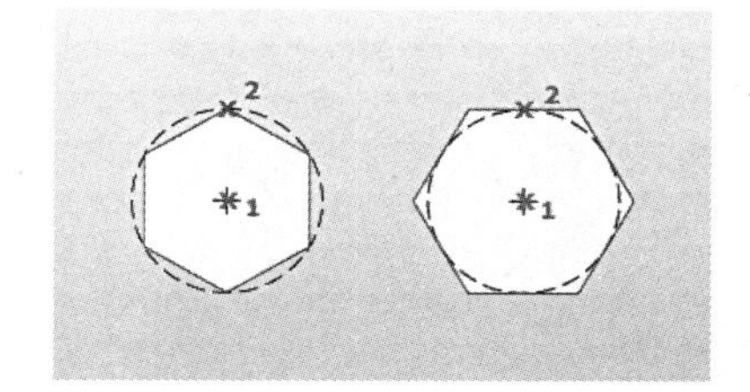

图2-73　多边形

2. 构造线

创建无限长的线。可以使用无限延长的线（例如构造线）来创建构造和参考线，并且其可用于修剪边界，如图2-71所示。

3. 多段线

创建二维多段线。二维多段线是作为单个平面对象创建的相互连接的线段序列。可以创建直线段、圆弧段或两者的组合线段，如图2-72所示。

4. 多边形

创建等边闭合多段线。可以指定多边形的各种参数，包含边数。这也显示了内接和外切选项间的差别，如图2-73所示。

5. 矩形

创建矩形多段线。从指定的矩形参数创建矩形多段线（长度、宽度、旋转角度）和角点类型（圆角、倒角或直角），如图2-74所示。

6. 修订云线

通过绘制自由形状的多段线创建修订云线。可以通过拖动光标创建新的修订云线，也可以将闭合对象（例如椭圆或多段线）转换为修订云线。使用修订云线亮显要查看的图形部分，如图2-75所示。

7. 样条曲线

创建通过或接近指定点的平滑曲线。SPLINE创建称为非均匀有理B样条曲线（NURBS）的曲线，为简便起见，称为样条曲线。样条曲线使用拟合点或控制点进行定义。默认情况下，拟合点与样条曲线重合，而控制点定义控制框。控制框提供了一种便捷的方法，用来设置样条曲线的形状。每种方法都有其优点，如图2-76所示。

8. 椭圆

创建椭圆或椭圆弧。椭圆上的前两个点确定第一条轴的位置和长度，第三个点确定椭圆的圆心与第二条轴的端点之间的距离，如图2-77所示。

9. 椭圆弧

创建椭圆弧。椭圆弧上的前两个点确定第一条轴的位置和长度，第三个点确定椭圆弧的圆心与第二条轴的端点之间的距离。第四个点和第

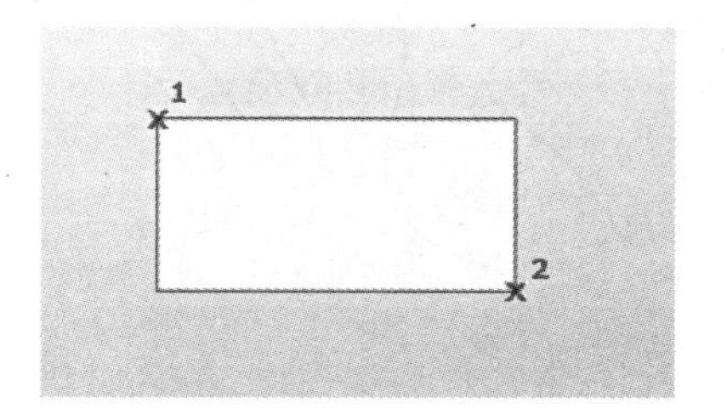

图2-74　矩形

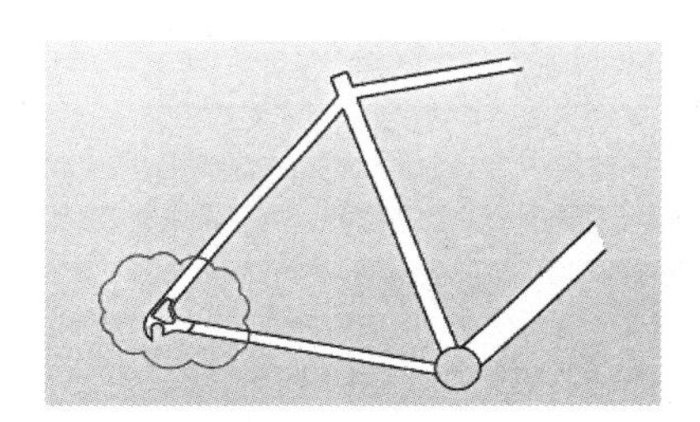
图2-75　修订云线

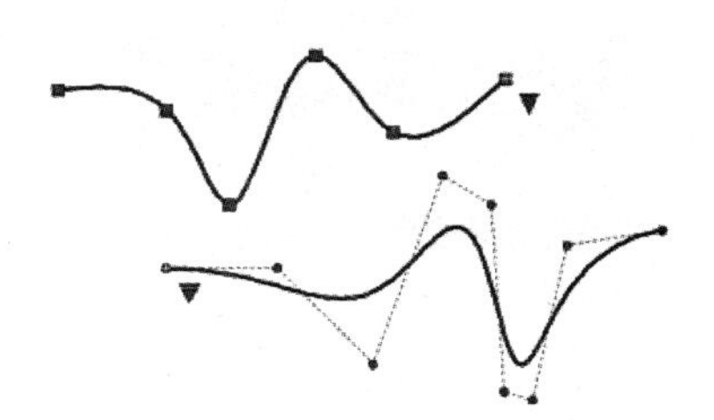
图2-76　样条曲线

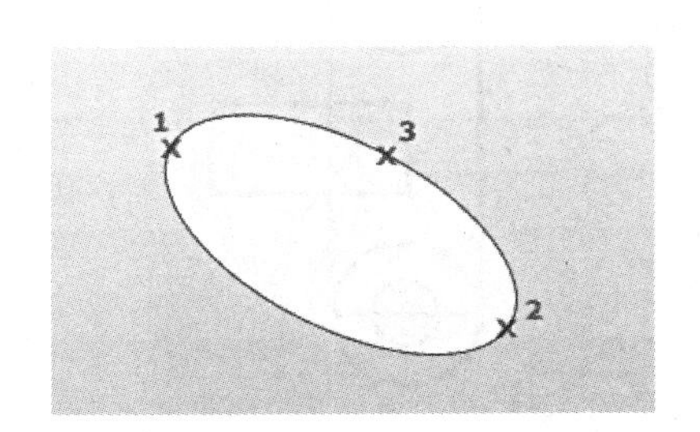

图2-77　椭圆

五个点确定起点和端点角度，如图2-78所示。

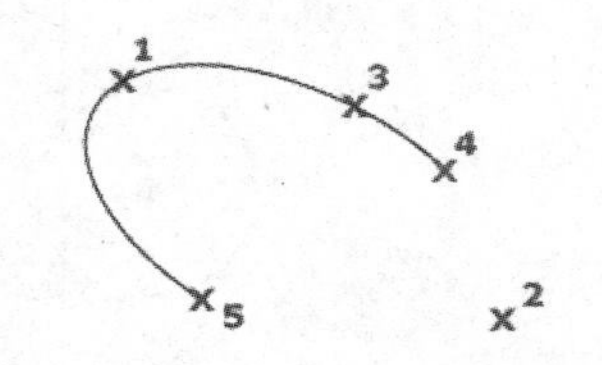

图2-78 椭圆弧

10. 插入块

向当前图形插入块或图形。建议插入块库中的块。块库可以是存储相关块定义的图形文件，也可以是包含相关图形文件（每个文件均可作为块插入）的文件夹。无论使用何种方式，块均可标准化并供多个用户访问。

11. 点

创建多个点对象。可以使用MEASURE和DIVIDE沿对象创建点。使用DDPTYPE可以轻松指定点大小和样式，如图2-79所示。

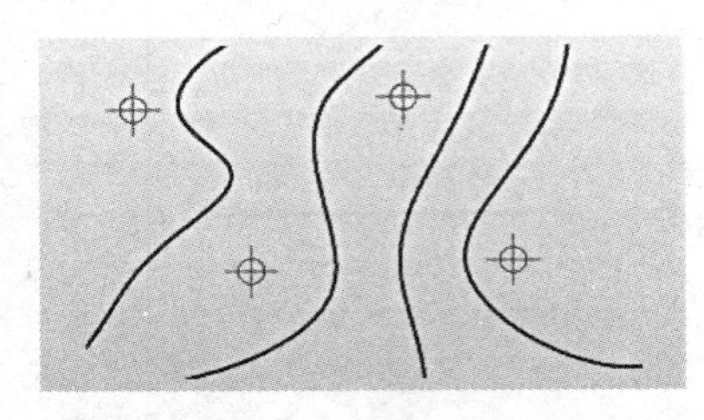

图2-79 点

12. 图案填充

使用填充图案，填充对封闭区域或选定对象进行填充。从多个方法中进行选择以指定图案填充的边界，如图2-80所示。

（1）指定对象封闭的区域中的点。选择封闭区域的对象。

（2）使用-HATCH绘图选项指定边界点。

（3）将填充图案从工具选项板或设计中心拖动到封闭区域。

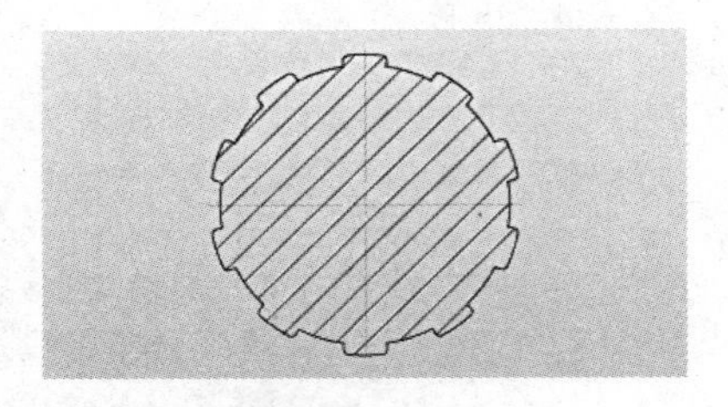

图2-80 图案填充

13. 渐变色

使用渐变填充对封闭区域或选定对象进行填充。渐变填充创建一种或两种颜色间的平滑转场，如图2-81所示。

图2-81 渐变色

14. 面域

将包含封闭区域的对象转换为面域对象。面域是用闭合的形状或环创建的二维区域。闭合多段线、闭合的多条直线和闭合的多条曲线都是有效的选择对象。曲线包括圆弧、圆、椭圆弧、椭圆和样条曲线。可以将若干区域合并到单个复杂区域，如图2-82所示。

15. 表格

创建空的表格对象。表格是在行和列中包含数据的复合对象。可以通过空的表格或表格样式创建空的表格对象。还可以将表格链接至MicrosoftExcel电子表格中的数据，如图2-83所示。

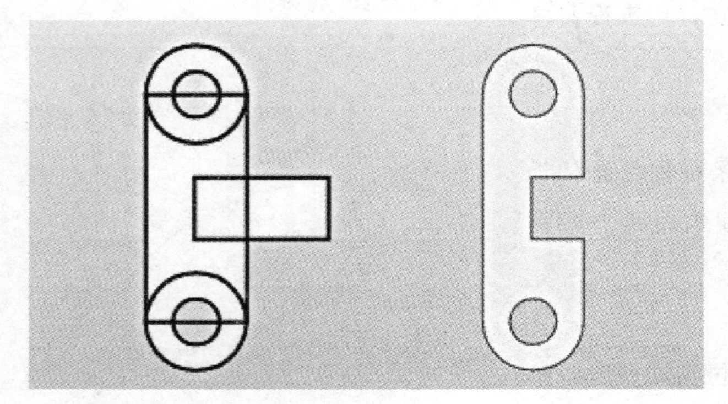

图2-82 面域

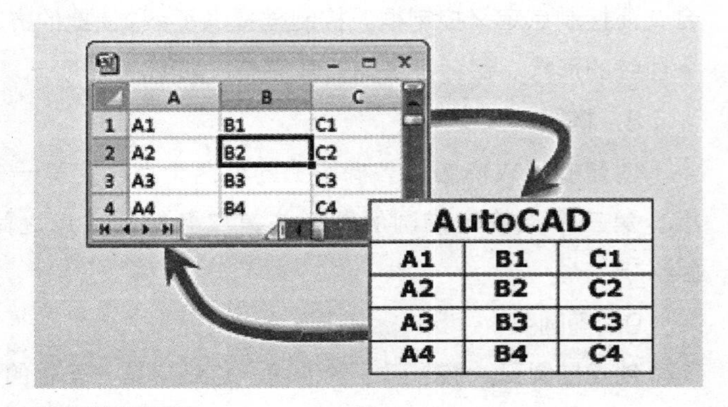

图2-83 表格

16. 多行文字

创建多行文字对象。可以将若干文字段落创建为单个多行文字对象。使用内置编辑器，可以格式化文字外观、列和边界。

二、修改栏

1. 删除

从图形删除对象。无须选择要删除的对象，而是可以输入一个选项，例如，输入L删除绘制的上一个对象，输入P删除前一个选择集，或者输入ALL删除所有对象，还可以输入？以获得所有选项的列表，如图2-84所示。

2. 复制

将对象复制到指定方向，上的指定距离处。使用COPYMODE系统变量，可以控制是否自动创建多个副本，如图2-85所示。

3. 镜像

创建选定对象的镇修副本。可以创建表示半个圈形的对象，选择这些对象并沿指定的线进行镜像以创建另一半，如图2-86所示。

4. 偏移

创建同心圆、平行线和等距曲线。可以在指定距高或通过一个点偏移对象。偏移对象后，可以使用修剪和延伸这种有效的方式来创建包含多条平行线和曲线的图形，如图2-87所示。

5. 矩形阵列

按任意行、列和层级组合分布对象副本。创建选定对象的副本的行和列阵列，如图2-88所示。

6. 移动

将对象在指定方向上移动指定距离。使用坐标、栅格捕捉、对象捕捉和其他工具可以精确移动对象，如图2-89所示。

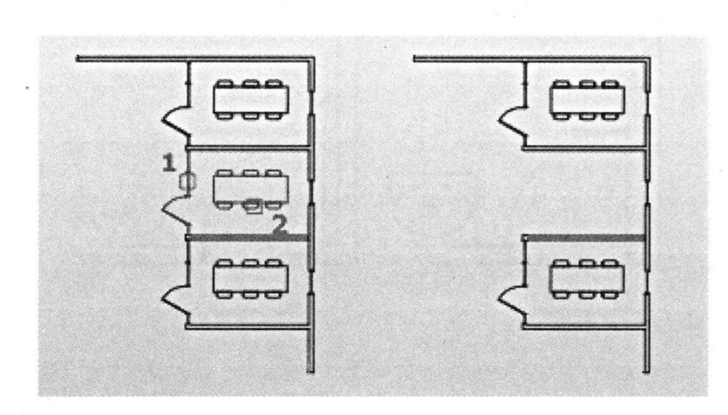

图2-84 删除

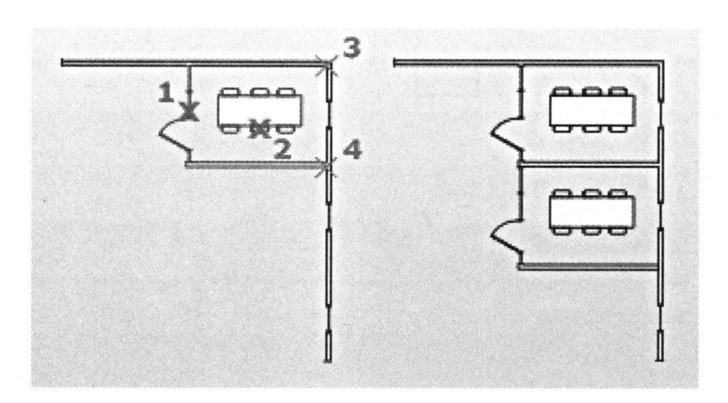

图2-85 复制

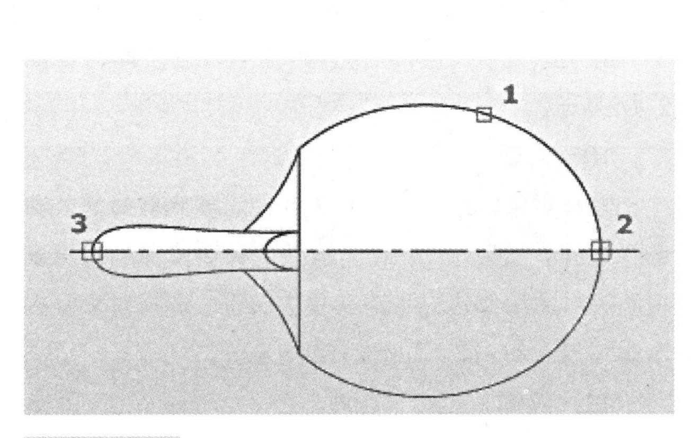

图2-86 镜像

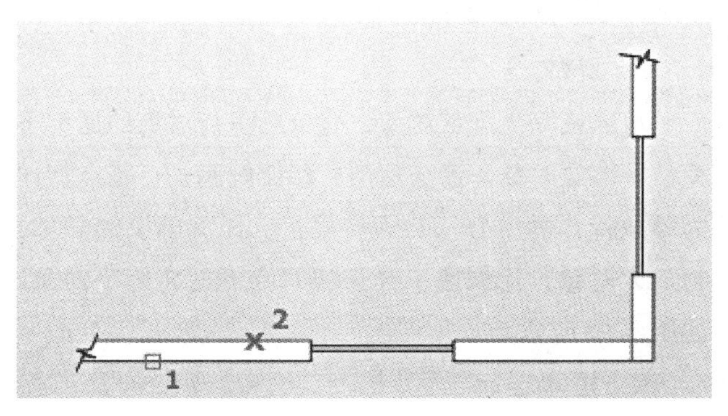

图2-87 偏移

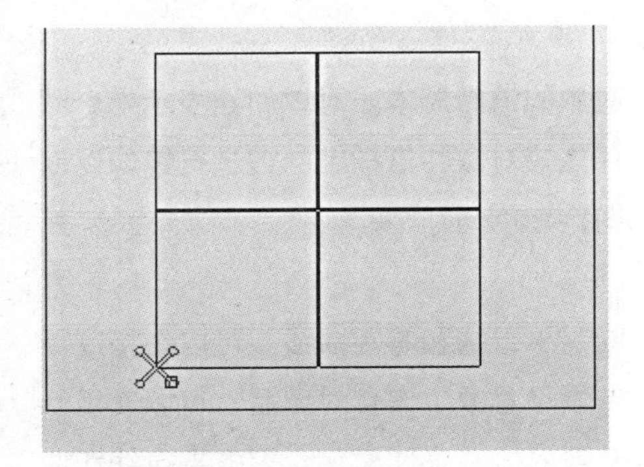

图2-88　矩形阵列

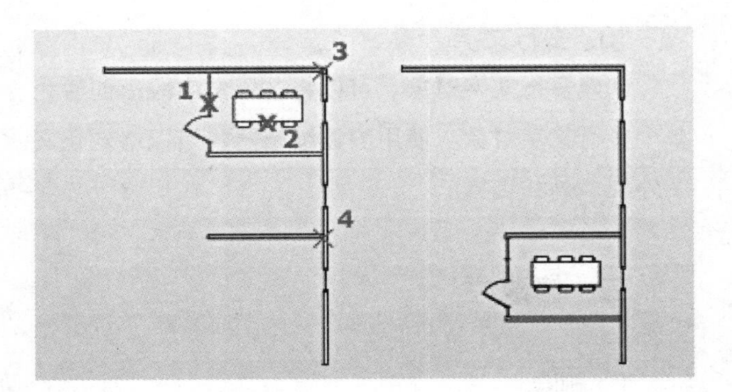

图2-89　移动

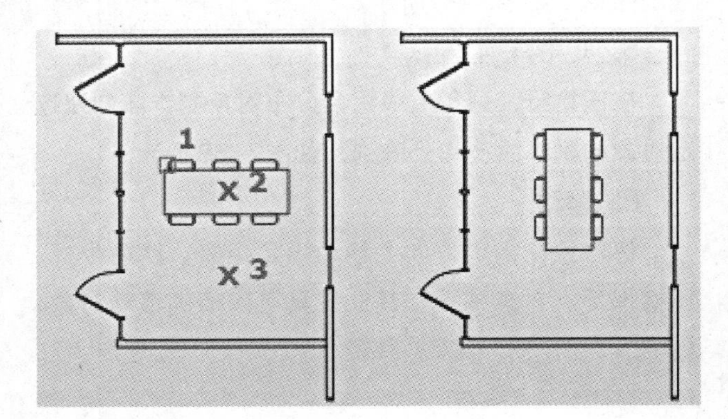

图2-90　旋转

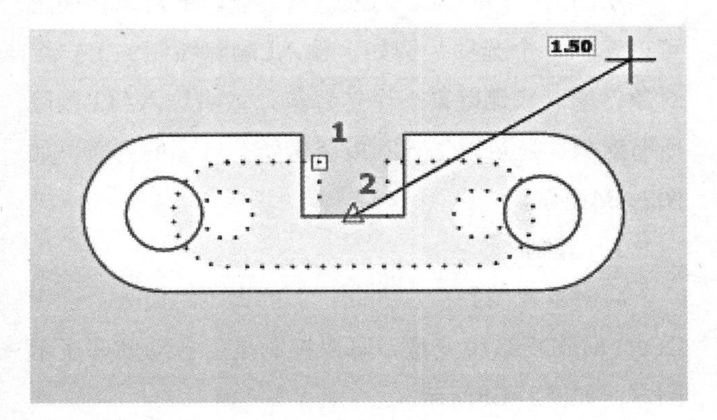

图2-91　缩放

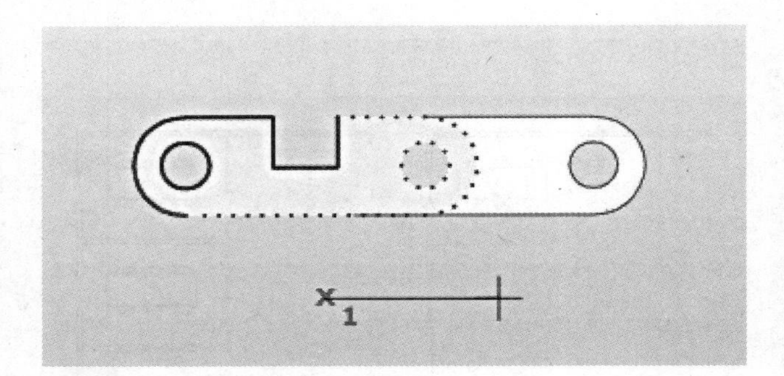

图2-92　拉伸

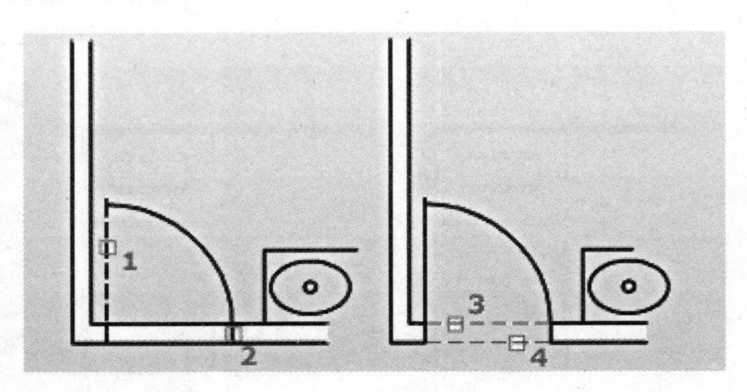

图2-93　修剪

7. 旋转

绕基点旋转对象。可以围绕基点将选定的对象旋转到一个绝对的角度，如图2-90所示。

8. 缩放

放大或缩小选定对象，缩放后保持对象的比例不变。要缩放对象，请指定基点和比例因子。基点将作为缩放操作的中心，并保持静止。比例因子大于1时将放大对象，比例因子介于0和1之间时将缩小对象，如图2-91所示。

9. 拉伸

通过窗选或多边形框选的方式拉伸对象。将拉伸窗交窗口部分包围的对象。将移动（而不是拉伸）完全包含在窗交窗口中的对象或单独选定的对象。某些对象类型（例如圆、椭圆和块）无法拉伸，如图2-92所示。

10. 修剪

修剪对象以适合其他对象的边。要修剪对象，请选择边界。然后按<Enter>键并选择要修剪的对象要将所有对象用作边界，请在首次出现“选择对象”提示时按<Enter>键，如图2-93所示。

11. 延伸

延伸对象以适合其他对象的边。要延伸对象，请首先选择边界，然后按<Enter>键并选择要延伸的对象。要将所有对象用作边界，请在首次出现“选择对象”提示时按<Enter>键，如图2-94所示。

12. 打断于点

在一点打断选定的对象。有效对象包括直线、开放的多段线和圆弧。不能在一点打断闭合对象（例如圆），如图2-95所示。

13. 打断

在两点之间打断选定的对象。可以在对象上的两个指定点之间创建间隔，从而将对象打断为两个对象。如果这些点不在对象上，则会自动投影到该对象上。break通常用于为块或文字创建空间，如图2-96所示。

14. 合并

合并相似对象以形成一个完整的对象。在其公共端点处合并一系列有限的线性和开放的弯曲对象，以创建单个二维或三维对象。产生的对象类型取决于选定的对象类型、首先选定的对象类型以及对象是否共面，如图2-97所示。

15. 倒角

给对象加倒角。将按用户选择对象的次序应用指定的距离和角度，如图2-98所示。

16. 圆角

给对象加圆角。在此示例中，创建的圆弧与选定的两条直线均相切。直线被修剪到圆弧的两端。要创建一个锐角转角，请输入零作为半径，如图2-99所示。

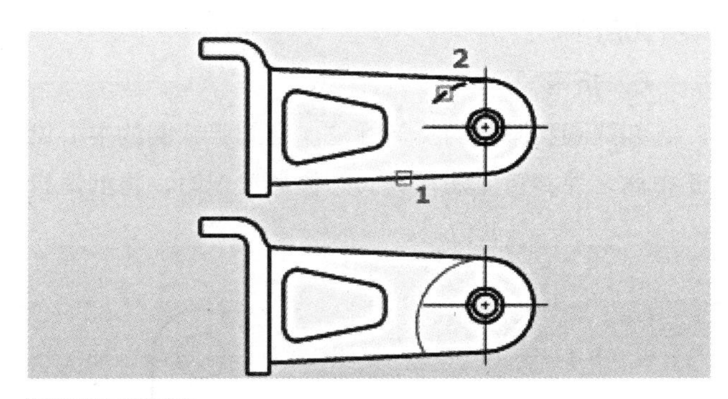

图2-94 延伸

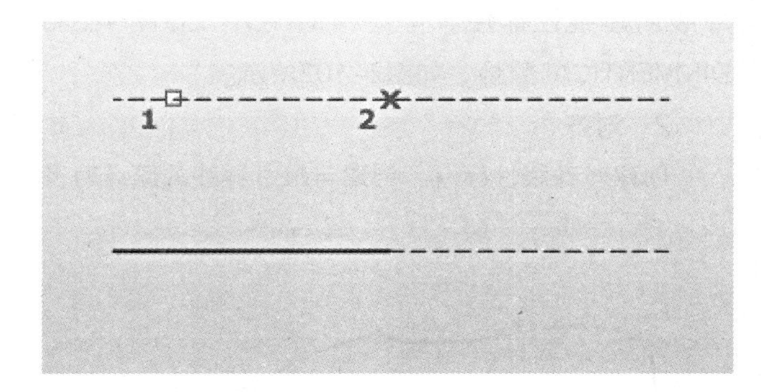

图2-95 打断于点

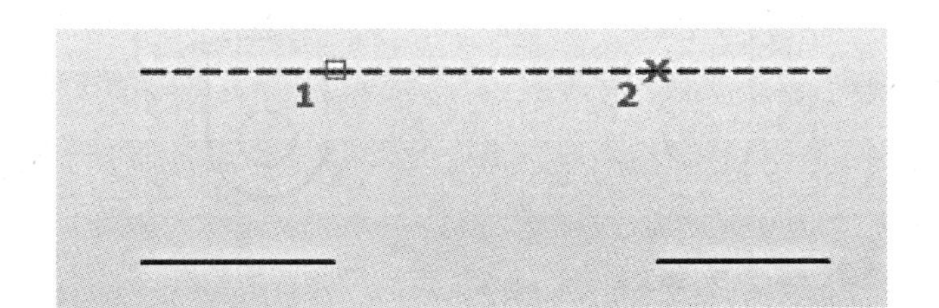

图2-96 打断

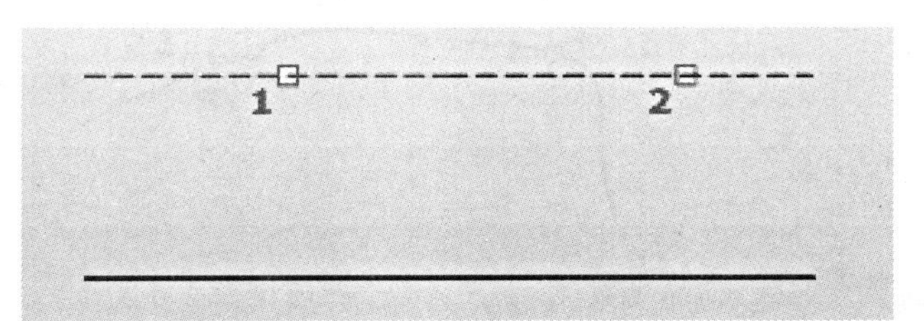

图2-97 合并

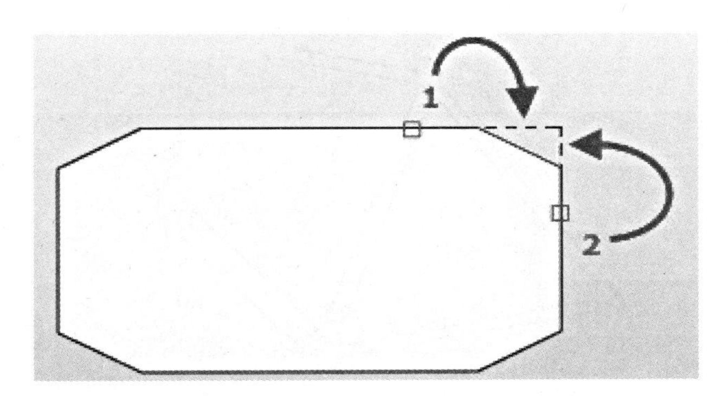

图2-98 倒角

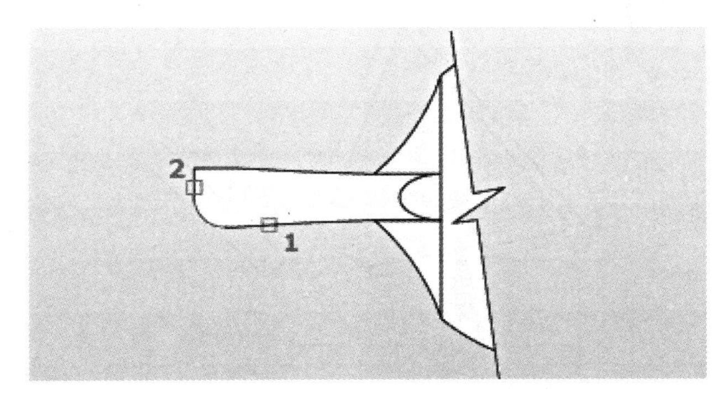

图2-99 圆角

17. 光顺曲线

在两条开放曲线的端点之间创建相切或平滑的样条曲线。选择端点附近的每个对象。生成的样条曲线的形状取决于指定的连续性。选定对象的长度保持不变，如图2-100所示。

18. 分解

将复合对象分解为其部件对象。在希望单独修改复合对象的部件时，可分解复合对象。可以分解的对象包括块、多段线及面域等，如图2-101所示。

三、标注栏

1. 线性

创建线性标注。使用水平、竖直或旋转的尺寸线创建线性标注。可用DIMHORIZONTAL和DIMVERTICAL替换，如图2-102所示。

2. 对齐

创建对齐线性标注。创建与尺寸界线的原点对齐的线性标注，如图2-103所示。

3. 坐标

创建坐标标注。坐标标注用于测量从原点（称为基准）到要素（例如部件上的一个孔）的水平或垂直距离。这些标注通过保持特征与基准点之间的精确偏移量，来避免误差增大，如图2-104所示。

4. 半径

创建圆或圆弧的半径标注。测量选定圆或圆弧的半径，并显示前面带有半径符号的标注文字。可以使用夹点轻松地重新定位生成的半径标注，如图2-105所示。

5. 弧长

创建弧长标注。弧长标注用于测量圆弧或多段线圆弧上的距离。弧长标注的尺寸界线可以正交或径向。在标注文字的上方或前面将显示圆弧符号，如图2-106所示。

6. 折弯

创建圆和圆弧的折弯标注。当圆弧或圆的中心位于布局之外并且无法在其实际位置显示时，将创建折

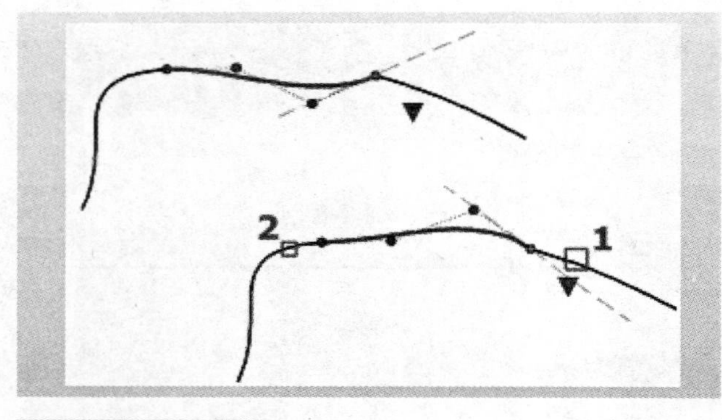

图2-100　光顺曲线

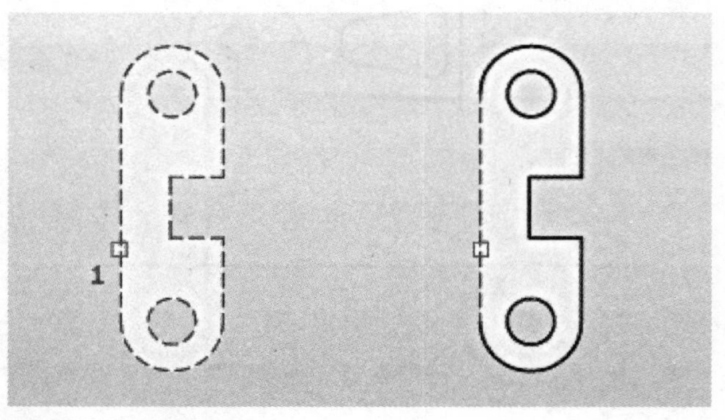

图2-101　分解

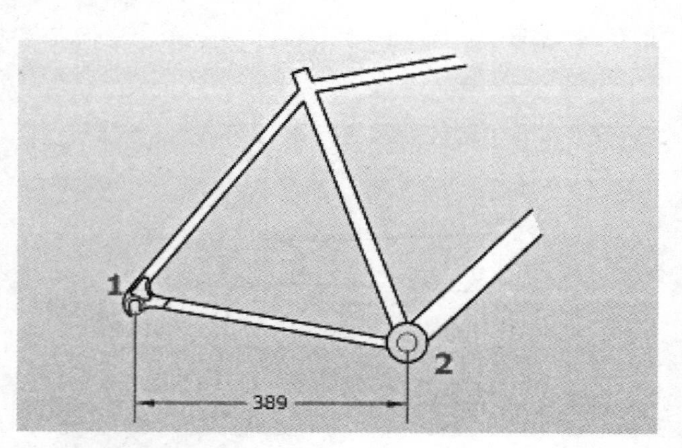

图2-102　线性

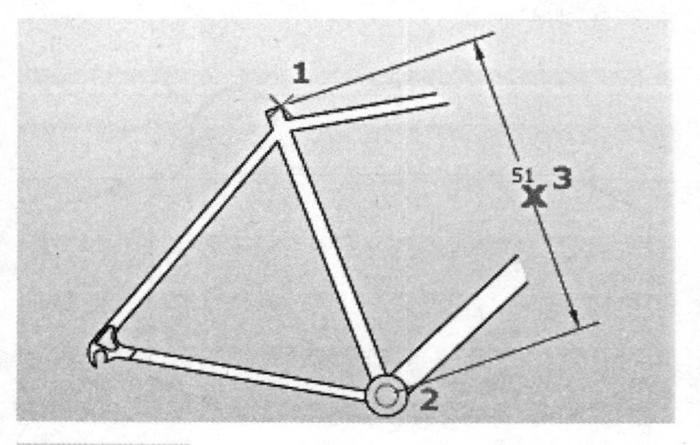

图2-103　对齐

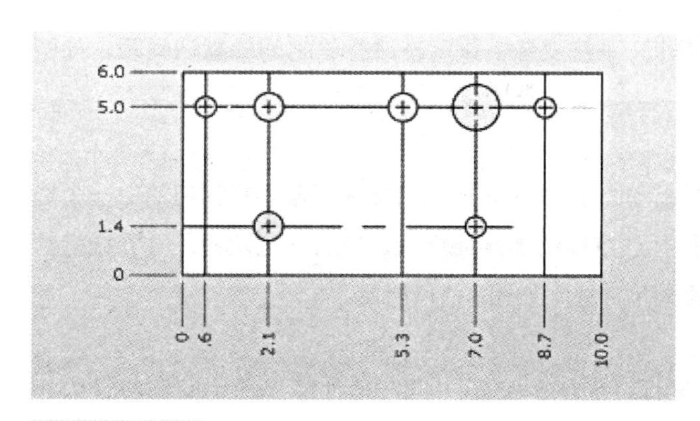

图2-104 坐标

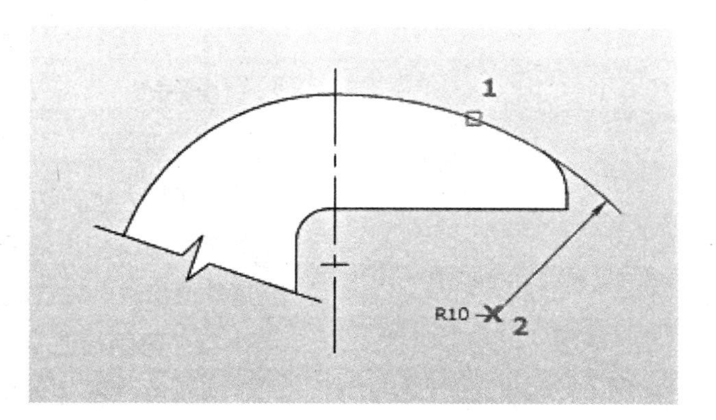

图2-105 半径

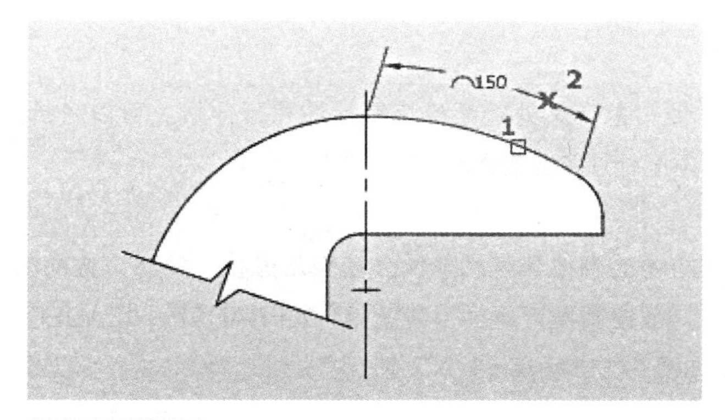

图2-106 弧长

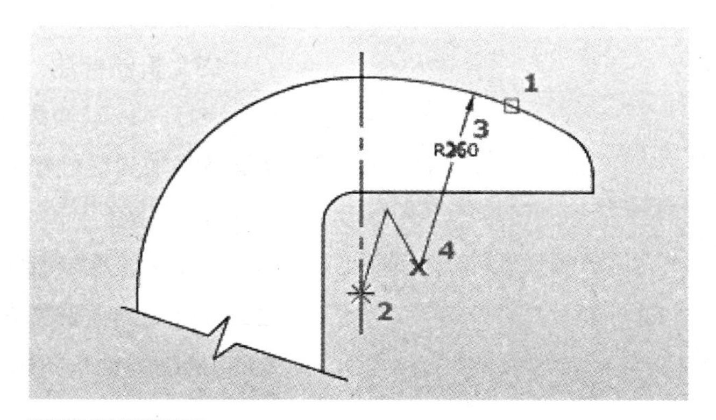

图2-107 折弯

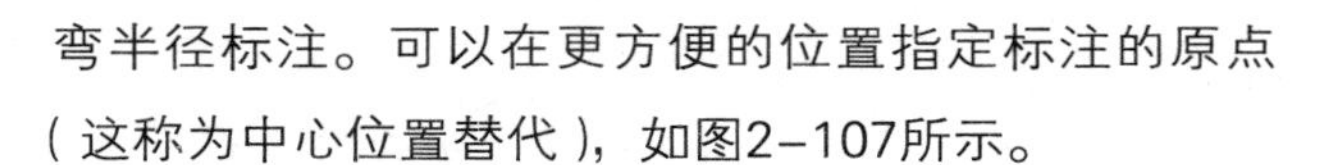

弯半径标注。可以在更方便的位置指定标注的原点（这称为中心位置替代），如图2-107所示。

7. 直径

创建圆或圆弧的直径标注。测量选定圆或圆弧的直径，并显示前面带有直径符号的标注文字。可以使用夹点轻松地重新定位生成的直径标注，如图2-108所示。

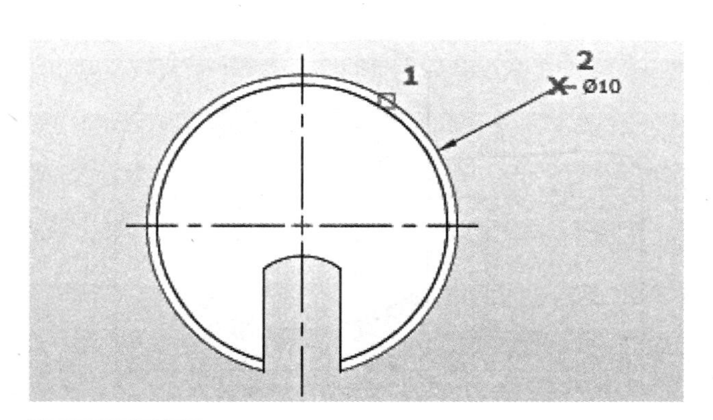

图2-108 直径

8. 角度

创建角度标注。测量选定的对象或3个点之间的角度。可以选择的对象包括圆弧、圆和直线等，如图2-109所示。

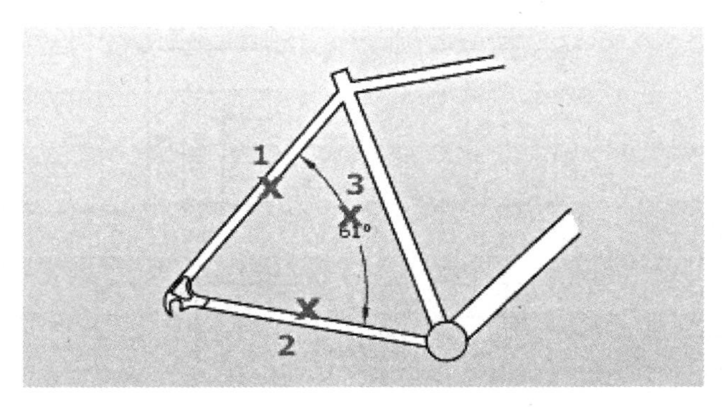

图2-109 角度

9. 快速标注

从选定对象中快速创建一组标注。创建系列基线或连续标注，或者为一系列圆或圆弧创建标注时，此命令特别有用。

10. 基线

从上一个或选定标注的基线作连续的线性、角度或坐标标注。可以通过标注祥式管理器、“直线”选项卡和“基线间距”（DIMDL系统变量）设定基线标注之间的默认间距，如图2-110所示。

11. 连续

创建从上一次所创建标注的延伸线处开始的标注。自动从创建的上一个线性约束、角度约束或坐标标注继续创建其他标注，或者从选定的尺寸界线继续创建其他标注。将自动排列尺寸线，如图2-111所示。

12. 等距标注

调整线性标注或角度标注之间的间距。平行尺寸线之间的间距将设为相等。也可以通过使用间距值0使一系列线性标注或角度标注的尺寸线齐平，如图2-112所示。

13. 折断标注

在标注或延伸线与其他对象交叉处折断或恢复标注和延伸线。可以将折断标注添加到线性标注、角度标注和坐标标注等。

14. 公差

创建包含在特征控制框中的形位公差。形位公差表示形状、轮廓、方向、位置和跳动的允许偏差。特征控制框可通过引线使用TOLERANCE、LEADER或QLEADER进行创建，如图2-113所示。

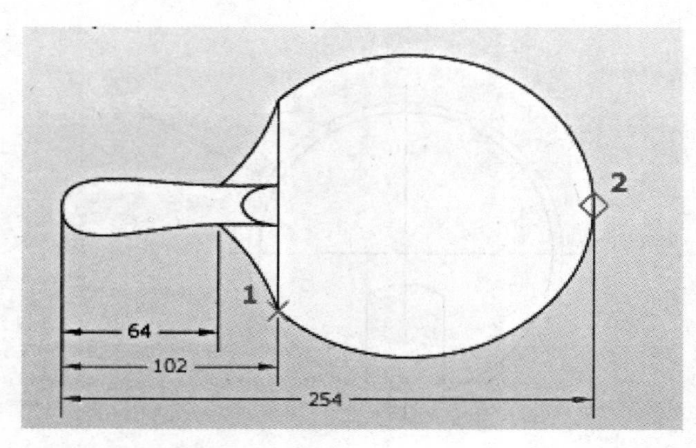

图2-110 基线

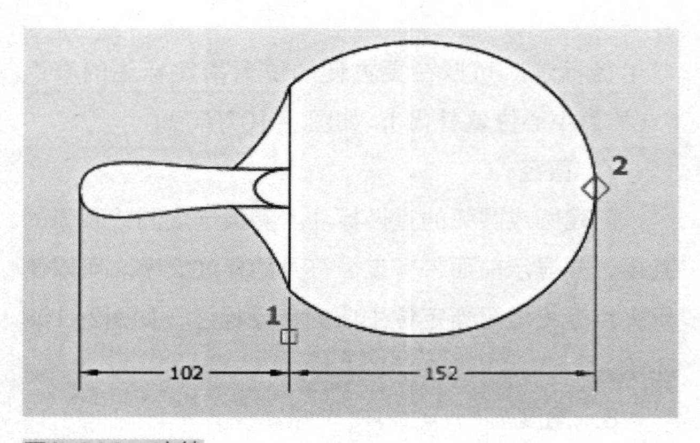

图2-111 连续

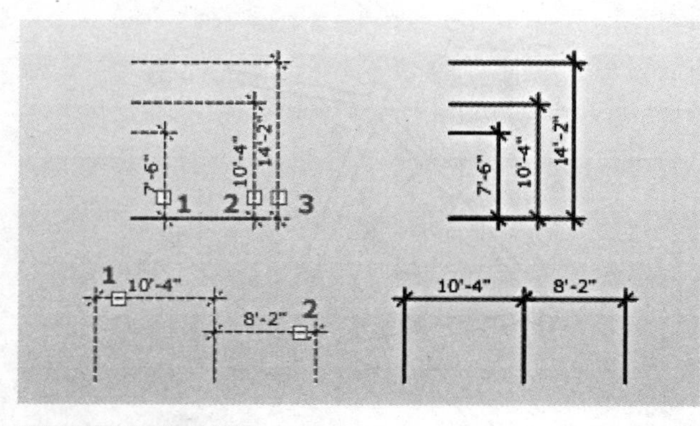

图2-112 等距标注

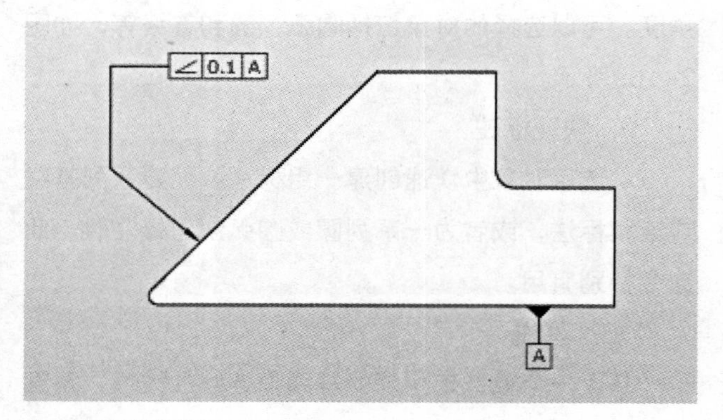

图2-113 公差

本章小结：

AutoCAD2020的二维基础命令是绘制各类图纸的基础，占据了整个AutoCAD中大部分功能，在实践操作中应当熟记常用工具的快捷键与命令名称，能有效提高绘图速度。在练习初期，不应绘制过于复杂的图形，如对某些基础命令的操作仍不了解，可以观看本章配套教学视频。

1. 运用点命令绘制地毯花纹。
2. 运用直线命令绘制日常的家具。
3. 运用多段线命令绘制圆椅。
4. 运用样条曲线命令绘制造型灯具。
5. 熟练运用矩形命令和正多边形命令。
6. 综合运用圆命令和直线命令绘制常见的家具。
7. 了解AutoCAD2020中常用的二维编辑命令。
8. 了解AutoCAD2020常用的工具栏并能熟练掌握。

第三章

熟识AutoCAD2020辅助工具

PPT 课件　视频教学　配套素材

*若扫码失败请使用浏览器或其他应用重新扫码

学习难度：★★★☆☆

重点概念：设计中心、查询、图块、表格、标注、基本工具栏

章节导读

文字注释是图形中非常重要的一部分内容，在进行各种设计时，通常不仅要绘出图形，还要在图形中标注一些文字。表格在AutoCAD图形中也有大量的应用，如明细栏、参数表和标题栏等。尺寸标注则是绘图设计过程中相当重要的一个环节。

第一节　设计中心与工具选项板

使用AutoCAD2020设计中心可以很容易地组织设计内容，并把它们拖动到当前图形中。工具选项板是工具选项板窗口中选项卡形式的区域，提供组织、共享和放置块及填充图案的有效方法。

一、设计中心

1. 启动设计中心

启动设计中心的方法有以下4种：

（1）在命令行中输入“ADCENTER”命令。

（2）选择菜单栏中的“工具”/“选项板”/“设计中心”命令。

（3）单击“标准”工具栏中的“设计中心”命令。

（4）利用快捷键<Ctrl+2>。

执行上述命令，系统打开设计中心。第一次启动设计中心时，它默认打开的选项卡为“文件夹”。内容显示区采用大图标显示，左边的资源管理器采

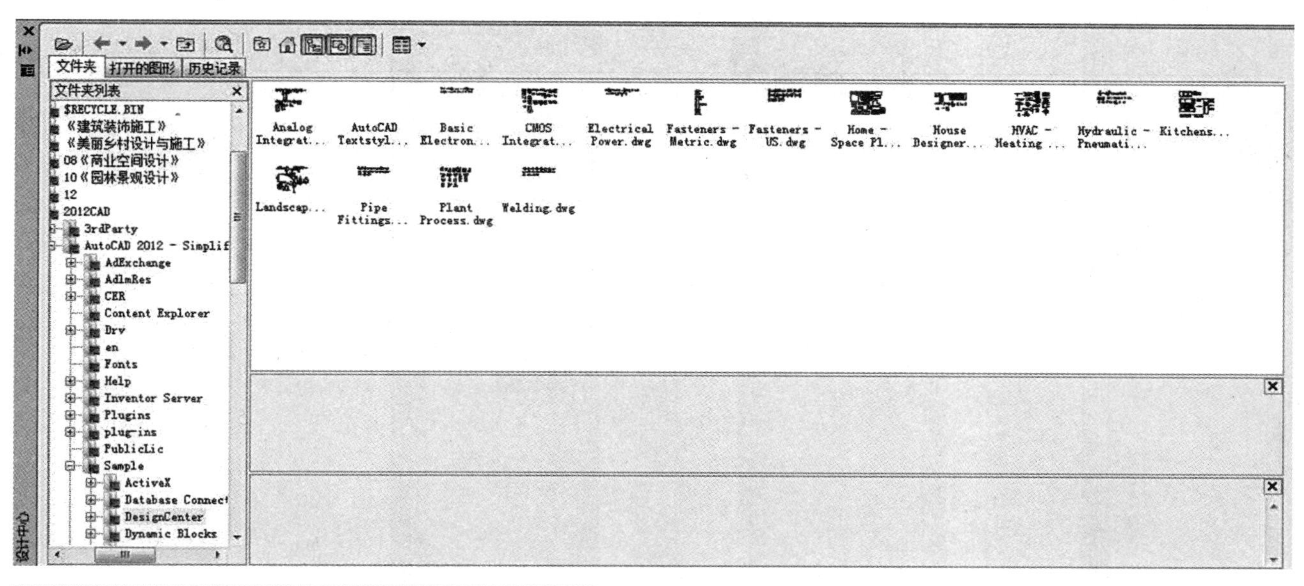

图3-1 AutoCAD设计中心的资源管理器和内容显示区域

用tree view显示方式显示系统的树形结构，浏览资源的同时，在内容显示区显示所浏览资源的有关细目或内容。也可以搜索资源，方法与Windows资源管理器类似，如图3-1所示。

2. 利用设计中心插入图形

设计中心一个最大的优点是可以将系统文件夹中的DWG图形作为图块插入到当前图形中。具体步骤如下：

（1）从查找结果列表框中选择要插入的对象，双击该对象。弹出“插入”对话框，如图3-2所示。

（2）在该对话框中设置插入点、比例和旋转角度等数值。被选择的对象根据指定的参数插入到图形当中。

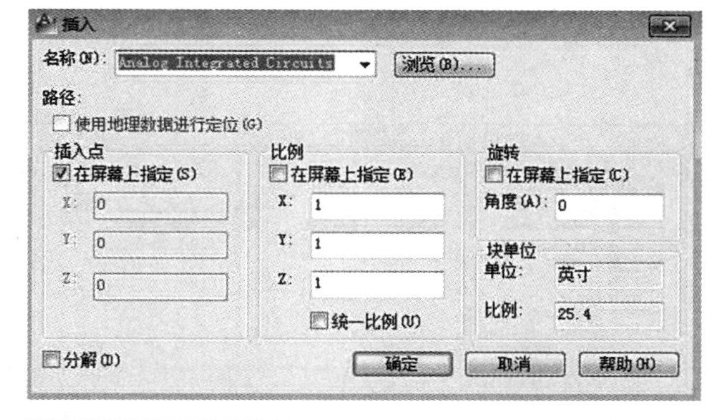

图3-2 “插入”对话框

二、工具选项板

1. 打开工具选项板

工具选项板的打开方式非常简单，主要有以下4种方法：

（1）在命令行中输入“TOOLPALETTES”命令。

（2）选择菜单栏中的“工具”/“选项板”/“工具选项板窗口”命令。

（3）单击“标准”工具栏中的“工具选项板”命令。

（4）利用快捷键<Ctrl+3>。

执行上述操作后，系统自动弹出工具选项板窗口，如图3-3所示。单击鼠标右键，在系统弹出的快捷菜单中选择“新建选项板”命令，如图3-4所示。系统新建一个空白选项卡，可以命名该选项卡，如图3-5所示。

2. 将设计中心内容添加到工具选项板

在设计中心的Designcenter文件夹上单击鼠标右键，系统打开快捷菜单，从中选择“创建工具选项板”命令，如图3-6所示。

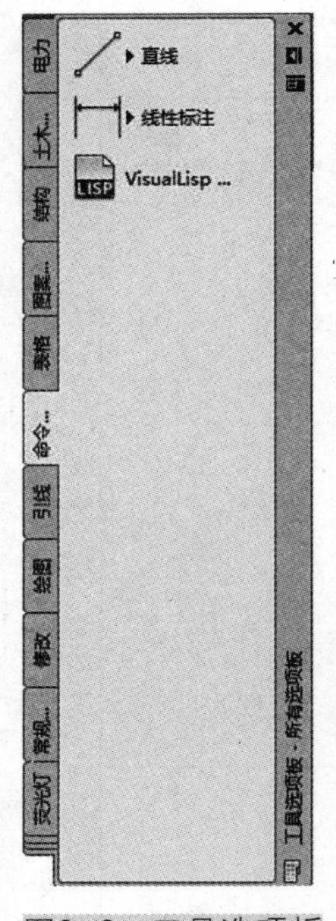

图3-3　工具选项板窗口

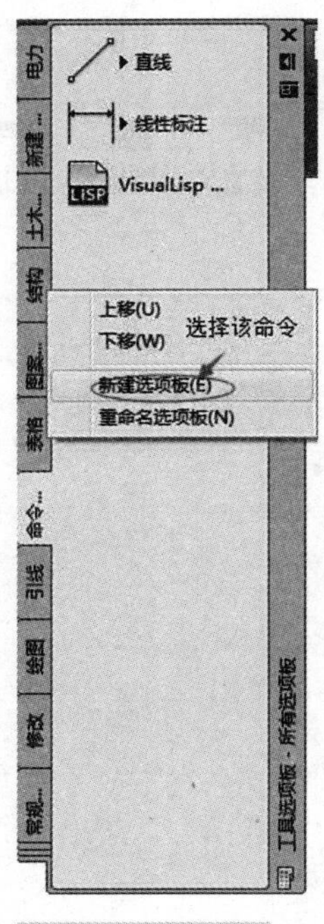

图3-4　快捷菜单

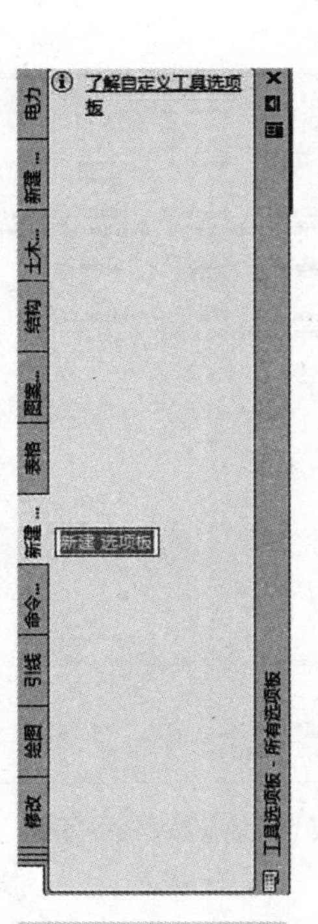

图3-5　新建选项板

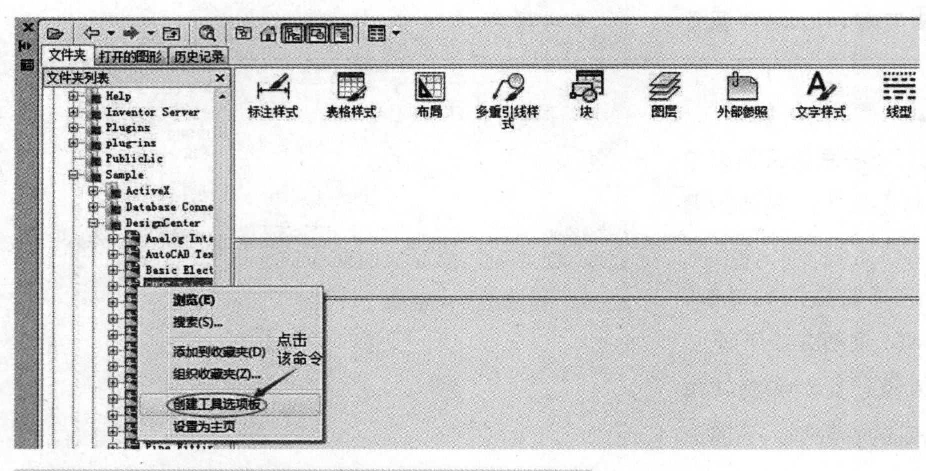

图3-6　AutoCAD设计中心的资源管理器和内容显示区域

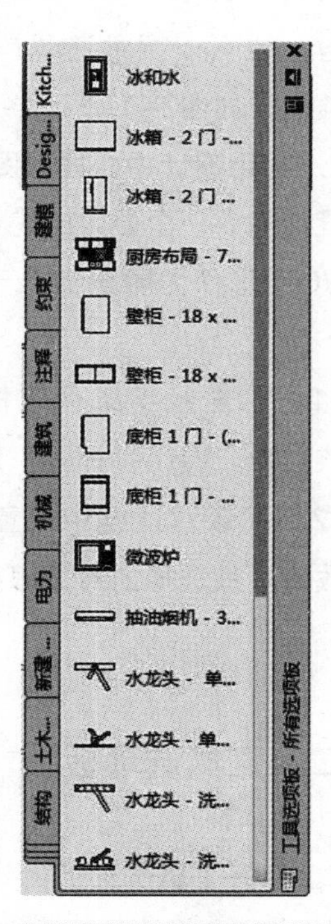

图3-7　创建工具选项板

设计中心中存储的图元就会出现在工具选项板中新建的Designcenter选项卡上。这样就可以将设计中心与工具选项板结合起来，建立一个快捷方便的工具选项板，如图3-7所示。

3. 利用工具选项板绘图

只需将工具选项板中的图形单元拖动到当前图形，该图形单元就以图块的形式插入到当前图形中。

第二节　查询工具

为方便用户及时了解图形信息，AutoCAD提供了很多查询工具，这里简要进行说明。

一、距离查询

调用查询距离命令的方法主要有以下3种：

（1）在命令行中输入“DIST”命令。

（2）选择“工具”/“查询”/“距离”命令。

（3）单击“查询”工具栏中的“距离”命令。

执行上述命令后，根据系统提示指定要查询的第一点和第二点。此时，命令行提示中选项为“多点”，如果使用此选项，将基于现有直线段和当前橡皮线即时计算总距离。

二、面积查询

调用面积查询命令的方法主要有以下3种：

（1）在命令行中输入“MEASUREGEOM”命令。

（2）选择菜单栏中的“工具”/“查询”/“面积”命令。

（3）单击“查询”工具栏中的“面积”命令。

执行上述命令后，根据系统提示选择查询区域。此时，命令行提示中各选项的含义如下：

1）指定角点。计算由指定点所定义的面积和周长。

2）增加面积。打开“加”模式，并在定义区域时即时保持总面积。

3）减少面积。从总面积中减去指定的面积。

第三节　图块及其属性

把一组图形对象组合成图块加以保存，需要时可以把图块作为一个整体以任何比例和旋转角度插入到图中任意位置，这样不仅避免了大量的重复工作，提高绘图速度和工作效率，而且大大节省了磁盘空间。

一、图块的操作

1. 定义图块

在使用图块时，首先要定义图块，图块的定义方法有以下3种：

（1）在命令行中输入“BLOCK”命令。

（2）选择菜单栏中的“绘图”/“块”/“创建”命令。

（3）单击“绘图”工具栏中的“创建块”命令。

执行上述命令后，系统弹出“块定义”对话框。利用此对话框指定定义对象和基点以及其他参数，即可定义图块并命名，如图3-8所示。

图3-8　“块定义”对话框

2. 保存图块

图块的保存方法为：在命令行中输入“WBLOCK”命令。

执行上述命令后，系统弹出“写块”对话框。利用此对话框可以把图形对象保存为图块或把图块转换成图形文件，如图3–9所示。

图3–9 “写块”对话框

3. 插入图块

调用块插入命令，主要有以下3种方法：

（1）在命令行中输入“INSERT”命令。

（2）选择菜单栏中的“插入”/“块”命令。

（3）单击“插入”工具栏中的“插入块”命令或单击“绘图”工具栏中的“插入块”命令。

执行上述命令，系统弹出“插入”对话框，如图3–10所示。

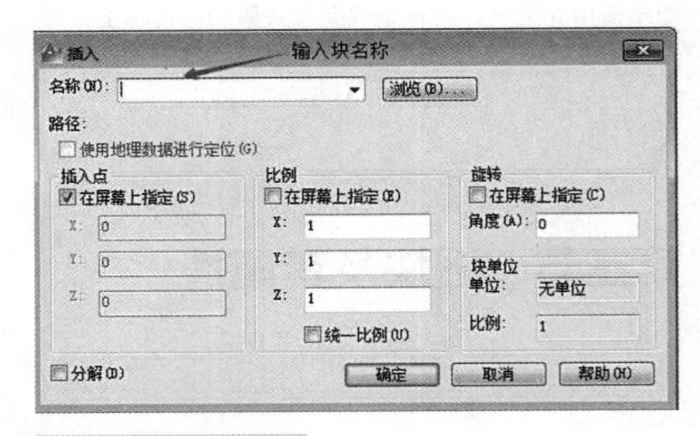

图3–10 “插入”对话框

二、图块的属性

图块除了包含图形对象以外，还可以具有非图形信息，例如把一把椅子的图形定义为图块后，还可以把椅子的号码、材料、重量、价格以及说明等文本信息一并加入到图块当中。图块的这些非图形信息，叫作图块的属性，它是图块的一个组成部分，与图形对象一起构成一个整体。在AutoCAD中，插入图块时会把图形对象连同属性一起插入到图形中。

1. 属性定义

在使用图块属性前，要对其属性进行定义，定义属性命令有以下两种方法：

（1）在命令行中输入“ATTDEF”命令。

（2）选择菜单栏中的“绘图”/“块”/“定义属性”命令。

执行上述命令，系统弹出“属性定义”对话框，如图3–11所示。

图3–11 “属性定义”对话框

该对话框中的重要选项的含义如下：

1）“模式”选项组，有以下6个复选框：

● “不可见”复选框。选中此复选框，属性为不可见显示方式，插入图块并输入属性值后，属性值在图中并不显示出来。

● “固定”复选框。选中此复选框，属性值为常量，属性值在属性定义时给定，在插入图块时，AutoCAD2020不再提示输入属性值。

- “验证”复选框。选中此复选框，当插入图块时，AutoCAD2020重新显示属性值让用户验证该值是否正确。

- “预设”复选框。选中此复选框，当插入图块时，AutoCAD2020自动把事先设置好的默认值赋予属性，而不再提示输入属性值。

- “锁定位置”复选框。选中此复选框，当插入图块时，AutoCAD2020锁定块参照中属性的位置。解锁后，属性可以相对于使用夹点编辑的块的其他部分移动，并且可以调整多行属性的大小。

- “多行”复选框。指定属性值可以包含多行文字。

2）“属性”选项组，包含以下3个文本框：

- “标记”文本框。输入属性标签。属性标签可由除空格和感叹号以外的所有字符组成。AutoCAD2020自动把小写字母改为大写字母。

- “提示”文本框。输入属性提示。属性提示是在插入图块时，AutoCAD2020要求输入属性值的提示。如果不在此文本框内输入文本，则以属性标签作为提示。如果在“模式”选项组中选中“固定”复选框，即设置属性为常量，则不需设置属性提示。

- “默认”文本框。设置默认的属性值。可把使用次数较多的属性值作为默认值，也可不设默认值。

其他各选项组比较简单，不再详细描述。

2. 修改属性定义

在定义图块之前，可以对属性的定义加以修改，不仅可以修改属性标签，还可以修改属性提示和属性默认值。调用文字编辑命令有以下两种方法：

（1）在命令行中输入“DDEDIT”命令。

（2）选择菜单栏中的“修改”/“对象”/“文字”/“编辑”命令。

执行上述命令后，根据系统提示选择要修改的属性定义，AutoCAD2020打开“编辑属性定义”对话框，可以在该对话框中修改属性定义，如图3-12所示。

3. 图块属性编辑

调用图块属性编辑命令有以下3种方法：

（1）在命令行中输入“EATTEDIT”命令。

（2）选择菜单栏中的“修改”/“对象”/“属性”/“单个”命令。

（3）单击“修改Ⅱ”工具栏中的“编辑属性”命令。

执行上述命令后，在系统提示下选择块后，弹出“增强属性编辑器”对话框，该对话框不仅可以编辑属性值，还可以编辑属性的文字选项和图层、线型、颜色等特性值，如图3-13所示。

图3-12 “编辑属性定义”对话框

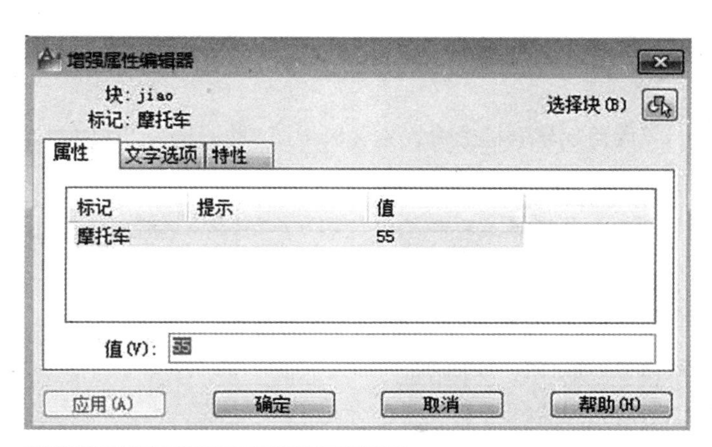

图3-13 “增强属性编辑器”对话框

第四节　表格工具

表格功能使创建表格变得非常容易，用户可以直接插入设置好样式的表格，而不用绘制由单独的图线组成的栅格。

一、设置表格样式

调用表格样式命令，主要有以下3种方法：

（1）在命令行中输入“TABLESTYLE”命令。

（2）选择菜单栏中的“格式”/“表格样式”命令。

（3）单击“样式”工具栏中的“表格样式管理器”命令。

执行上述命令后，AutoCAD打开“表格样式”对话框，如图3-14所示。

“表格样式”对话框中部分命令的含义如下：

1）新建。单击“新建”按钮，系统弹出“创建新的表格样式”对话框，如图3-15所示。输入新的表格样式名后，单击“继续”按钮，系统打开“新建表格样式”对话框，从中可以定义新的表格样式，如图3-16所示。分别控制表格中数据、列标题和标题的有关参数，如图3-17所示。

2）修改。单击“修改”按钮可对当前表格样式进行修改，方式与新建表格样式相同。

二、创建表格

调用创建表格命令，主要有以下3种调用方法：

（1）在命令行中输入“TABLE”命令。

（2）选择菜单栏中的“绘图”/“表格”命令。

（3）单击“绘图”工具栏中的“表格”命令。

执行上述命令后，AutoCAD打开“插入表格”对话框，如图3-18所示。

对话框中的各选项组含义如下：

1）“表格样式”选项组。可以在下拉列表框中

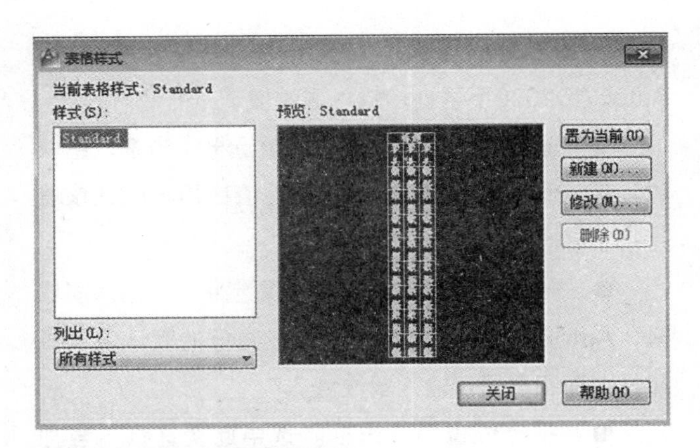

图3-14　“表格样式”对话框

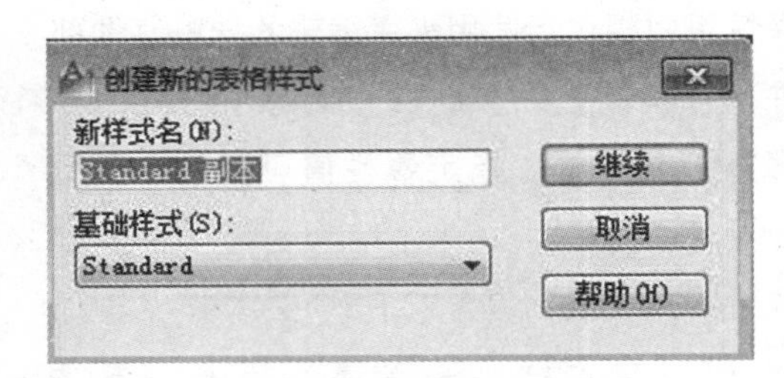

图3-15　“创建新的表格样式”对话框

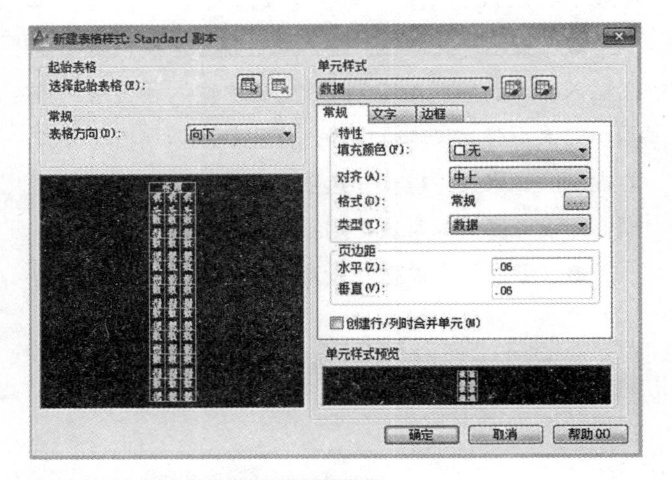

图3-16　“新建表格样式”对话框

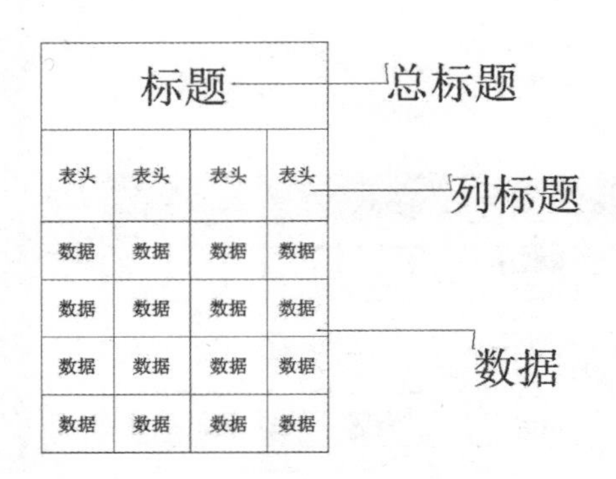

图3-17　表格样式

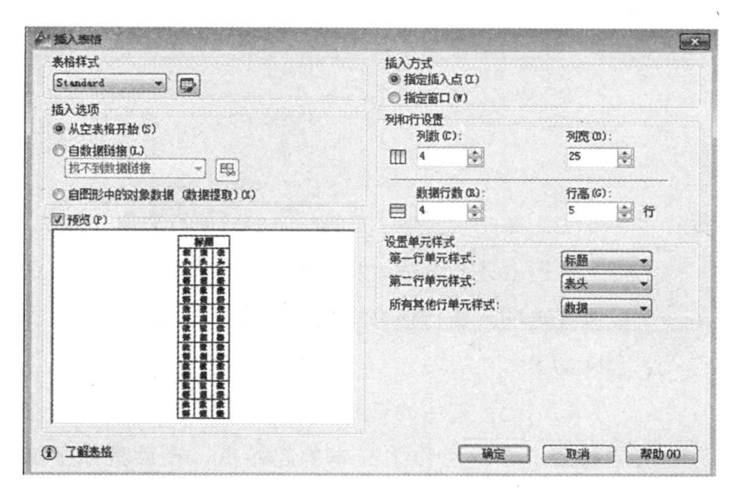

图3-18 “插入表格”对话框

选择一种表格样式，也可以单击后面的“启动表格样式对话框”命令新建或修改表格样式。

2）“插入方式”选项组。选中“指定插入点”单选按钮，可以指定表左上角的位置。可以使用定点设备，也可以在命令行输入坐标值。如果将表的方向设置为由下而上读取，则插入点位于表的左下角。选中“指定窗口”单选按钮，可以指定表的大小和位置。可以使用定点设备，也可以在命令行输入坐标值。此时，行数、列数、列宽和行高取决于窗口的大小以及列和行设置。

3）“列和行设置”选项组。用来指定列和行的数目以及列宽与行高。

在上面的“插入表格”对话框中进行相应设置后，单击“确定”按钮，系统在指定的插入点或窗口自动插入一个空表格，并显示多行文字编辑器，用户可以逐行逐列输入相应的文字或数据，如图3-19所示。

在插入后的表格中选择某一个单元格，单击后出现钳夹点，通过移动钳夹点可以改变单元格的大小，如图3-20所示。

三、编辑表格文字

调用文字编辑命令，主要有以下3种方法：

（1）在命令行中输入“TABLEDIT”命令。

（2）在快捷菜单中选择“编辑文字”命令。

（3）在表格单元内双击。

执行上述命令后，系统打开多行文字编辑器，用户可以对指定表格单元的文字进行编辑。

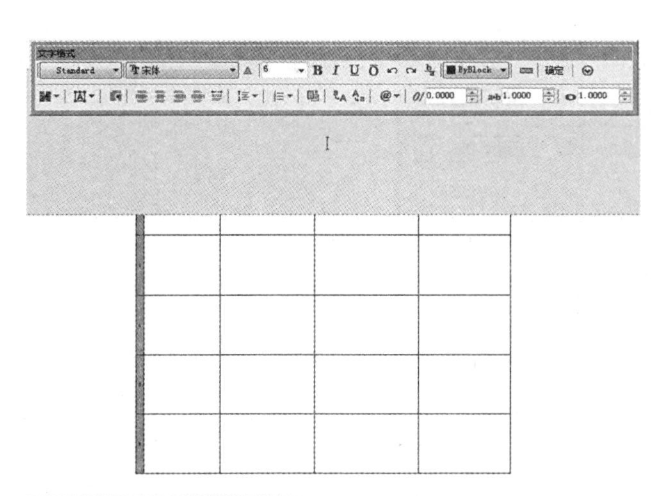

图3-19 多行文字编辑器

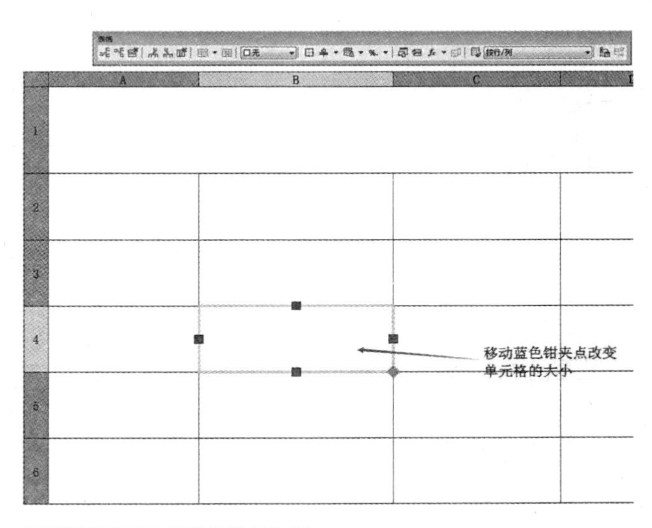

图3-20 改变单元格大小

第五节　文字标注工具

文本是建筑图形的基本组成部分，在图签、说明、图样目录等位置都要用到文本。

一、设置文本样式

调用文本样式命令，主要有以下3种方法：

（1）在命令行中输入“STYLE”或“DDSTYLE”命令。

（2）选择菜单栏中的“格式　”/“文字样式”命令。

（3）单击“文字”工具栏中的“文字样式”命令。

执行上述命令，系统弹出“文字样式”对话框，如图3-21所示。利用该对话框可以新建文字样式或修改当前文字样式。

二、单行文字标注

执行单行文字标注命令，主要有以下3种方法：

（1）在命令行中输入“TEXT”命令。

（2）选择菜单栏中的“绘图”/“文字”/“单行文字”命令。

（3）单击“文字”工具栏中的“单行文字”命令。

执行上述命令后，根据系统提示指定文字的起点或选择选项。执行该命令后，命令行提示主要选项的含义如下：

1）指定文字的起点。在此提示下直接在作图屏幕上单击一点作为文本的起始点，在此提示下输入一行文本后按<Enter>键，AutoCAD继续显示“输入文字”提示，可继续输入文本，待全部输入完后在此提示下直接按<Enter>键，则退出TEXT命令。

2）对齐（J）。在上面的提示下输入“J”，用来确定文本的对方方式，对齐方式决定文本的哪一部分与所选的插入点对齐。执行此选项，根据系统提示选择选项作为文本的对齐方式。当文本水平排列时，AutoCAD为标注文本定义了顶线、中线、基线和底线，如图3-22所示。

下面以“对齐”为例进行简要说明。选择“对齐（A）”选项，要求用户指定文本行基线的起始点与终止点的位置，AutoCAD提示如下：

①指定文字基线的第一个端点：指定文本行基线的起点位置。

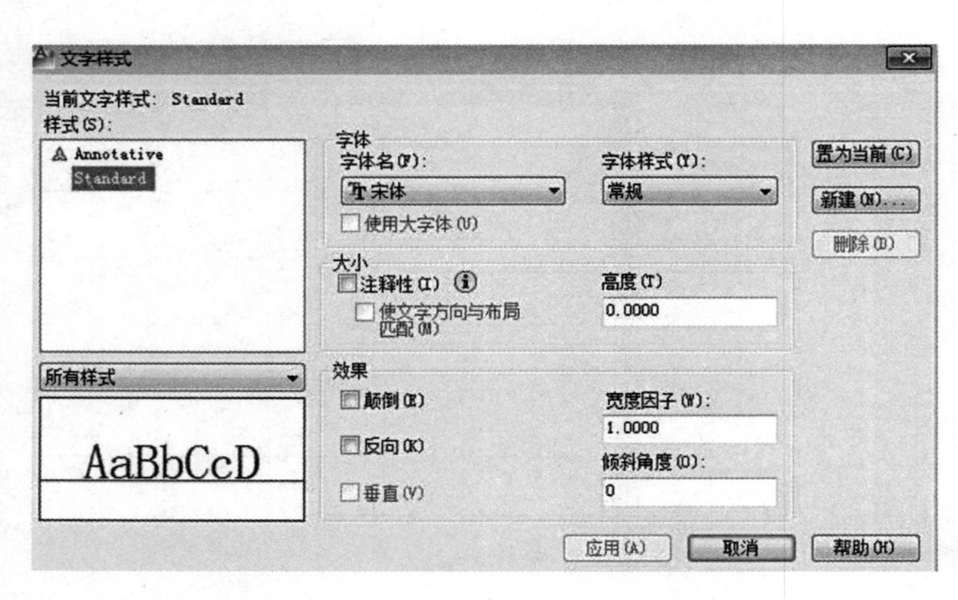

图3-21　“文字样式”对话框

图3-22　文本行的底线、基线、中线和顶线

②指定文字基线的第二个端点：指定文本行基线的终点位置。

③输入文字：输入一行文本后按<Enter>键。

④输入文字：继续输入文本或直接按<Enter>键结束命令。

执行结果是所输入的文本字符均匀地分布于指定的两点之间。如果两点间的连线不是水平的，则文本行倾斜放置，倾斜角度由两点间的连线与X轴夹角确定；字高、字宽则根据两点间的距离、字符的多少以及文本样式中设置的宽度系数自动确定。指定了两点之后，每行输入的字符越多，字宽和字高越小。其他选项与“对齐”类似，不再具体讲述。

实际绘图时，有时需要标注一些特殊字符，例如直径符号、上划线或下划线、温度符号等。由于这些符号不能直接从键盘上输入，AutoCAD提供了一些控制码，用来实现这些要求。控制码用两个百分号（%%）加一个字符构成，见表3-1。

表3-1　AutoCAD　常用控制码

符号	功能	符号	功能
%%O	上划线	\u+0278	电相位
%%U	下划线	\u+E101	流线
%%D	“度”符号	\u+2261	标识
%%P	正负符号	\u+E102	界碑线
%%C	直径符号	\u+2260	不相等
%%%	百分号%	\u+2126	欧姆
\u+2248	几乎相等	\u+03A9	欧米加
\u+2220	角度	\u+214A	低界线
\u+E100	边界线	\u+2082	下标2
\u+2104	中心线	\u+00B2	上标2
\u+0394	差值		

三、多行文字标注

调用多行文字标注命令，主要有以下3种方法：

（1）在命令行中输入“MTEXT”命令。

（2）选择菜单栏中的“绘图”/“文字”/“多行文字”命令。

（3）单击“绘图”工具栏中的“多行文字”命令或单击“文字”工具栏中的“多行文字”命令。

执行上述命令后，根据系统提示指定矩形框的范围，创建多行文字。

使用多行文字命令绘制文字时，命令行提示主要选项的含义如下：

1）指定对角点。直接在屏幕上单击一个点作为矩形框的第二个角点，AutoCAD 以这两个点为对角点形成一个矩形区域，其宽度作为将来要标注的多行文本的宽度，而且第一个点作为第一行文本顶线的起

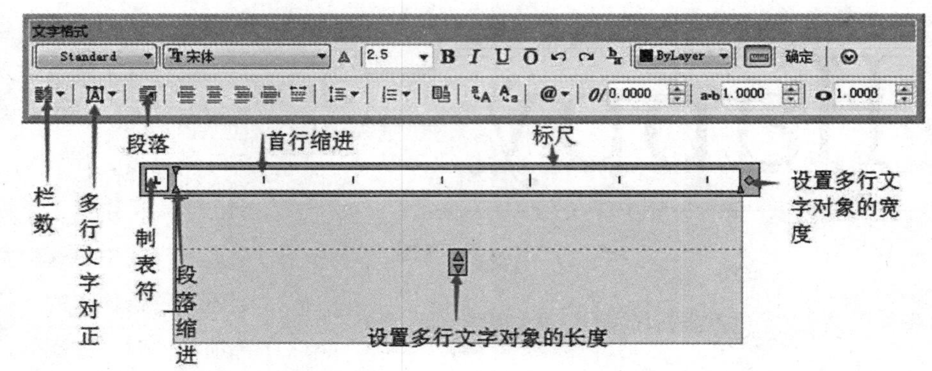

图3-23 “文字格式”对话框和“多行文字”编辑器

点。响应后AutoCAD 打开“多行文字”编辑器，可利用此对话框与编辑器输入多行文本并对其格式进行设置，如图3-23所示。

2）对正（J）。确定所标文本的对齐方式。选择此选项，根据系统提示选择对齐方式，这些对齐方式与TEXT命令中的各对齐方式相同，不再重复。选取一种对齐方式后按<Enter>键，AutoCAD回到上一级提示。

3）行距（L）。确定多行文本的行间距，这里所说的行间距是指相邻两文本行的基线之间的垂直距离。根据系统提示输入行距类型，在此提示下有两种方式确定行间距，“至少”方式和“精确”方式。在“至少”方式下AutoCAD根据每行文本中最大的字符自动调整行间距。在“精确”方式下AutoCAD给多行文本赋予一个固定的行间距。可以直接输入一个确切的间距值，也可以输入“nx”形式，其中n是一个具体数，表示行间距设置为单行文本高度的n倍，而单行文本高度是本行文本字符高度的1.66倍。

4）旋转（R）。确定文本行的倾斜角度。根据系统提示输入倾斜角度。

5）样式（S）。确定当前的文本样式。

6）宽度（W）。指定多行文本的宽度。可在屏幕上选取一点与前面确定的第一个角点组成的矩形框的宽作为多行文本的宽度，也可以输入一个数值，精确设置多行文本的宽度。

在多行文字绘制区域，单击鼠标右键，系统打开右键快捷菜单，该快捷菜单提供标准编辑命令和多行文字特有的命令。菜单顶层的命令是基本编辑命令，如剪切、复制和粘贴等，后面的命令则是多行文字编辑器特有的命令，如图3-24所示。

①插入字段。选择该命令，打开“字段”对话框，从中可以选择要插入到文字中的字段。关闭该对话框后，字段的当前值将显示在文字中，如图3-25所示。

②符号。在光标位置插入符号或不间断空格，也可以手动插入

全部选择(A) Ctrl+A
剪切(T) Ctrl+X
复制(C) Ctrl+C
粘贴(P) Ctrl+V
选择性粘贴
插入字段(L)... Ctrl+F
符号(S)
输入文字(I)...
段落对齐
段落...
项目符号和列表
分栏
查找和替换... Ctrl+R
改变大小写(H)
自动大写
字符集
合并段落(O)
删除格式
背景遮罩(B)...
编辑器设置
帮助 F1
取消

图3-24 右键快捷菜单

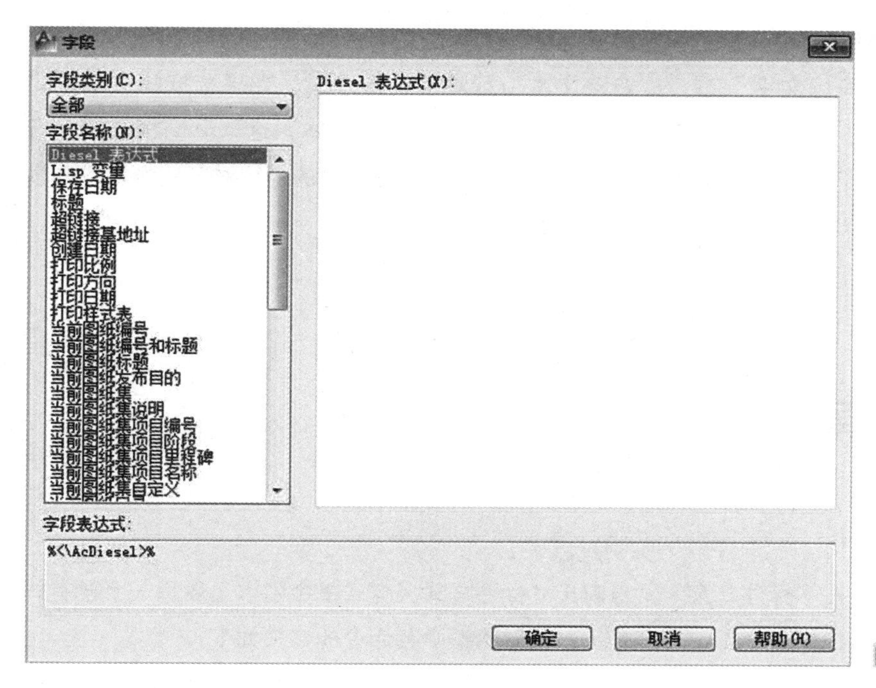

图3-25 “字段”对话框

符号。

③段落对齐。设置多行文字对象的对正和对齐方式。“左上”选项是默认设置。在一行的末尾输入的空格也是文字的一部分，并会影响该行文字的对正。文字根据其左右边界进行置中对正、左对正或右对正对齐。文字根据其上下边界进行中央对齐、顶对齐或底对齐。

④段落。为段落和段落的第一行设置缩进。指定制表位和缩进，可以控制段落对齐方式、段落间距和段落行距。

⑤项目符号和列表。显示用于编号列表的选项。

⑥改变大小写。改变选定文字的大小写。可以选择“大写”或“小写”。

⑦自动大写。将所有新输入的文字转换成大写。自动大写不影响已有的文字。要改变已有文字的大小写，请选择文字，单击鼠标右键，然后在弹出的快捷菜单中选择“改变大小写”命令。

⑧字符集。显示代码页菜单，用于选择一个代码页并将其应用到选定的文字。

⑨合并段落。将选定的段落合并为一段并用空格替换每段的回车符。

⑩背景遮罩。用设定的背景对标注的文字进行遮罩。选择该命令，系统将弹出“背景遮罩”对话框，如图3-26所示。

图3-26 “背景遮罩”对话框

⑪ 删除格式。清除选定文字的粗体、斜体或下划线格式。

⑫编辑器设置。显示“文字格式”工具栏的选项列表。

四、多行文字编辑

调用多行文字编辑命令，主要有以下4种方式：

（1）在命令行中输入“DDEDIT”。

（2）选择菜单栏中的“修改”/“对象”/“文字”/“编辑”命令。

（3）单击“文字”工具栏中的“编辑”命令。

（4）在快捷菜单中选择“修改多行文字”或“编辑文字”命令。

执行上述命令后，根据系统提示选择想要修改的文本，同时光标变为拾取框。用拾取框选择对象，如果选取的文本是用TEXT命令创建的单行文本，单击该文本，可对其进行修改。如果选取的文本是用MTEXT命令创建的多行文本，选取后则打开“多行文字”编辑器，可根据前面的介绍对各项设置或内容进行修改。

第六节　尺寸标注工具

尺寸标注相关命令的菜单方式集中在“标注”菜单中，工具栏方式集中在“标注”工具栏中。

一、设置尺寸样式

调用标注样式命令主要有如下3种方法：

（1）在命令行中输入“DIMSTYLE”命令。

（2）选择菜单栏中的“格式”/“标注样式”或“标注”/“样式”命令。

（3）单击“标注”工具栏中的“标注样式”命令。

执行上述命令后，系统打开“标注样式管理器”对话框，如图3-27所示。

利用此对话框可方便直观地定制和浏览尺寸标注样式，包括新建标注样式、修改已存在的样式、设置当前尺寸标注样式、样式重命名以及删除一个已有样式等。该对话框中各命令的含义如下：

1）“置为当前”按钮。单击此按钮，可将“样式”列表框中选中的样式设置为当前样式。

2）“新建”按钮。定义一个新的尺寸标注样式。单击此按钮，AutoCAD打开“创建新标注样式”对话框，利用此对话框可创建一个新的尺寸标注样式，如图3-28所示。

其中各项的功能说明如下。

①新样式名。给新的尺寸标注样式命名。

②基础样式。选取创建新样式所基于的标注样式。单击右侧的下拉箭头，可在弹出的当前已有的样式列表中选取一个作为定义新样式的基础，新的样式是在这个样式的基础上修改一些特性得到的。

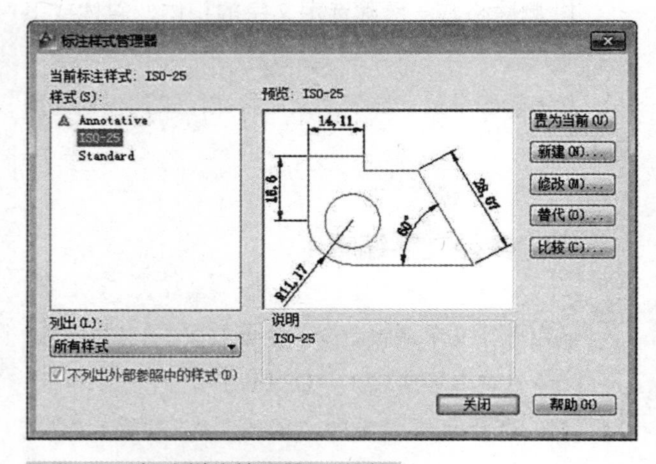

图3-27　“标注样式管理器”对话框

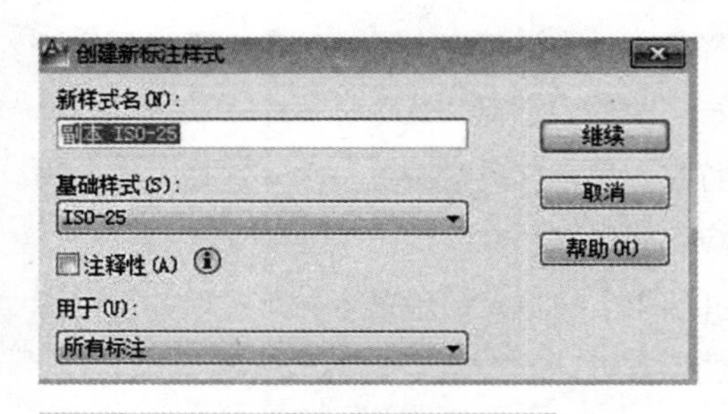

图3-28　“创建新标注样式”对话框

③用于指定新样式应用的尺寸类型。单击右侧的下拉箭头，弹出尺寸类型列表，如果新建样式应用于所有尺寸，则选“所有标注”；如果新建样式只应用于特定的尺寸标注（例如只在标注直径时使用此样式），则选取相应的尺寸类型。

④继续。各选项设置好以后，单击“继续”按钮，AutoCAD打开“新建标注样式”对话框，利用此对话框可对新样式的各项特性进行设置，如图3-29所示。

3）“修改”按钮。修改一个已存在的尺寸标注样式。单击此按钮，AutoCAD弹出“修改标注样式”对话框，该对话框中的各选项与“新建标注样式”对话框中完全相同，可以对已有标注样式进行修改。

4）“替代”按钮。设置临时覆盖尺寸标注样式。单击此按钮，AutoCAD打开“替代当前样式”对话框，该对话框中各选项与“新建标注样式”对话框完全相同，用户可改变选项的设置覆盖原来的设置，但这种修改只对指定的尺寸标注起作用，而不影响当前尺寸变量的设置。

5）“比较”按钮。比较两个尺寸标注样式在参数上的区别或浏览一个尺寸标注样式的参数设置。单击此按钮，AutoCAD打开“比较标注样式”对话框。可以把比较结果复制到剪贴板上，然后再粘贴到其他的Windows应用软件上。

“新建标注样式”对话框中有7个选项卡，如图3-30所示，分别说明如下：

①线。该选项卡对尺寸线、尺寸界线的形式和特性等参数进行设置。包括尺寸线的颜色、线宽、超出标记、基线间距、隐藏等参数，尺寸界线的颜色、线宽、超出尺寸线、起点偏移量、隐藏等参数。

②符号和箭头。该选项卡主要对箭头、圆心标记、弧长符号和半径折弯标

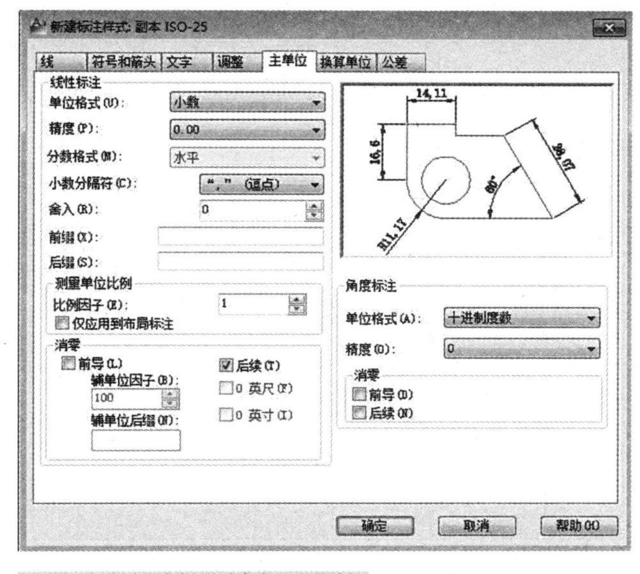

图3-29 “新建标注样式”对话框

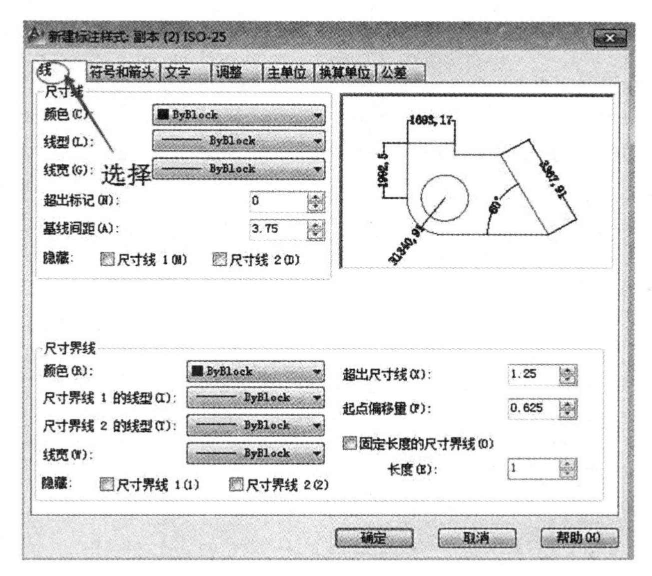

图3-30 “线”选项卡

注的形式和特性进行设置。包括箭头的大小、引线、形状等参数以及圆心标记的类型和大小等参数，如图3-31所示。

③文字。该选项卡对文字的外观、位置、对齐方式等各个参数进行设置，如图3-32所示。包括文字外观的文字样式、颜色、填充颜色、文字高度、分数高度比例、是否绘制文字边框等参数，文字位置的垂直、水平和从尺寸线偏移量等参数。对齐方式有水平、与尺寸线对齐、ISO标准等3种方式，如图3-33所示。

④调整。该选项卡对调整选项、文字位置、标注特征比例、调整等各个参数进行设置，如图3-34所示。包括调整选项选择、文字不在默认位置时的放置位置、标注特征比例选择以及调整尺寸要素位置等参数，如图3-35所示。

⑤主单位。该选项卡用来设置尺寸标注的主单位和精度，以及给尺寸文本添加固定的前缀或后缀。该选项卡包含两个选项组，分别对长度型标注和角度型标注进行设置，如图3-36所示。

⑥换算单位。该选项卡用于对替换单位进行设置，如图3-37所示。

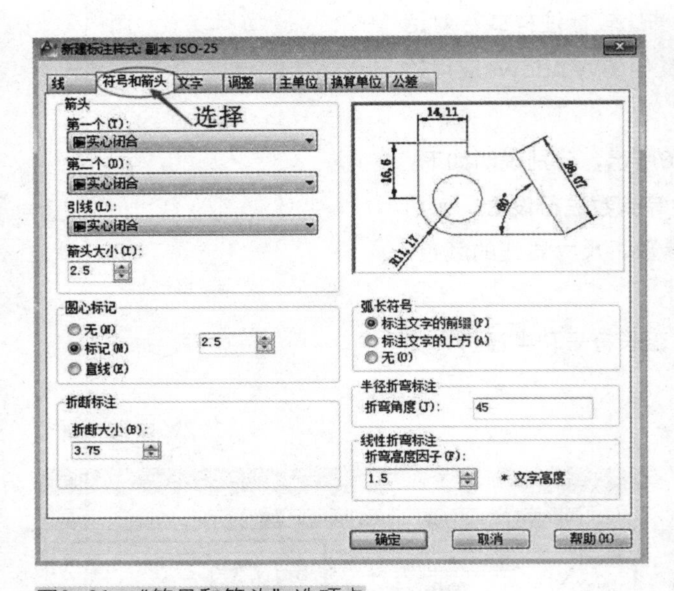

图3-31 “符号和箭头”选项卡

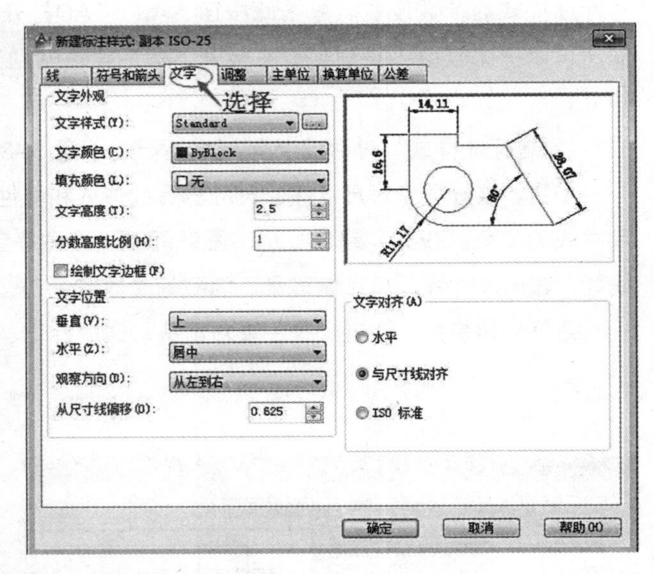

图3-32 “文字”选项卡

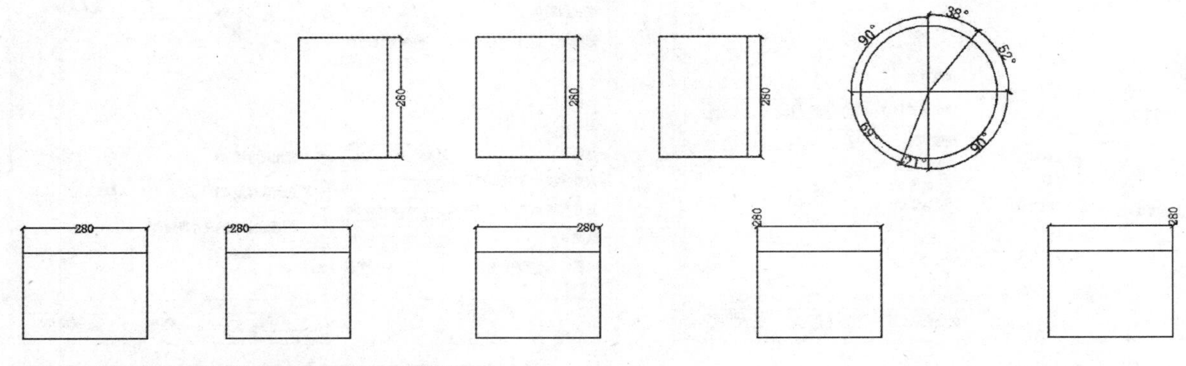

图3-33 尺寸文本在垂直、水平方向时的放置

⑦公差。该选项卡用于对尺寸公差进行设置，如图3–38所示。其中“方式”下拉列表框列出了AutoCAD提供的5种标注公差的形式，用户可从中选择。这5种形式分别是“无”“对称”“极限偏差”“极限尺寸”和“基本尺寸”，其中“无”表示不标注公差，即通常标注情形。在“精度”“上偏差”“下偏差”“高度比例”数值框和“垂直位置”下拉列表框中可输入或选择相应的参数值。

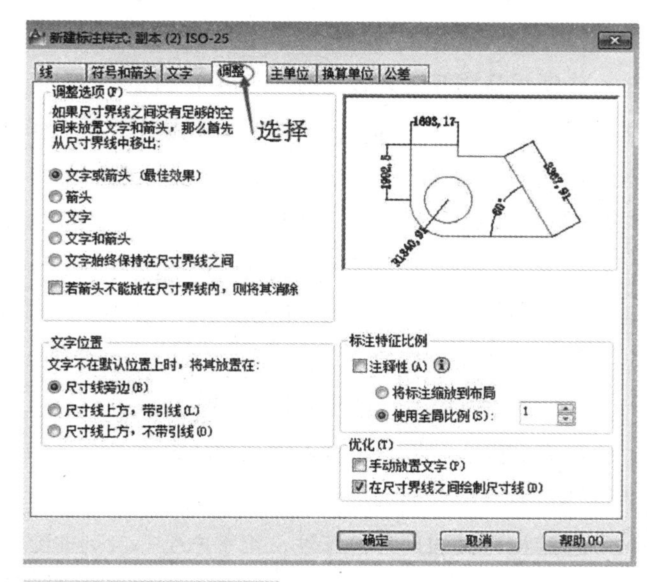

图3–34 “调整”选项卡

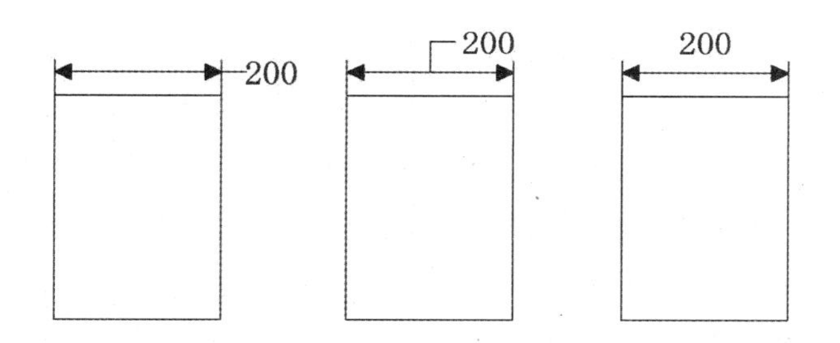

图3–35 尺寸文本的放置

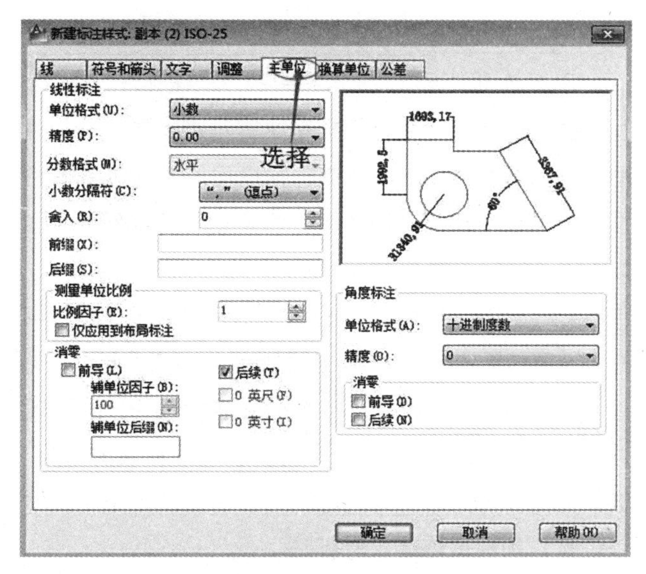

图3–36 “主单位”选项卡

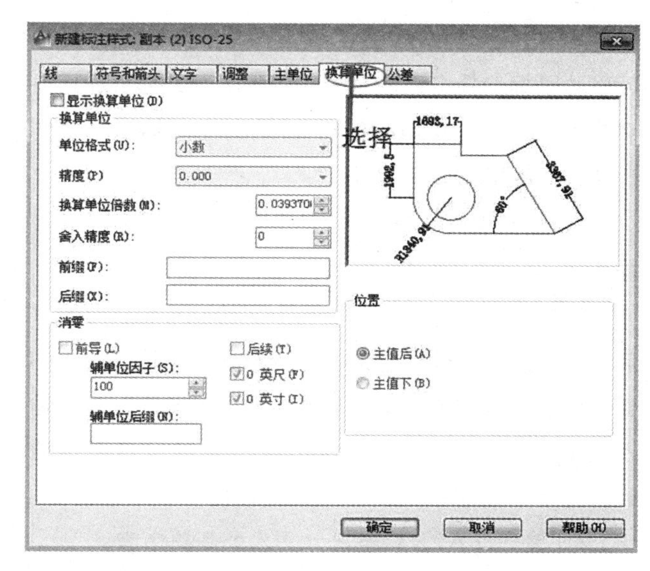

图3–37 “换算单位”选项卡

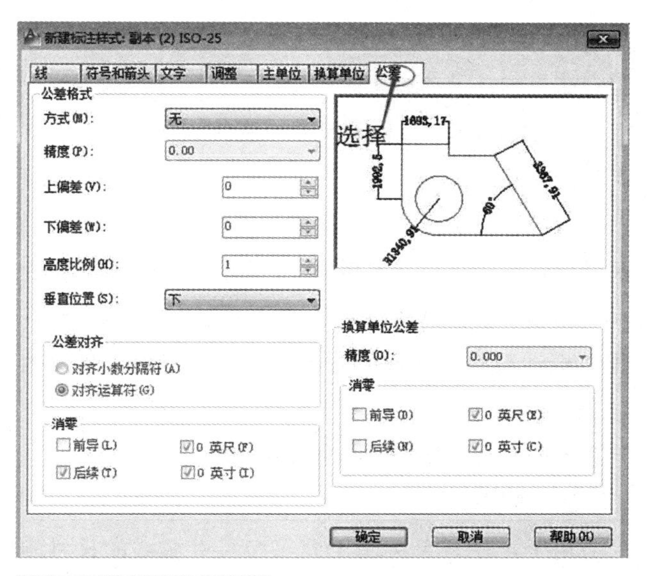

图3–38 “公差”选项卡

二、尺寸标注类型

1. 线性标注

调用线性标注命令主要有如下3种方法：

（1）在命令行中输入“DIMLINEAR（缩写名DIMLIN）”命令。

（2）选择菜单栏中的“标注”/“线性”命令。

（3）单击“标注”工具栏中的“线性”命令。

执行上述命令后，根据系统提示直接按<Enter>键选择要标注的对象或指定两条尺寸界线的起始点后，命令行中各选项的含义如下：

1）指定尺寸线位置。确定尺寸线的位置。用户可移动鼠标选择合适的尺寸线位置，然后按<Enter>键或单击鼠标，AutoCAD则自动测量所标注线段的长度并标注出相应的尺寸。

2）多行文字（M）。用多行文本编辑器来确定尺寸文本。

3）文字（T）。在命令行提示下输入或编辑尺寸文本。选择此选项后，根据系统提示输入标注线段的长度，直接按<Enter>键即可采用此长度值，也可输入其他数值代替默认值。当尺寸文本中包含默认值时，可使用尖括号“<>”表示默认值。

4）角度（A）。确定尺寸文本的倾斜角度。

5）水平（H）。水平标注尺寸，不论标注什么方向的线段，尺寸线均水平放置。

6）垂直（V）。垂直标注尺寸，不论被标注线段沿什么方向，尺寸线总保持垂直。

7）旋转（R）。输入尺寸线旋转的角度值，旋转标注尺寸。

对齐标注的尺寸线与所标注的轮廓线平行；坐标尺寸标注点的纵坐标或横坐标；角度标注两个对象之间的角度；直径或半径标注圆或圆弧的直径或半径；圆心标注则标注圆或圆弧的中心或中心线，具体由“新建（修改）标注样式”对话框中“尺寸与箭头”选项卡的“圆心标记”选项组决定。

2. 基线标注

用于产生一系列基于同一条尺寸界线的尺寸标注，适用于长度尺寸标注、角度标注和坐标标注等，如图3-39所示。

在使用基线标注方式之前，应该先标注出一个相关的尺寸。基线标注两平行尺寸线间距由“新建（修改）标注样式”对话框中“尺寸与箭头”选项卡的“尺寸线”选项组中的“基线间距”文本框的值决定。

基线标注命令的调用方法主要有以下3种：

（1）在命令行中输入“DIMBASELINE”命令。

（2）选择菜单栏中的“标注”/“基线”命令。

（3）单击“标注”工具栏中的“基线标注”命令。

执行上述命令后，根据系统提示指定第二条尺寸界线原点或选择其他选项。

连续标注又叫尺寸链标注，用于产生一系列连续的尺寸标注，后一个尺寸标注均把前一个标注的第二条尺寸界线作为它的第一条尺寸界线。与基线标注一样，在使用连续标注方式之前，应该先标注出一个相关的尺寸。其标注过程与基线标注类似，如图3-40所示。

3. 快速标注

快速尺寸标注命令QDIM使用户可以交互地、动态地、自动地进行尺寸标注。在QDIM命令中可以同时选择多个圆或圆弧标注直径或半径，也可同时选择多个对象进行基线标注和连续标注，选择一次即可完成多个标注，因此可节省时间，提高工作效率。调用快速尺寸标注命令的方法主要有以下3种：

（1）在命令行中输入“QDIM”命令。

（2）选择菜单栏中的“标注”/“快速标注”命令。

（3）单击“标注”工具栏中的“快速标注”命令。

执行上述命令后，根据系统提示选择要标注尺寸的多个对象后按<Enter>键，并指定尺寸线位置或选择其他选项。执行此命令时，命令行中各选项的含义如下：

1）指定尺寸线位置。直接确定尺寸线的位置，则在该位置按默认的尺寸标注类型标注出相应的尺寸。

2）连续（C）。产生一系列连续标注的尺寸。输入“C”，AutoCAD提示用户选择要进行标注的对象，选择完后按<Enter>键，返回上面的提示，给定尺寸线位置，则完成连续尺寸标注。

3）并列（S）。产生一系列交错的尺寸标注，如

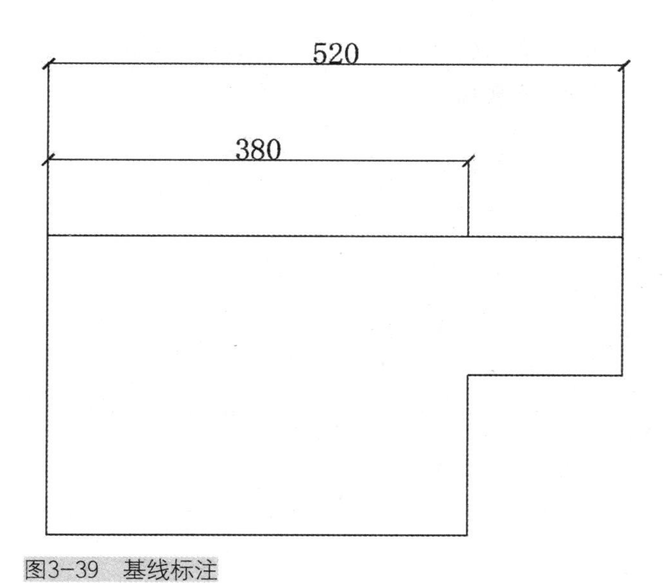

图3-39　基线标注

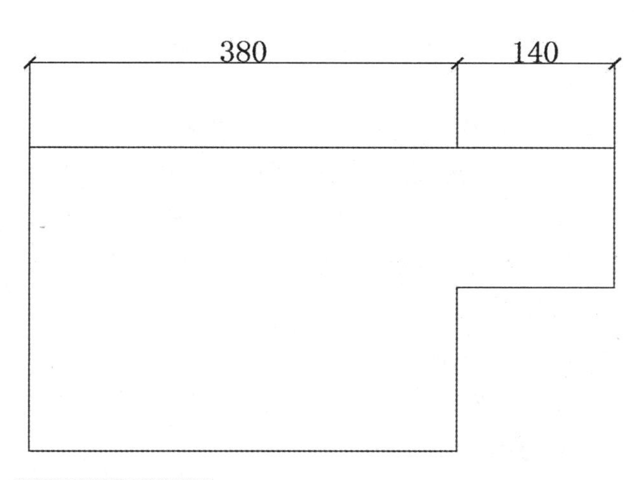

图3-40　连续标注

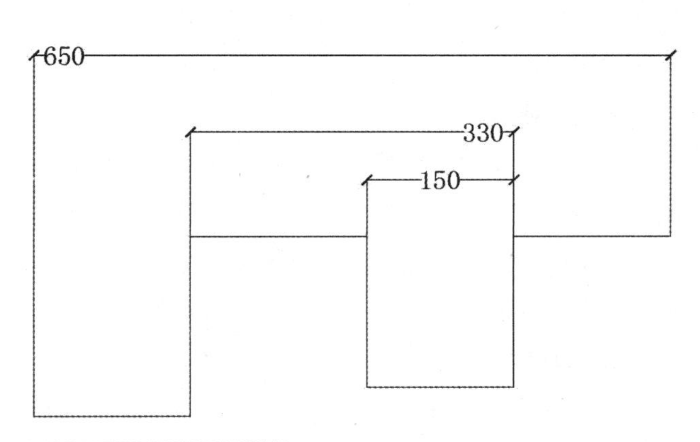

图3-41　交错尺寸标注

图3-41所示。

4）基线（B）。产生一系列基线标注尺寸。后面的“坐标（O）”“半径（R）”“直径（D）”含义与此类同。

5）基准点（P）。为基线标注和连续标注指定一个新的基准点。

6）编辑（E）。对多个尺寸标注进行编辑。AutoCAD允许对已存在的尺寸标注添加或移去尺寸点。选择此选项，根据系统提示确定要移去的点之后按<Enter>键，AutoCAD对尺寸标注进行更新。

4. 引线标注

引线标注命令的调用方法为：在命令行中输入“QLEADER”命令。

执行上述命令后，根据系统提示指定第一个引线点或选择其他选项。也可以在上面操作过程中选择“设置（S）”选项，弹出“引线设置”对话框进行相关参数设置。

（1）注释。对引线的注释类型，多行文字选项进行调整，如图3-42所示。

（2）引线和箭头。选择引线和箭头类型，如图3-43所示。

（3）附着。设置多行文字的附着方向，如图3-44所示。

另外还有一个名为LEADER的命令也可以进行引线标注，与QLEADER命令类似，这里不再详细讲述。

图3-42　“注释”选项卡

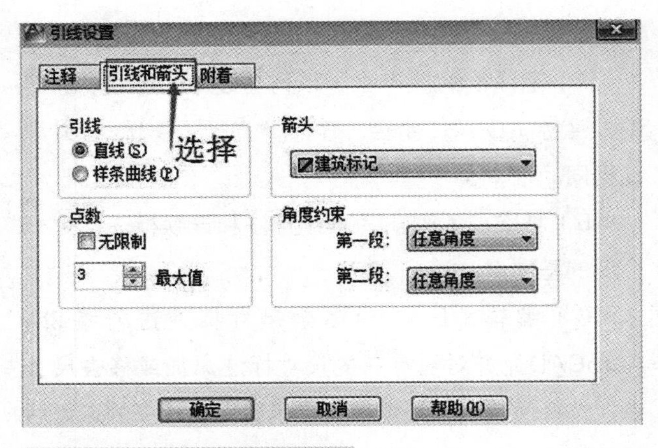

图3-43 “引线和箭头”选项卡

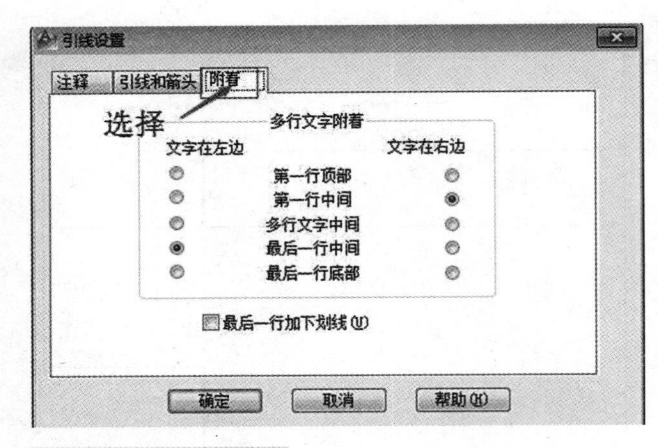

图3-44 “附着”选项卡

第七节 基本工具栏一览

一、标准栏

1. 新建

创建空白的图形文件。

2. 打开

打开现有的图形文件

3. 保存

保存当前图形文件。

4. 打印

将图形打印到绘图仪、打印机或文件。在“页面设置”下的“图形”对话框中，使用“添加”按钮将当前图形设置保存为已命名的页面设置。布局中定义的页面设置可以从图形中的其他布局中选定，或者从其他图形中输入。

5. 打印预览

显示图形在打印时的外观。预览基于当前打印配置，它由“页面设置”或“打印”对话框中的设置定义。预览显示图形在打印时的确切外观，包括线宽、填充图案和其他打印样式的选项。

6. 发布

将图形发布为电子图纸集（DWF、DEF×或PDF文件），或者将图形发布到绘图仪。用户可以合并图形集、创建图纸或电子图形集。电子图形集另存为DWF、DWF×和PDF文件，可以使用Autodesk Design Review查看或打印DWF和DWF×文件；可以使用PDF查看器查看PDF文件。

7. 3DDWF

启动三维DWF发布界面。

8. 剪切

将选定对象复制到剪贴板并将其从图形中删除。如果要在其他应用程序中使用图形文件中的对象，可以先将这些对象剪切到剪贴板，然后将其粘贴到其他应用程序中；还可以使用“剪切”和“粘贴”在图形之间传输对象。

9. 复制

将选定对象复制到剪贴板。将对象复制到剪贴板时，将以所有可用格式存储信息。将剪贴板的内容粘贴到图形中时，将使用保留信息最多的格式；还可以使用“复制”和“粘贴”在图形间传输对象。

10. 粘贴

将剪贴板中的对象粘贴到当前图形中。将对象复制到剪贴板时，将以所有可用格式存储信息。将剪贴板的内容粘贴到图形中时，将使用保留信息最多的格式；还可以使用“复制”和“粘贴”在图形之间传输对象。

11. 特性匹配

将选定对象的特性应用到其他对象。可应用的特性类型包含颜色、图层、线型、线型比例、线宽、打印样式、透明度和其他指定的特性。

12. 块编辑器

块编辑器中打开块定义。块编辑器是一个独立的环境，用于为当前图形创建和更改块定义；还可以使用块编辑器向块中添加动态行为。

13. 实时平移

沿屏幕方向平移视图。将光标放在起始位置，然后按下鼠标键，将光标拖动到新的位置；还可以按下鼠标滚轮或鼠标中键，然后拖动光标进行平移。

14. 实时缩放

放大或缩小显示当前视口中对象的外观尺寸。

15. 窗口缩放

放大或缩小显示当前视口中对象的外观尺寸。

16. 特性

控制现有对象的特性。选择多个对象时，仅显示所有选定对象的公共特性。未选定任何对象时，仅显示常规特性的当前设置。

17. 设计中心

管理和插入块、外部参照和填充图案等内容。可以使用左侧的树状图浏览内容的源，而在内容区显示内容；可以使用右侧的内容区将项目添加到图形或工具选项板中。

18. 工具选项板窗口

打开和关闭“工具选项板”窗口。使用工具选项板可在选项卡形式的窗口中整理块、图案填充和自定义工具。可以通过在“工具选项板”窗口的各区域单击鼠标右键时显示的快捷菜单访问各种选项和设置。

19. 图纸集管理器

打开“图纸集管理器”图纸集管理器用于组织、显示和管理图纸集（图纸的命名集合）。图纸集中的每张图纸都与图形（DWG）文件中的一个布局相对应。

20. 标记集管理器

显示已加载标记集的相关信息及其状态。提交设计以供查看时，可以将图形发布为DWF或DWF x 文件。检查者可以在Autodesk Design Review中打开文件，对其进行标记，然后将其发送回用户。

21. 快速计算器

显示或隐藏快速计算器。快速计算器可执行各种数学、科学和几何计算，可创建和使用变量，还可转换测量单位。

二、样式栏

1. 文字样式

创建、修改或指定文字样式。可以指定当前文字样式以确定所有新文字的外观。文字样式包含字体、字号、倾斜角度、方向和其他文字特征，如图3-45所示。

2. 标注样式

创建和修改标注样式。标注样式是标注设置的命名集合，用于控制标注的外观。用户可以创建标注样式，以快速指定标注的格式，并确保标注符合标准，如图3-46所示。

3. 表格样式

创建、修改或指定表格样式。可以指定当前表格样式以确定所有新表格的外观。表格样式包括背景颜色、页边距、边界、文字和其他表格特征的设置，如图3-47所示。

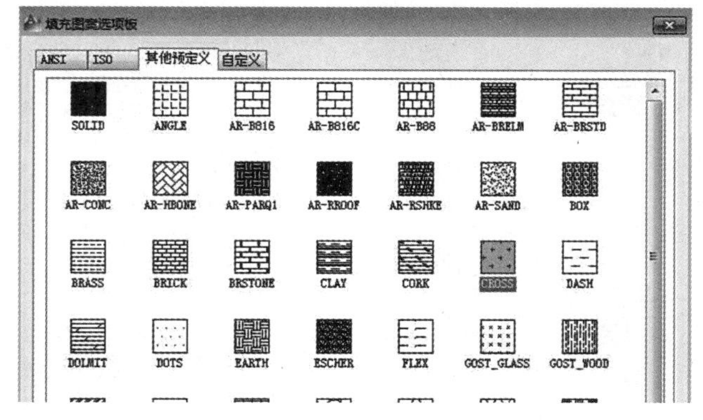

图3-45 文字样式管理器

4. 多重引线样式

创建和修改多重引线样式。多重引线样式可以控制多重引线外观。这些样式可指定基线、引线、箭头和内容的格式，如图3-48所示。

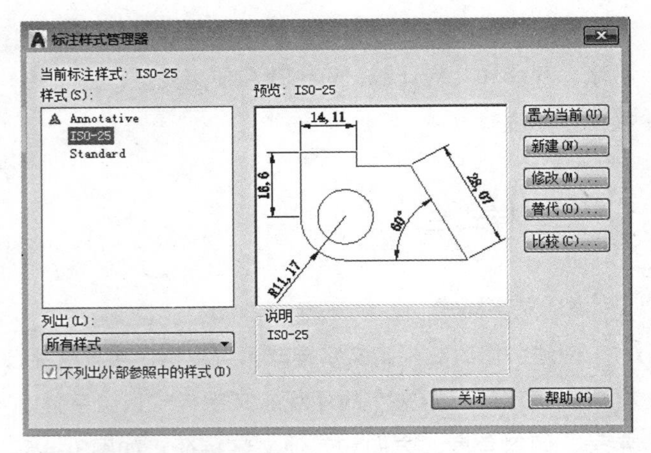

图3-46　标注样式管理器

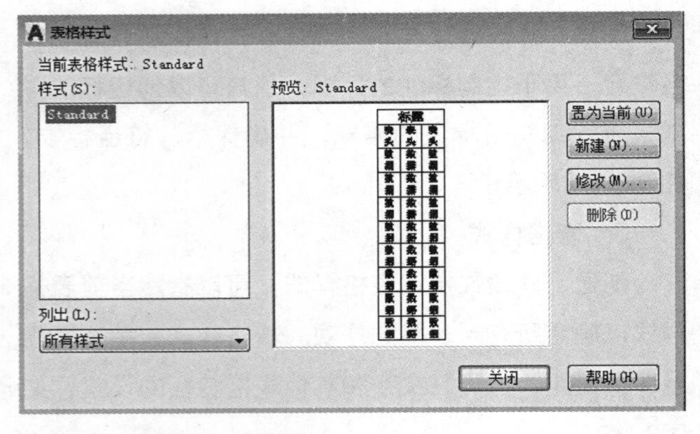

图3-47　表格样式管理器

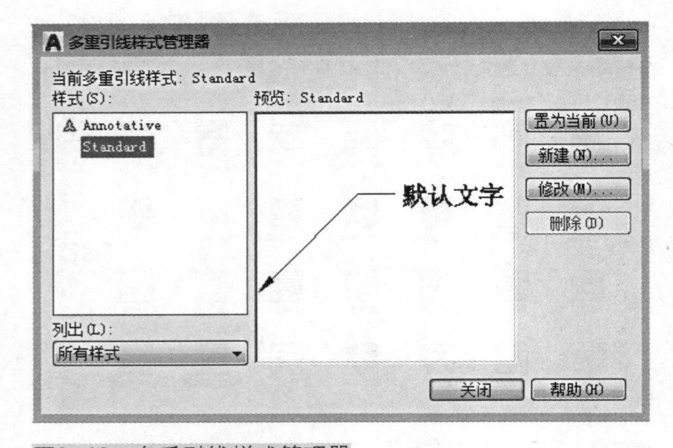

图3-48　多重引线样式管理器

三、绘图次序栏

1. 前置

强制使选定对象显示在所有对象之前。使用DRAWOPDERCTL系统变量控制重叠对象的默认显示行为。此外，TEXTTOFRONT命令将图形中的所有文字、标注或引线置于其他对象的前面，而HATCHTOBACK命令将所有图案填充对象置于其他对象的后面。

2. 后置

强制使选定对象显示在所有对象之后。使用DRAWOPDERCTL系统变量控制重叠对象的默认显示行为。此外，TEXTTOFRONT命令将图形中的所有文字、标注或引线置于其他对象的前面，而HATCHTOBACK命令将所有图案填充对象置于其他对象的后面。

3. 置于对象之上

强制使选定对象显示在指定的参照对象之前。使用DRAWOPDERCTL系统变量控制重叠对象的默认显示行为。此外，TEXTTOFRONT命令将图形中的所有文字、标注或引线置于其他对象的前面，而HATCHTOBACK命令将所有图案填充对象置于其他对象的后面。

4. 置于对象之下

强制使选定对象显示在指定的参照对象之后。使用DRAWOPDERCTL系统变量控制重叠对象的默认显示行为。此外，TEXTTOFRONT命令将图形中的所有文字、标注或引线置于其他对象的前面，而HATCHTOBACK命令将所有图案填充对象置于其他对象的后面。

5. 文字对象前置

强制使文字对象显示在所有其他对象之前。

6. 将图案填充项后置

强制将全部图案填充项显示在所有其他对象后面。

四、绘图栏

1. 图层特性管理器

管理图层和图层特性。

2. 将对象的图层置为当前

将当前图层设置为选定对象所在的图层。可以通过选择当前图层上的对象来更改该图层。这是在图层特性管理器中指定图层名的又一简便方法。

3. 上一个图层

放弃对图层设置的上一个或上一组更改。使用“上一个图层”时，可以放弃使用“图层”控件、图层特性管理器或 – LAYER命令所做的最新更改。用户对图层设置所做的更改都将被追踪，并且可以通过“上一个图层”放弃操作。

4. 图层状态管理器

保存、恢复和管理命名的图层状态。将图形中的图层设置另存为命名图层状态。然后便可以恢复、编辑、输入和输出命名图层状态以在其他图形中使用。

创建和修改标注样式。标注样式是标注设置的命名集合，用于控制标注的外观。用户可以创建标注样式，以快速指定标注的格式，并确保标注符合标准。

创建和修改标注样式。标注样式是标注设置的命名集合，用于控制标注的外观。用户可以创建标注样式，以快速指定标注的格式，并确保标注符合标准。

五、特性栏

特性栏中有颜色控制、线型控制以及线宽控制。

本章小结：

AutoCAD2020的辅助工具使用频率并不高，但是在实践操作中必须应用到，如果长期绘制某一类型图纸，这些辅助工具并不会经常用到，于是容易遗忘，因此对辅助工具的操作要强化练习，熟练掌握，从使用功能上理解操作方法。遇到遗忘的工具，及时查阅本书或本章配套视频。

1. 了解设计中心与工具选项板的打开方式。
2. 尝试在图纸中运用查询工具确定图纸的面积。
3. 图块的属性有哪些?
4. 如何在图纸中创建合适的表格?
5. 选择一份设计图纸，并为其标注文字和尺寸。
6. AutoCAD2020中的标准栏包括哪些内容?
7. AutoCAD2020中的样式栏包括哪些内容?
8. AutoCAD2020中的绘图栏包括哪些内容?
9. AutoCAD2020中的特性栏包括哪些内容?

PPT 课件　视频教学　配套素材

* 若扫码失败请使用浏览器或其他应用重新扫码

第四章
AutoCAD2020应用·平面图纸绘制

学习难度：★★★★☆

重点概念：建筑平面图、地坪图、顶棚图

章节导读

AutoCAD2020运用广泛，可以绘制各类图纸，本章主要详细介绍建筑平面图、地坪图以及顶棚图的绘制步骤以及绘制时需要注意的细节部分。

第一节　建筑平面图绘制前准备

图4-1为本节以及后续节次的参考图例，本节主要介绍在绘制建筑平面图之前需要做的准备。

一、新建文件

打开AutoCAD2020应用程序，单击“标准”工具栏中的“新建”命令，系统弹出“选择样板”对话框，选择“acadiso.dwt”为样板文件建立新文件，如图4-2所示。

二、调整图形设置

选择菜单栏中的“格式”/“单位”命令，打开“图形单位”对话框，设置长度“类型”为“小数”，“精度”设置为0；并设置角度“类型”为“十进制

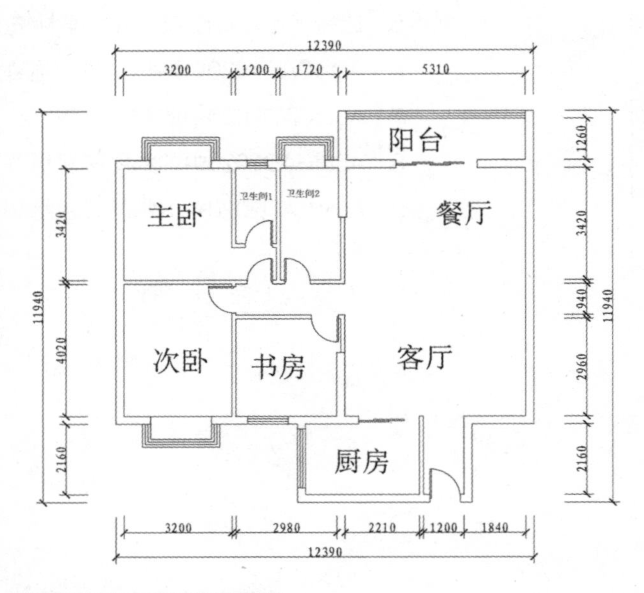

图4-1　建筑原始平面图

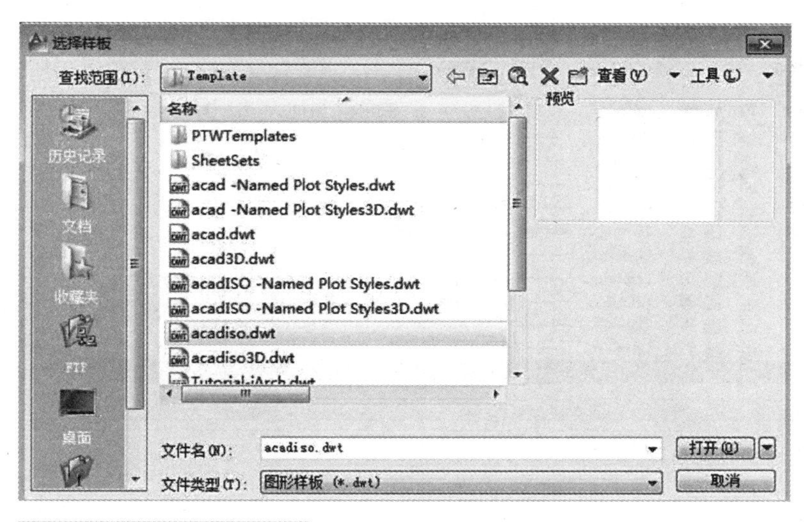

图4-2 “选择样板”对话框

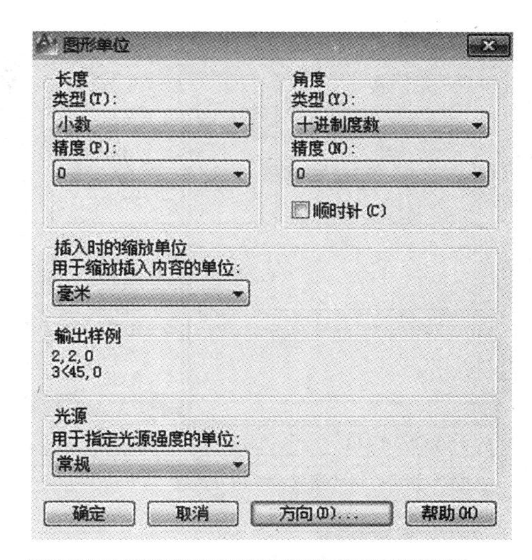

图4-3 “图形单位”对话框并进行设置

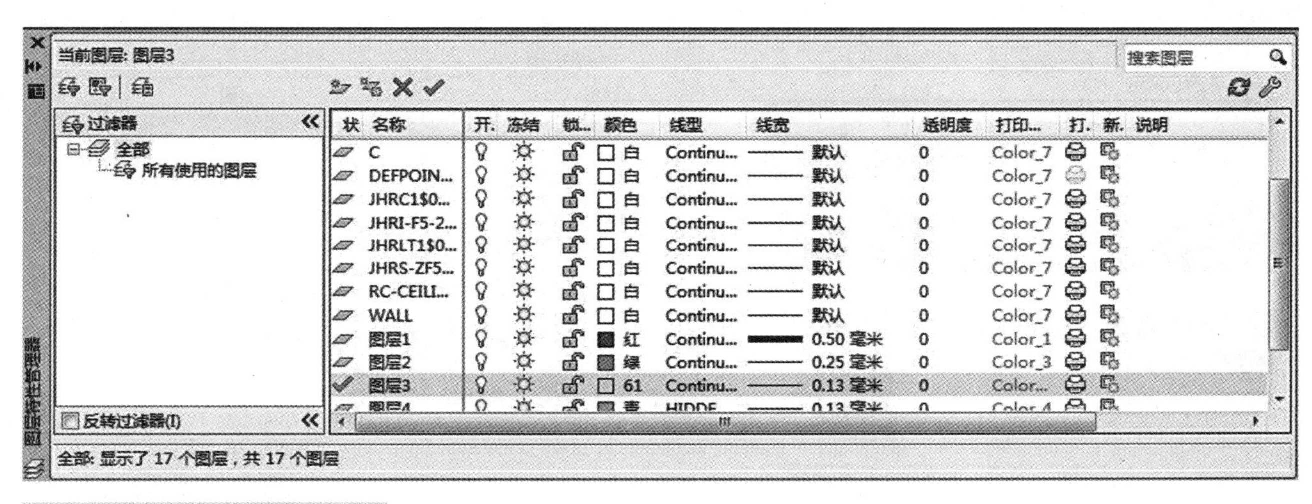

图4-4 “图层特性管理器”选项板

度数”，“精度”为0；保持系统默认方向为逆时针，设置插入时的缩放单位为“毫米”，如图4-3所示。

三、设置图形界限

在命令行中输入LIMITS，设置图幅尺寸为420000mm × 297000mm。

四、设置并调整图层

（1）设置完毕后新建图层。

（2）单击“图层”工具栏中的“图层特性管理器”命令，系统弹出“图层特性管理器”选项板，如图4-4所示。

（3）单击“图层特性管理器”选项板中的“新建图层”命令，并新建图

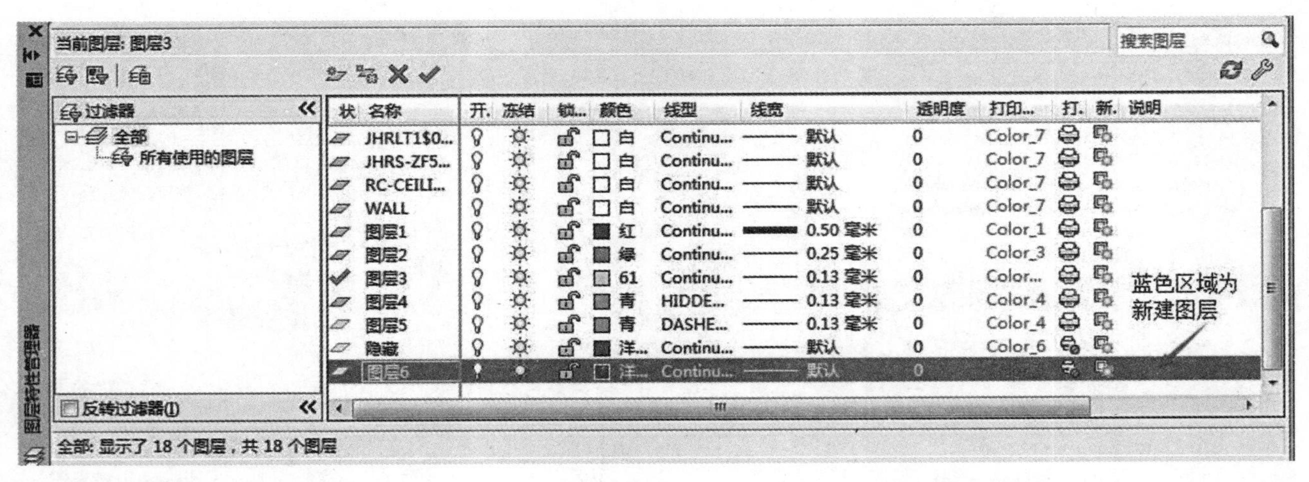

图4-5 新建图层

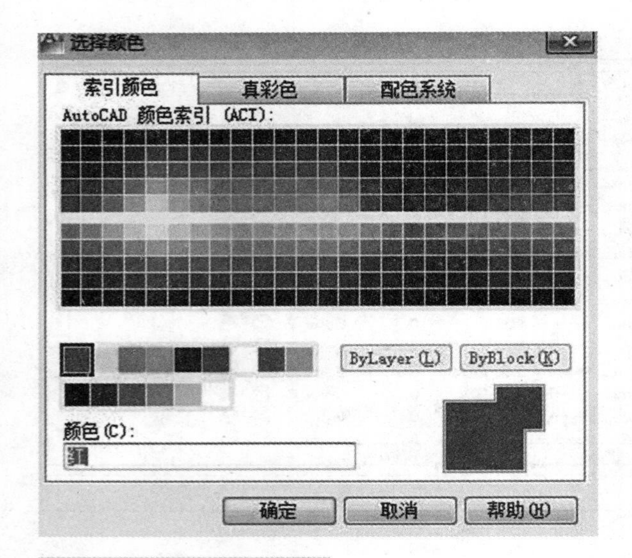

图4-6 “选择颜色”对话框

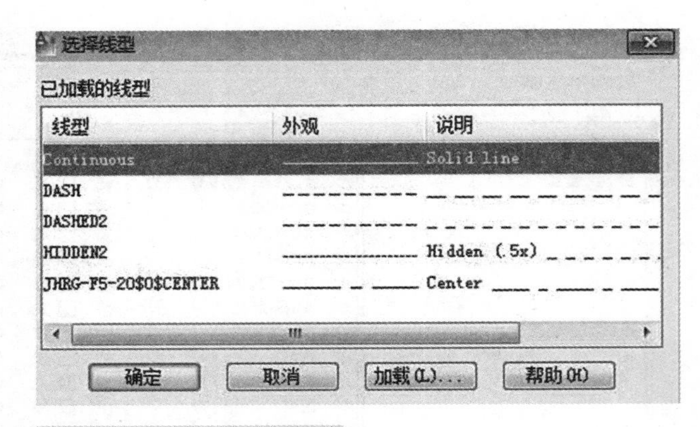

图4-7 “选择线型”对话框

层，如图4-5所示。

（4）将新建图层的名称修改为“轴线”，并依据需要修改线型和线宽。

（5）单击新建的“轴线”图层中“颜色”栏中的色块，系统会弹出“选择颜色”对话框，依据需要选择红色为“轴线”图层的默认颜色，单击“确定”按钮，如图4-6所示。

（6）单击“轴线”图层中的“线型”栏，系统会弹出“选择线型”对话框，如图4-7所示。轴线一般在绘图中应用点画线的形式进行绘制，所以将“轴线”图层的默认线型设为CENTER2。单击“加载”命令，系统弹出“加载或重载线型”对话框，如图4-8所示。

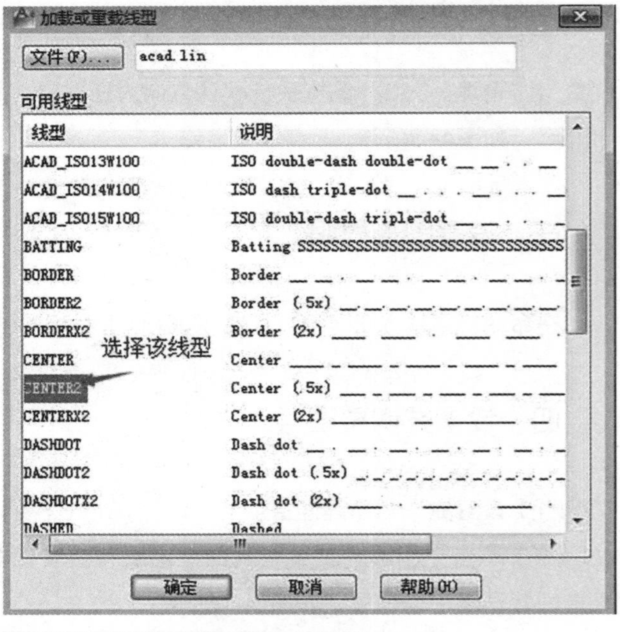

图4-8 “加载或重载线型”对话框

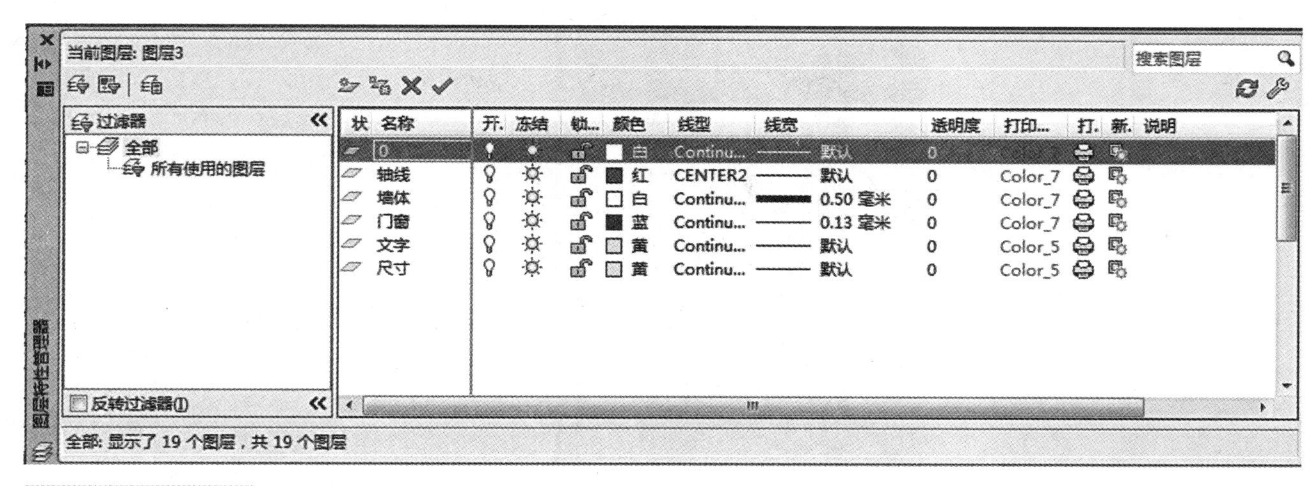

图4-9　设置图层完成

（7）采用相同的方法按照以下说明新建其他所需图层，如图4-9所示。

1）“墙体”图层。设置颜色为白色，线型为实线，线宽为0.5mm。

2）“门窗”图层。设置颜色为蓝色，线型为实线，线宽为0.13mm。

3）“文字”图层。设置颜色为黄色，线型为实线，线宽为默认。

4）“尺寸”图层。设置颜色为黄色，线型为实线，线宽为默认。

第二节　建筑平面图轴线绘制

一、设置图层

在“图层”工具栏中选择之前设置好的“轴线”图层作为当前图层。

二、绘制横、纵轴线

单击“绘图”工具栏中的“直线”命令，在图中空白区域任选一点为直线起点，绘制一条长为18500mm的竖直轴线，并在该直线的左侧任选一点作为下一条直线的起点，向右绘制一条长为34700mm的水平轴线，如图4-10所示。

三、更改线型比例

在快捷菜单中选择“特性”命令，系统会弹出“特性”选项板，根据需要将“线型比例”设置为1200，如图4-11、图4-12所示。

图4-10　绘制竖直轴线和水平轴线

图4-11 “特性”选项板并进行设置

图4-12 调整后的轴线

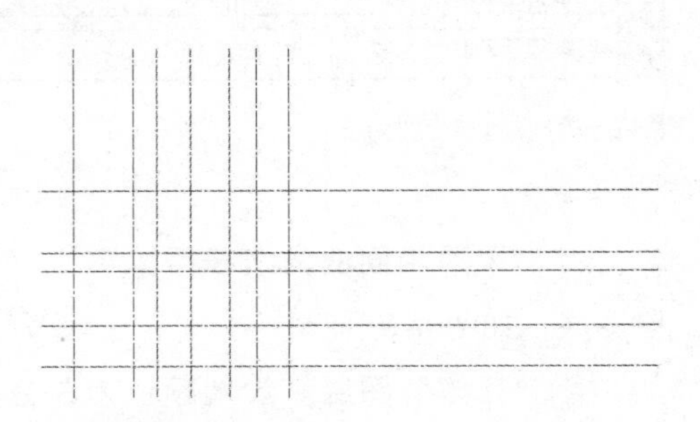

图4-13 偏移轴线

四、偏移轴线

单击“修改”工具栏中的“偏移”命令，依据需要将绘制好的水平轴线向上进行连续偏移，偏移距离依次为2400mm、3140mm、1060mm、3600mm，将竖直轴线向右进行连续偏移，偏移距离依次为3380mm、1320mm、1900mm、2175mm、1535mm、1840mm，如图4-13所示。

第三节 建筑平面图墙线绘制

一、设置图层

在“图层”工具栏中选择“墙体”图层为当前图层。

二、依据需要设置多线样式

（1）选择“格式”/“多线样式”命令，打开“多线样式”对话框，如图

4–14所示。

（2）单击鼠标右键，单击“新建”按钮，打开“创建新的多线样式”对话框并在“新样式名”文本框输入“240”，并将其作为多线的名称，如图4–15所示。

（3）单击“继续”按钮，打开“新建多线样式：240”对话框，并将偏移距离分别设置为“120”和“–120”，单击“确定”按钮回到“多线样式”对话框，单击“置为当前”按钮，将创建的多线样式设置为的当前的多线样式，单击“确定”按钮设置完成，如图4–16所示。

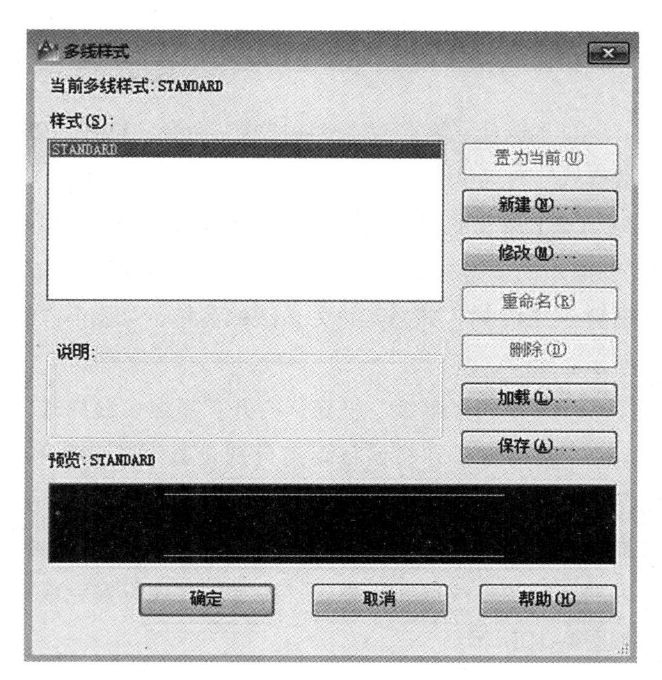

图4–14 “多线样式”对话框

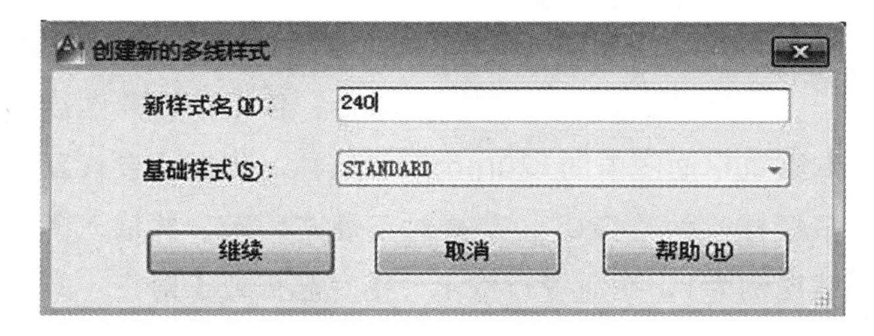

图4–15 “创建新的多线样式”对话框

三、绘制外墙线

（1）选择“绘图”/“多线”命令，依据设计草图绘制建筑平面图中的240mm厚的墙体。

（2）依据需要设置多线样式为“240”，选择对正模式为无，并输入多线比例为1，在命令行提示“指定起点或【对正（J）/比例（S）/样式（ST）】：”后选择之前绘制的竖直轴线下端点向上绘制墙线，并利用同样的方法绘制出剩余240mm厚墙体的绘制，如图4–17所示。

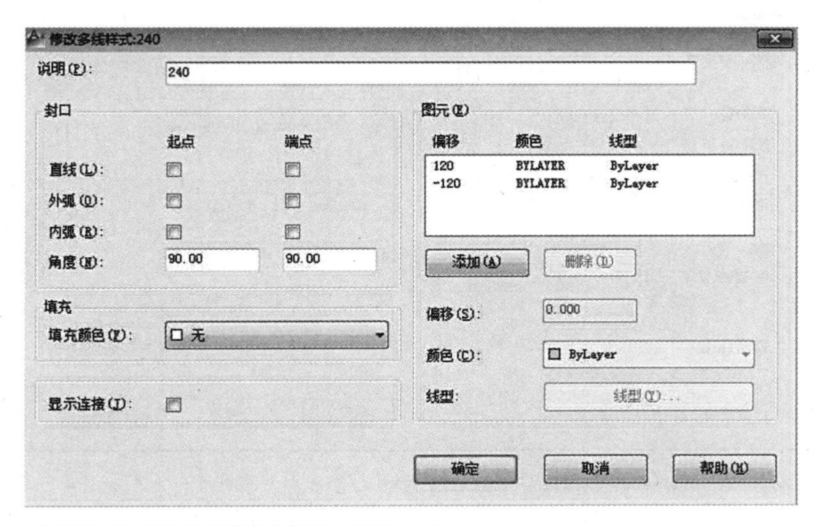

图4–16 “新建多线样式：240”对话框

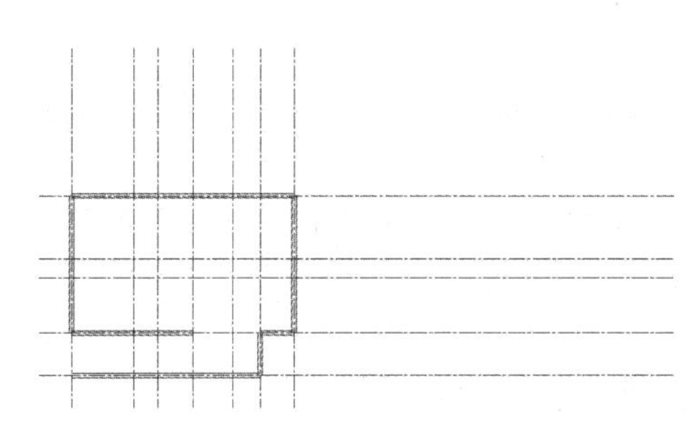

图4–17 绘制240mm厚的墙体

四、依据需要设置多线样式

（1）选择“格式”/“多线样式”命令，打开“多线样式”对话框。

（2）单击鼠标右键，单击“新建”按钮，打开“创建新的多线样式”对话框并在“新样式名”文本框输入“120”，并将其作为多线的名称，如图4–18所示。

（3）单击“继续”按钮，打开“新建多线样式：120”对话框，并将偏移距离分别设置为“60”和“–60”，单击“确定”按钮回到“多线样式”对话框，单击“置为当前”按钮，将创建的多线样式设置为的当前的多线样式，单击“确定”按钮设置完成，如图4–19所示。

五、绘制内墙线

选择“绘图”/“多线”命令，依据设计草图绘制建筑平面图中的120mm厚的墙体。依据需要设置多线样式为“120”，选择对正模式为无，并输入多线比例为1，在命令行提示“指定起点或【对正（J）/比例（S）/样式（ST）】：”后选择之前绘制的竖直轴线下端点向上绘制墙线，并用同样方法绘制出剩余240mm厚墙体的绘制，如图4–20所示。

六、修剪墙体

选择“修改”/“对象”/“多线”命令，系统会弹出“多线编辑工具”对话框，单击“T形打开”选项，选取多线进行操作，使墙体贯穿，完成修剪，如图4–21、图4–22所示。

七、偏移并修剪墙线

（1）关闭“轴线”图层，单击“修改”工具栏中的“分解”命令，选择步骤六中绘制的墙线为分解对象，对其进行分解。单击“修改”工具栏中的“偏移”命令，依据设计草图选择图4–23中的竖直墙线向右进行连续偏移，偏移距离依次为387mm、387mm、1800mm。

（2）单击“修改”工具栏中的“偏移”命令，依据设计草图在上级步骤的基础上将前面偏移后的竖直墙线向右再次进行连续偏移，偏移距离依次为2561mm、240mm、3375mm、120mm，将水平墙线向上偏移1500mm，结果如图4–24所示。

（3）单击“修改”工具栏中的“修剪”命令，依据设计草图对上述步骤中所绘制的图形进行修剪并整理，如图4–25所示。

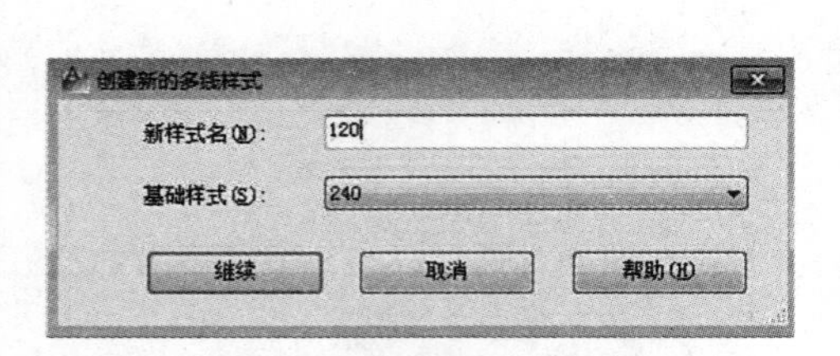

图4–18 “创建新的多线样式”对话框

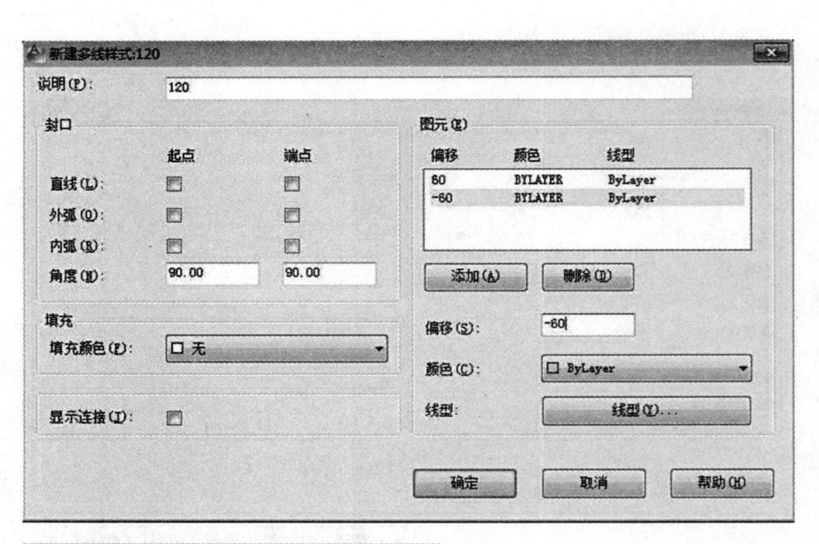

图4–19 “新建多线样式：120”对话框

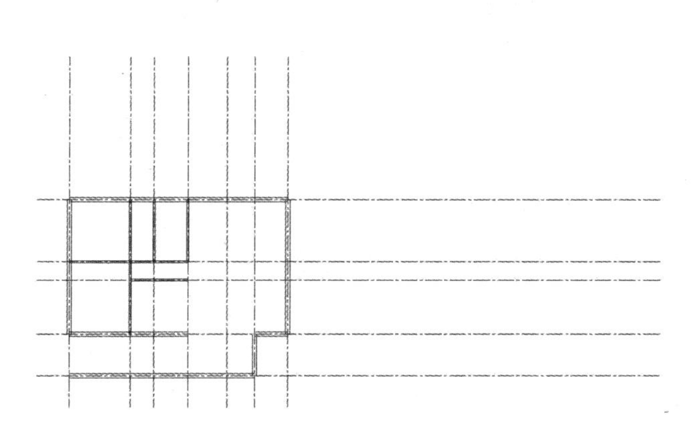
图4-20　绘制120mm厚的墙体

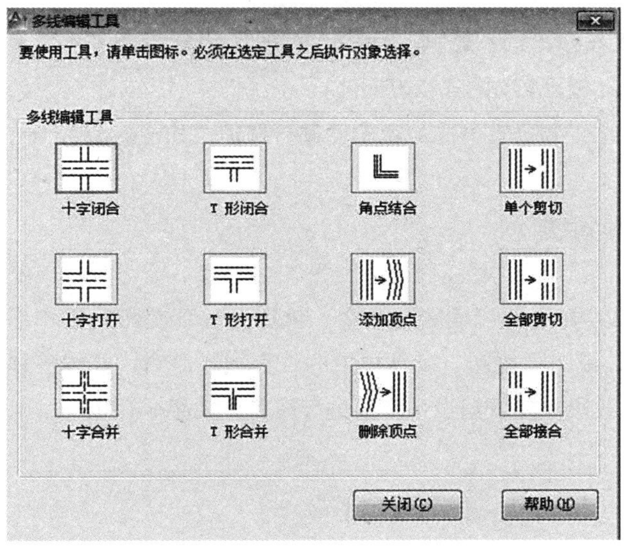

图4-21　“多线编辑工具”对话框

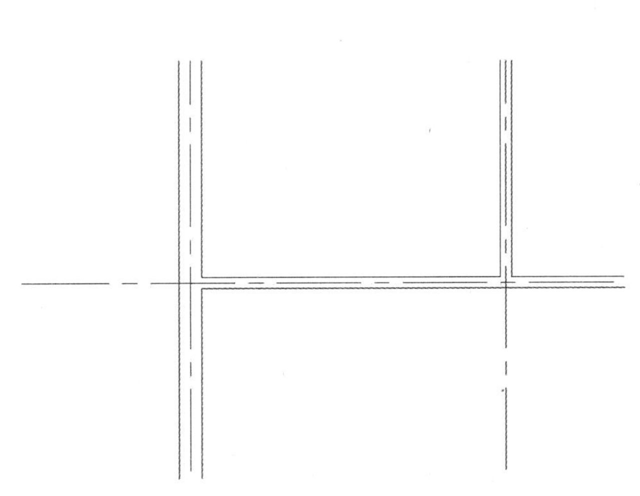
图4-22　T形打开

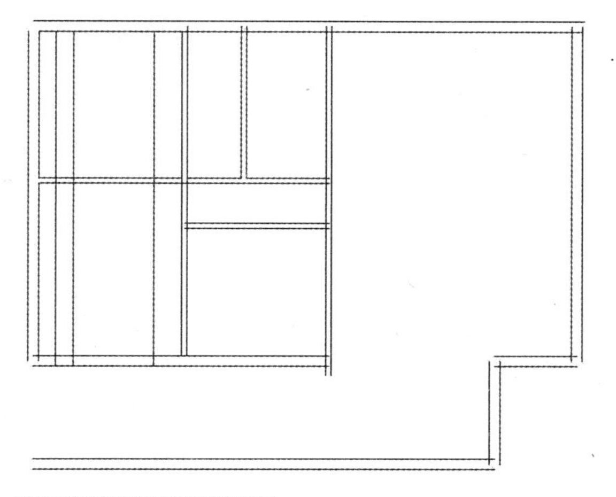
图4-23　偏移竖直墙线

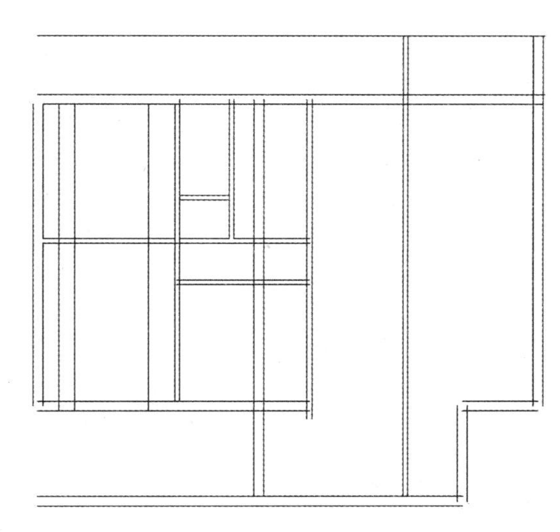
图4-24　偏移剩余墙线

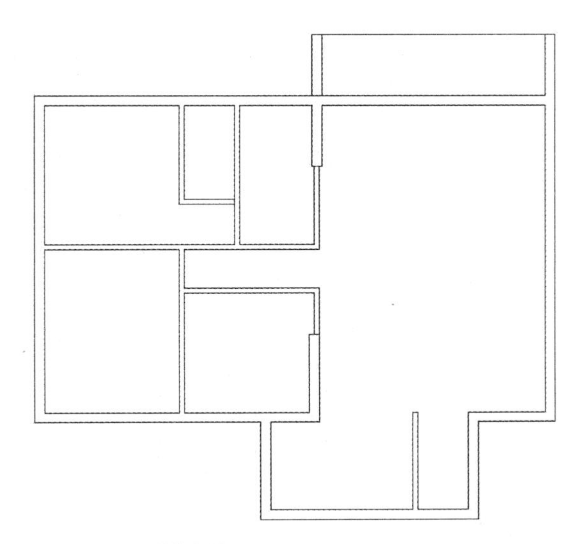
图4-25　修剪图形

第四节　建筑平面图门窗绘制

一、设置图层

在“图层”工具栏中选择“门窗”图层为当前图层。

二、绘制窗洞

（1）单击“修改”工具栏中的“偏移”命令，依据设计草图将左侧竖直外墙线向右进行连续偏移，其偏移距离依次为1025mm、1800mm、1080mm、600mm、500mm、1200mm，如图4-26所示。

（2）单击“修改”工具栏中的“修剪”命令，依据设计草图将上述步骤中所绘制的图形进行修剪并整理，如图4-27所示。

（3）利用上述所讲方法绘制竖直方向的窗洞并进行整理，如图4-28所示。

三、绘制飘窗及其窗线

（1）单击“修改”工具栏中的“偏移”命令，依据设计草图将所需水平内墙线向外偏移700mm，单击“绘图”工具栏中的“直线”命令，在偏移线段的两侧各绘制一条垂直线段，并依据设计草图进行修剪，如图4-29所示。

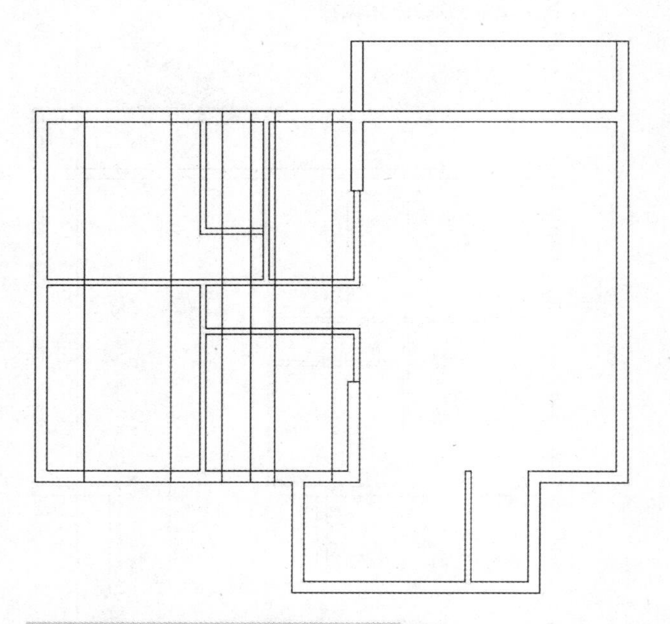

图4-26　绘制水平方向的窗洞（一）

图4-27　绘制水平方向的窗洞（二）

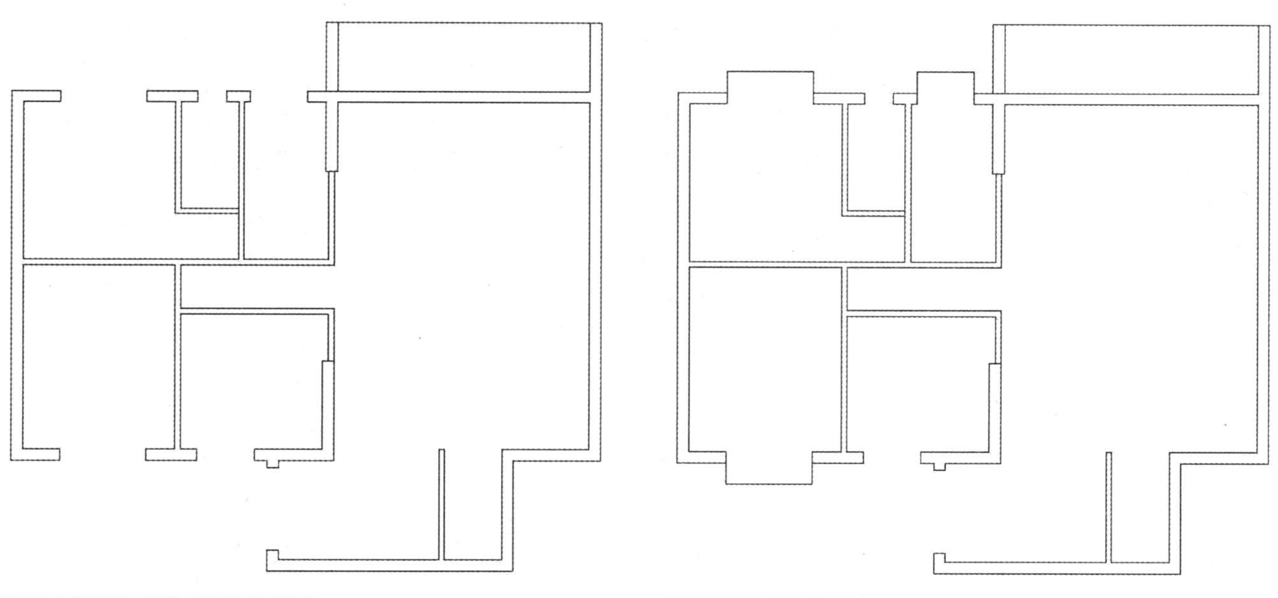

图4-28　绘制竖直方向的窗洞

图4-29　绘制飘窗

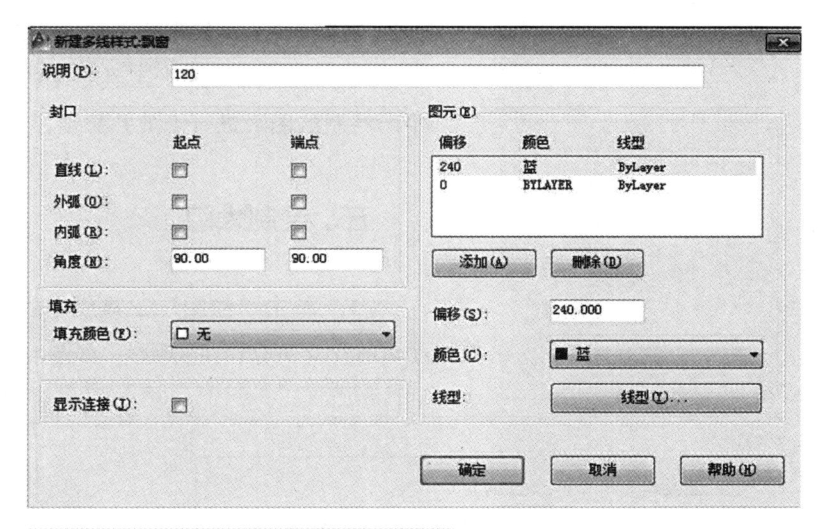

图4-30　“创建新的多线样式”对话框

图4-31　“新建多线样式：飘窗”对话框

（2）单击鼠标右键，单击“新建”按钮，打开“创建新的多线样式”对话框并在“新样式名”文本框输入“飘窗”，并将其作为多线的名称，如图4-30所示。

（3）单击“继续”按钮，打开“新建多线样式：飘窗”对话框，并将偏移距离分别设置为“0”和“240”，单击“确定”按钮回到“多线样式”对话框，单击“置为当前”按钮，将创建的多线样式设置为当前的多线样式，单击“确定”按钮设置完成，如图4-31所示。

（4）选择“绘图”/“多线”命令，依据设计草图在窗洞内绘制飘窗的窗线，如图4-32所示。

（5）单击“修改”工具栏中的“分解”命令，选择上级步骤中绘制的窗线为分解对象，单击“修改”工具栏中的“偏移”命令，依据设计草图将所需水平窗线向外连续偏移两次，偏移距离均为80mm，将所需竖直窗线向外连续偏移两次，偏移距离均为60mm。单击“修改”工具栏中的“修剪”命令，依据设计草图将上述步骤中所绘制的图形进行修剪并整理，如图4-33所示。

（6）利用上面所讲方法绘制其他窗线并进行整理，如图4-34所示。

四、绘制门洞

（1）单击“修改”工具栏中的“偏移”命令，依据设计草图将所需竖直外墙线按图4-35所示向右进行连续偏移，偏移距离依次为3845mm、50mm、750mm、360mm、750mm、35mm、800mm、600mm、1125mm、515mm、470mm、900mm、515mm，将所需水平内墙线按图4-35所示向上进行连续偏移，偏移距离依次为3145mm、800mm。

（2）单击“修改”工具栏中的“修剪”命令，依据设计草图将上述步骤中所绘制的图形进行修剪并整理，如图4-36所示。

五、绘制大门

（1）单击“绘图”工具栏中的“矩形”命令，在图形合适的位置绘制一个40mm×900mm的矩形，如图4-37所示。

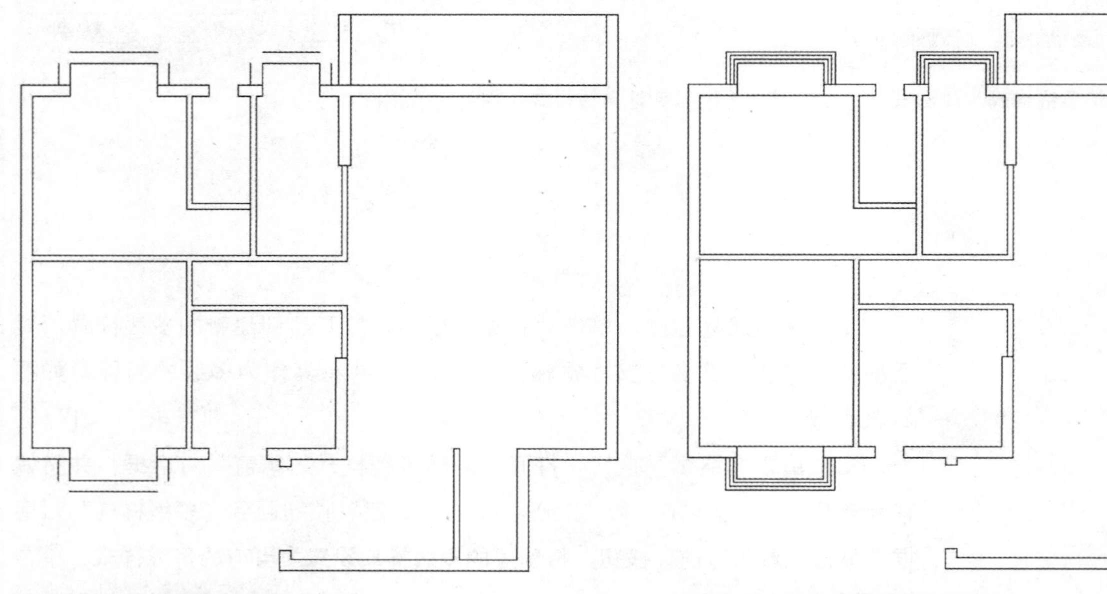

图4-32　绘制飘窗的窗线（一）　　图4-33　绘制飘窗的窗线（二）

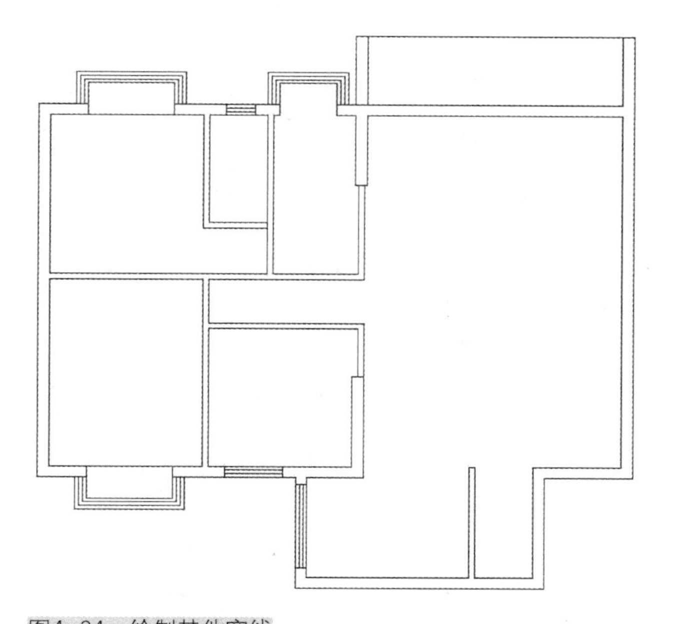
图4-34　绘制其他窗线

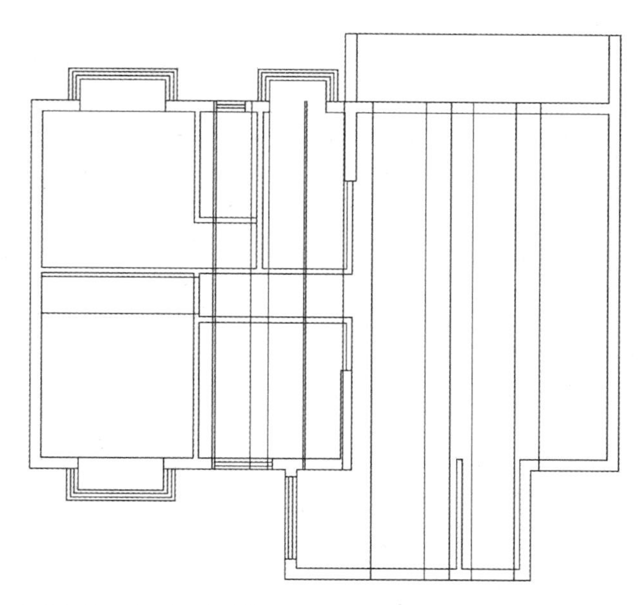
图4-35　绘制门洞（一）

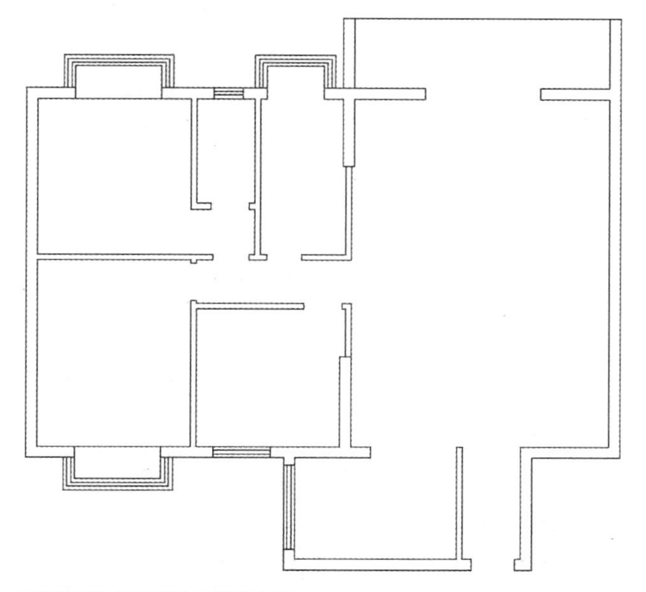
图4-36　绘制门洞（二）

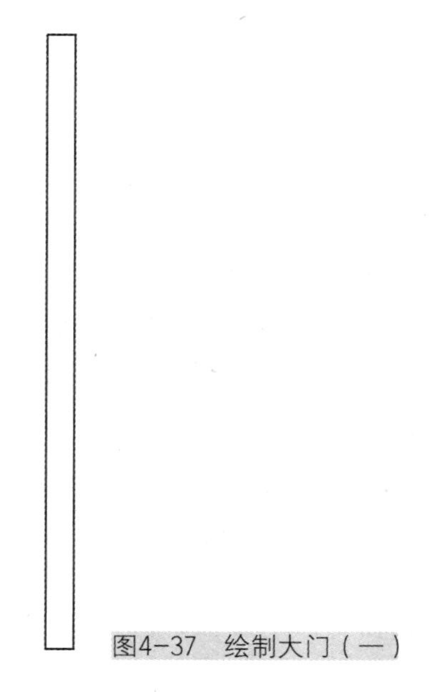
图4-37　绘制大门（一）

（2）单击“绘图”工具栏中的“直线”命令，以上述步骤中绘制的矩形的右下角点为直线起点向右绘制一条长度为860mm的直线段。单击“绘图”工具栏中的“圆弧”命令，以“起点，端点，角度”方式绘制圆弧，如图4-38所示。

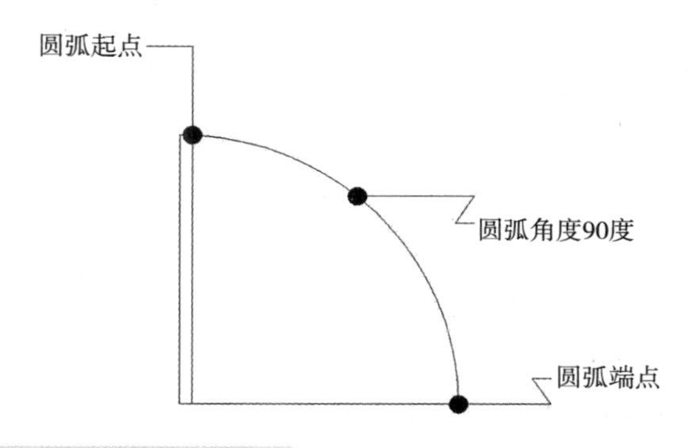

图4-38　绘制大门（二）

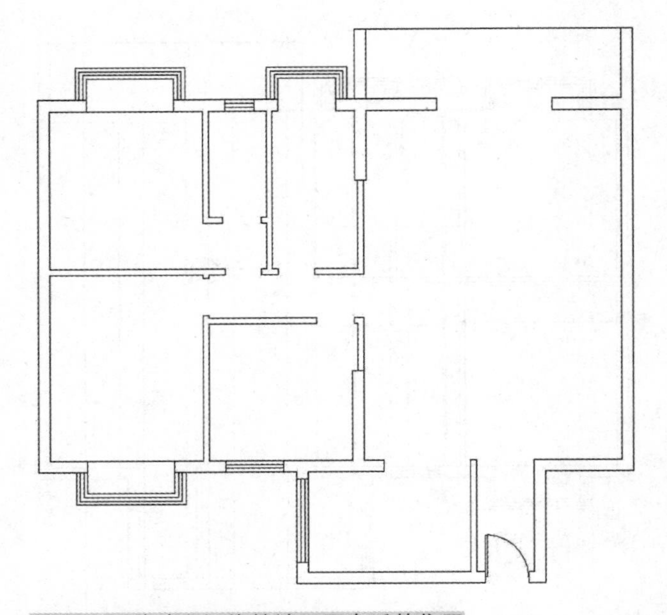
图4-39　移动大门将其放置于合适的位置

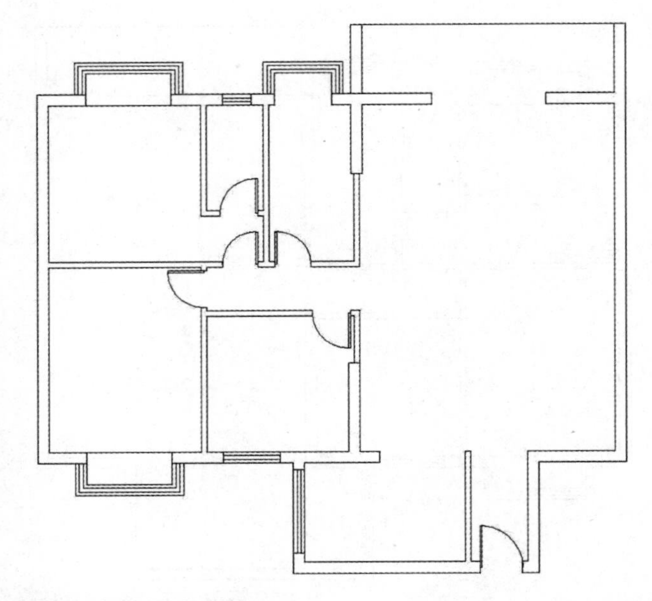
图4-40　绘制其他门

（3）单击“绘图”工具栏中的“创建块”命令，系统弹出“块定义”对话框，选择上述步骤中的绘制的大门为定义对象，选择任意点为基点，将其定义为块。

（4）单击“修改”工具栏中的“移动”命令，依据设计草图将上述步骤中绘制好的大门移动至修剪好的门洞内，如图4-39所示。

（5）依据上述方法绘制其他门并依据设计草图将其放置于修剪好的门洞内，如图4-40所示。

六、补充绘制阳台

绘制阳台窗线，单击“修改”工具栏中的“偏移”命令，依据设计图样将阳台所需的外墙水平线向下进行3次偏移，偏移距离均为80mm，单击“修改”工具栏中的“修剪”命令，依据设计草图修剪图形，如图4-41所示。

七、绘制推拉门

利用矩形工具绘制合适的推拉门，如图4-42、图4-43所示。

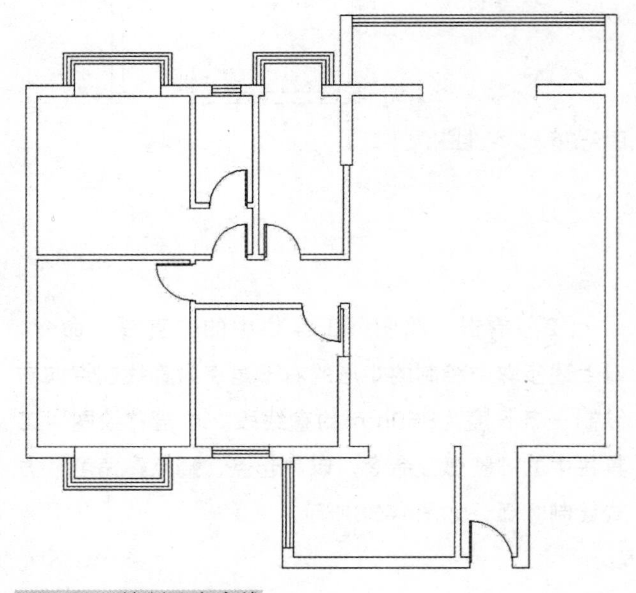
图4-41　绘制阳台窗线

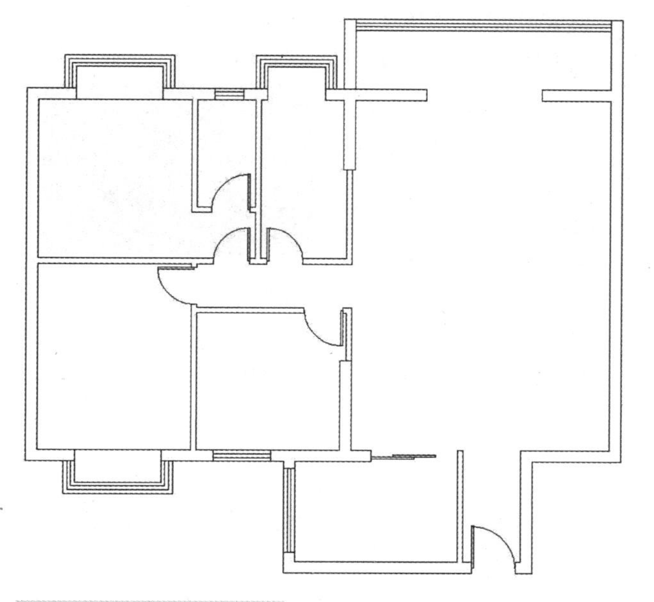

图4-42　绘制厨房推拉门

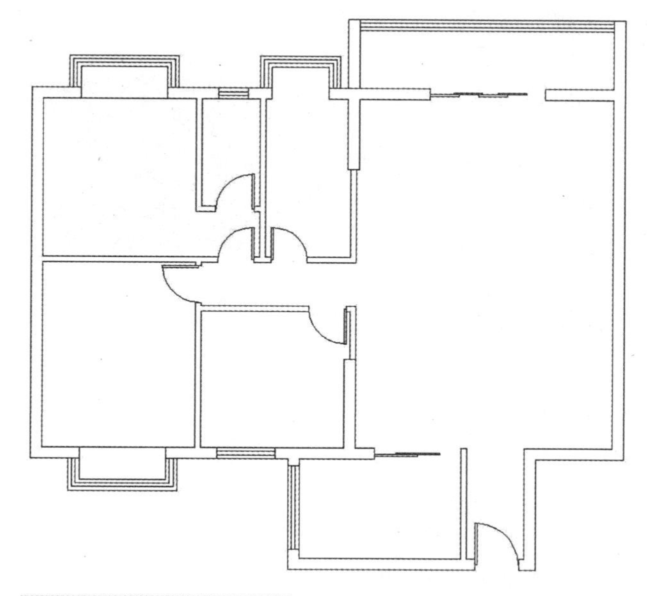

图4-43　绘制阳台推拉门

第五节　建筑平面图尺寸标注

一、设置图层

在“图层”工具栏中选择“尺寸”图层为当前图层。

二、修改尺寸标注样式

（1）选择菜单栏中的“标注”/“标注样式”命令，系统弹出“标注样式管理器”对话框，单击“修改”命令，系统弹出“修改标注样式”对话框，选择“线”选项卡，依据所需修改标注样式，如图4-44所示。

（2）选择“符号和箭头”选项卡，依据所需进行设置，如图4-45所示。将箭头样式选择为“建筑标记”，将“箭头大小”设置为200，其他设置保持默认。

图4-44　设置“线”选项卡

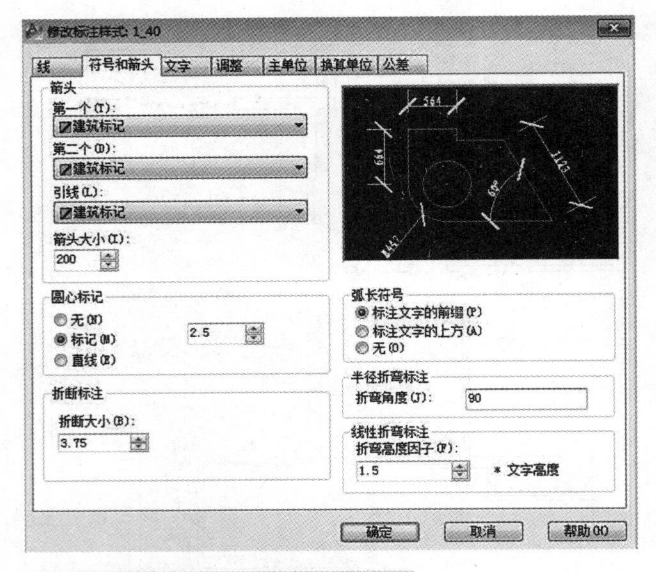

图4-45　设置“符号和箭头”选项卡

图4-46　设置“文字”选项卡

图4-47　设置“主单位”选项卡

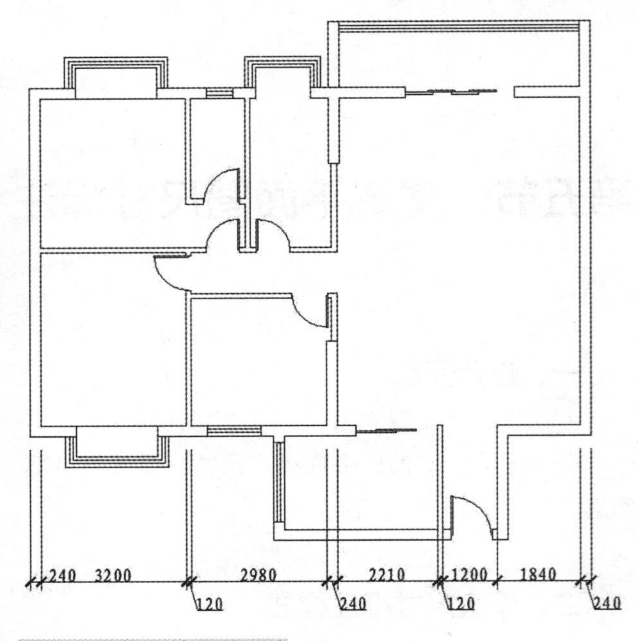

图4-48　标注第一道尺寸

（3）选择“文字”选项卡，将“文字高度”设置为300，其他设置保持默认，如图4-46所示。

（4）选择“主单位”选项卡，将“单位精度”设置为0，如图4-47所示。

三、开始标注

（1）在任意的工具栏处单击鼠标右键，在弹出的快捷菜单中选择“标注”命令，将“标注”工具栏显示在屏幕上。

（2）单击“标注”工具栏中的“线性”命令和“连续”命令，依据设计草图为图形添加第一道尺寸标注，如图4-48所示。

（3）单击“绘图”工具栏中的“直线”命令，在尺寸线合适位置绘制直线，选中尺寸线，移动尺寸线的钳夹点，将尺寸线端点移动至与直线垂直处，并依据设计草图删除多余尺寸线，如图4-49所示。

（4）单击“标注”工具栏中的“线性”命令和“连续”命令，依据设计草图为图形添加其他区域尺寸标注并依据上述方法进行整理，如图4-50所示。

（5）单击“标注”工具栏中的“线性”命令，依据设计草图添加总尺寸线，标注尺寸并整理，如图4-51所示。

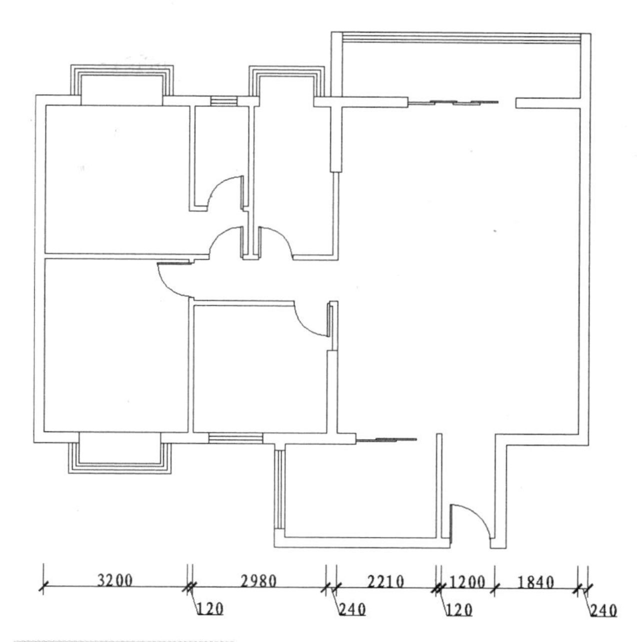

图4-49 整理尺寸线

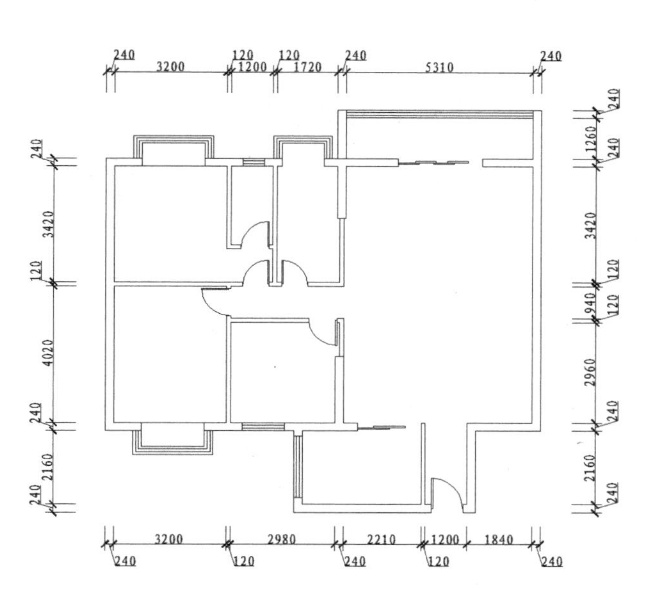

图4-50 标注其他区域尺寸

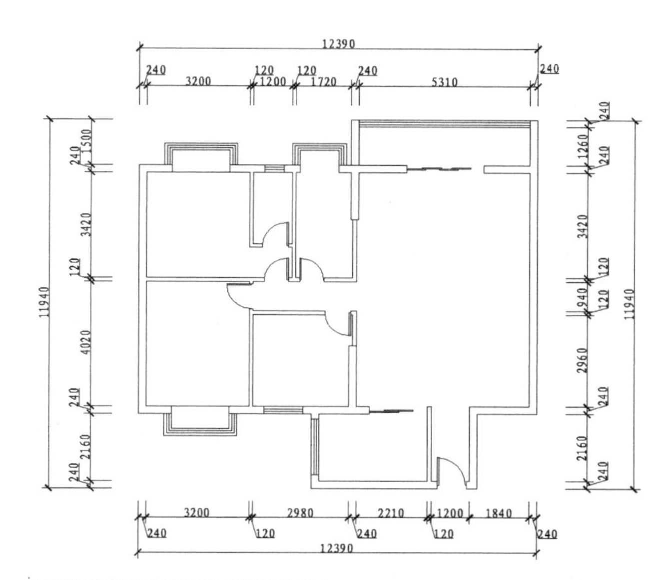

图4-51 标注总尺寸并整理

第六节 建筑平面图文字标注

一、设置图层

在“图层”工具栏中选择“文字”图层为当前图层。

二、修改文字样式

（1）选择“格式”/“文字样式”命令，系统弹出“文字样式”对话框，单击“新建”按钮，系统弹出“新建文字样式”对话框，将文字样式命名为“文字说明”，如图4-52所示。

（2）单击“确定”按钮，在“文字样式”对话框中取消选中“使用大字体”复选框。并设置字体为“宋体”，将“高度”设置为600，如图4-53所示。

（3）将“文字”图层设置为当前图层，单击“绘图”工具栏中的“多行文字”命令，依据需要添加文字说明并做适当调整，如图4-54所示。

（4）依据设计草图对图形进行再次整理与补充，如图4-55所示。

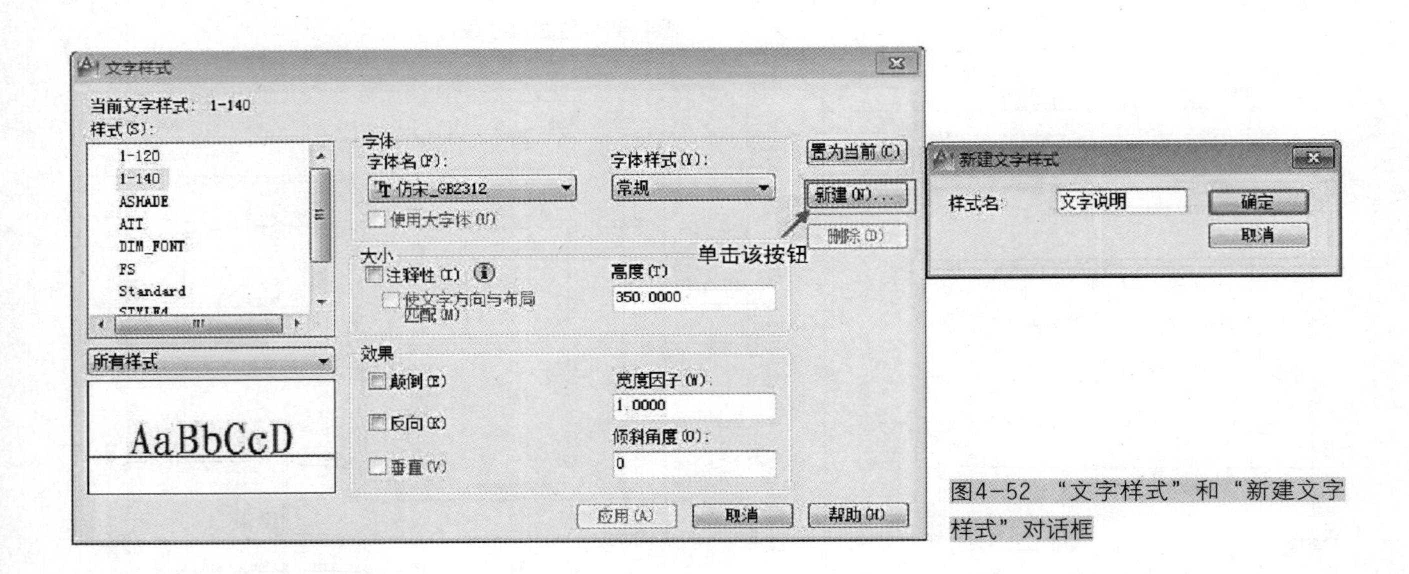

图4-52 “文字样式”和“新建文字样式”对话框

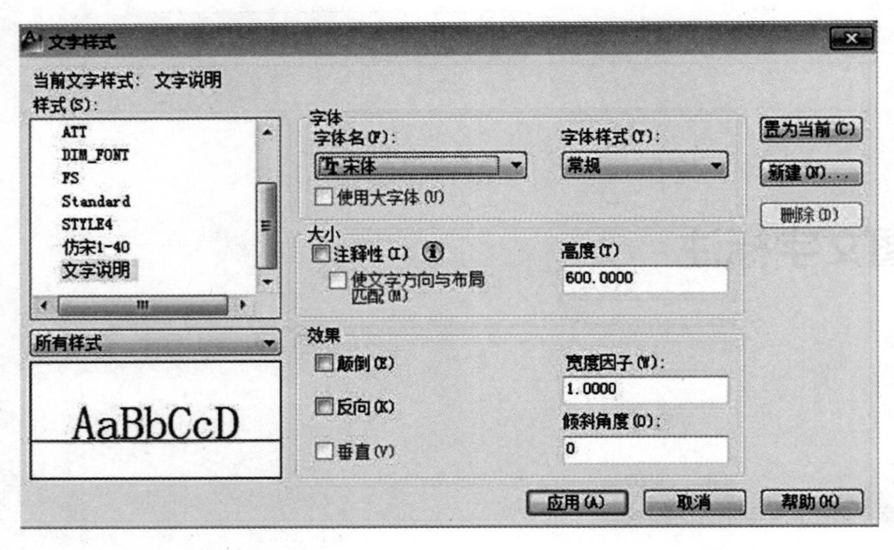

图4-53 “文字样式”对话框

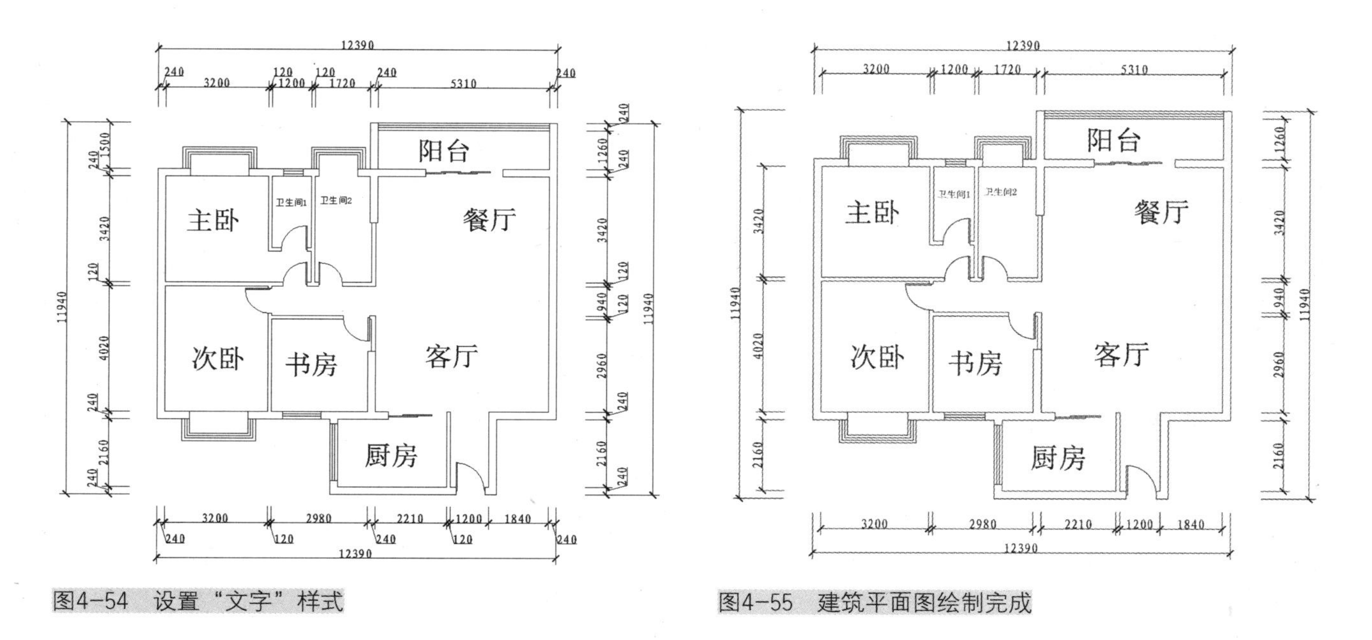

图4-54　设置“文字”样式

图4-55　建筑平面图绘制完成

第七节　地坪图绘制前准备

地坪图一般是用于表达室内地面的造型以及纹饰图案布置的水平镜像投影图，图4-56为本节以及后续节次的参考图例，本节主要介绍在绘制地坪图之前需要做的准备。

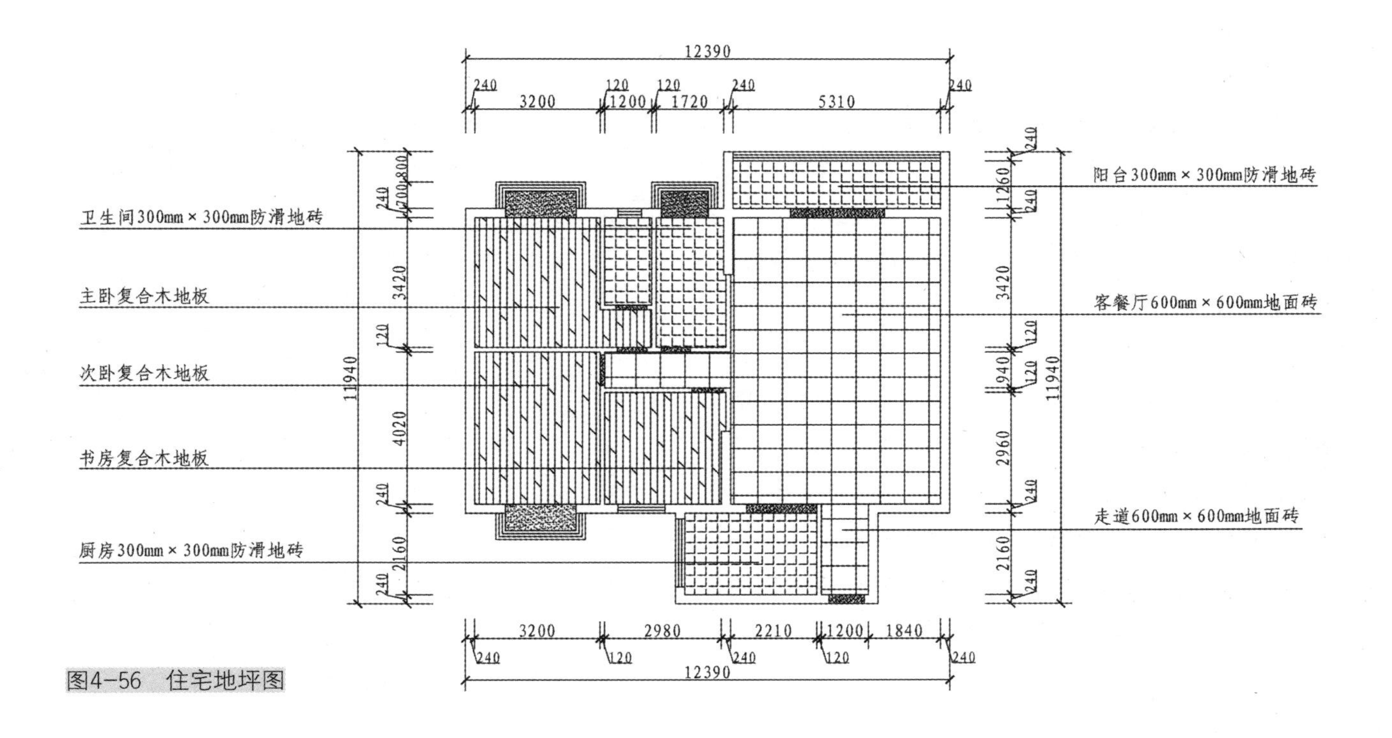

图4-56　住宅地坪图

一、打开建筑平面图

单击“标准”工具栏中的“打开”命令，AutoCAD操作界面弹出“选择文件”对话框之后，选择之前绘制好的“建筑平面图”文件，单击“打开”按钮，打开即将绘制的建筑平面图。关闭“标注”图层。

二、整理建筑平面图

选择“文件／另存为”命令，将打开的“建筑平面图”另存为“地坪图”，并删除之前添加的文字并整理，如图4-57所示。

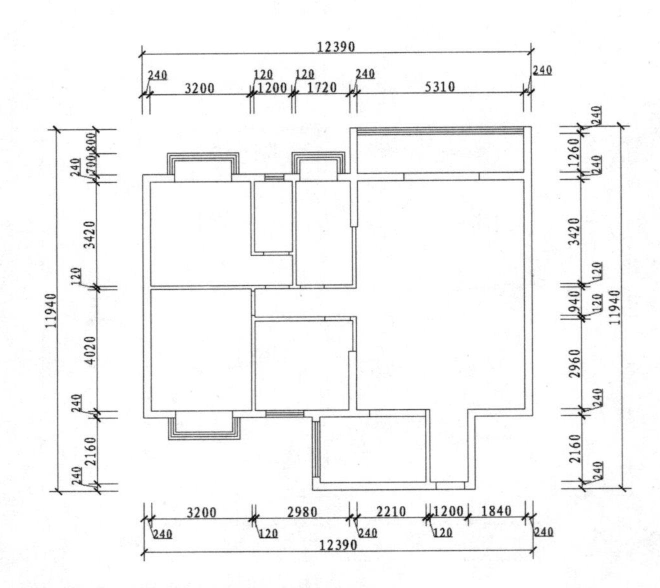

图4-57　删除之前的文字并整理

第八节　地坪图绘制

一、新建图层

关闭“标注”图层，新建“地坪”图层，并将其设置为当前图层。

二、绘制客餐厅地面铺贴材料

（1）单击“绘图”工具栏中的“多段线”命令，依据设计草图围绕客餐厅内部区域绘制一段多段线，如图4-58所示。

（2）单击“绘图”工具栏中的“图案填充”命令，打开“图案填充和渐变色”对话框。单击“图案”选项后面的按钮，打开“填充图案选项板”对话框，选择“其他预定义”选项卡中的NET图案类型，单击“确定”按钮后退出，如图4-59所示。

（3）单击“图案填充和渐变色”对话框右侧的“添加：拾取点”命令，选择填充区域后单击“确定”按钮，系统将会回到“图案填充和渐变色”对话框，设置填充比例为5000，然后单击“确定”按钮完成图案填充，如图4-60所示。

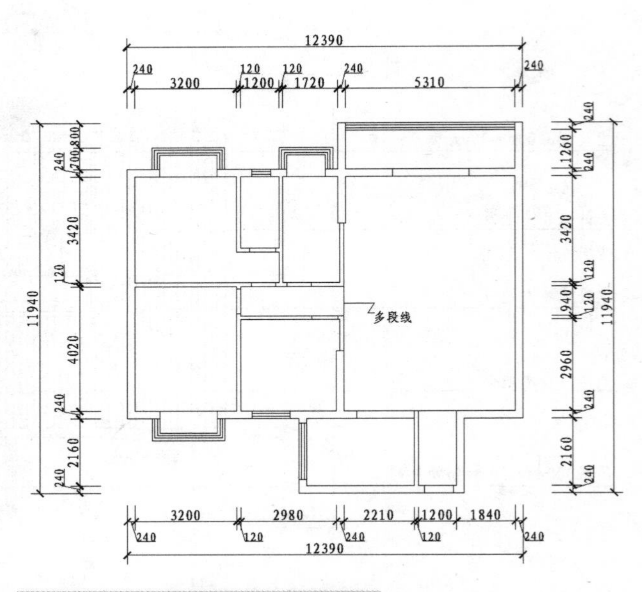

图4-58　绘制客餐厅地面铺贴材料

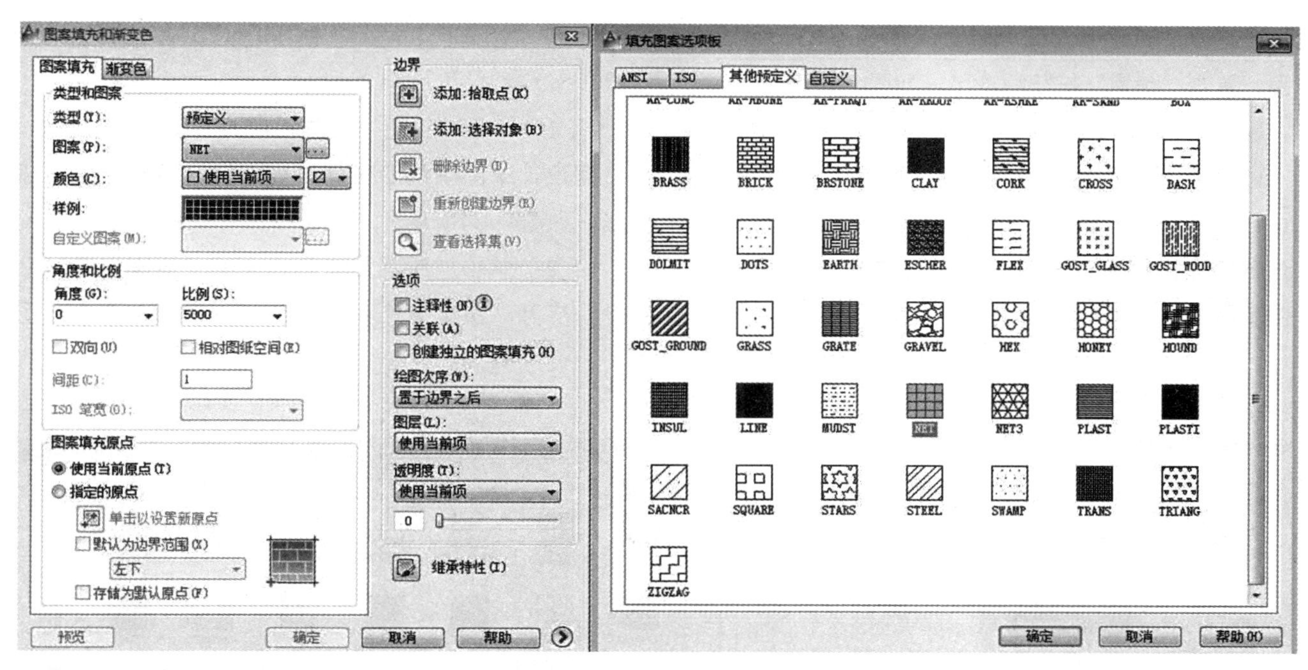

图4-59 “图案填充和渐变色”对话框与“填充图案选项板”对话框

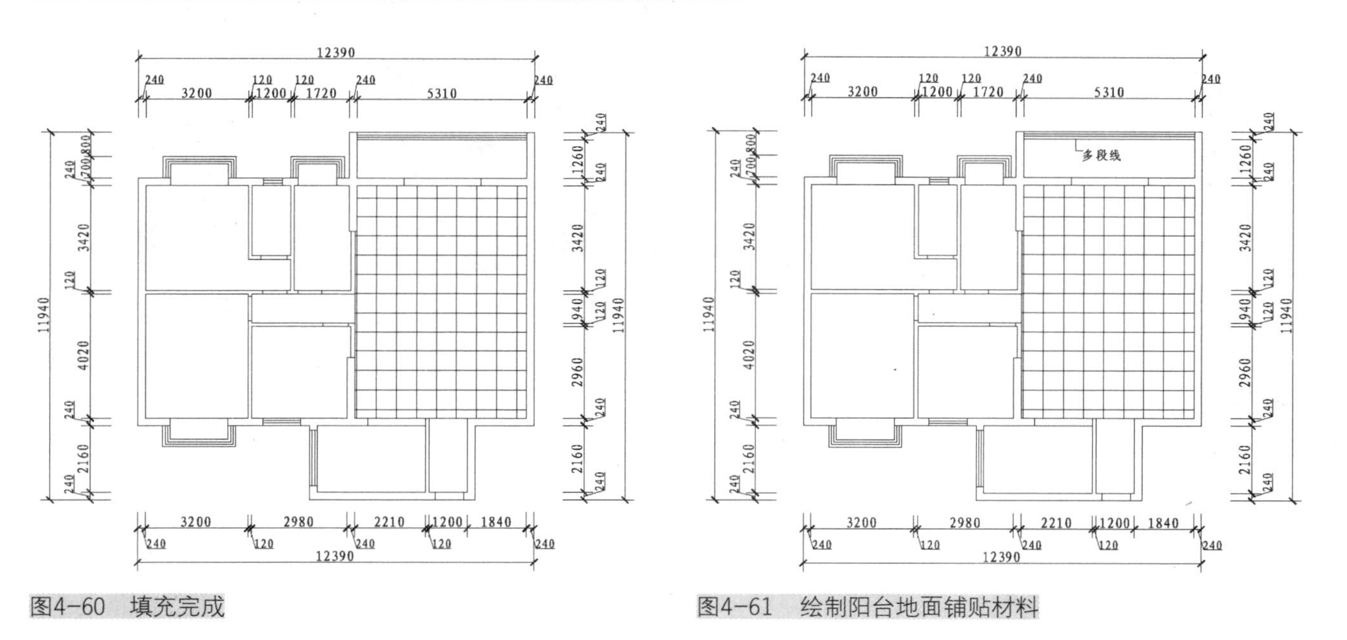

图4-60 填充完成

图4-61 绘制阳台地面铺贴材料

三、绘制阳台地面铺贴材料

（1）单击“绘图”工具栏中的“多段线”命令，依据设计草图围绕阳台内部区域绘制一段多段线，如图4-61所示。

（2）单击“绘图”工具栏中的“图案填充”命令，打开“图案填充和渐变色”对话框。单击“图案”选项后面的按钮，打开“填充图案选项板”对话框，选择“其他预定义”选项卡中的ANGLE图案类型，单击“确定”按钮后退出，如图4-62所示。

（3）单击“图案填充和渐变色”对话框右侧的“添加：拾取点”命令，选择填充区域后单击“确定”按钮，系统将会回到“图案填充和渐变色”对话框，设置填充比例为1050，然后单击“确定”按钮完成图案填充，如图4-63所示。

四、绘制卫生间二的地面铺贴材料

（1）单击“绘图”工具栏中的“多段线”命令，依据设计草图围绕卫生间二内部区域绘制一段多段线，如图4-64所示。

（2）单击“绘图”工具栏中的“图案填充”命令，打开“图案填充和渐变色”对话框。单击“图

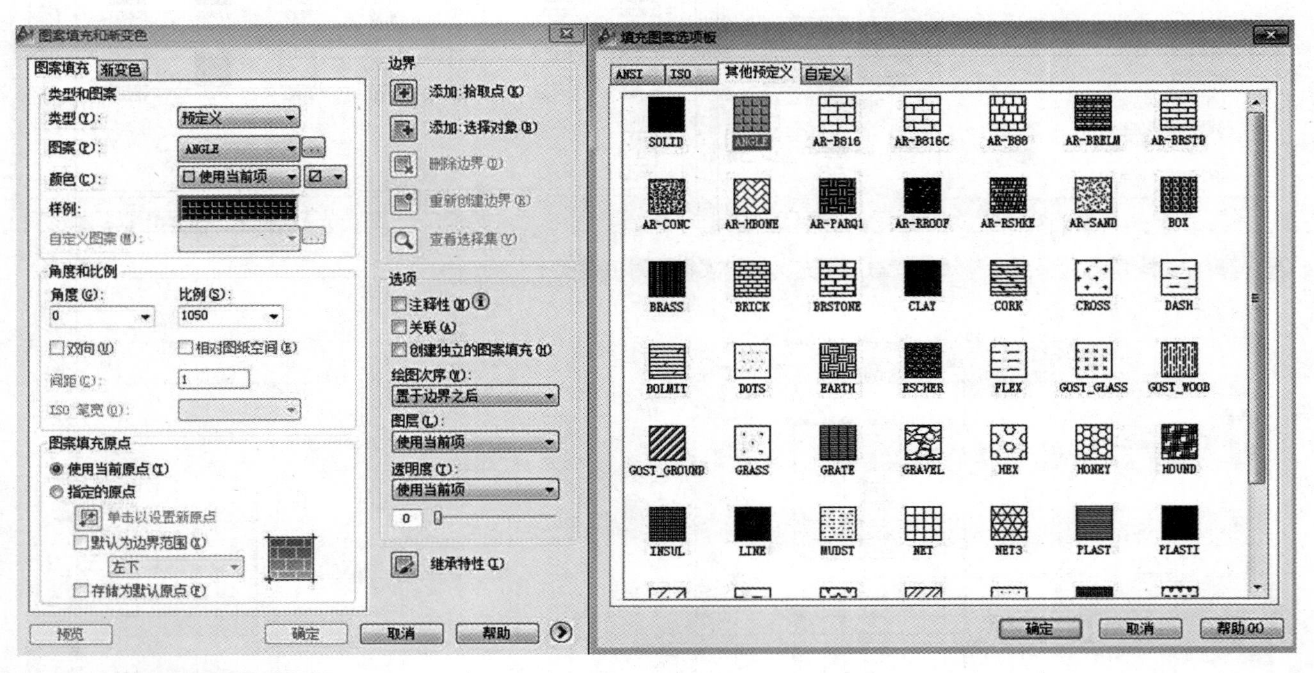

图4-62 选择所要填充的图案

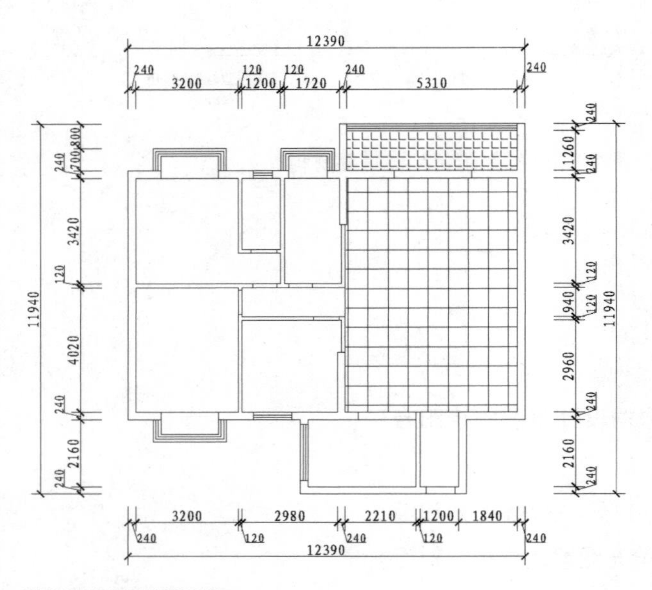

图4-63 填充完成

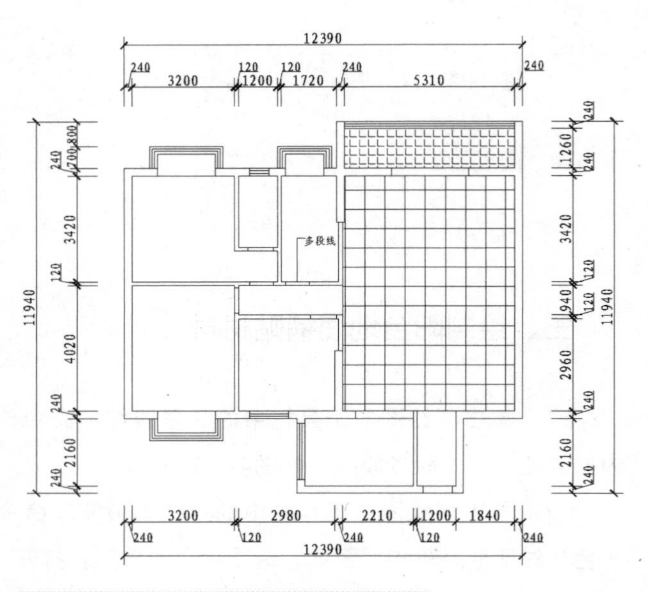

图4-64 绘制卫生间二的地面铺贴材料

案”选项后面的按钮，打开“填充图案选项板”对话框，选择“其他预定义”选项卡中的ANGLE图案类型，单击“确定”按钮后退出，如图4-65所示。

（3）单击“图案填充和渐变色”对话框右侧的“添加：拾取点”命令，选择填充区域后单击“确定”按钮，系统将会回到“图案填充和渐变色”对话框，设置填充比例为1050，然后单击“确定”按钮完成图案填充，如图4-66所示。

五、绘制卫生间二的飘窗台面铺贴材料

（1）单击“绘图”工具栏中的“多段线”命令，依据设计草图围绕卫生间二的飘窗台面绘制一段多段线，如图4-67所示。

（2）单击“绘图”工具栏中的“图案填充”命令，打开“图案填充和渐变色”对话框。单击“图案”选项后面的按钮，打开“填充图案选项板”对话框

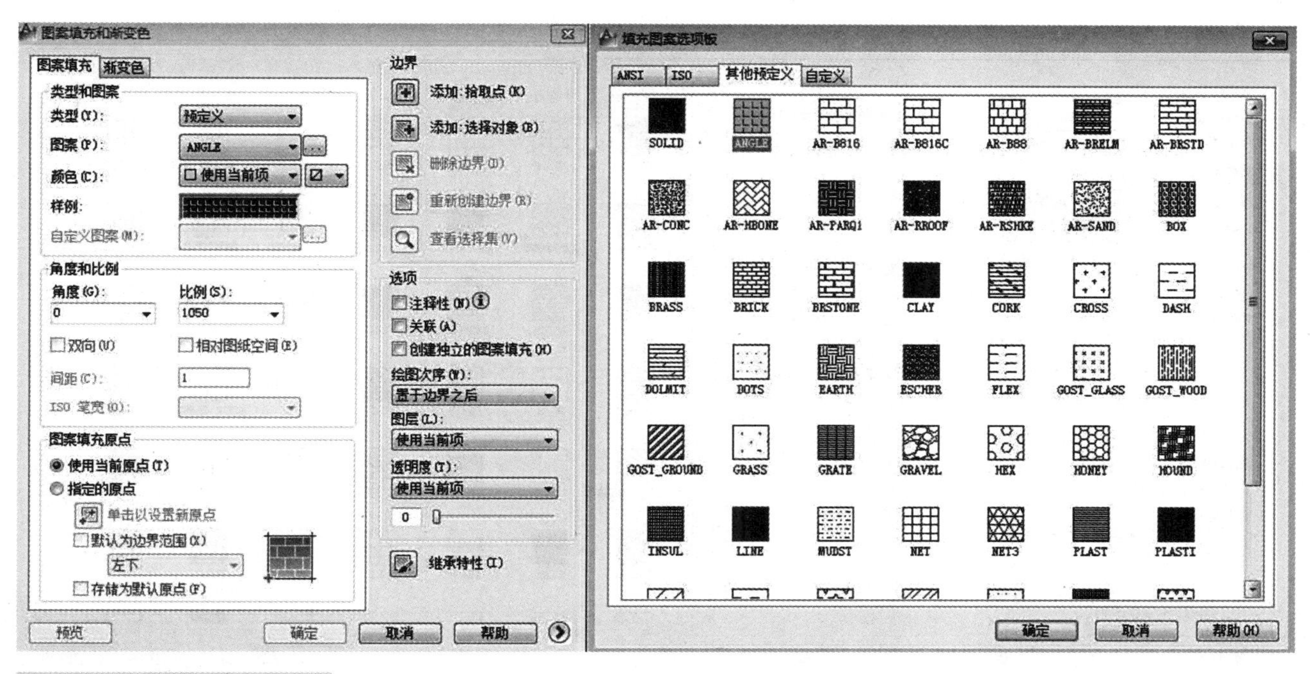

图4-65 选择所要填充的图案

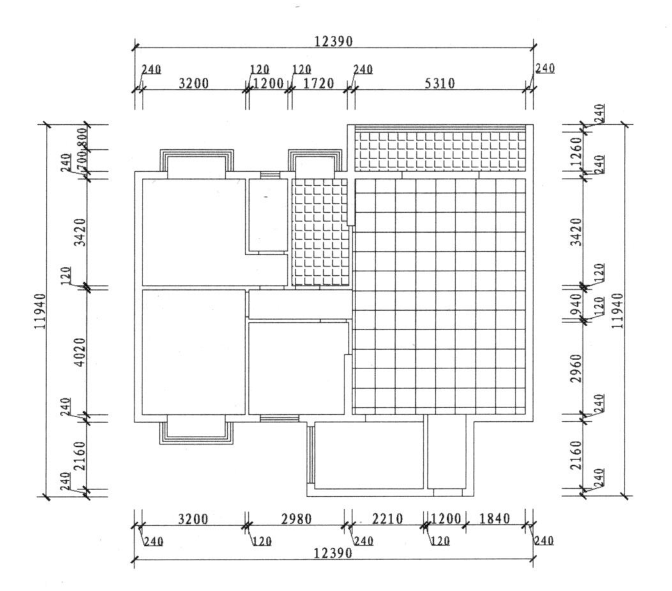

图4-66 填充完成

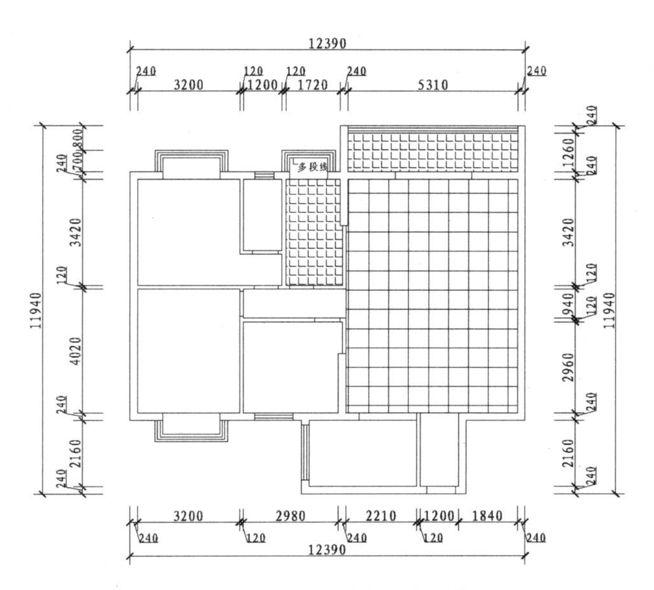

图4-67 绘制卫生间二的飘窗台面铺贴材料

框，选择“其他预定义”选项卡中的AR-SAND图案类型，单击“确定”按钮后退出，如图4-68所示。

（3）单击“图案填充和渐变色”对话框右侧的“添加：拾取点”命令，选择填充区域后单击“确定”按钮，系统将会回到“图案填充和渐变色”对话框，设置填充比例为38，然后单击“确定”按钮完成图案填充，如图4-69所示。

（4）绘制卫生间一的地面铺贴材料，绘制方法与卫生间二的地面铺贴材料绘制相同，绘制后的结果如图4-70所示。

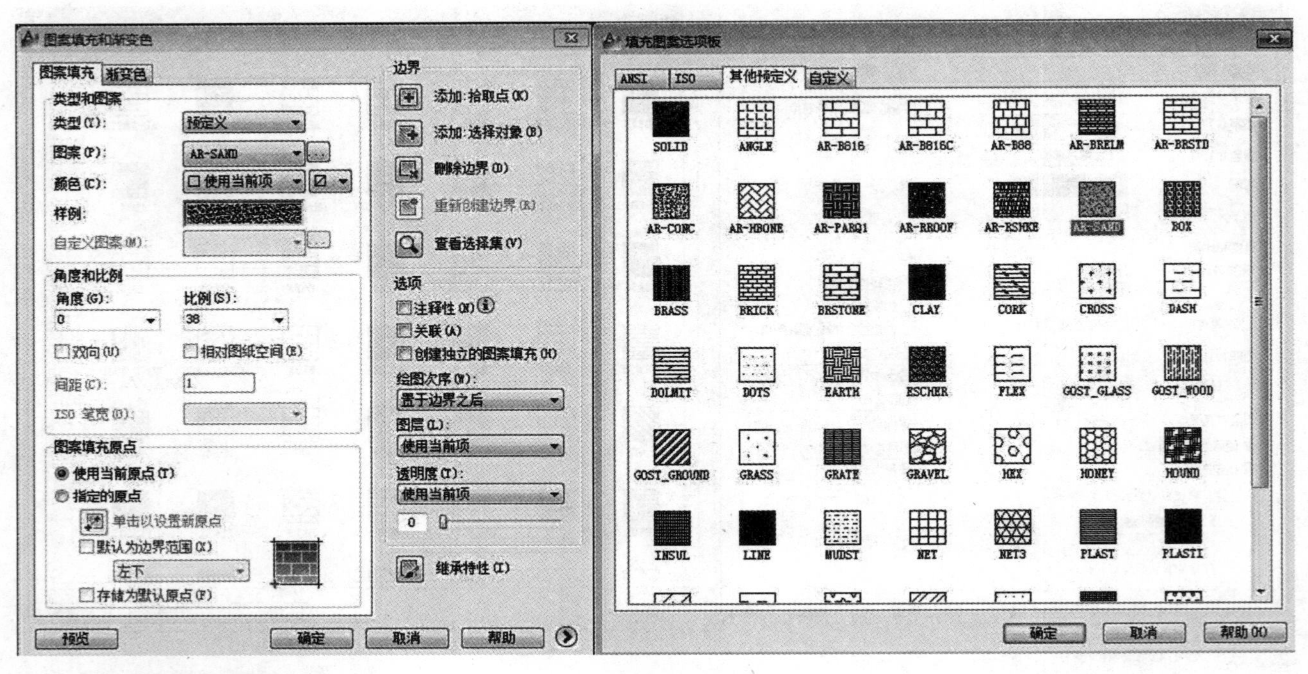

图4-68　选择所要填充的图案

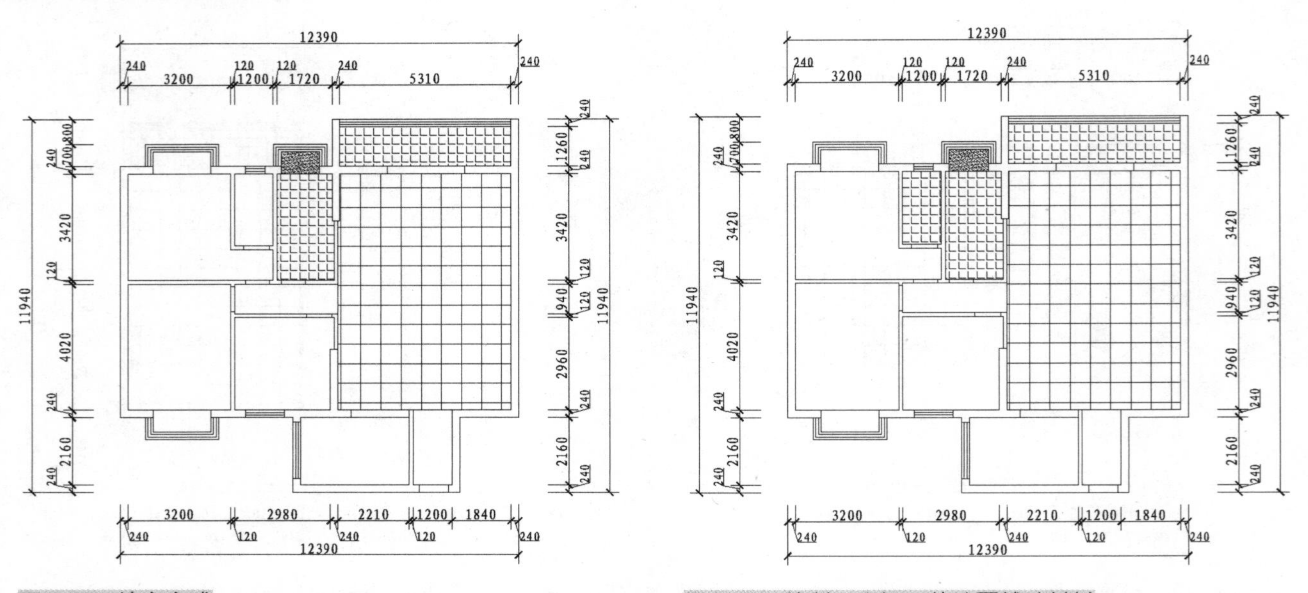

图4-69　填充完成

图4-70　绘制卫生间一的地面铺贴材料

六、绘制主卧地面铺贴材料

（1）单击“绘图”工具栏中的“多段线”命令，依据设计草图围绕主卧的内部区域绘制一段多段线，如图4-71所示。

（2）单击“绘图”工具栏中的“图案填充”命令，打开“图案填充和渐变色”对话框。单击“图案”选项后面的按钮，打开“填充图案选项板”对话框，选择“其他预定义”选项卡中的DOLMIT图案类型，单击“确定”按钮后退出，如图4-72所示。

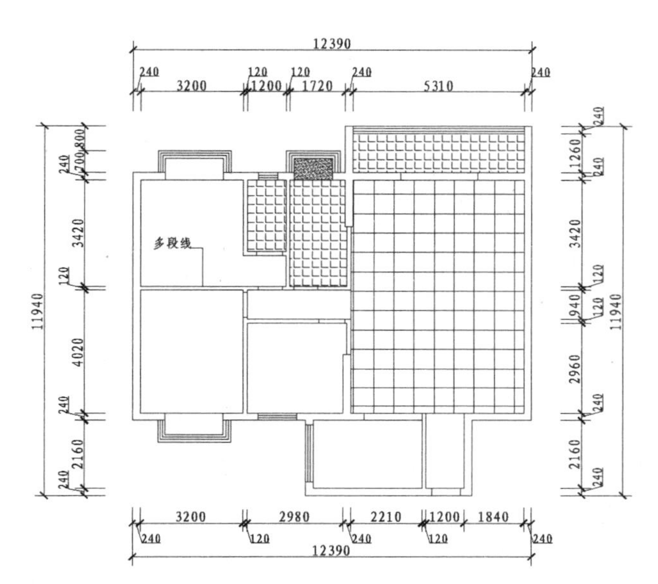

图4-71　绘制主卧地面铺贴材料

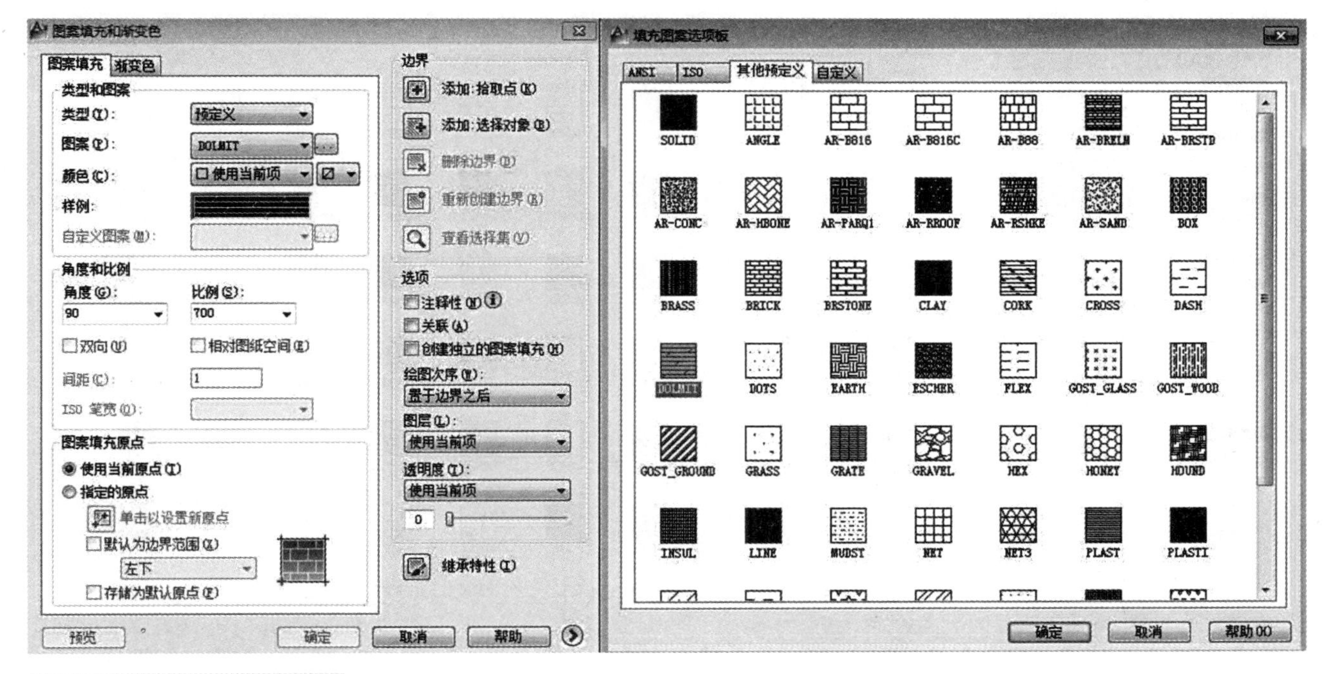

图4-72　选择所要填充的图案

（3）单击“图案填充和渐变色”对话框右侧的“添加：拾取点”命令，选择填充区域后单击“确定”按钮，系统将会回到“图案填充和渐变色”对话框，设置角度为90°，填充比例为700，然后单击“确定”按钮完成图案填充，如图4-73所示。

七、绘制主卧室的飘窗台面铺贴材料

（1）单击“绘图”工具栏中的“多段线”命令，依据设计草图围绕主卧的飘窗台面绘制一段多段线，如图4-74所示。

（2）单击“绘图”工具栏中的“图案填充”命令，打开“图案填充和渐变色”对话框。单击“图案”选项后面的按钮，打开“填充图案选项板”对话框，选择“其他预定义”选项卡中的AR－SAND图案类型，单击“确定”按钮后退出，如图4-75所示。

（3）单击“图案填充和渐变色”对话框右侧的“添加：拾取点”命令，选择填充区域后单击“确定”

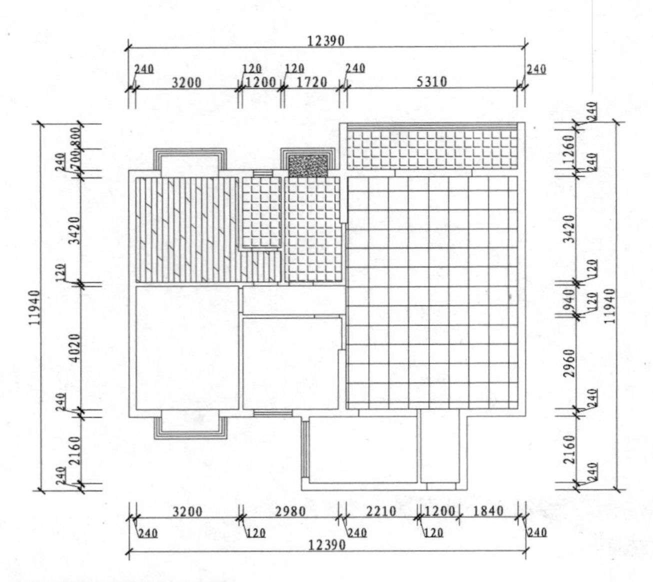

图4-73 填充完成

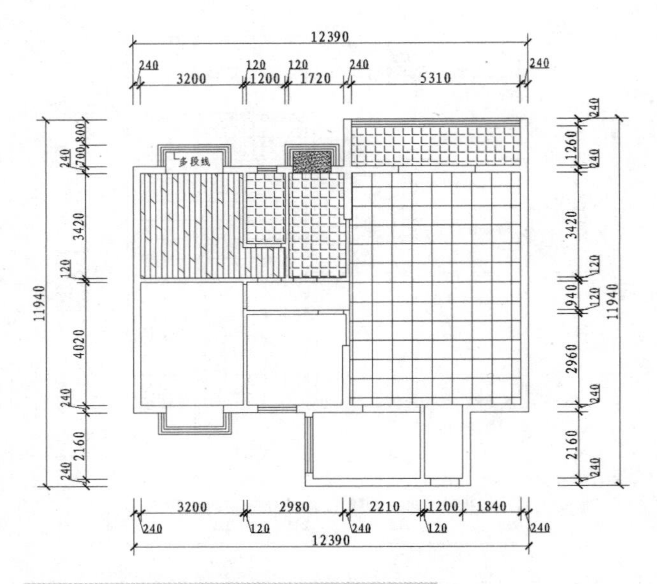

图4-74 绘制主卧的飘窗台面铺贴材料

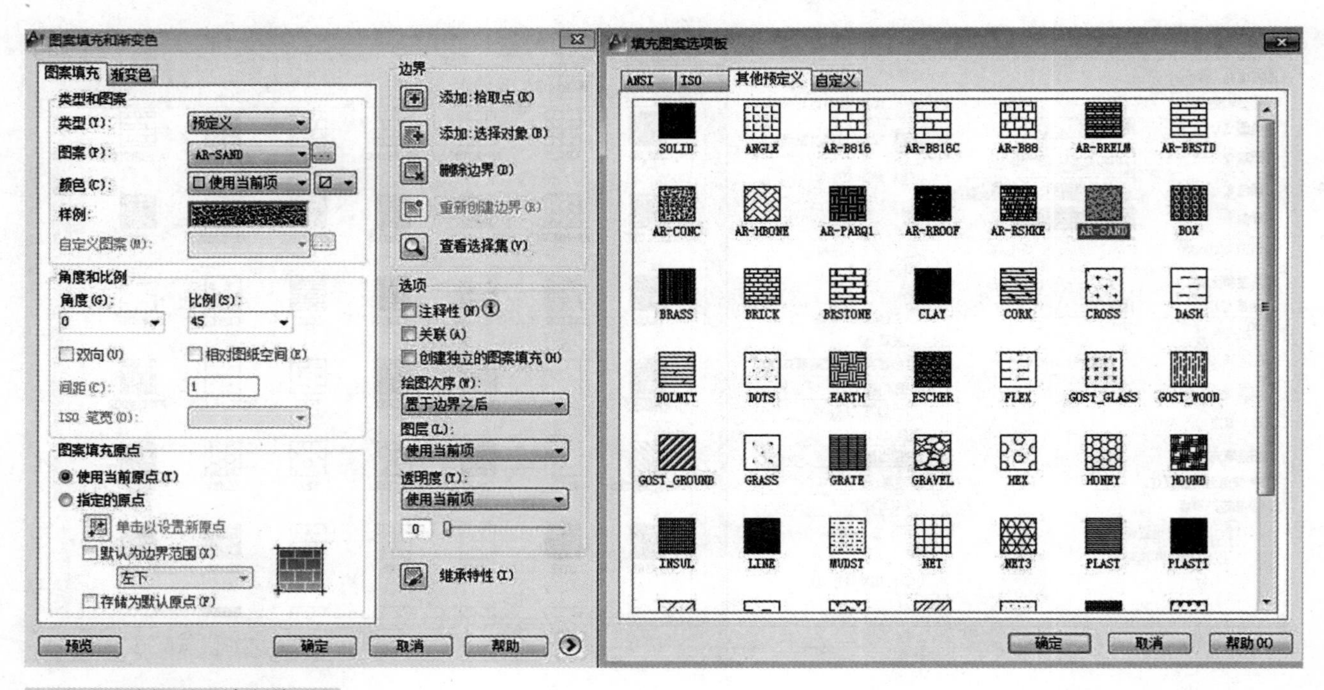

图4-75 选择所要填充的图案

按钮，系统将会回到“图案填充和渐变色”对话框，设置填充比例为45，然后单击确定按钮完成图案填充，如图4-76所示。

八、绘制其他区域地面铺贴材料

（1）绘制次卧地面铺贴材料和书房地面铺贴材料的方法与主卧地面铺贴材料绘制相同，绘制结果如图4-77和图4-78所示。

（2）绘制走道和门槛铺贴材料时要依据设计草图，并利用上面介绍的方法进行绘制，绘制结果如图4-79所示。

九、添加文字说明

将“文字”图层设置为当前图层，在命令行输入“QLEADER”命令，依据设计草图为图形添加文字说明，如图4-80所示。

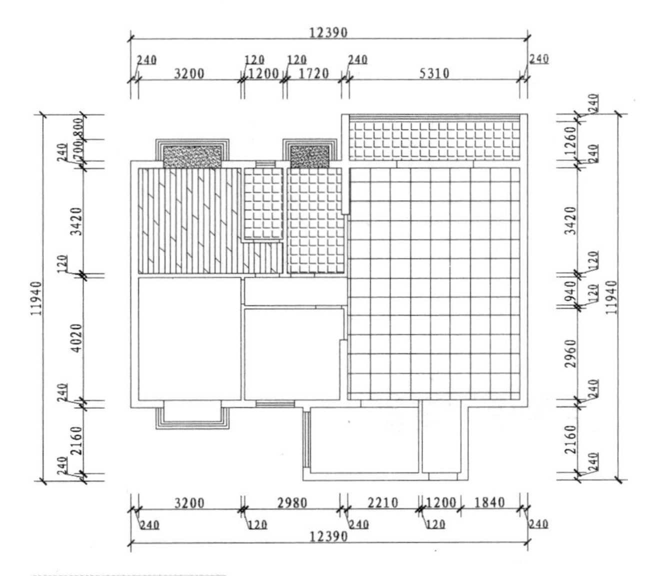

图4-76　填充完成

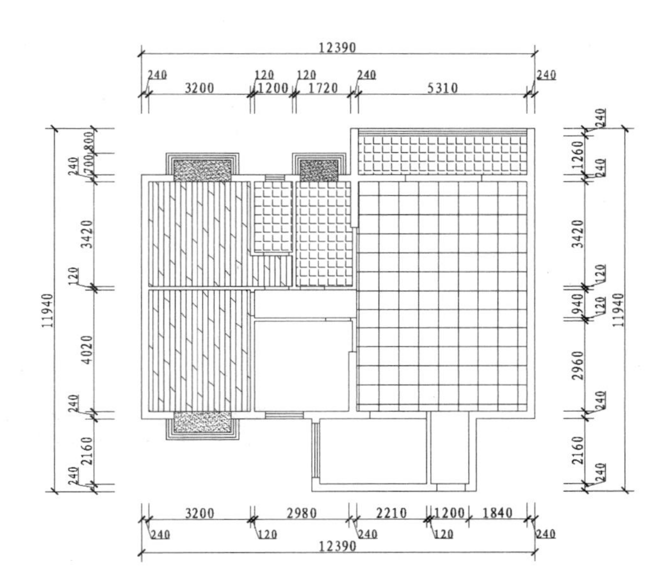

图4-77　绘制次卧地面铺贴材料

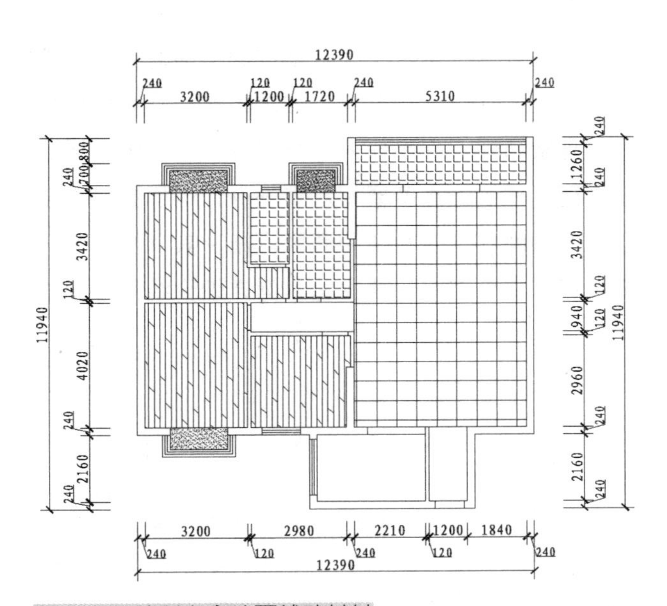

图4-78　绘制书房地面铺贴材料

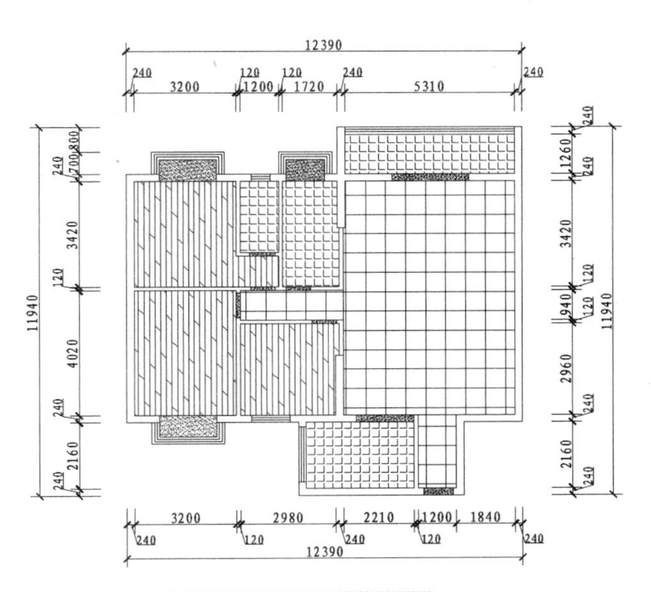

图4-79　绘制走道和门槛地面铺贴材料

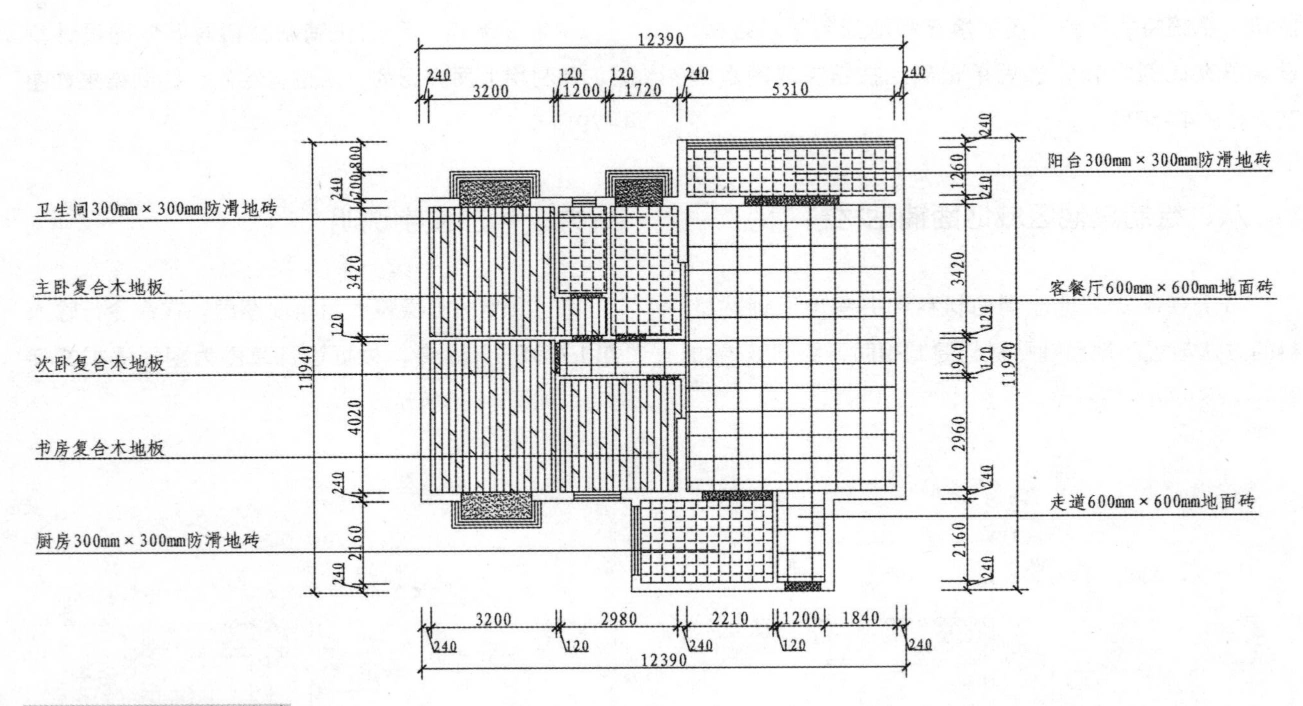

图4-80　地坪图绘制完成

第九节　顶棚图绘制前准备

为了突出宽敞明亮的总体氛围，顶棚通常采用轻钢龙骨、纸面石膏板吊顶来装饰，并配以白色乳胶漆刷涂，而卫生间为了防止溅水，通常采用防水纸面石膏板吊顶来装饰顶棚。顶棚装饰根据各个建筑单位的不同需要，其高度也会有所不同，总体原则是保持在3000mm左右，如果太低，则会使整体空间显得非常压抑，会给人一种紧张感，容易使人精神紧绷，太高则会导致灯光的照射出现问题。一般大厅顶棚装饰高度要相对高一点，这样会显得整体空间相对比较高大敞亮。而卫生间由于有管道和通风设施，其顶棚装饰一般相对较低。本节及后续节次将以单个空间的顶棚图为例详细介绍其绘制过程，如图4-81所示。

一、打开建筑平面图

单击“标准”工具栏中的“打开”命令，AutoCAD操作界面弹出“选择文件”对话框之后，再选择“源文件／建筑平面图”文件，单击“打开”按钮，打开即将绘制的建筑平面图。

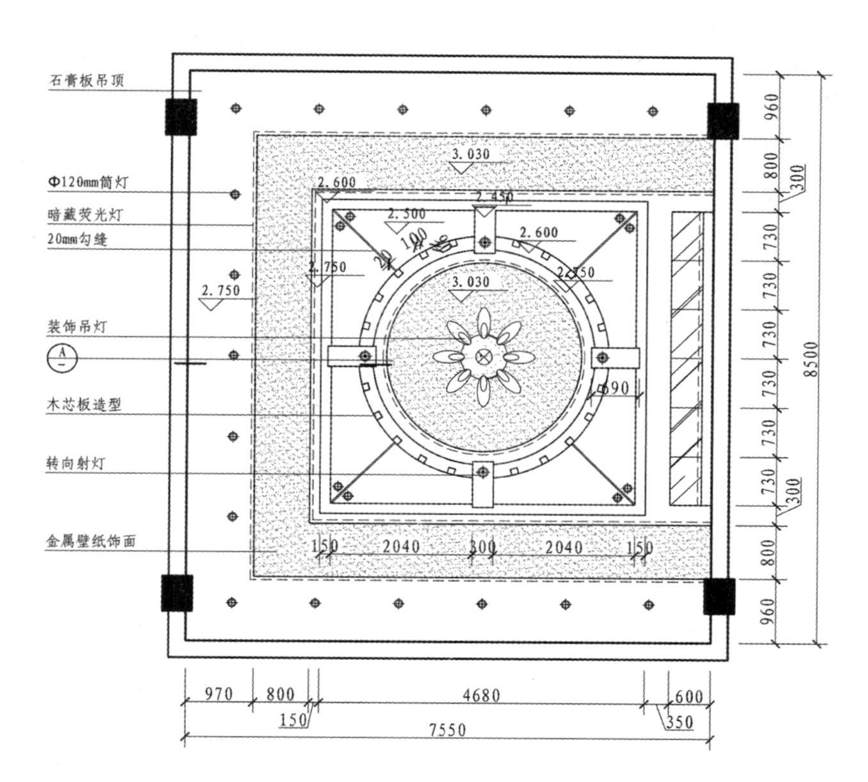

图4-81 顶棚图

二、另存文件并整理

（1）选择“文件/另存为”命令，将打开的“建筑平面图”另存为“顶棚平面图”。

（2）另存为“顶棚平面图”之后单击“修改”工具栏的“删除”命令，将建筑平面图中的多余部分删减掉，再结合书中所学命令对图形进行整理，最后关闭“标注”图层，如图4-82所示。

第十节 顶棚灯具绘制

一、新建顶棚图层

灯具是顶棚装饰中较为重要的部分，首先新建一个“顶棚”图层，并将其设置为当前图层，如图4-83所示，然后根据整体空间装饰的风格在当前图

图4-82 准备好顶棚平面图

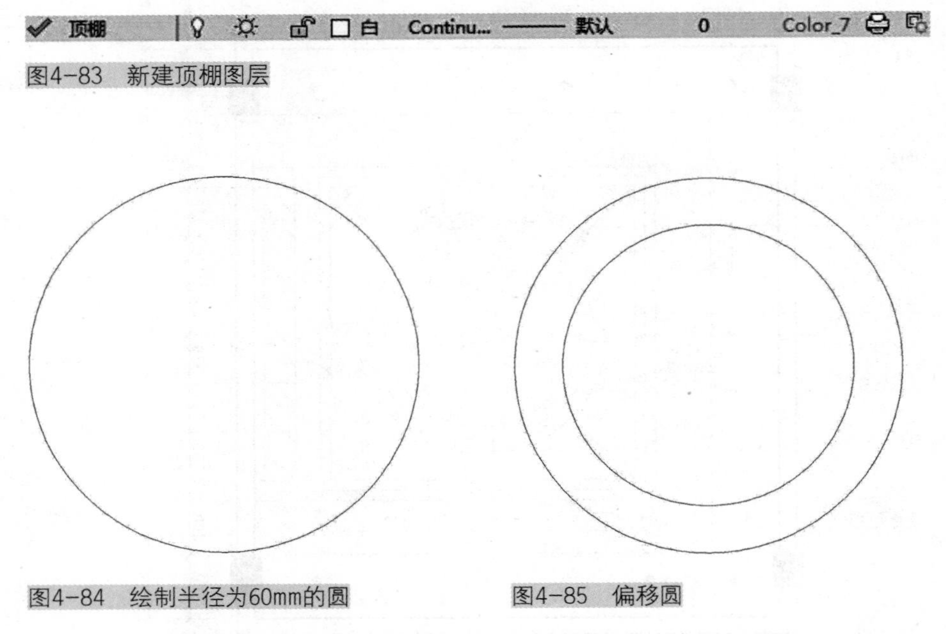

图4-83　新建顶棚图层

图4-84　绘制半径为60mm的圆

图4-85　偏移圆

图4-86　“块定义”对话框

层中绘制需要的灯具。

二、绘制筒灯

（1）首先单击“绘图”工具栏中的“圆”命令，在建筑平面图以外空白区域绘制一个半径为60mm的圆，如图4-84所示。其次单击“修改”工具栏中的“偏移”命令，选择事先绘制好的圆作为偏移对象并向内进行偏移，偏移距离为15mm，如图4-85所示。

（2）单击“绘图”工具栏中的“块/创建块”命令，界面会弹出“块定义”对话框，如图4-86所示。选择绘制好的图形为定义对象，选择任意点位基点，并将图形定义为块，块名为“φ120mm筒灯”最后单击“确定”按钮。

（3）单击“绘图”工具栏中的“直线”命令，以绘制好的圆的圆心为中心绘制筒灯的十字交叉线，如图4-87所示。

（4）利用同样的方法可定义半径为75mm、

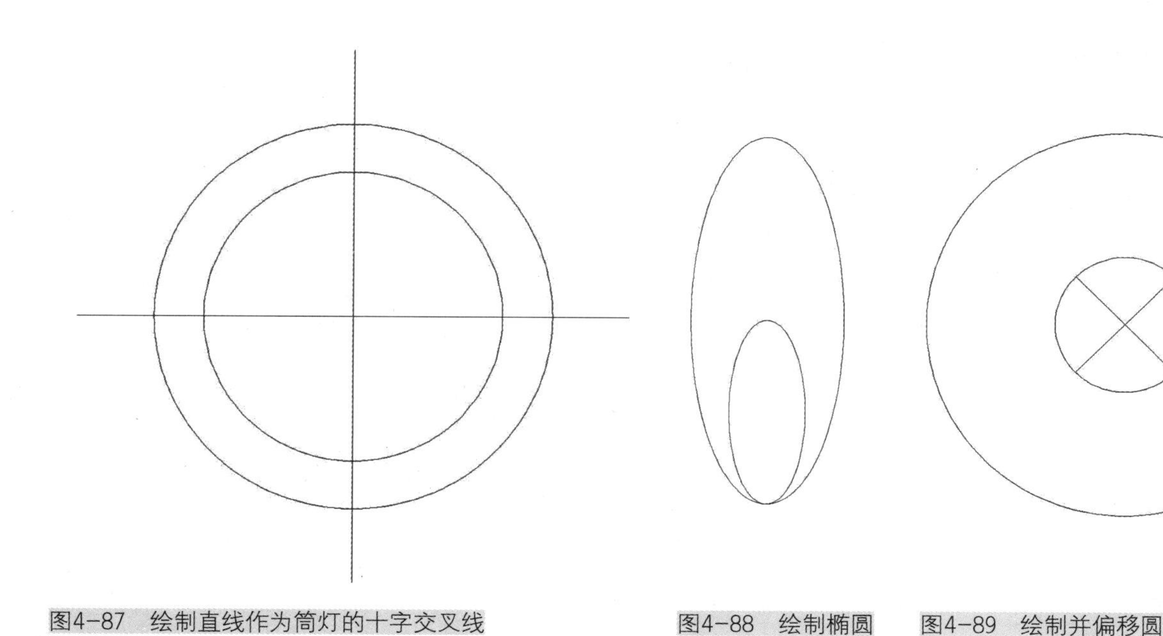

图4-87 绘制直线作为筒灯的十字交叉线

图4-88 绘制椭圆 图4-89 绘制并偏移圆

80mm的其他所需筒灯。

三、绘制装饰吊灯

顶棚图中所用装饰吊灯依据装饰风格的不同，其造型也各不相同，下面介绍其中一种装饰吊灯的具体绘制步骤。

（1）单击“绘图”工具栏中的“椭圆/圆心（或轴、端点）”命令，依据设计需要绘制椭圆，并在原有椭圆基础上绘制出半径相对大一倍的椭圆，如图4-88所示，具体尺寸依据设计图样而定。

（2）单击“绘图”工具栏中的“创建块”命令，选择绘制好的两个椭圆为定义对象，选择任意点为基点，将图形定义为块，块名为“椭圆”。

（3）单击“修改”工具栏中的“复制”命令，将定义好的“椭圆”进行复制，此处依据需要复制8个椭圆。

（4）单击“绘图”工具栏中的“圆”命令，在椭圆旁边绘制一个半径为333mm的圆，然后单击“修改”工具栏中的“偏移”命令，选择事先绘制好的圆作为偏移对象并向内进行偏移，偏移距离为216mm，并绘制出其十字交叉线，如图4-89所示。

（5）根据设计图样将绘制好的各分部进行组合，单击“修改”工具栏中的“修剪”命令，将多余的部分修剪掉，完成绘制，如图4-90所示。

（6）单击“绘图”工具栏中的“创建块”命令，选择已完成的图形作为定义对象，选择任意点为基点，将其定义为块，块名为“装饰吊灯”。

图4-90 装饰吊灯绘制完成

四、绘制转向射灯

（1）单击“绘图”工具栏中的“圆”命令，在建筑平面图之外的空白区域绘制一个半径为72mm的圆，并向内进行两次偏移，第一次偏移距离为18mm，第二次偏移距离为30mm，如图4-91所示。

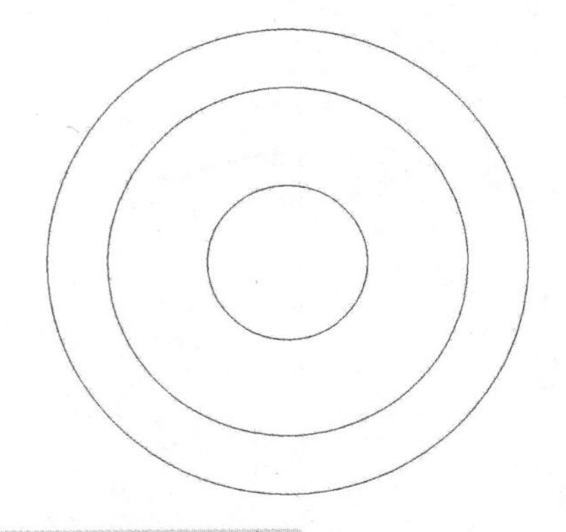

图4-91　绘制并偏移圆

（2）单击“绘图”工具栏中的“直线”命令，以绘制好的圆的圆心线为基准绘制转向射灯的十字交叉线，如图4-92所示。

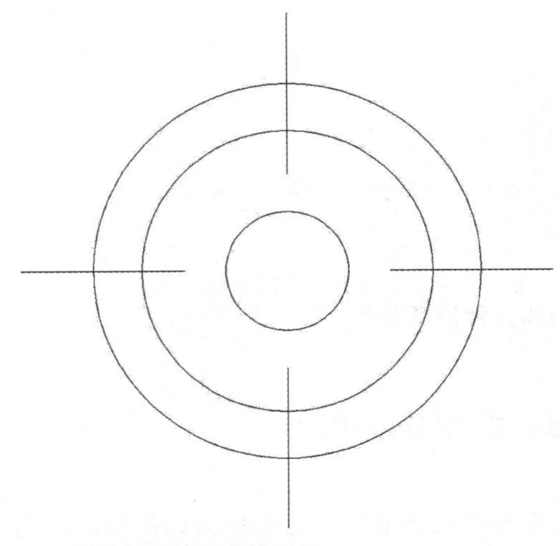

图4-92　绘制十字交叉线

（3）单击“绘图”工具栏中的“图案填充”命令，打开“图案填充和渐变色”对话框。单击“图案”选项后面的按钮，打开“填充图案选项板”对话框，选择“其他预定义”中的SOLID图案类型，单击“确定”按钮后退出，如图4-93所示。

（4）单击“图案填充和渐变色”对话框右侧的“添加：拾取点”命令，选择填充区域后单击“确定”按钮，系统将会回到“图案填充和渐变色”对话框，设置填充比例为1，然后单击“确定”按钮完成图案填充，如图4-94所示。

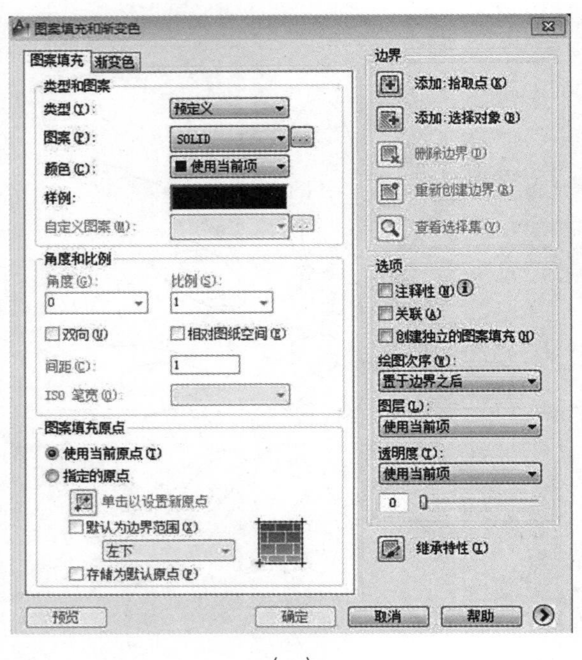

（a）

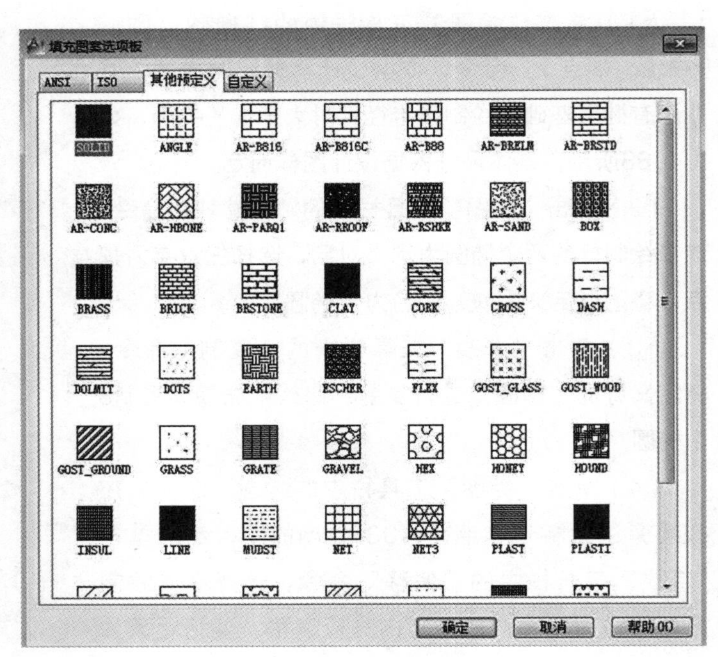

（b）

图4-93　选择所要填充的图案

（5）单击“绘图”工具栏中的“创建块”命令，选择已完成的图形作为定义对象，选择任意点为基点，将其定义为块，块名为“转向射灯”。

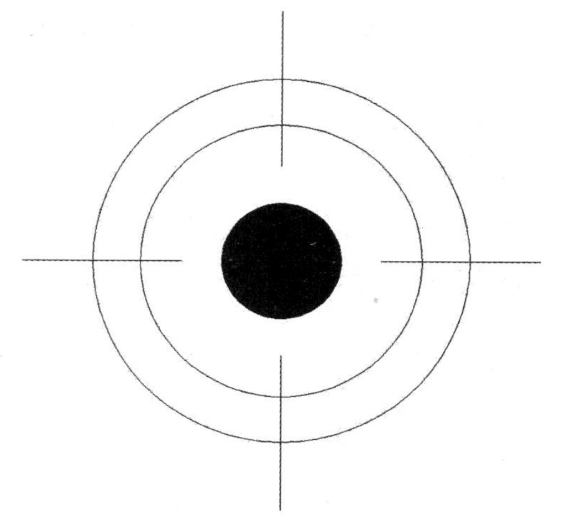
图4-94 转向射灯绘制完成

第十一节 顶面图案绘制

顶棚装饰除去灯具之外，还需要考虑到吊顶以及其他顶面装饰。下面详细介绍部分空间顶棚图中绘制顶面图案的具体操作步骤（并不作为统一标准，此处均为图例尺寸，具体依据设计图样而定）。

一、筒灯区域图案绘制

（1）单击“修改”工具栏中的“偏移”命令，以内墙线为基准向内进行偏移，偏移距离为910mm，以虚线表示。在此基础上再次向内进行偏移，偏移距离为50mm，以实线表示。单击“修改”工具栏中的“修剪”命令，删减掉多余的部分，如图4-95所示，确定出安装筒灯的位置（此处内墙线与虚线间隔的地方为安装筒灯的区域）。

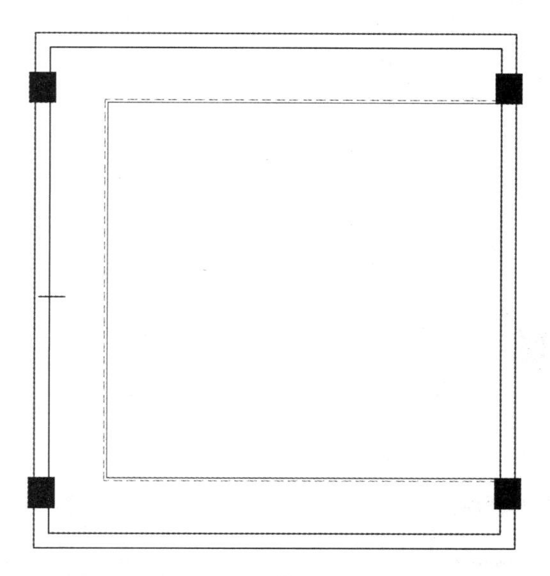
图4-95 确定安装筒灯的顶面区域

（2）在以上步骤的基础上，将之前绘制好的筒灯放置在建筑平面图中，依据设计草图确定好筒灯之间的间距并以此作为偏移距离，将筒灯进行复制、偏移，按照设计图样放置好筒灯，完成一级吊顶，如图4-96所示。

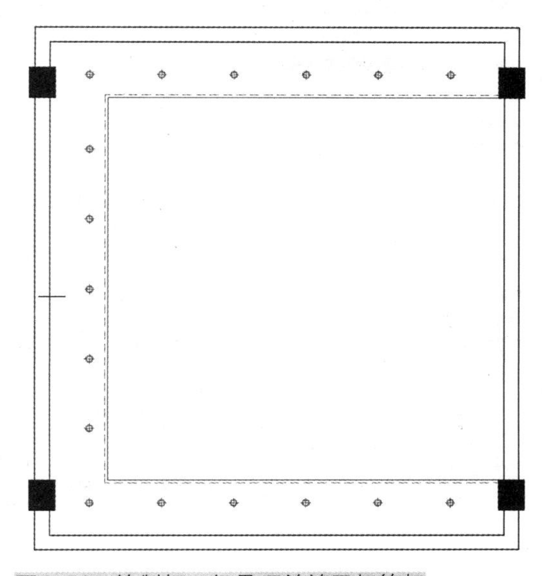
图4-96 绘制好一级吊顶并放置好筒灯

（3）在已完成的基础上将第一次偏移所得的实线均向内再次进行偏移，偏移距离为800mm，以实线表示。然后将所得实线均向内进行偏移，偏移距离为50mm，以虚线表示。将所得虚线再次进行偏移，偏移距离为100mm，以实线表示。以短边为基准，单击“修改”工具栏中的“修剪”命令，将其他较长一边修剪至和短边一样的长度（即修剪成正方形），完成二级吊顶的基础绘制，如图4-97所示。

（4）单击“修改”工具栏中的“偏移”命令，

将上述步骤中绘制好的正方形进行偏移，偏移距离为150mm，以实线表示，如图4–98所示。

（5）单击“绘图”工具栏中的“图案填充”命令，打开“图案填充和渐变色”对话框。单击“图案”选项后面的命令，打开“填充图案选项板”对话框，选择“其他预定义”选项卡中的AR–SAND图案类型，单击“确定”按钮后退出，如图4–99所示。

（6）单击“图案填充和渐变色”对话框右侧的“添加：拾取点”命令，选择填充区域后单击“确定”按钮，系统将会回到“图案填充和渐变色”对话框，设置填充比例为120，然后单击“确定”按钮完成图案填充，如图4–100、图4–101所示。

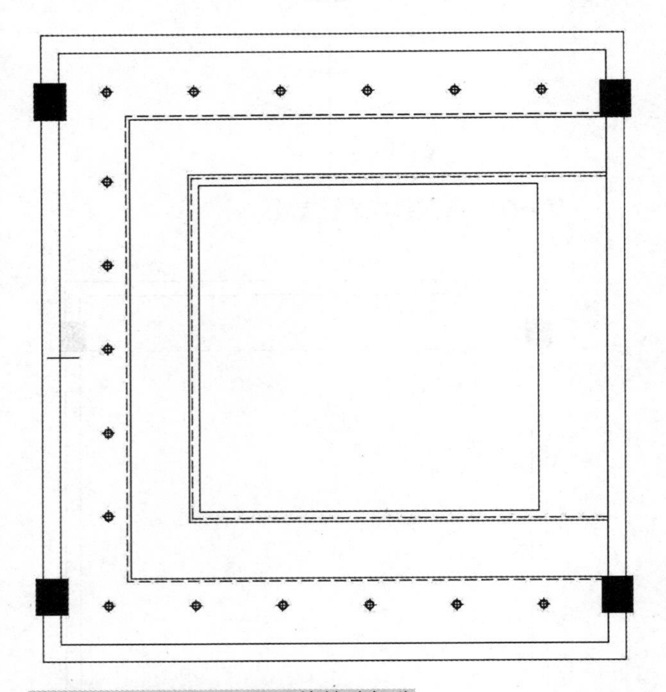

图4–97　绘制好二级吊顶的基础部分

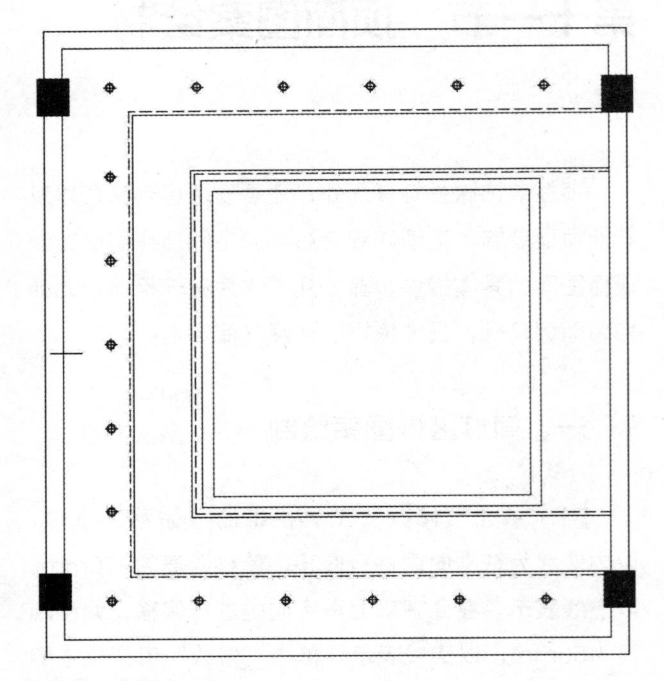

图4–98　偏移正方形

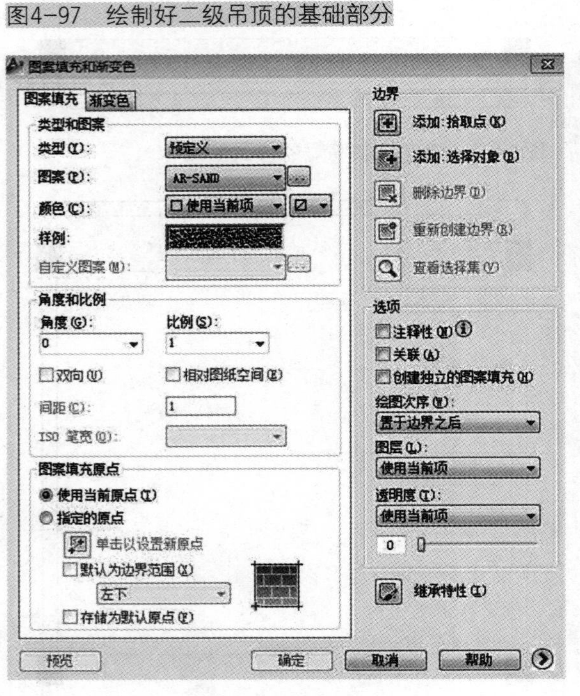

（a）

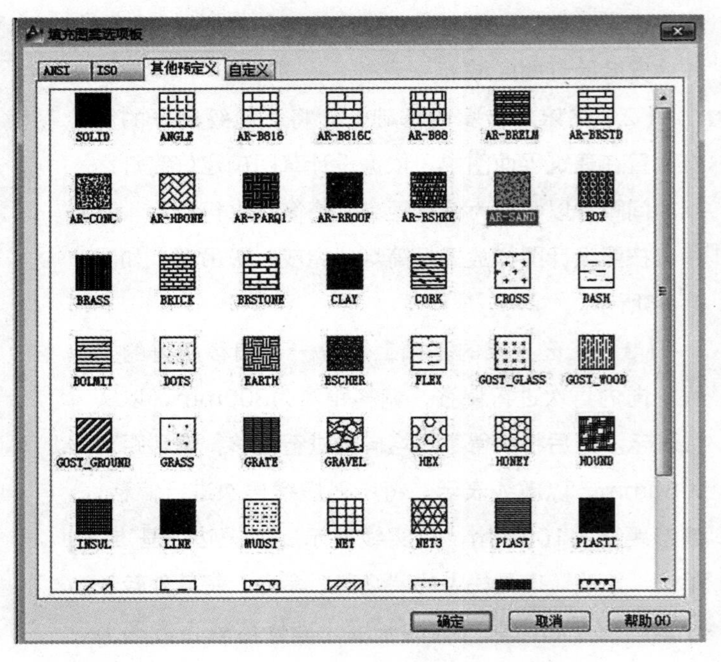

（b）

图4–99　选择所要填充的图案

（7）以偏移后的矩形宽度作为矩形的长，单击“绘图”工具栏中的“矩形”命令，绘制一个长度为4380mm、宽度为600mm的矩形，单击“修改”工具栏中的“移动”命令，将该矩形移动至内墙线处，并与上述步骤中二次偏移后的正方形对齐，如图4-102所示。

（8）单击“修改”工具栏中的“分解”命令，将上述步骤中绘制好的矩形进行分解，单击“修改”工具栏中的“偏移”命令，将矩形长边向右进行偏移，偏移距离为400mm，以虚线表示，在此基础上进行二次偏移，偏移距离为50mm，以实线表示，如图4-103所示。

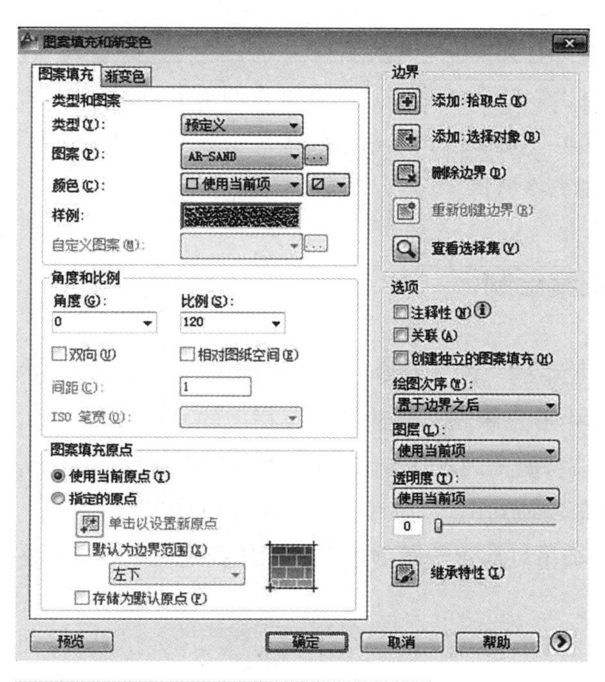

图4-100 “图案填充和渐变色”对话框

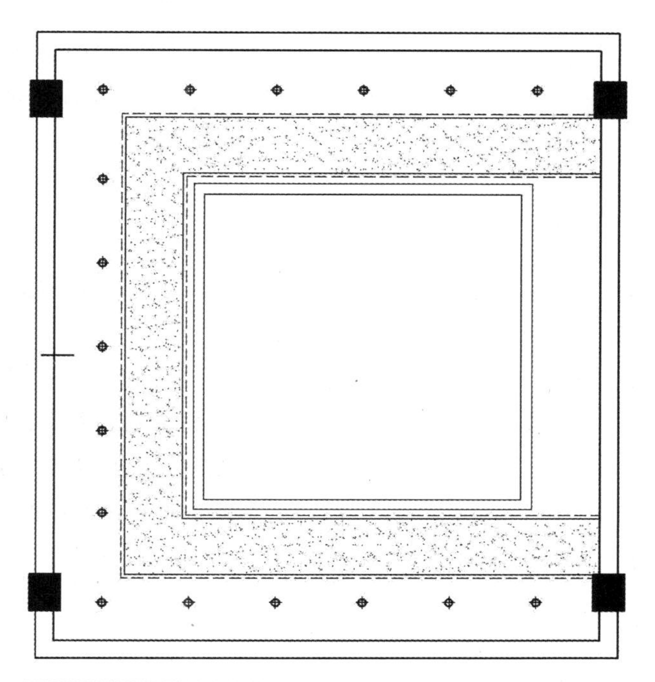

图4-101 图案填充完成

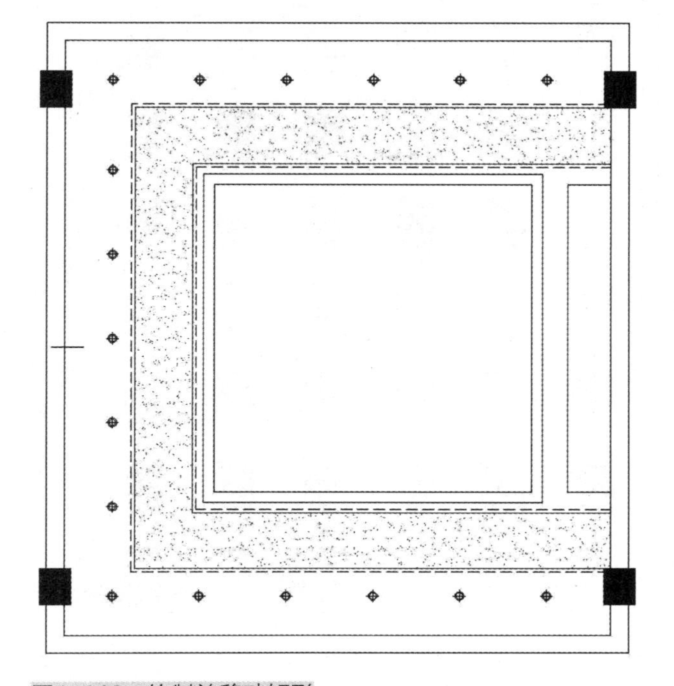

图4-102 绘制并移动矩形

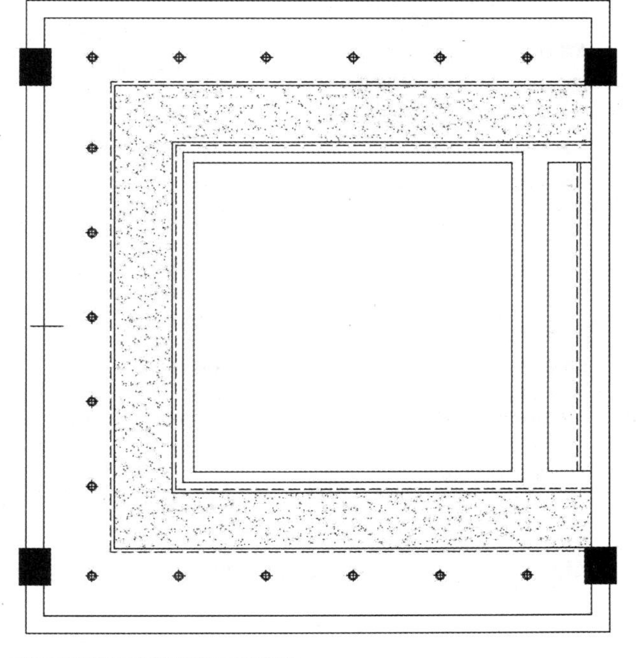

图4-103 分解并偏移图形

（9）单击“绘图”工具栏中的“图案填充”命令，打开“图案填充和渐变色”对话框。单击“图案”选项后面的命令，打开“填充图案选项板”对话框，选择“其他预定义”选项卡中的AR-RROOF图案类型，单击“确定”按钮后退出，如图4-104所示。

（10）单击“图案填充和渐变色”对话框右侧的“添加：拾取点”按钮，选择填充区域后单击“确定”按钮，系统将会回到“图案填充和渐变色”对话框，设置填充比例为600，角度为45°（角度没有特殊要求时均为0），然后单击“确定”按钮完成图案填充，如图4-105所示。

（11）在前面几步的基础上以矩形水平短边为基础边向下进行连续偏移，偏移距离均为730mm，如图4-106所示，单击“修改”工具栏中的“修剪”命令，将依据设计草图多余部分修剪掉。

二、装饰吊灯区域图案绘制

（1）单击“绘图”工具栏中的“圆”命令，绘制一个半径为1800mm的圆，将此圆放置于正方形的中心，单击“修改”工具栏中的“偏移”命令，将绘制好的圆偏移，第一次偏移距离为200mm，第二次偏移距离为150mm，以虚线表示，第三次偏移距离为50mm，以实线表示，如图4-107所示。

（2）将之前绘制好的装饰吊灯放置于圆的中心，记住要统一中心，如图

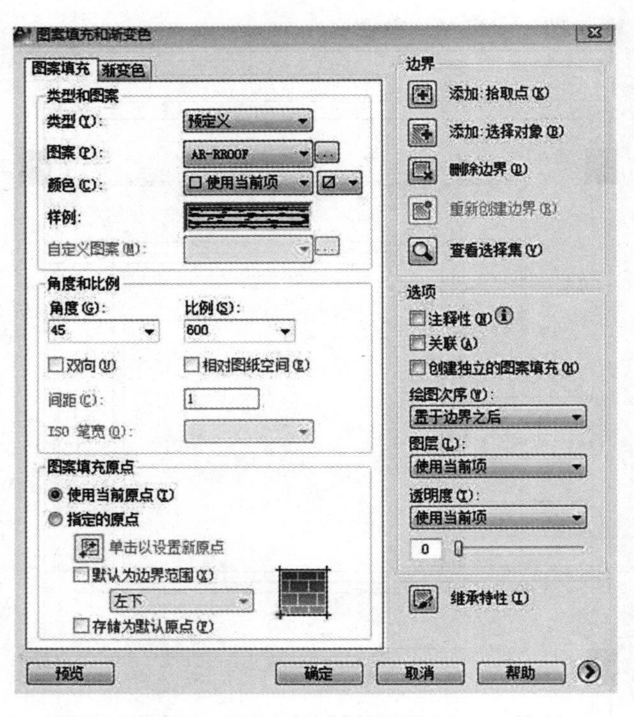

（a）

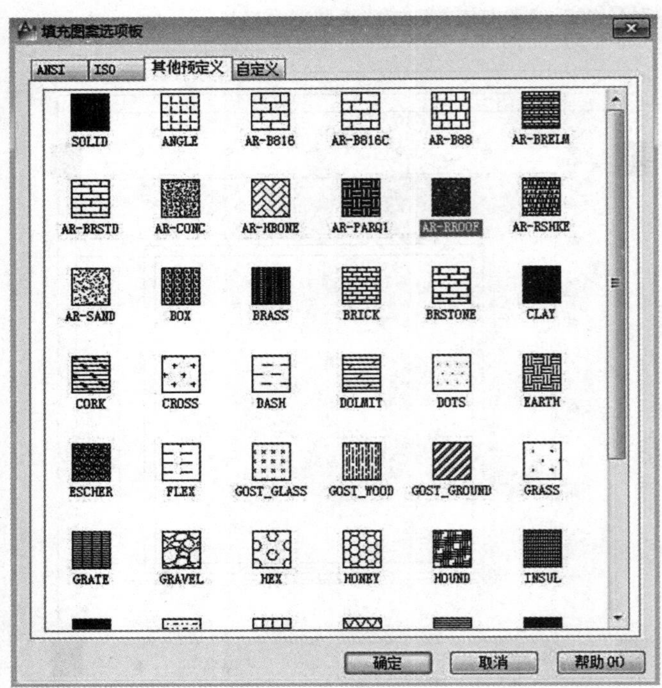

（b）

图4-104　选择所要填充的图案

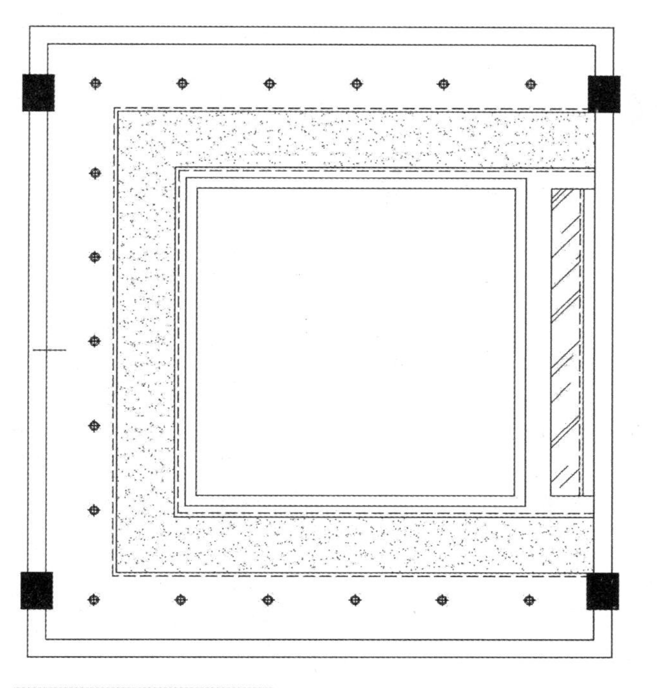

图4-105　完成图案填充

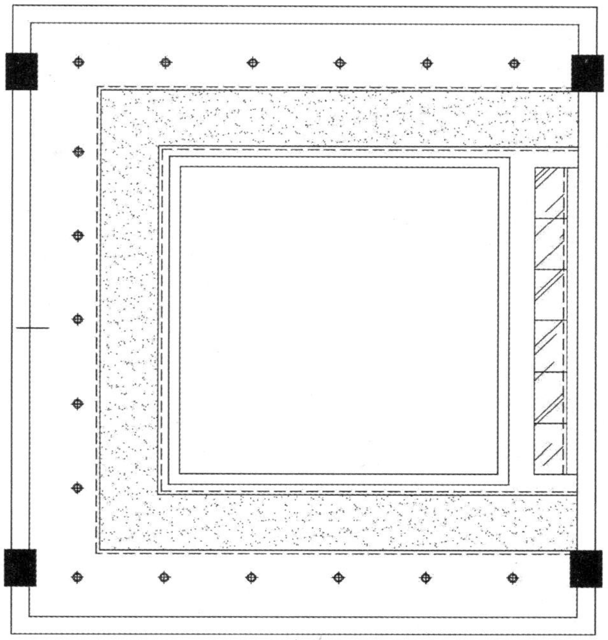

图4-106　偏移并修剪图形

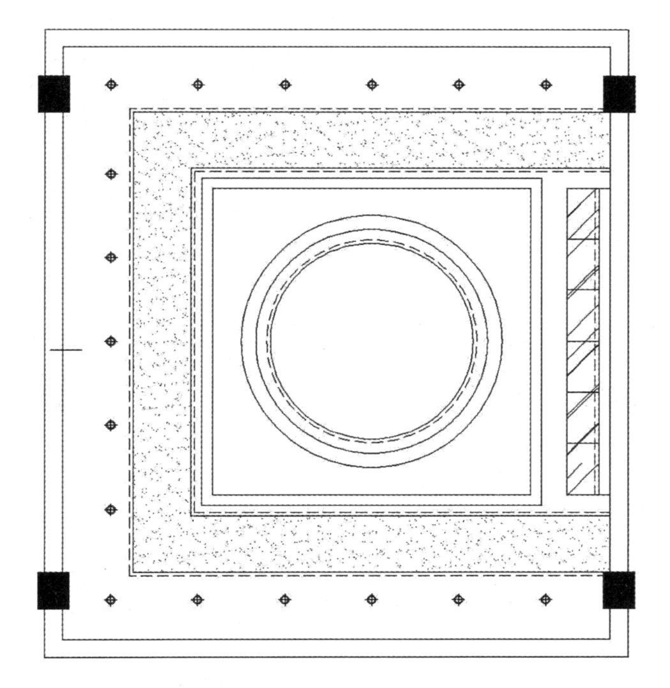

图4-107　绘制并偏移中心圆

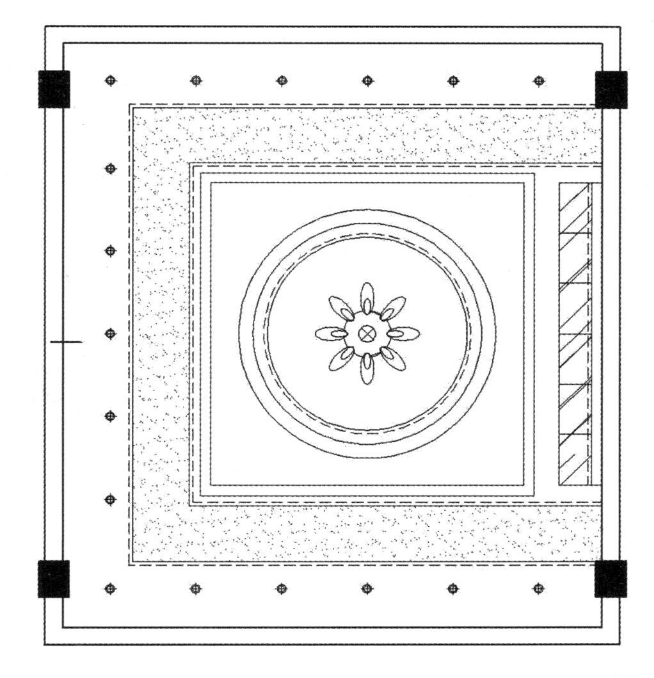

图4-108　放置好装饰吊灯

4-108所示。

（3）单击“绘图”工具栏中的“图案填充”命令，打开“图案填充和渐变色”对话框。单击“图案”选项后面的命令，打开“填充图案选项板”对话框，选择“其他预定义”选项卡中的AR-SAND图案类型，单击“确定”按钮后退出，如图4-109所示。

(a)

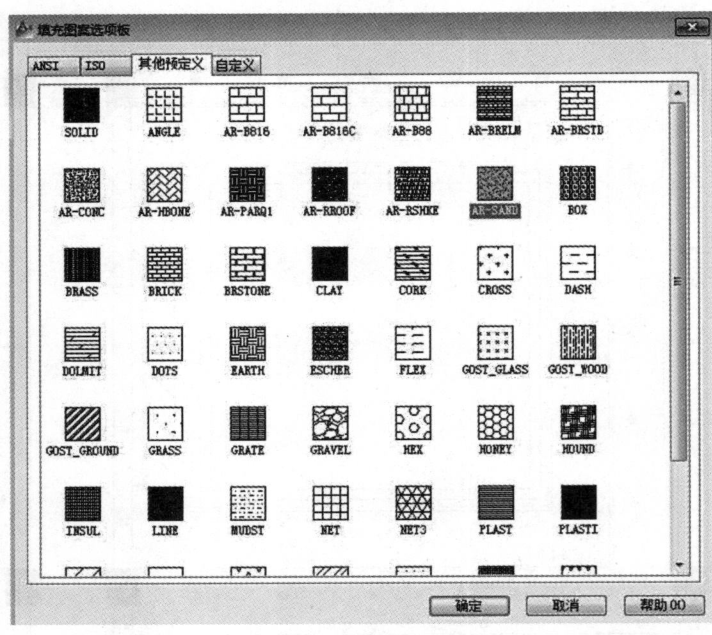

(b)

图4-109　选择圆内所要填充的图案

（4）单击“图案填充和渐变色”对话框右侧的“添加：拾取点”命令，选择填充区域后单击“确定”按钮，系统将会回到“图案填充和渐变色”对话框，设置填充比例为80，然后单击“确定”按钮完成图案填充并整理，如图4-110所示。

（5）单击“绘图”工具栏中的“矩形”命令，绘制一个长为690mm，宽为300mm的矩形（该矩形为转向射灯安装区域），依据设计草图将矩形水平边的中心与圆外正方形的水平边的中心对齐，如图4-111所示。

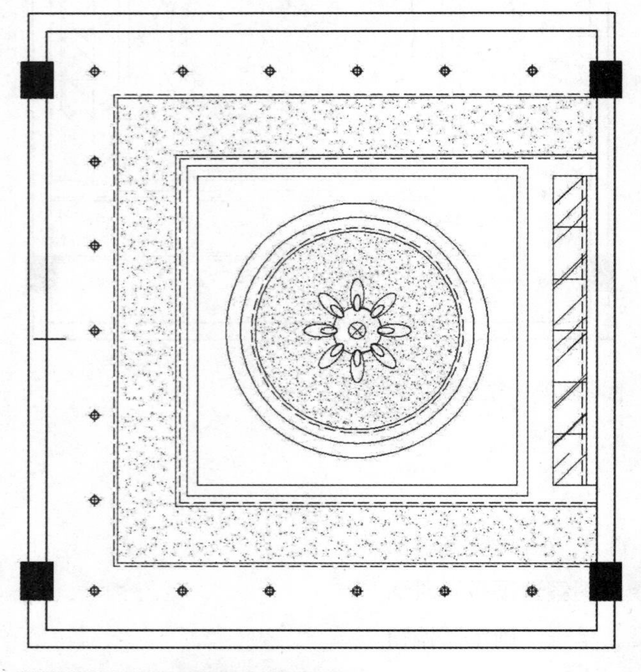

图4-110　完成图案填充并整理

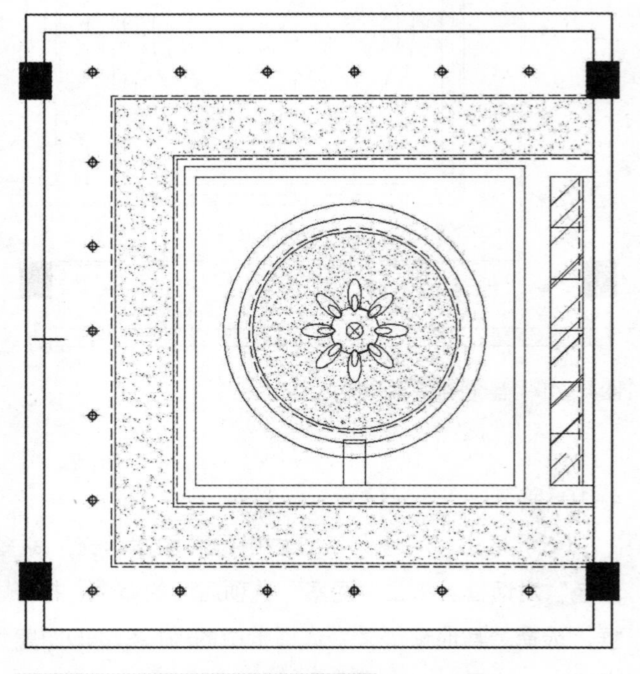

图4-111　将矩形进行偏移、对齐

（6）单击“修改”工具栏中的“镜像”命令，依据设计草图将上述步骤中绘制好的矩形进行镜像，如图4-112所示。

（7）单击“修改”工具栏中的“分解”命令，将绘制好的矩形分解，单击“修改”工具栏中的“偏移”命令，将矩形的下水平短边均向下偏移50mm，并连接好水平边与竖直边，如图4-113所示。

（8）单击“修改”工具栏中的“修剪”命令，将依据设计草图多余部分修剪掉，然后单击“修改”工具栏中的“复制”命令，将转向射灯进行复制，按照设计草图放置好转向射灯，如图4-114所示。

（9）单击“绘图”工具栏中的“矩形”命令，绘制一个长宽均为100mm的正方形，单击“修改”工具栏中的“旋转”命令，将绘制好的正方形依据设计草图紧贴第一个圆放置好，单击“绘图”工具栏中的“环形阵列”命令，依据设计草图以第一个圆为圆心进行环形阵列，如图4-115所示。

（10）依据设计草图将剩余部分绘制完成，如图4-116所示。

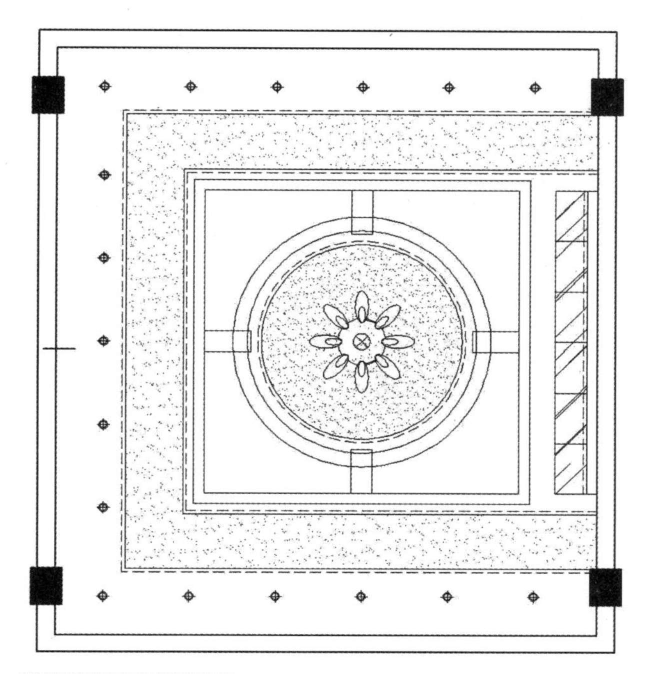

图4-112 镜像矩形

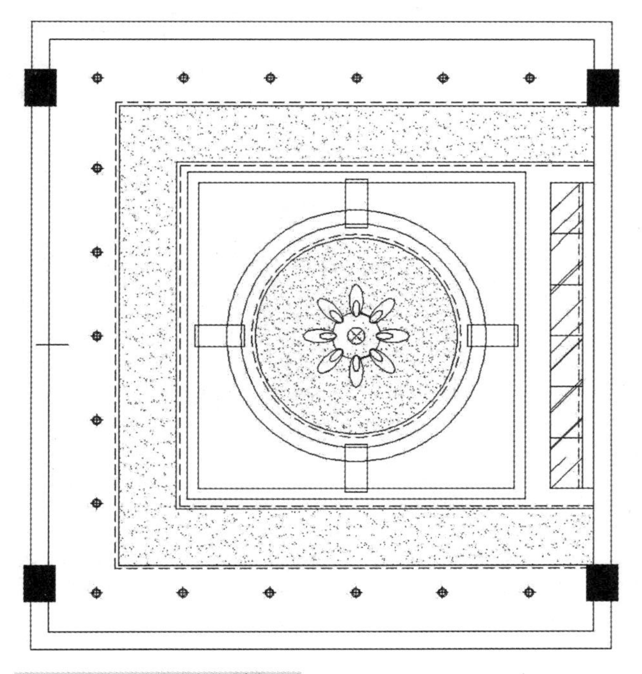

图4-113 分解并偏移矩形

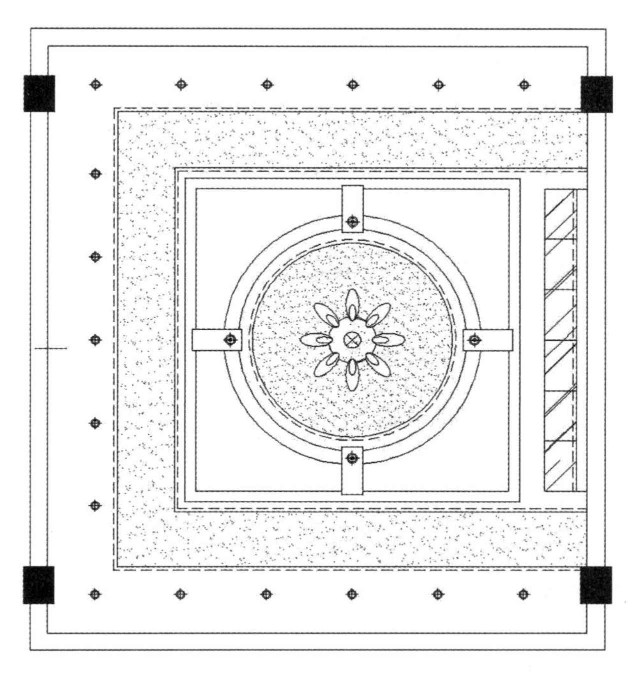

图4-114 复制转向射灯并放置好

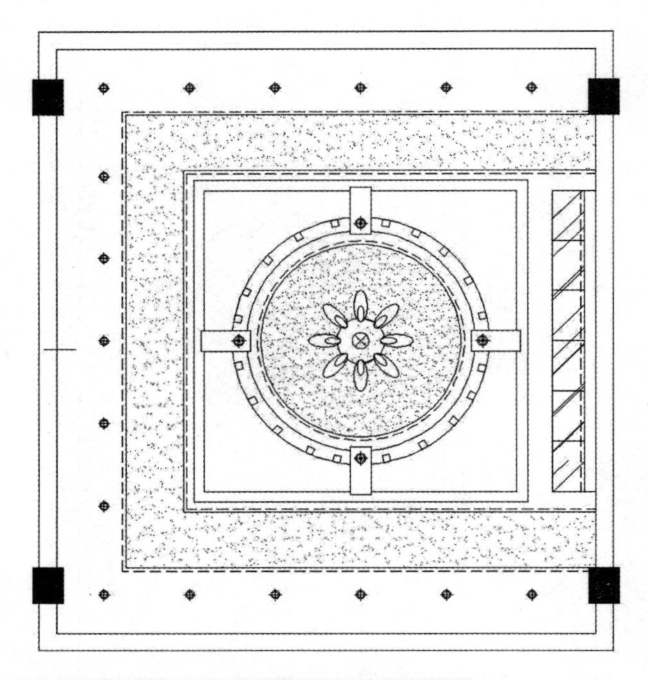

图4-115　将绘制好的正方形进行环形阵列

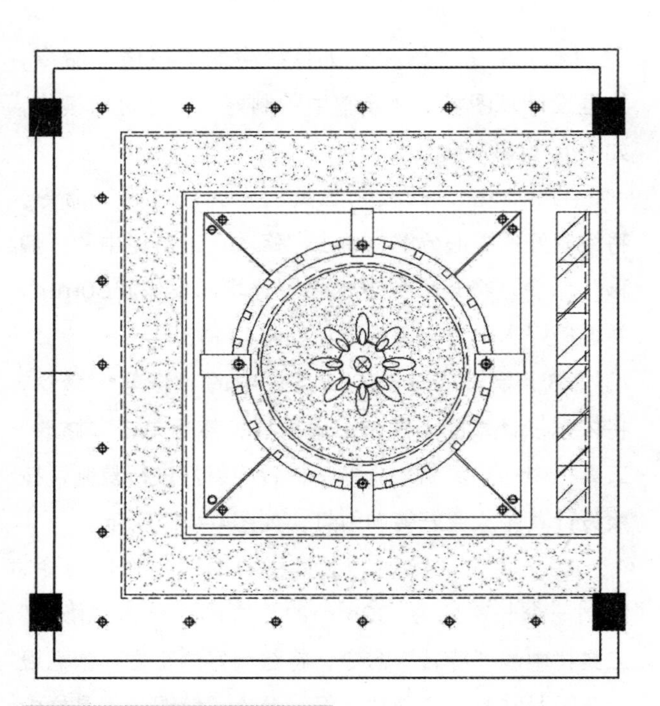

图4-116　顶面图案绘制完成

第十二节　顶棚图细节处理

一、添加文字说明

首先将“文字”图层设为当前图层，单击“绘图”工具栏中的“多行文字”命令，为图形添加顶面材料说明，如图4-117所示。

二、添加标高

单击“绘图”工具栏中的“多行文字”命令，为该顶棚图添加标高，如图4-118所示。

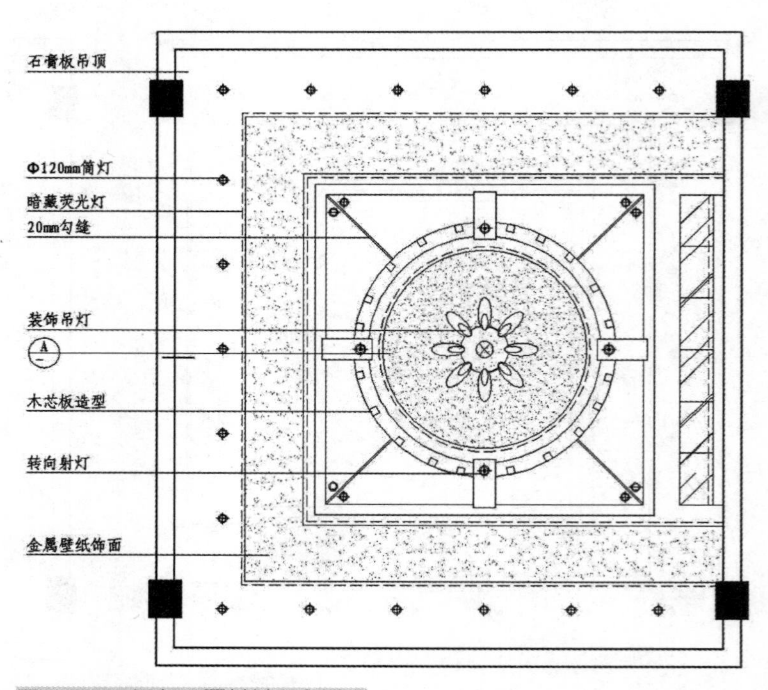

图4-117　添加顶面材料文字说明

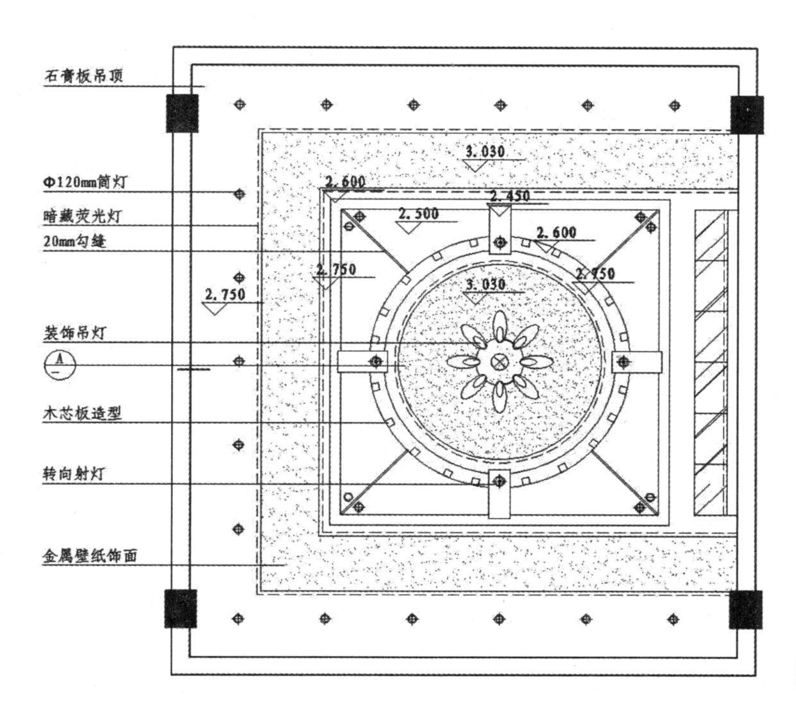

图4-118 添加标高

图4-119 修改标注样式

三、添加尺寸标注

（1）单击“图层”工具栏中的“图层”命令新建“尺寸”图层，并将其设置为当前图层。

（2）单击菜单栏中的“标注”和“标注样式”命令，系统弹出“标注样式管理器”对话框，单击“新建”按钮，系统弹出“创建新标注样式”对话框，如图4-119所示，输入“顶棚图”名称，单击“继续”按钮，打开“新建标注样式：顶棚图”对话框，选择“线”选项卡，依据所需修改标注样式参数。

（3）整理后，绘制完成，如图4-120所示。

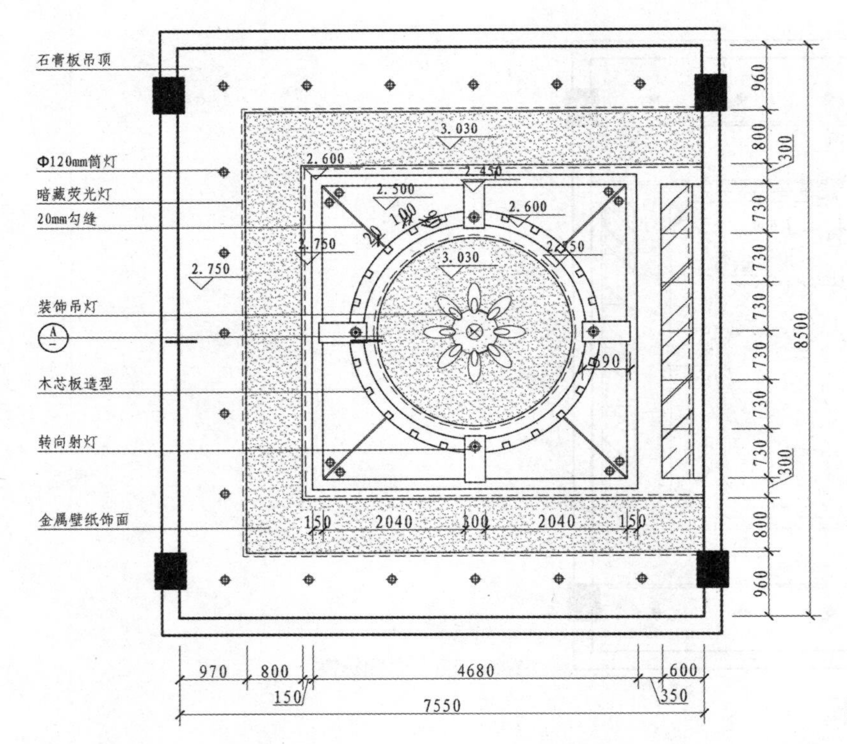

图4-120　绘制完成

本章小结：

平面图是AutoCAD2020中最常见的图纸种类，一般分为平面布置图与顶棚平面图两种，是各种空间、构造设计的基本图纸。绘制平面图要从墙体入手，精确绘制墙体尺寸、门窗尺寸是保障平面图真实有效的重要依据。后期配置家具、灯具、配件等图形可以从素材库中调用，本书配套的素材文件丰富，可以随时调用，能大幅度提高绘图速度，保障图纸质量。

1. 尝试绘制两室两厅的住宅空间的建筑平面图。
2. 运用AutoCAD2020绘制住宅地坪图。
3. 运用AutoCAD2020绘制住宅顶棚图。
4. 绘制图纸之前需要做哪些准备?
5. 了解不同空间的门窗尺寸有何不同。
6. 运用AutoCAD2020绘制不同类型的灯具。
7. 了解填充工具并能灵活地运用于图纸中。

第五章

AutoCAD2020 应用 · 立面图纸绘制

PPT 课件

视频教学

配套素材

* 若扫码失败请使用浏览器或其他应用重新扫码

学习难度：★★★★☆

重点概念：电视背景墙立面图、电视柜立面图、玄关鞋柜立面图

章节导读

立面图相对于平面图而言，能够更直观地反映建筑物地内部构造以及其中构件的具体形态。本章将主要以住宅中部分构件的立面图为例详细讲述其具体绘制步骤。在讲述步骤中，会逐步介绍立面图绘制中所需要注意的事项以及其绘制的知识技巧，通过对本章的学习，能够使初学者更迅速地了解立面图，对后期实际设计也会有很大的帮助。

第一节　电视背景墙前期立面绘制

在装饰设计中，电视背景墙的设计能够很好地体现设计者良好的设计品位，电视背景墙是室内空间中的重中之重，本节以及其他节次将会以图5-1所示的电视背景墙立面图为例详细介绍立面图的绘制步骤。

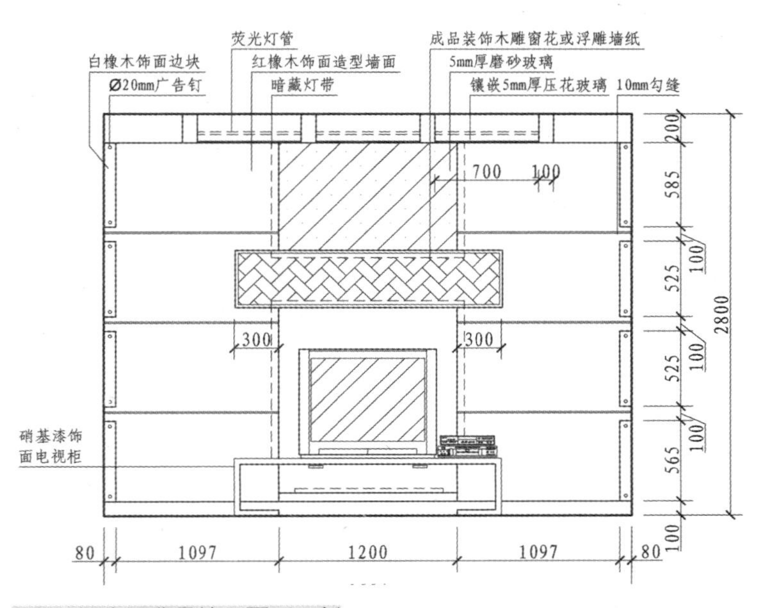

图5-1　电视背景墙立面图示例

一、电视背景墙前期绘制

（1）单击“绘图”工具栏中的“矩形”命令，依据设计草图绘制出长为3555mm、宽为2800mm的矩形，确定好电视背景墙的绘制区域，如图5-2

所示，单击“修改”工具栏中的“分解”命令，将绘制好的矩形分解。

（2）单击“修改”工具栏中的“偏移”命令，将矩形的上水平边向下偏移200mm，下水平边向上偏移100mm，确定出电视背景墙上层造型区域，如图5-3所示。

（3）单击“修改”工具栏中“偏移”命令，将步骤1绘制好的矩形的竖直边向左进行偏移，偏移距离依次为527mm、100mm、700mm、100mm、700mm、100mm、700mm、100mm，依据设计草图，此处便为荧光灯管所处区域，如图5-4所示。

（4）单击“绘图”工具栏中的“矩形”命令，依据设计草图绘制出长为2300mm、宽为20mm的矩形，以虚线表示，如图5-5所示。

（5）单击“修改”工具栏中“偏移”命令，将步骤2中偏移矩形后所得的水平线段向上进行连续偏移，偏移距离依次为5mm、5mm，然后单击“修改”工具栏中的“修剪”命令，依据设计草图进行初步修整，如图5-6所示。

（6）单击“绘图”工具栏中的“矩形”命令，依据设计草图绘制出长为585mm、宽为80mm的矩形，单击“修改”工具栏中的“复制”命令将绘制好的矩形进行复制，依据设计草图复制四个矩形，并将其放置于电视背景墙上层造型区域内（放置于上层造型区域内中心地带），然后单击“修改”工具栏中的“分解”命令，将绘制好的矩形分解，如图5-7所示。

图5-2　确定好电视背景墙的绘制区域

图5-3　偏移矩形

图5-4　偏移矩形竖直边

图5-5　绘制矩形

图5-6　偏移矩形水平边

图5-7　绘制矩形

（7）单击“修改”工具栏中的“镜像”命令，将步骤（6）中绘制好的四个矩形进行镜像，镜像中心为步骤1中矩形水平边的中心，如图5-8所示。

（8）单击“绘图”工具栏中的“圆”命令，在步骤（7）中绘制的矩形内绘制一个半径为10mm的圆（作为广告钉），依据设计草图将其放置在矩形的上下两边，其他矩形也如此，如图5-9所示。

（9）单击“绘图”工具栏中的“直线”命令，在步骤（2）中绘制的矩形的水平边之间绘制一条直线，单击“绘图”工具栏中的“点／定数等分”命令将绘制好的直线分为同等的4份，并依据设计草图将等分区域进行连接，如图5-10所示。

（10）单击“修改”工具栏中的“偏移”命令将步骤（9）中的直线进行偏移，每段直线向上向下各偏移距离为5mm，如图5-11所示。

（11）单击“修改”工具栏中的“偏移”命令，将步骤（1）中矩形的竖直边向左进行连续偏移，偏移距离依次为1127mm、50mm、1200mm、50mm，以细虚线、实线、实线、虚线表示，单击“修改”工具栏中的“修剪”命令，依据设计草图进行修整，如图5-12所示。

（12）单击“绘图”工具栏中的“矩形”命令，依据设计草图绘制出长为1800mm、宽为400mm的矩形，然后单击“修改”工具栏中的“偏移”命令，将绘制好的矩形向内进行偏移，偏移距离为20mm，单击“修改”工具栏中的“移动”命令，依据设计草图将矩形移动至适宜位置，如图5-13所示。

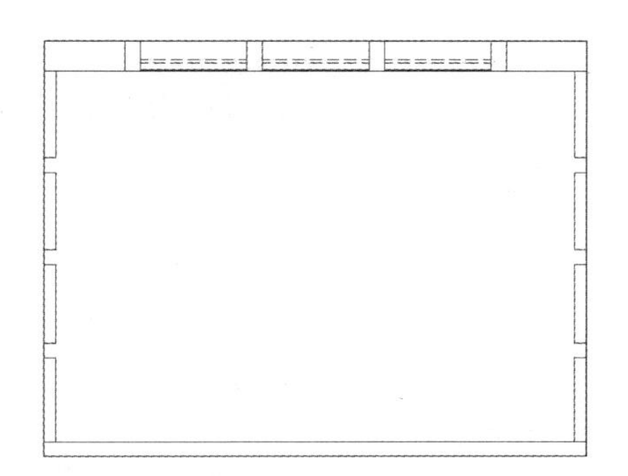

图5-8 镜像矩形

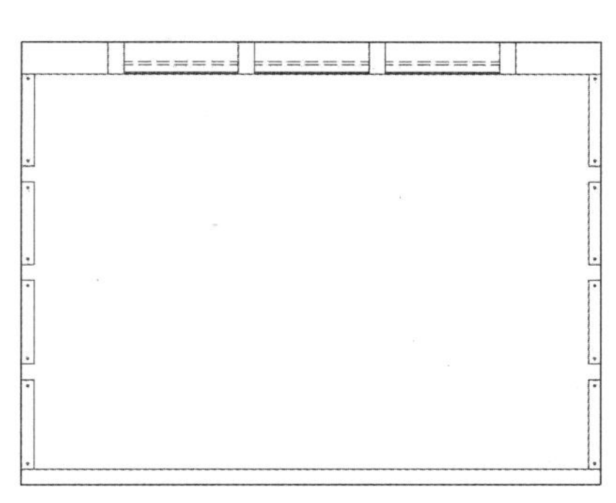

图5-9 绘制广告钉

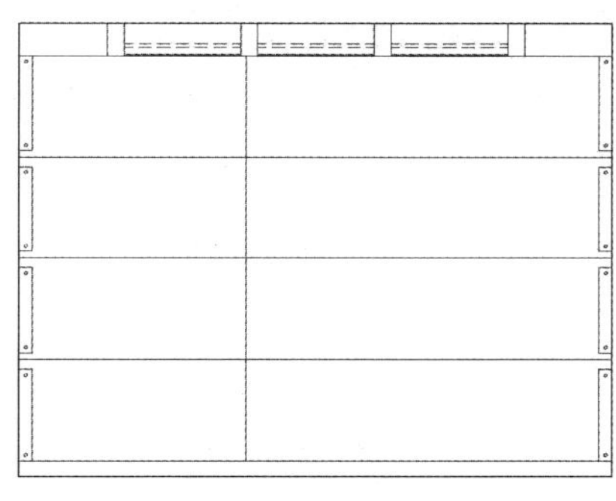

图5-10 绘制等分直线

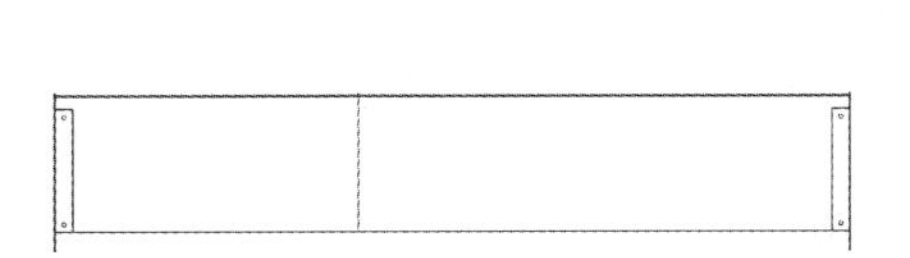

图5-11 偏移直线

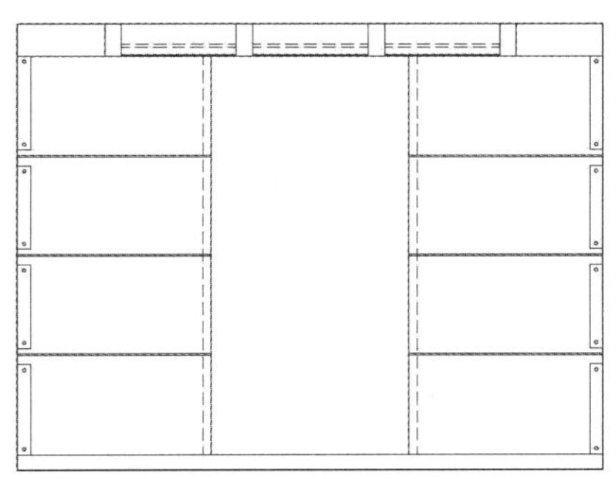

图5-12 偏移并修剪图形

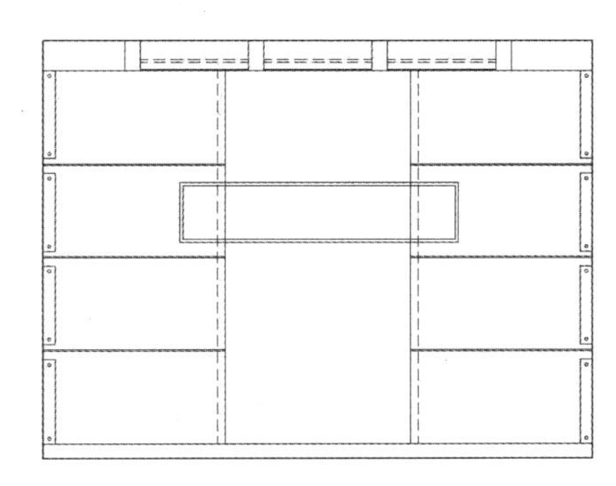

图5-13 绘制矩形并偏移矩形

二、细节填充

（1）单击“绘图”工具栏中的“图案填充”命令，打开“图案填充和渐变色”对话框。单击“图案”选项后面的按钮，打开“填充图案选项板”对话框，选择“其他预定义”选项卡中的SACNCR图案类型，单击“确定”按钮后退出，如图5-14所示。

（2）单击“图案填充和渐变色”对话框右侧的“添加：拾取点”命令，选择填充区域后单击“确定”按钮，系统将会回到“图案填充和渐变色”对话框，设置填充比例为1500，然后单击“确定”按钮完成图案填充，如图5-15所示。

（3）单击“修改”工具栏中的“偏移”命令，将电视背景墙上层造型区域中的矩形的上水平边向下偏移800mm，以虚线表示，再将该虚线向下偏移300mm，依据设计草图进行修剪，如图5-16所示。

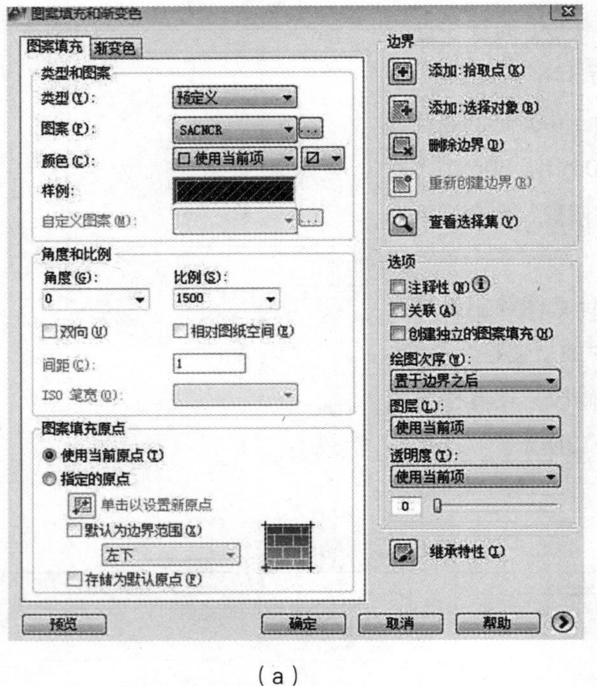

（a）

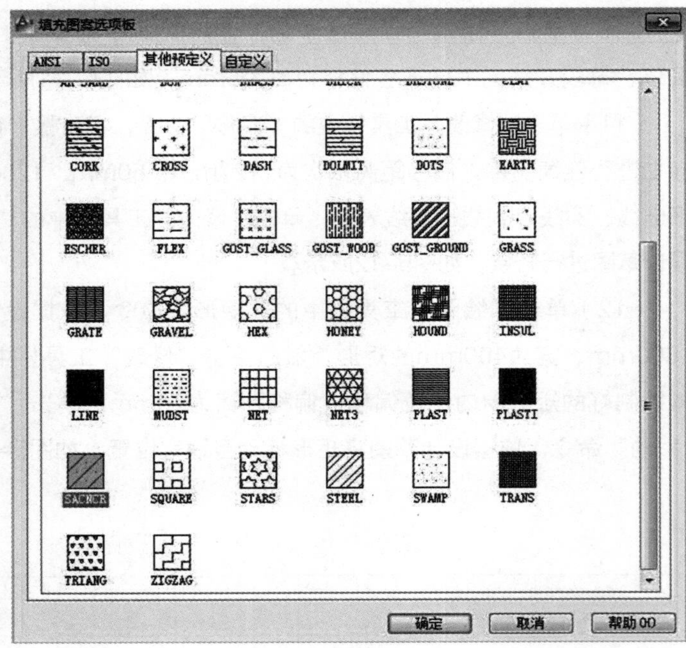

（b）

图5-14　选择所要填充的矩形图案

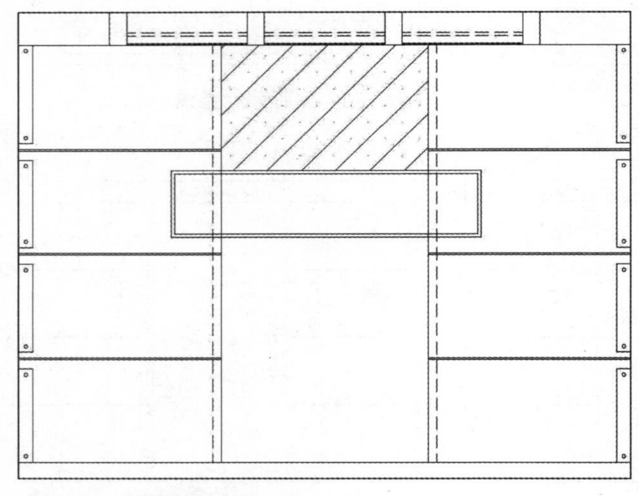

图5-15　矩形填充完成

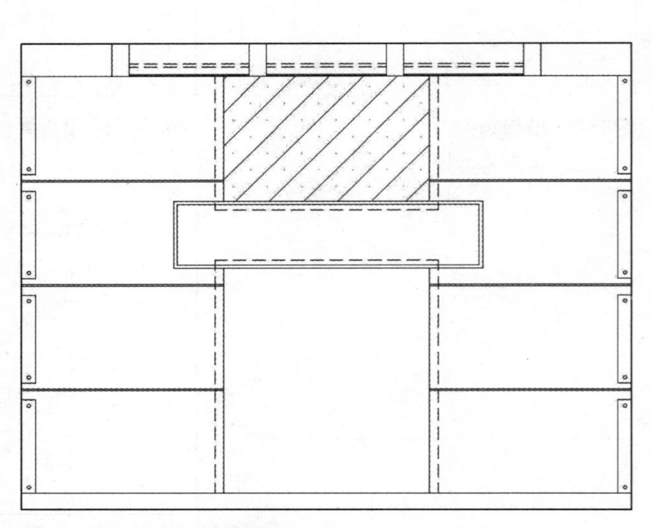

图5-16　偏移矩形水平边并修剪

（4）单击“绘图”工具栏中的“图案填充”命令，打开“图案填充和渐变色”对话框。单击“图案”选项后面的按钮，打开“填充图案选项板”对话框，选择“其他预定义”选项卡中的AR-HBONE图案类型，单击“确定”按钮后退出，如图5-17所示。

（5）单击“图案填充和渐变色”对话框右侧的“添加：拾取点”命令，选择填充区域后单击“确定”按钮，系统将会回到“图案填充和渐变色”对话框，设置填充比例为20，然后单击“确定”按钮完成图案填充，如图5-18所示。

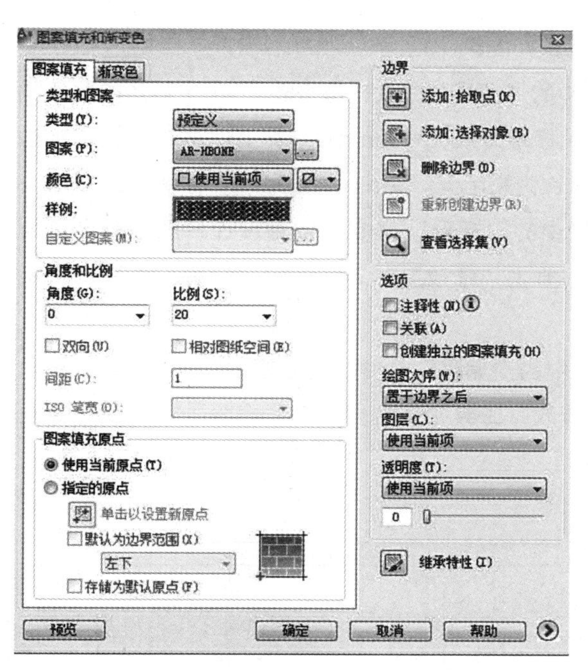

（a）

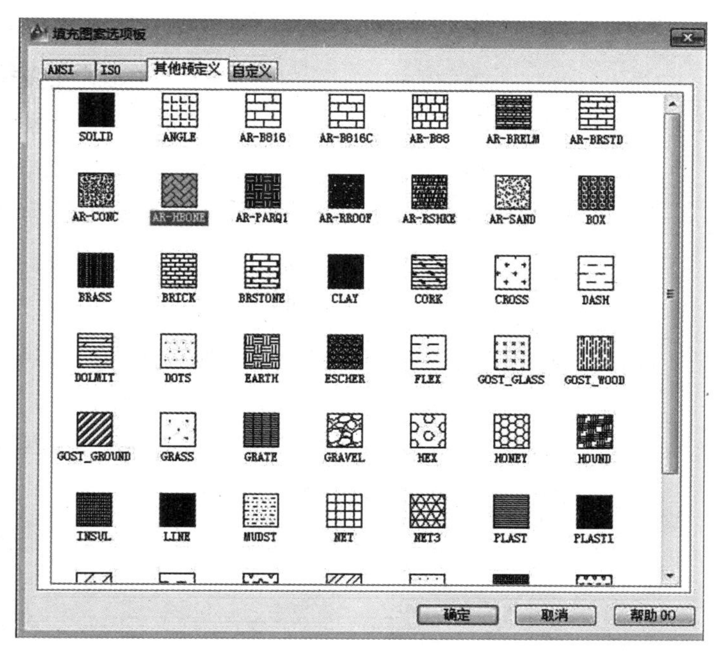

（b）

图5-17　选择所要填充的图案

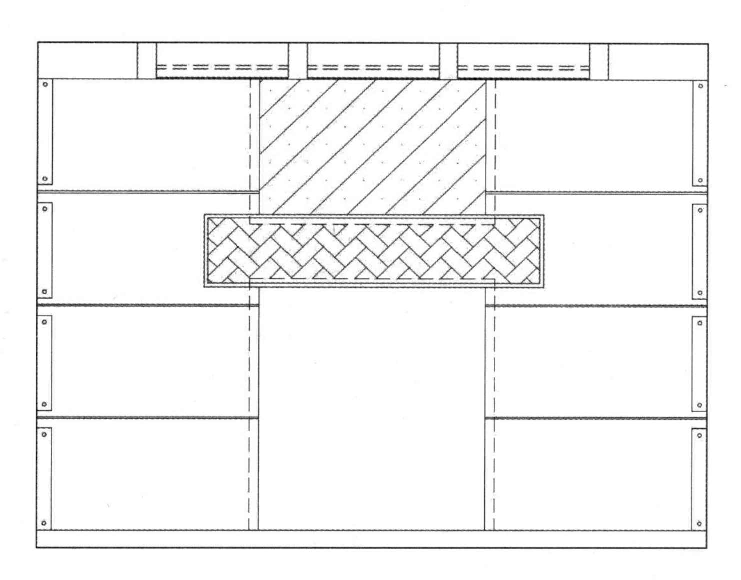

图5-18　图案填充完成

第二节　电视背景墙中电视机的具体绘制

一、电视机造型绘制

（1）单击“绘图”工具栏中的“矩形”命令，依据设计草图绘制出长为924mm、宽为740mm的矩形，放置于恰当位置，单击“修改”工具栏中的“分解”命令，将矩形进行分解，如图5-19所示。

（2）单击“修改”工具栏中的“偏移”命令，将步骤（1）中矩形的两条竖直边分别向内进行连续偏移，偏移距离依次为66mm、13mm，再将其上水平边向下进行连续偏移，偏移距离依次为13mm、52mm、580mm，如图5-20所示。

（3）单击“绘图”工具栏中的“矩形”命令，依据设计草图绘制出长为660mm，宽为40mm的矩形，单击“修改”工具栏中的“分解”命令，将矩形进行分解，如图5-21所示。

（4）单击“修改”工具栏中的“偏移”命令，将步骤3中矩形的竖直边向左偏移330mm，然后单击“修改”工具栏中的“修剪”命令，依据设计草图进行初步修整，如图5-22所示。

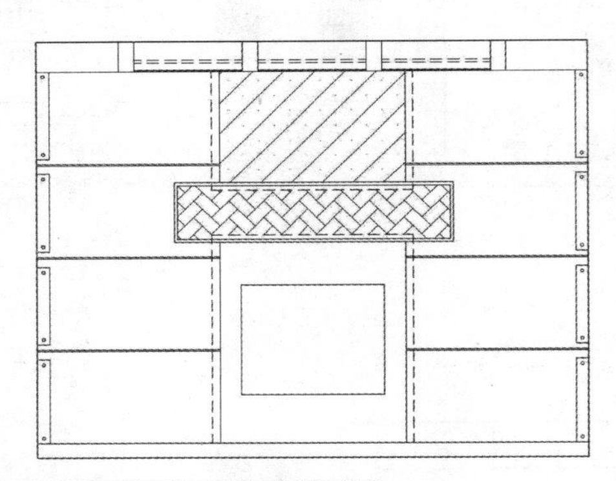

图5-19　绘制矩形并分解

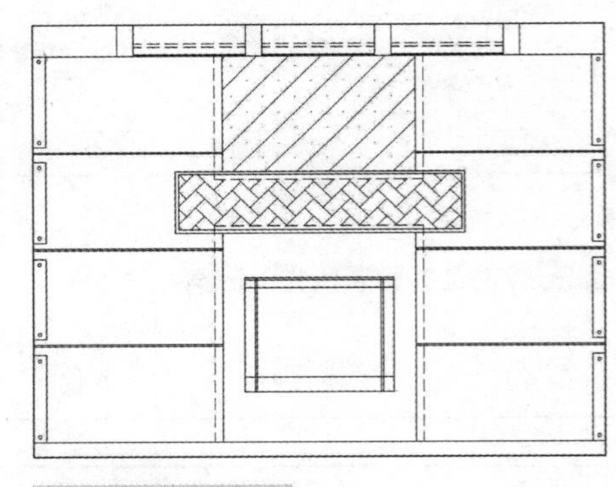

图5-20　偏移矩形

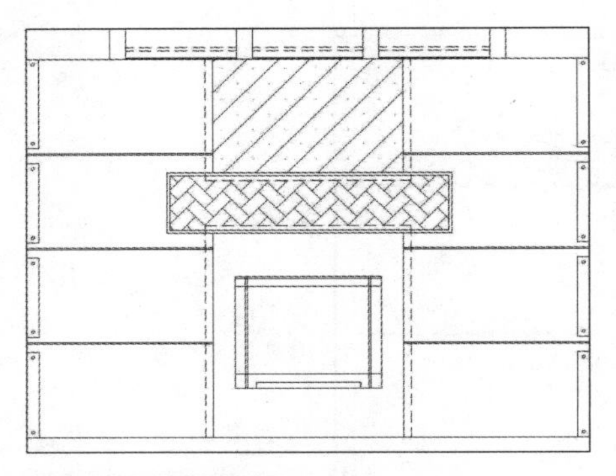

图5-21　分解矩形

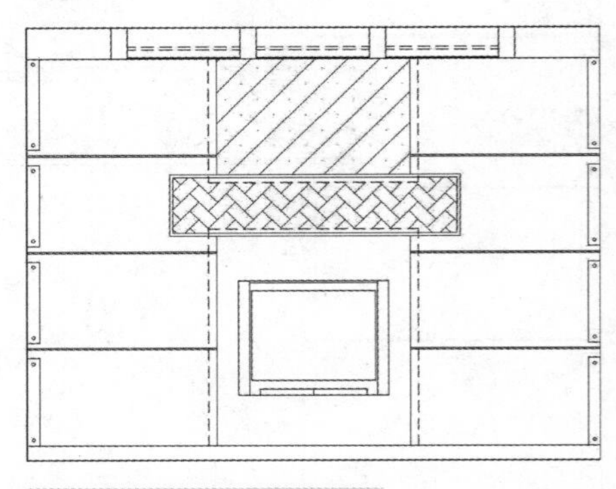

图5-22　偏移、修剪矩形

二、图案填充及组块

（1）单击“绘图”工具栏中的“图案填充”命令，打开“图案填充和渐变色”对话框。单击“图案”选项后面的按钮，打开“填充图案选项板”对话框，选择“其他预定义”选项卡中的STEEL图案类型，单击“确定”按钮后退出，如图5-23所示。

（2）单击“图案填充和渐变色”对话框右侧的“添加：拾取点”命令，选择步骤（1）中偏移的区域作为填充区域，单击“确定”按钮，系统将会回到“图案填充和渐变色”对话框，设置填充比例为1500，然后单击“确定”按钮完成图案填充，如图5-24所示。

（3）单击“绘图”工具栏中的“矩形”命令，依据设计草图绘制出长为900mm、宽为26mm的矩形，并依据设计草图放置于适当位置，如图5-25所示。

（4）单击“绘图”工具栏中的“创建块”命令，弹出“块定义”对话框，选择刚刚绘制完成的图形为定义对象，选择任意点为基点，将电视机定义为块，并命名为“电视机”，如图5-26所示。

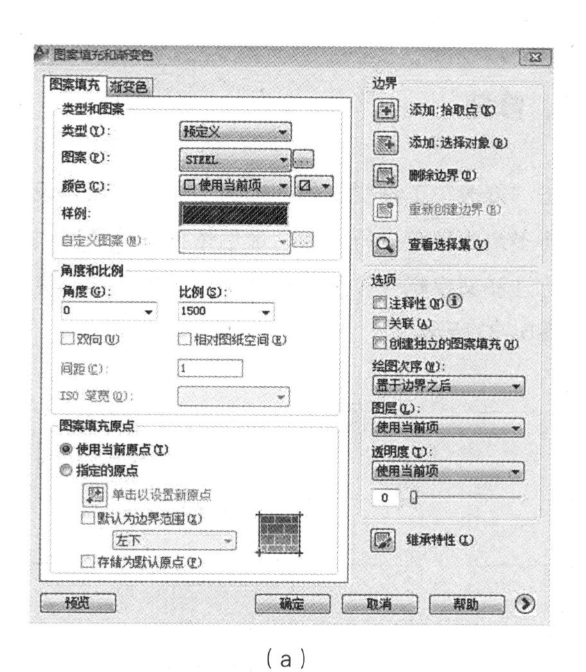

（a）

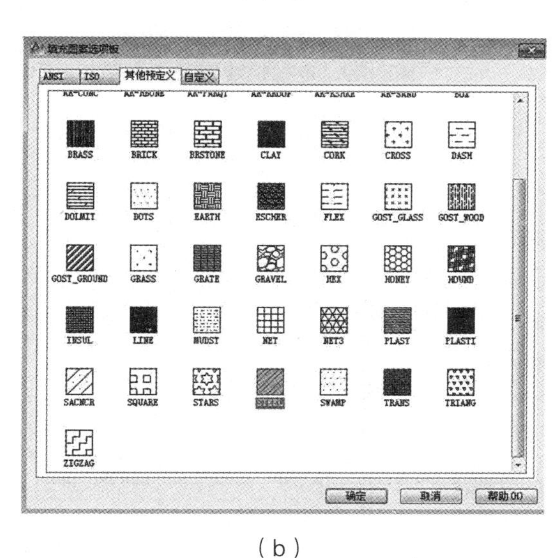

（b）

图5-23　选择要填充的图案

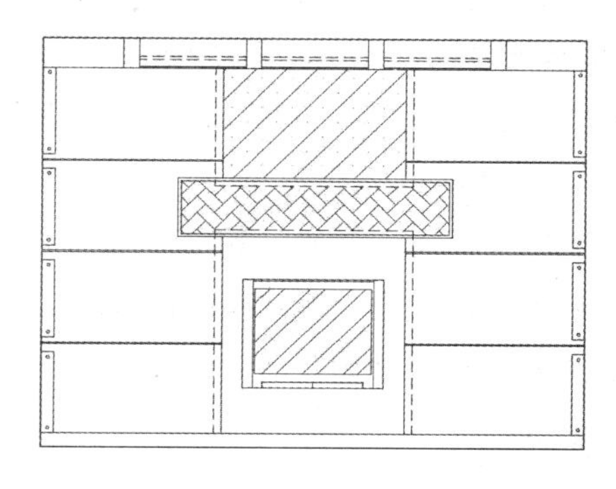

图5-24　图案填充完成

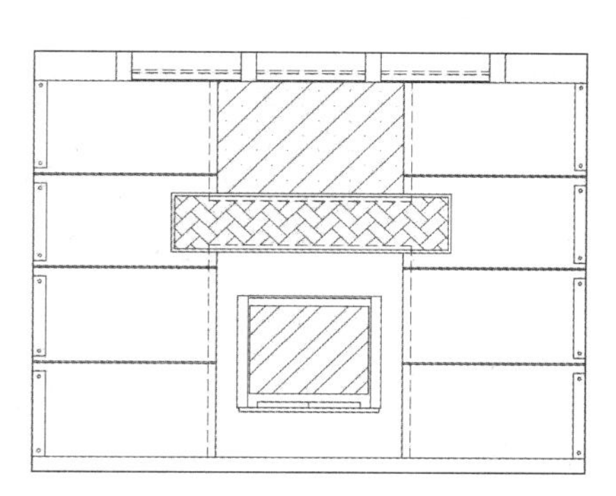

图5-25　绘制矩形

图5-26　“块定义”对话框

第三节　电视柜立面绘制及后期处理

一般电视背景墙立面图中都会考虑到电视柜的绘制，下面详细介绍电视背景墙正立面图中电视柜的绘制步骤。

一、前期绘制

（1）单击“绘图”工具栏中的“矩形”命令，依据设计草图绘制出长为1800mm、宽为400mm的矩形，单击“修改”工具栏中的“偏移”命令，将矩形向内偏移40mm，如图5-27所示。

（2）单击“修改”工具栏中的“偏移”命令，将步骤（1）中矩形的下水平边向上偏移60mm，然后单击“修改”工具栏中的“修剪”命令，依据设计草图修剪图形，如图5-28所示。

（3）单击“绘图”工具栏中的“矩形”命令，依据设计草图绘制出长为1000mm、宽为30mm的矩形，以虚线表示，如图5-29所示。

（4）单击“绘图”工具栏中的“矩形”命令，依据设计草图绘制出长为96mm、宽为16mm的矩形，依据设计草图将其放置到适当的位置，如图5-30所示。

二、修剪

单击“修改”工具栏中的“修剪”命令，依据设计图样将多余的部分进行修剪，最后依据设计草图添加尺寸标注和文字标注，至此整体电视背景墙绘制完成，如图5-31所示。

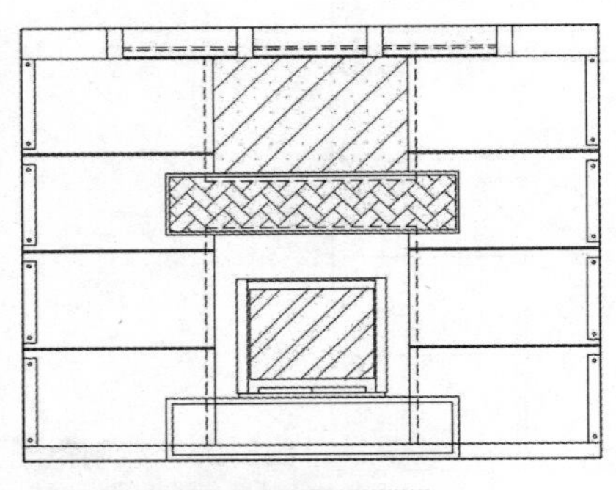

图5-27　电视柜绘制（一）

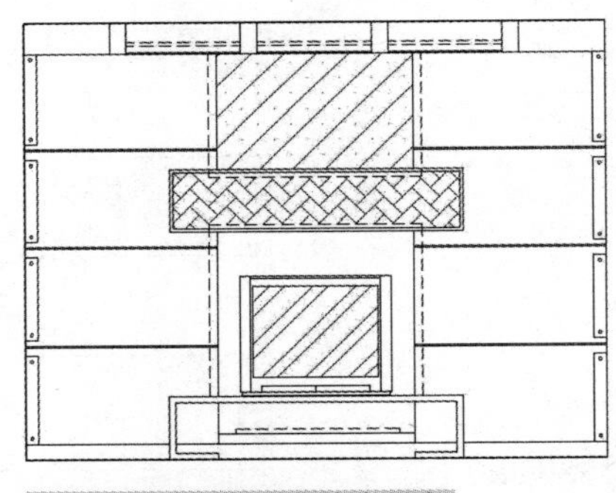

图5-28　偏移、修剪电视柜

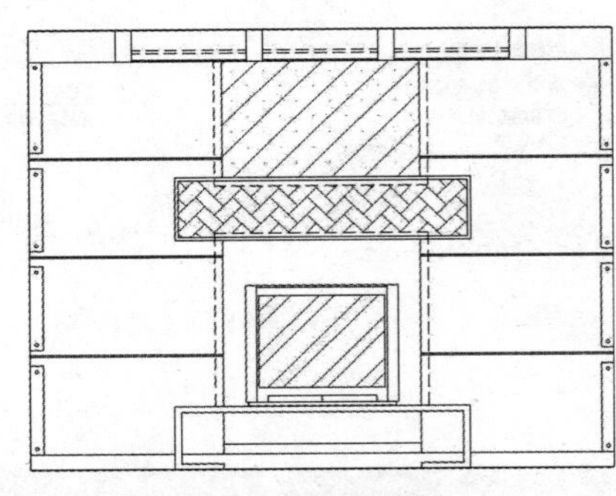

图5-29　电视柜绘制（二）

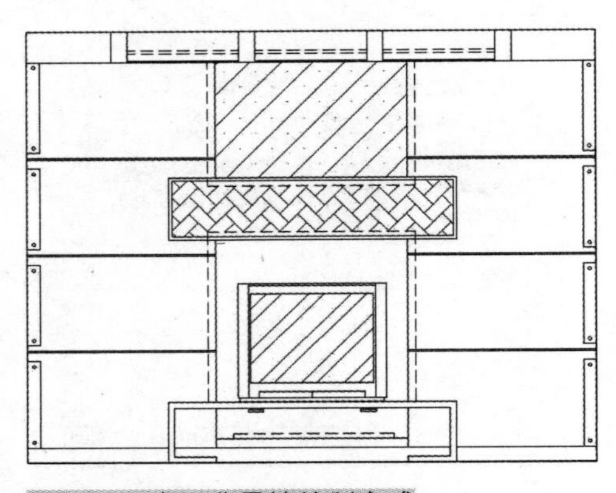

图5-30　电视背景墙绘制完成

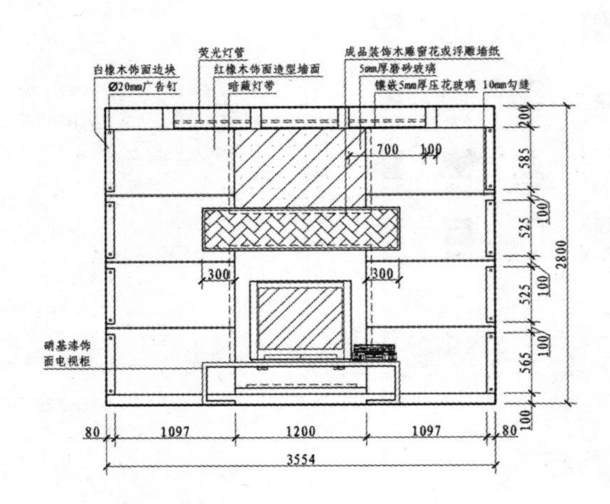

图5-31　电视背景墙绘制完成

第四节　玄关鞋柜立面绘制

玄关鞋柜在住宅中兼具装饰与储物的功能，在日常生活中不可或缺，本节主要以图5-32所示玄关鞋柜为例介绍绘制玄关鞋柜立面图的具体步骤。

一、玄关鞋柜轮廓绘制

（1）单击“绘图”工具栏中的“矩形”命令，依据设计草图绘制出长为2400mm、宽为1500mm的矩形，然后单击“修改”工具栏中“分解”命令，将绘制好的矩形分解，如图5-33所示。

（2）单击“修改”工具栏中的“偏移”命令，将矩形右竖直边向左进行连续偏移，偏移距离依次为40mm、140mm、40mm、140mm、40mm，将矩形上水平边向下进行连续偏移，偏移距离依次为40mm、100mm、40mm、60mm、40mm、850mm、40mm、60mm、40mm、850mm、40mm、60mm、40mm、100mm，如图5-34所示。

（3）单击“修改”工具栏中的“修剪”命令，依据设计草图将图形进行修剪，绘制出玄关鞋柜的饰面造型，如图5-35所示。

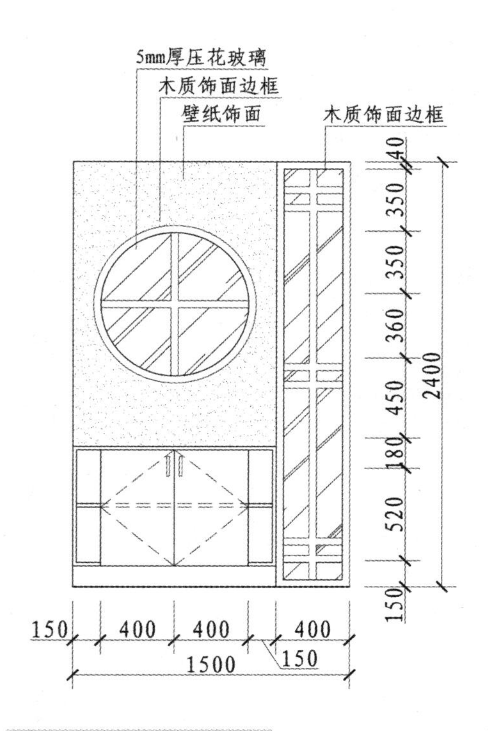

图5-32　玄关鞋柜立面图

图5-33　玄关鞋柜立面绘制（一）

图5-34　偏移玄关鞋柜立面

图5-35　修剪玄关鞋柜立面

（4）单击“绘图”工具栏中的“图案填充”命令，打开“图案填充和渐变色”对话框。单击“图案”选项后面的按钮，打开“填充图案选项板”对话框，选择“其他预定义”选项卡中的AR-RROOF图案类型，单击“确定”按钮后退出，如图5-36所示。

（5）单击“图案填充和渐变色”对话框右侧的“添加：拾取点”命令，依据设计草图选择步骤3中修剪后的区域作为填充区域，单击“确定”按钮，系统将会回到“图案填充和渐变色”对话框，设置角度为45°，填充比例为300，然后单击“确定”按钮完成图案填充，如图5-37所示。

（6）单击“修改”工具栏中的“偏移”命令，将步骤（1）中矩形的水平边向下进行连续偏移，偏移距离依次为1600mm、20mm、310mm、20mm、310mm、20mm，将矩形的左竖直边向右进行连续偏移，偏移距离依次为20mm、130mm、400mm、400mm、130mm，如图5-38所示。

（7）单击“修改”工具栏中的“修剪”命令，依据设计草图将图形进行修剪，绘制出玄关鞋柜柜门的造型，如图5-39所示。

（8）单击“绘图”工具栏中的“矩形”命令，依据设计草图绘制出长为116mm，宽为15mm的矩形，单击“修改”工具栏中的“镜像”命令，依据设计草图将矩形进行镜像，如图5-40所示。

（a）

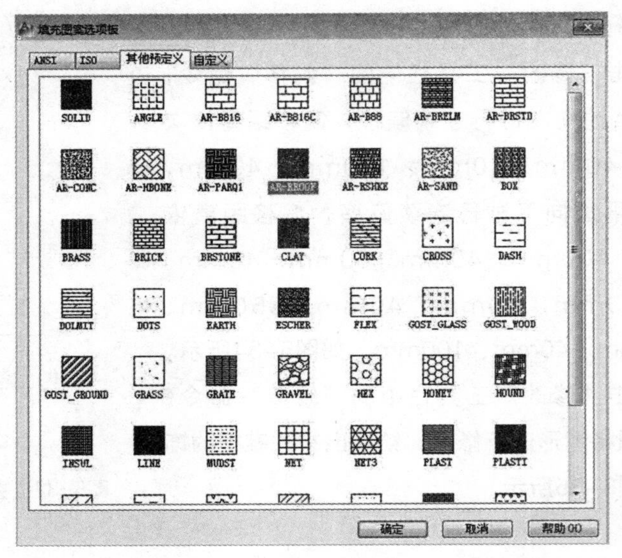

（b）

图5-36 选择要填充的图案

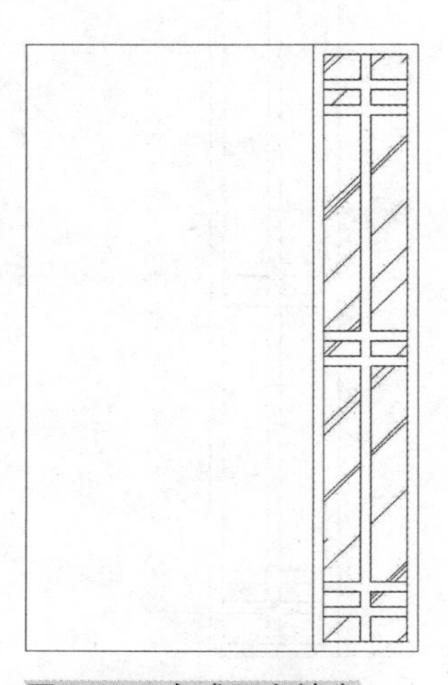

图5-37 完成图案填充

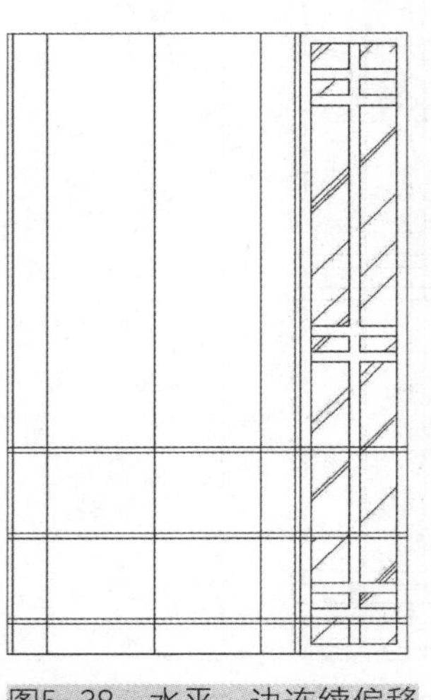

图5-38 水平、边连续偏移

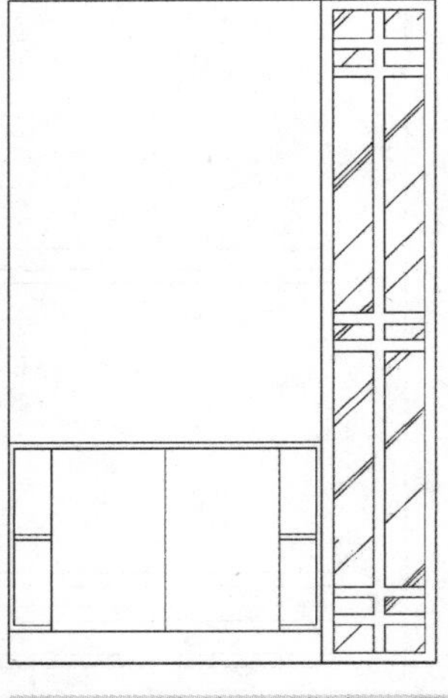

图5-39 修剪玄关鞋柜立面

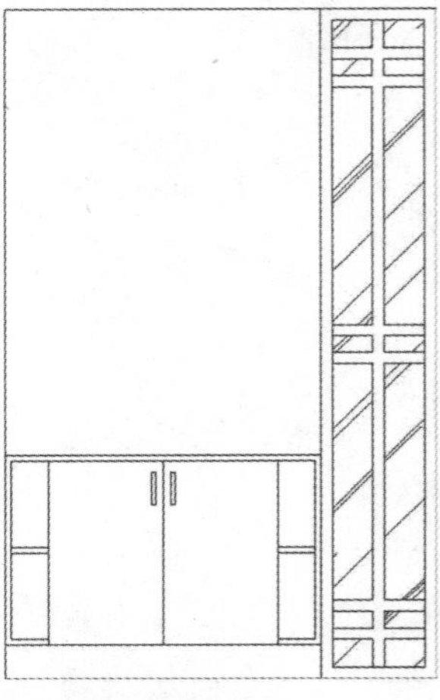

图5-40 镜像矩形

（9）单击“绘图”工具栏中“直线”命令，将步骤（8）中柜门的中心线延伸至步骤（1）中绘制的矩形的上水平边，单击“绘图”工具栏中的“圆”命令，绘制一个半径为440mm的圆，并依据设计草图将圆的圆心放置于绘制直线的中心，如图5-41所示。

（10）单击“修改”工具栏中的“偏移”命令，将步骤（9）中的圆向内偏移40mm，单击“绘图”工具栏中的“直线”命令，以圆的中心为交叉点绘制十字交叉线，然后单击“修改”工具栏中的“偏移”命令，将竖直线段分别向左、向右各偏移20mm，将水平线段分别向上、向下各偏移20mm，单击“修改”工具栏中的“修剪”命令，依据设计草图将图形进行修剪，如图5-42所示。

二、图案填充及细节处理

（1）单击“绘图”工具栏中的“图案填充”命令，打开“图案填充和渐变色”对话框。单击“图案”选项后面的按钮，打开“填充图案选项板”对话框，选择“其他预定义”选项卡中的AR-RROOF图案类型，单击“确定”按钮后退出，如图5-43所示。

（2）单击“图案填充和渐变色”对话框右侧的“添加：拾取点”命令，依据设计草图选择修剪后的圆作为填充区域，单击“确定”按钮，系统将会回到

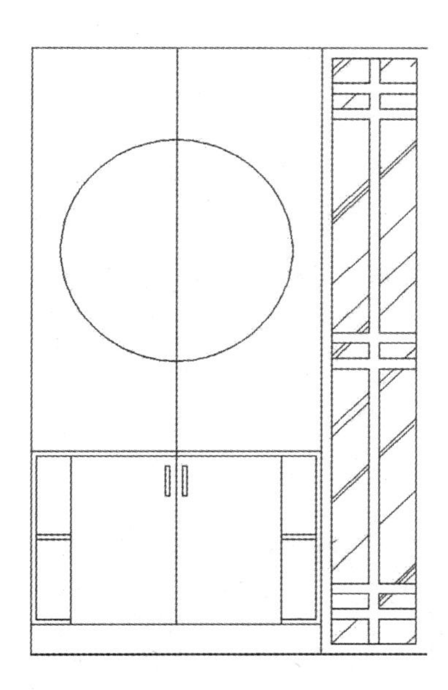

图5-41　玄关鞋柜立面绘制（二）

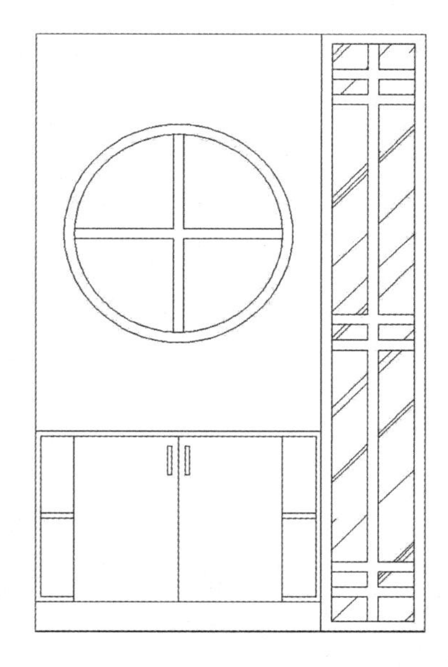

图5-42　玄关鞋柜立面绘制（三）

（a）

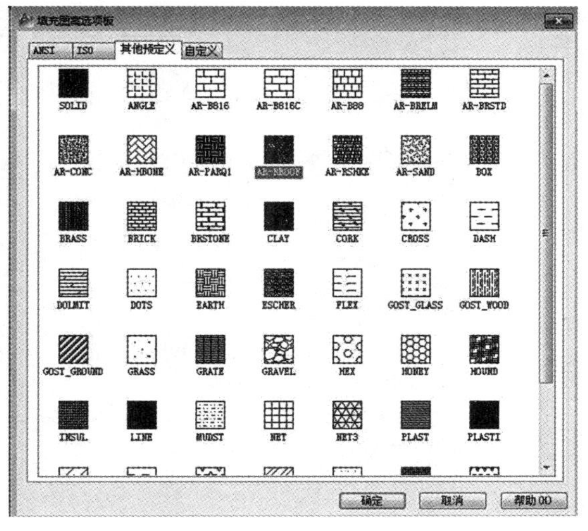

（b）

图5-43　选择要填充的圆形图案

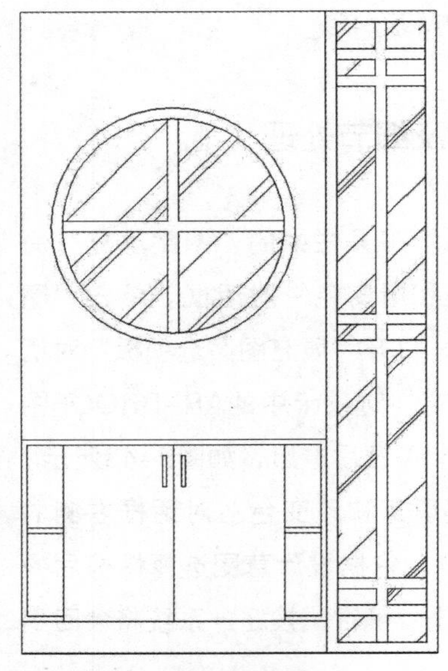
图5-44 图案填充完成

“图案填充和渐变色”对话框，设置角度为45°，填充比例为300，然后单击“确定”按钮完成图案填充，如图5-44所示。

（3）单击“绘图”工具栏中的“图案填充”命令，打开“图案填充和渐变色”对话框。单击“图案”选项后面的命令，打开“填充图案选项板”对话框，选择“其他预定义”选项卡中的AR-SAND图案类型，单击“确定”按钮后退出，如图5-45所示。

（4）单击“图案填充和渐变色”对话框右侧的“添加：拾取点”命令，依据设计草图选择圆外矩形作为填充区域，单击“确定”按钮，系统将会回到“图案填充和渐变色”对话框，设置填充比例为30，然后单击“确定”按钮完成图案填充，如图5-46所示。

（5）依据设计草图，添加尺寸、文字标注并整理图形，玄关鞋柜立面绘制完成，如图5-47所示。

本章小结：

绘制立面图之前要先确定好平面图，立面图一定要与平面图完全对应，否则图纸在施工中就会造成识读错误。立面图主要绘制设计对象的形体结构，应当尽量深入细致了解，对不了解的结构特征可以参考相关实物对象，完全理解后再进行绘制。为了丰富图面效果，在立面图中应当进行适当填充。

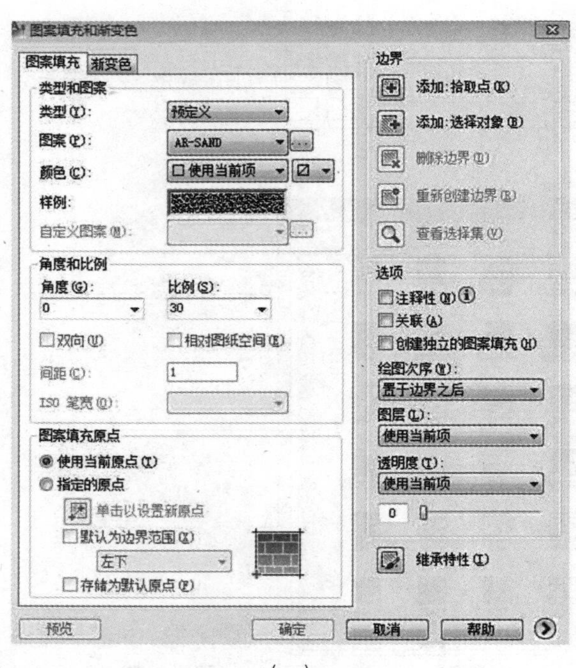

（a）

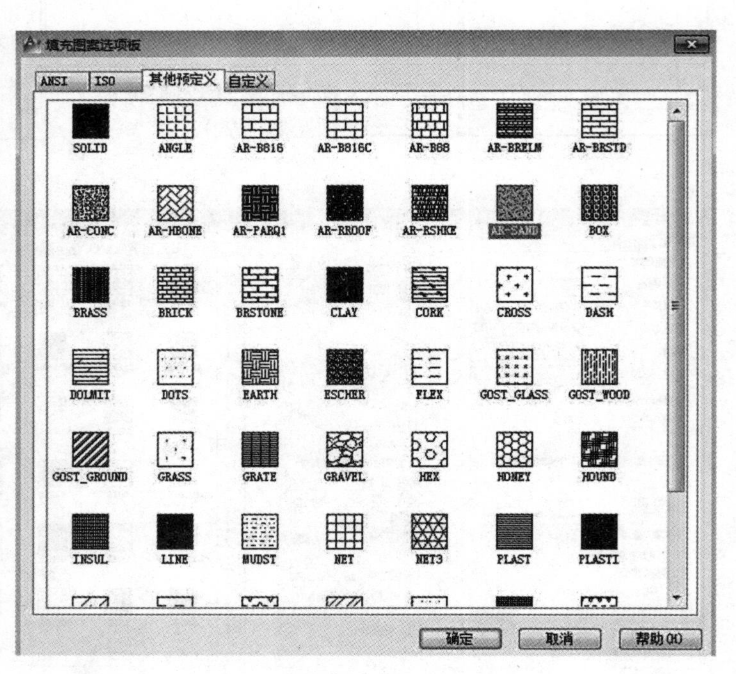

（b）

图5-45 选择要填充的矩形图案

图5-46 图案填充完成

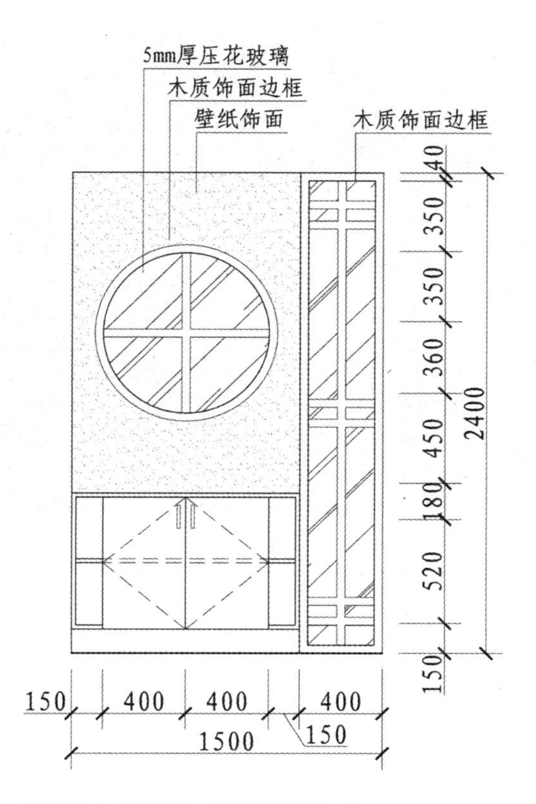

图5-47 玄关鞋柜立面绘制完成

1. 绘制立面图时需要注意哪些问题?
2. 运用AutoCAD2020绘制鞋柜立面图。
3. 运用AutoCAD2020绘制酒柜立面图。
4. 运用AutoCAD2020绘制衣柜立面图。
5. 运用AutoCAD2020绘制阳台吊柜立面图。
6. 运用AutoCAD2020绘制书柜立面图。
7. 运用AutoCAD2020绘制橱柜立面图。

第六章

AutoCAD2020 应用 · 其他类图纸绘制

PPT 课件

视频教学

配套素材

* 若扫码失败请使用浏览器或其他应用重新扫码

学习难度：★★★★☆

重点概念：剖面图、大样详图

章节导读

剖面图和大样详图主要用来反映建筑物的结构、垂直空间利用以及各层构造的具体设计等，本章将以楼梯踏步的大样详图及某住宅的部分空间的剖面图的绘制为例来具体讲解剖面图和大样详图的设计理念以及运用AutoCAD绘制时需要注意的相关技巧。

第一节　剖面图绘制前准备

一、设计图研究

在绘制立面图之前需要深刻地研究设计图纸，明确设计重点和具体要表现的设计细节有哪些，本节将以图6-1所示餐厅吊顶剖面图为例具体讲解剖面图的绘制过程。

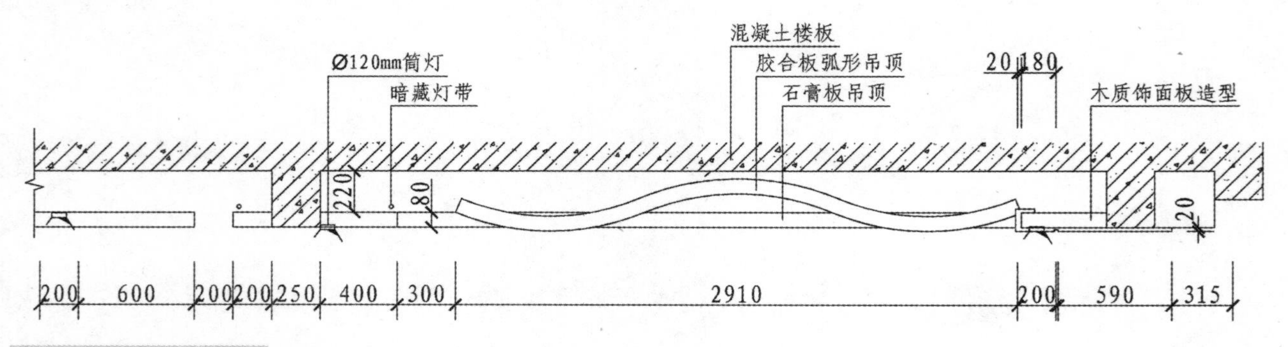

图6-1　餐厅吊顶剖面图

二、绘制前准备

打开之前绘制好的装饰平面图，并将其作为绘制剖面图的参考，如图6-2所示。

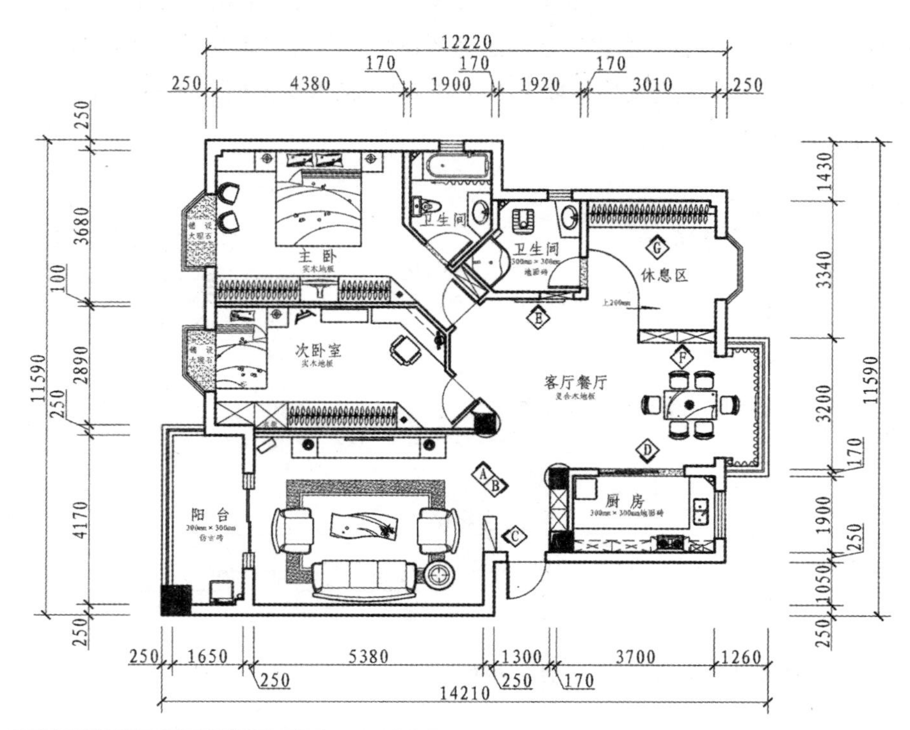

图6-2　将装饰平面图作为绘制剖面图的参考

第二节　剖面图具体内容绘制

一、初期轮廓绘制与图案填充

（1）单击“绘图”工具栏中的“多段线”命令，依据设计草图绘制一段多段线，如图6-3所示。

（2）单击“绘图”工具栏中的“多段线”命令，依据设计草图再绘制一段多段线，作为填充图案的轮廓线，如图6-4所示。

（3）单击“绘图”工具栏中的“图案填充”命令，打开“图案填充和渐变色”对话框。单击“图案”选项后面的命令，打开“填充图案选项板”对话框，选择“ANSI”选项卡中的ANSI31图案类型，单击“确定”按钮后退出，如图6-5所示。

（4）单击“图案填充和渐变色”对话框右侧的“添加：拾取点”命令，依据设计草图选择修剪后的圆作为填充区域，单击“确定”按钮，系统将会回到“图案填充和渐变色”对话框，设置填充比例为500，然后单击“确定”按钮完成图案填充，如图6-6所示。

（5）单击“绘图”工具栏中的“图案填充”命令，打开“图案填充和渐变色”对话框。单击“图案”选项后面的命令，打开“填充图案选项板”对话框，选择“其他预定义”选项卡中的AR-CONC图案类型，单击“确定”按钮后退出，如图6-7所示。

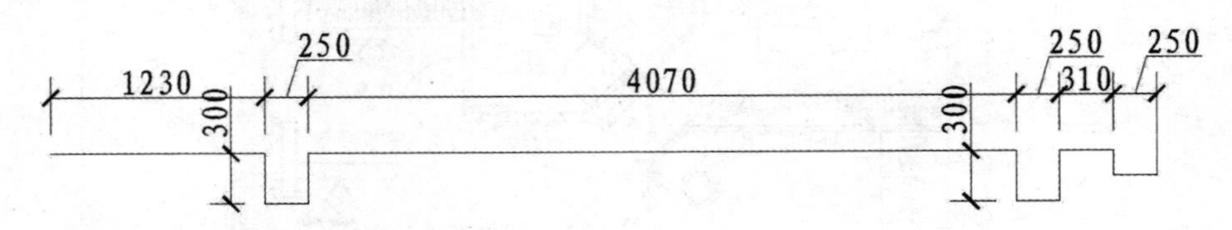

图6-3 依据设计草图绘制一段多段线

图6-4 绘制多段线作为填充图案的轮廓线

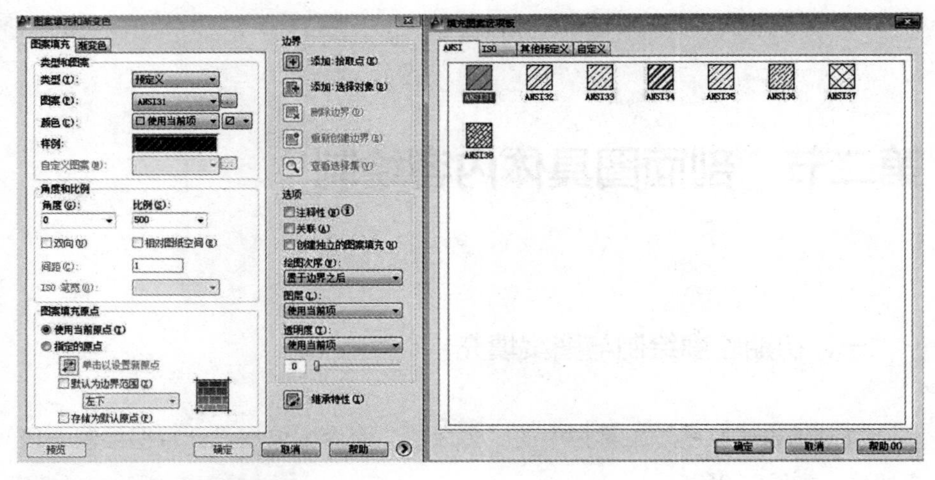

图6-5 选择要填充的图案

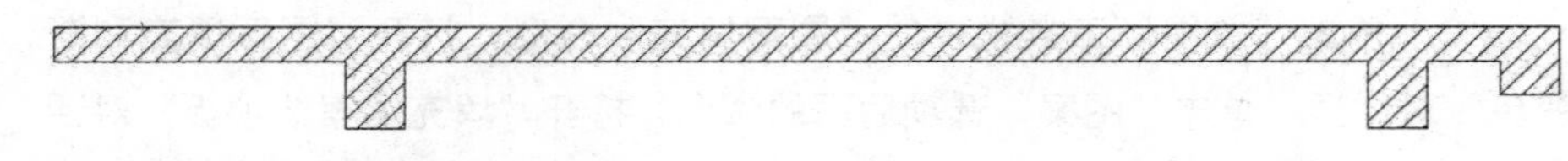
图6-6 填充图案完成

（6）单击“图案填充和渐变色”对话框右侧的“添加：拾取点”命令，依据设计草图选择修剪后的圆作为填充区域，单击“确定”按钮，系统将会回到“图案填充和渐变色”对话框，设置填充比例为30，然后单击“确定”按钮完成图案填充，如图6-8所示。

（7）单击“绘图”工具栏中的“直线”命令，依据设计草图绘制两段垂直相交的直线。然后单击“绘图”工具栏中的“矩形”命令，依据设计草图在图形适当位置绘制四个矩形，矩形尺寸依次为830mm×80mm、200mm×80mm、400mm×80mm、3210mm×80mm，如图6-9所示。

（8）单击“绘图”工具栏中的“多段线”命令，依据设计草图绘制一段多段线，多段线长度依次为90mm、20mm、590mm、10mm、20mm、10mm、200mm、120mm、100mm、20mm，如图6-10所示。

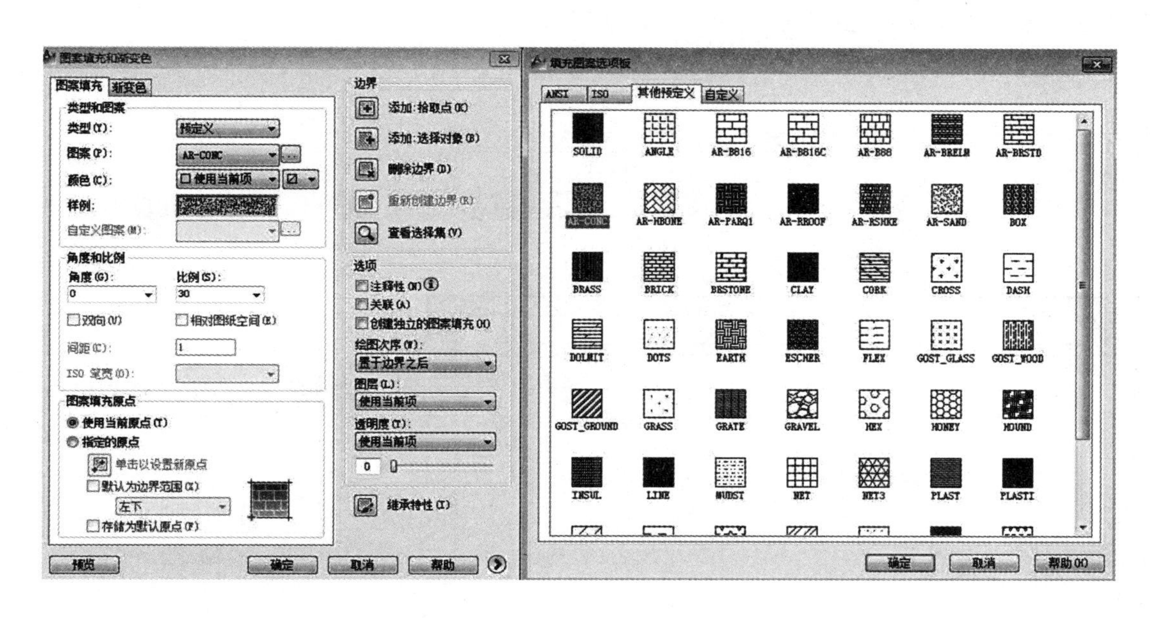

图6-7 选择要填充的图案

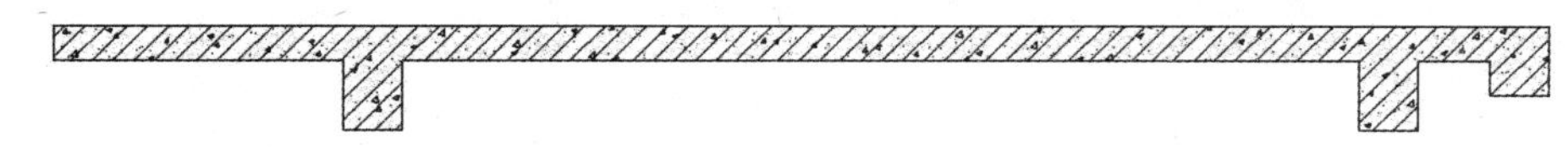

图6-8 填充图案完成

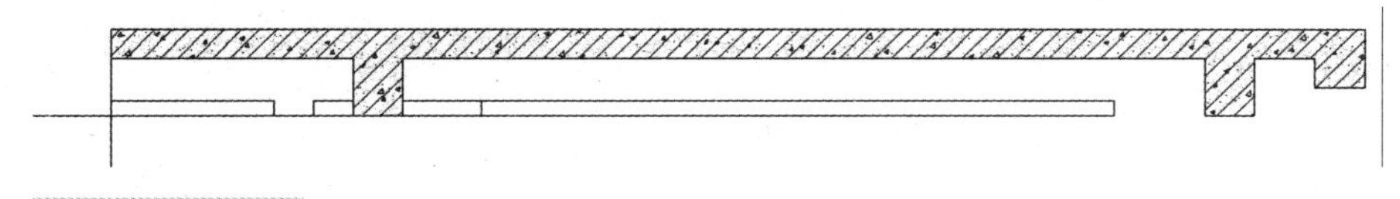

图6-9 绘制矩形

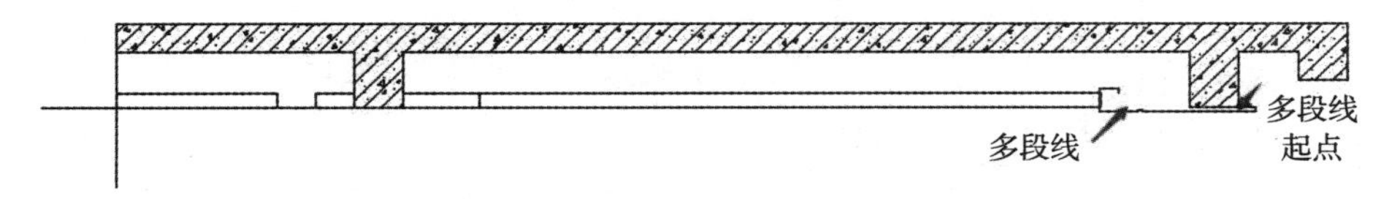

图6-10 绘制一段多段线

（9）单击“绘图”工具栏中的“多段线”命令，依据设计草图绘制一段多段线，多段线长度依次为440mm、80mm、440mm，如图6-11所示。

（10）单击“绘图”工具栏中的“多段线”命令，依据设计草图绘制一段多段线，多段线长度依次为150mm、220mm，如图6-12所示。

二、偏移并修剪图案

（1）单击“绘图”工具栏中的“直线”命令，依据设计草图在图形适当位置绘制三条长度为1243mm的竖直线，并作为圆的半径。然后单击“绘图”工具栏中的“圆”命令，以直线为半径绘制三个圆，单击“修改”工具栏中的“偏移”命令，将绘制好的圆均向上偏移80mm，如图6-13所示。

（2）单击“修改”工具栏中的“修剪”命令，依据设计草图对步骤1中绘制的图形进行修剪，如图6-14所示。

（3）依据设计草图放置筒灯与灯带，如图6-15所示。

（4）依据设计草图添加文字标注和尺寸标注，并进行补充、整理，餐厅吊顶剖面绘制完成，如图6-16所示。

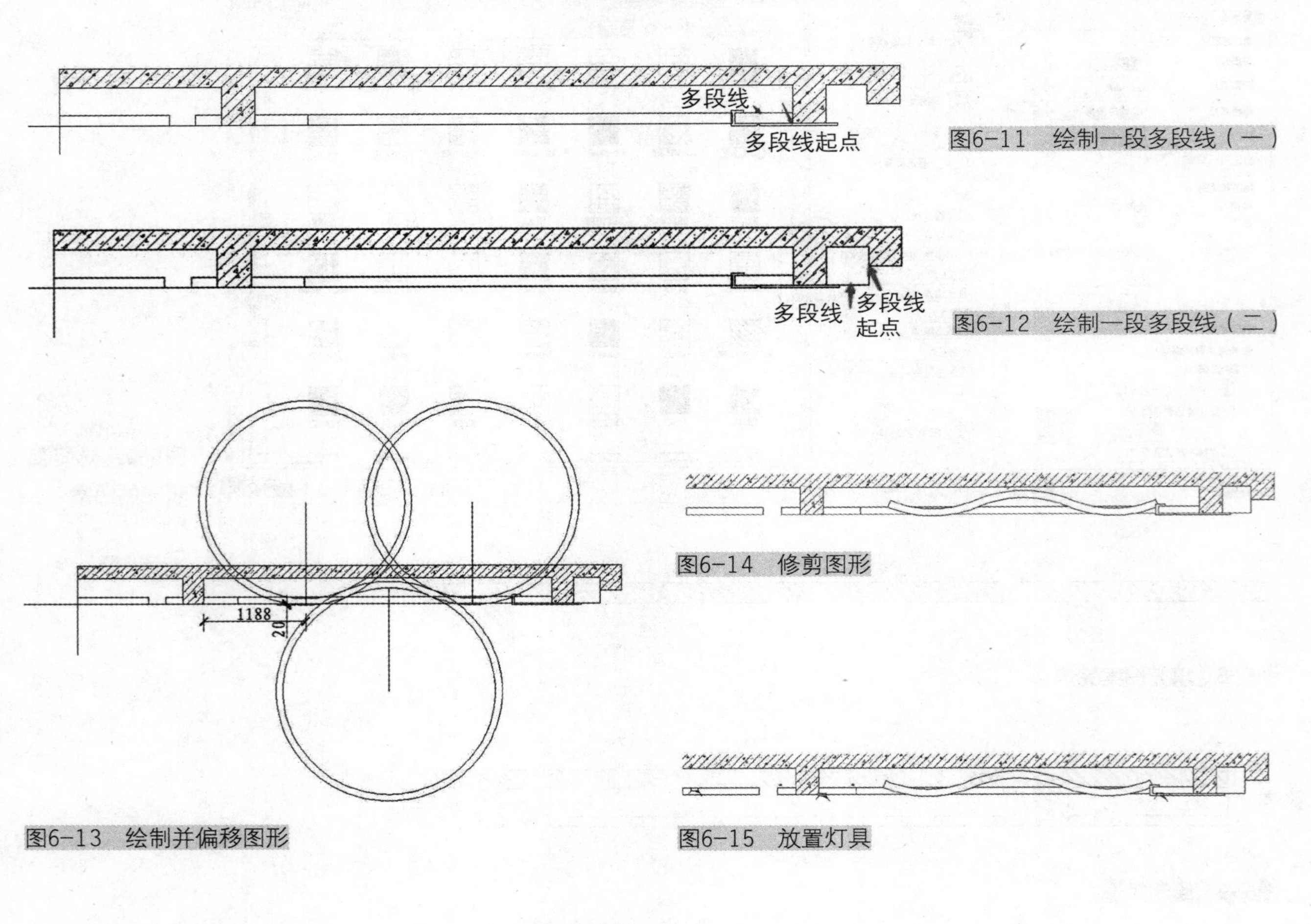

图6-11　绘制一段多段线（一）

图6-12　绘制一段多段线（二）

图6-13　绘制并偏移图形

图6-14　修剪图形

图6-15　放置灯具

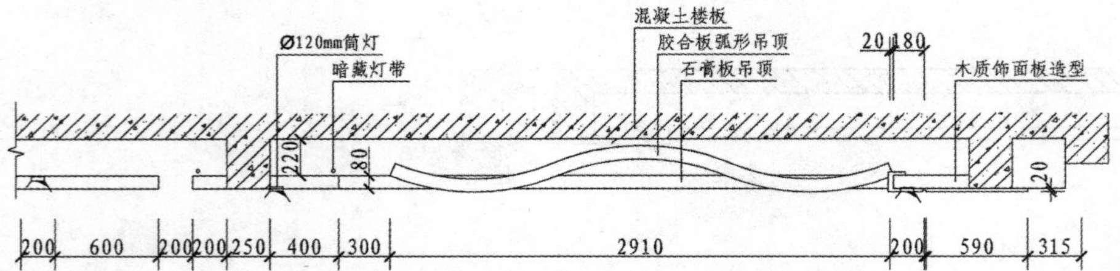

图6-16　餐厅吊顶剖面绘制完成

第三节　大样详图绘制内容

本节将以图6-17所示大样详图为例具体讲解大样详图的绘制过程。

一、基础轮廓绘制

（1）单击“绘图”工具栏中的“直线”命令，依据设计草图在图形适当位置绘制一条长度为2500mm的斜向直线，如图6-18所示。

（2）结合之前所学知识，利用“多段线”命令、“偏移”命令、“分解”命令、“直线”命令，依据设计草图绘制楼梯踏步板大样详图的基本图形，如图6-19所示。

（3）单击“绘图”工具栏中的“矩形”命令，在步骤（2）中绘制的图形外部绘制一个2020mm×1735mm的矩形，如图6-20所示。

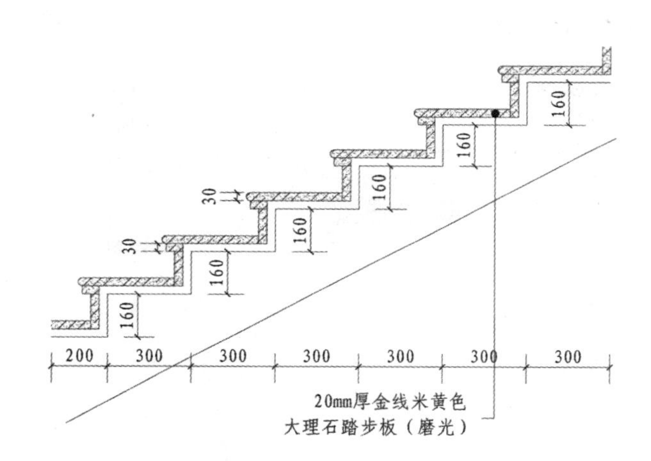

图6-17　楼梯踏步板大样详图

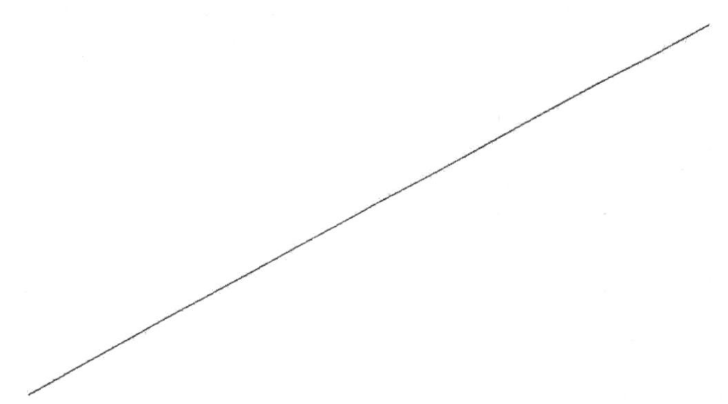

图6-18　绘制长度为2500mm的斜向直线

图6-19　楼梯踏步板大样详图的基本图形

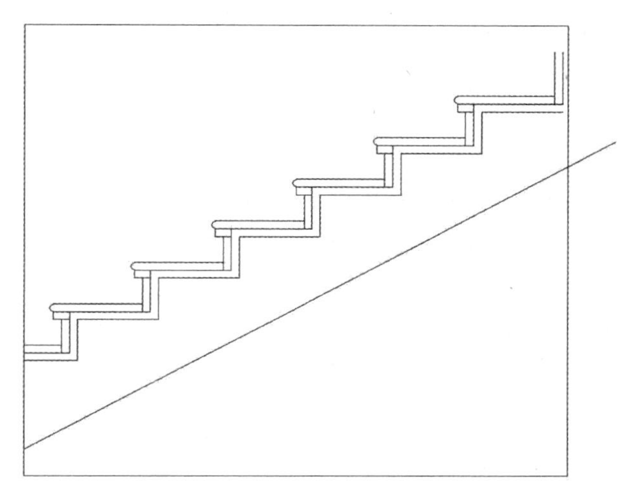

图6-20　绘制矩形

（4）单击“修改”工具栏中的“圆角”命令，对步骤（3）中绘制的矩形的四条边进行圆角处理，圆角半径均为300mm，如图6-21所示。

（5）单击“修改”工具栏中的“修剪”命令，依据设计草图对圆角外的线段进行修剪处理，如图6-22所示。

二、内部图案填充

（1）单击“绘图”工具栏中的“图案填充”命令，打开“图案填充和渐变色”对话框。单击“图案”选项后面的命令，打开“填充图案选项板”对话框，选择ANSI中的ANSI35图案类型，单击“确定”按钮后退出，如图6-23所示。

（2）单击“图案填充和渐变色”对话框右侧的“添加：拾取点”命令，依据设计草图选择修剪后的圆作为填充区域，单击“确定”按钮，系统将会回到“图案填充和渐变色”对话框，设置填充比例为200，然后单击“确定”按钮完成图案填充，如图6-24所示。

（3）单击“绘图”工具栏中的“图案填充”命令，打开“图案填充和渐变色”对话框。单击“图案”选

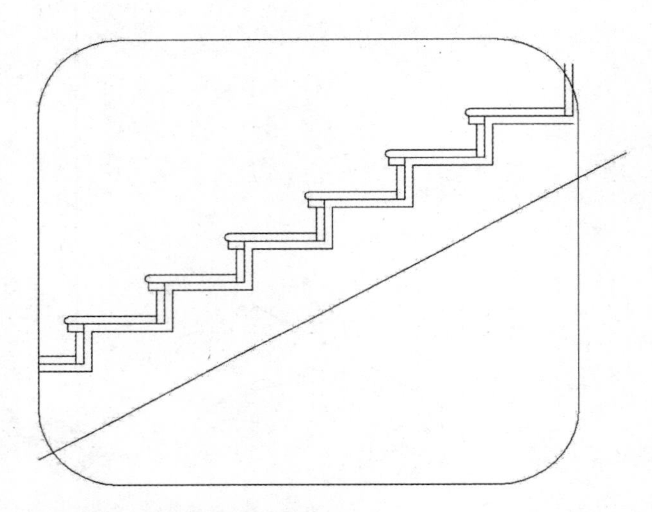

图6-21　对图形进行圆角处理

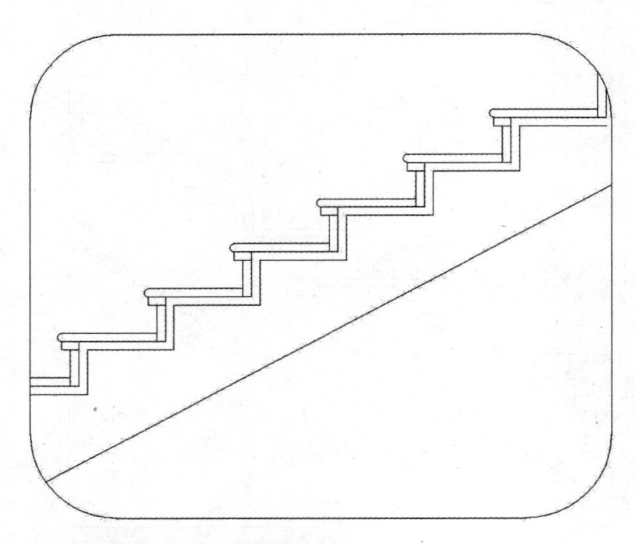

图6-22　对图形进行修剪处理

（a）

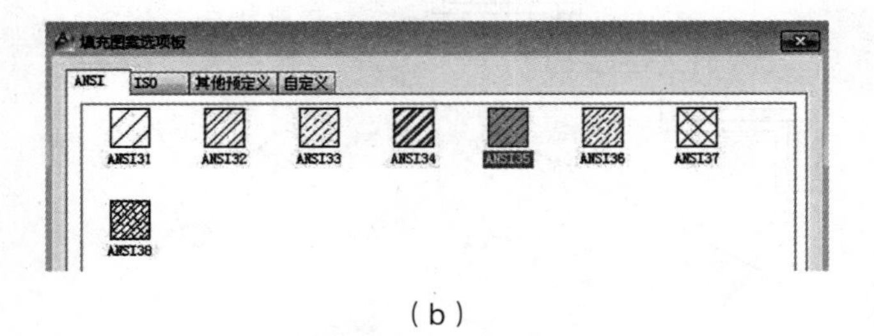

（b）

图6-23　选择要填充的图案

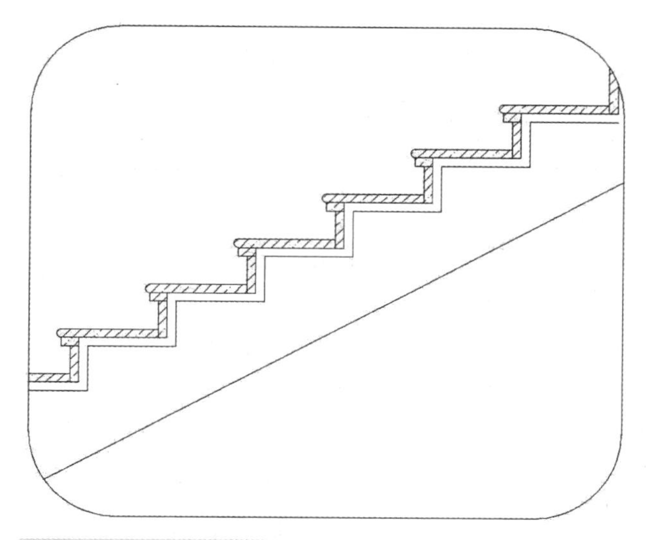

图6-24　图案填充完成

项后面的命令，打开“填充图案选项板”对话框，选择“其他预定义”中的AR-SAND图案类型，单击“确定”按钮后退出，如图6-25所示。

（4）单击“图案填充和渐变色”对话框右侧的“添加：拾取点”命令，依据设计草图选择修剪后的圆作为填充区域，单击“确定”按钮，系统将会回到“图案填充和渐变色”对话框，设置填充比例为8，然后单击“确定”按钮完成图案填充，如图6-26所示。

（a）

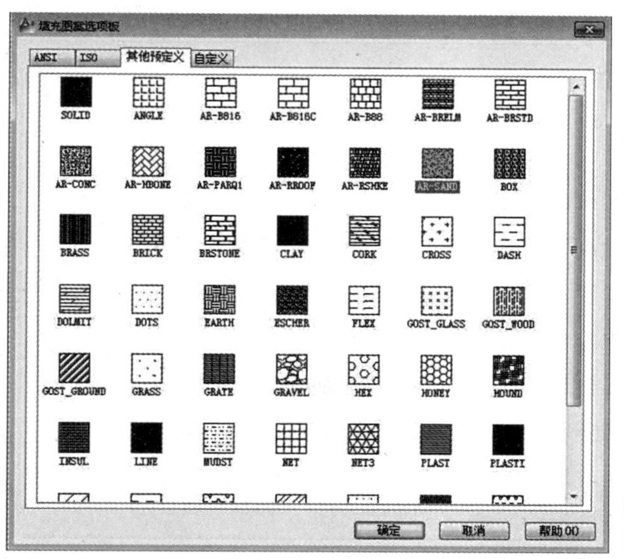

（b）

图6-25　选择要填充的图案

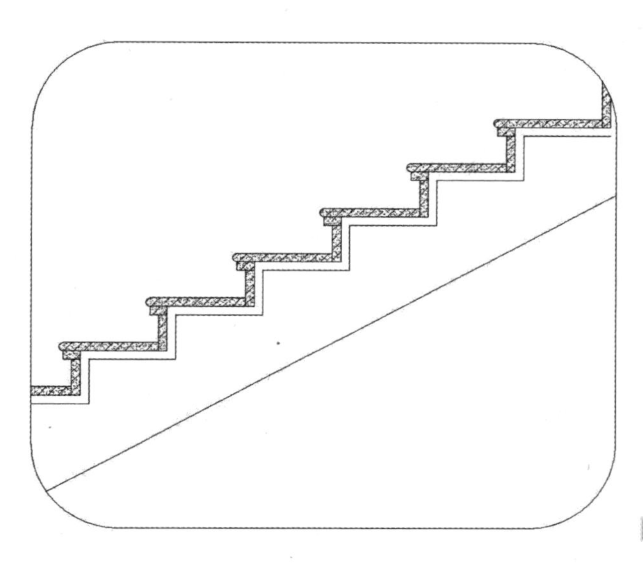

图6-26　图案填充完成

第四节　剖面图绘制准备

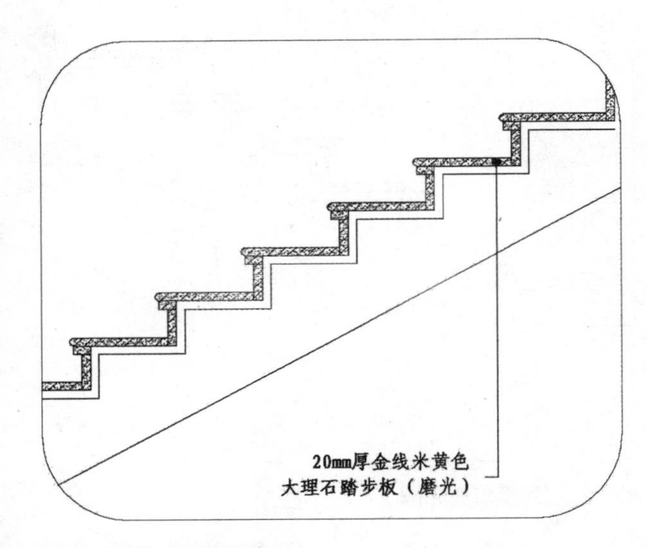

图6-27　添加文字说明

一、添加文字标注

在命令行输入“QLEADER”命令，依据设计草图为图形添加文字说明，如图6-27所示。

二、添加尺寸标注

单击“标注”工具栏中的“线性”命令，依据设计草图为图形添加尺寸标注，并整理图形，楼梯大样详图绘制完成，如图6-28所示。

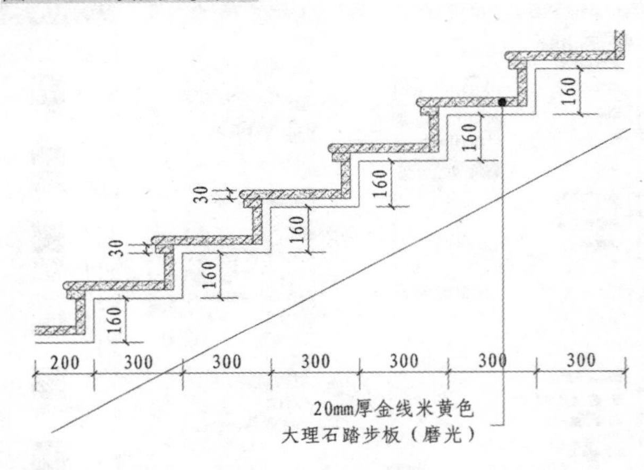

图6-28　楼梯踏步板大样详图绘制完成

本章小结：

剖面图与大样详图要根据平面图、顶面图、立面图等主要图纸绘制，但并不是所有上述图纸都会生成剖面图与大样详图，是否需要根据设计构造的复杂程度来确定，如果能快速看懂的结构可以不需要绘制这类图，但是大多数设计图中，每个造型独特的立面图都会配置1～2处剖面图或大样详图，这样能更方便理解设计构造。

1. 绘制剖面图时需要注意哪些问题?
2. 绘制大样详图时需要注意哪些问题?
3. 运用AutoCAD2020绘制衣柜剖面图。
4. 运用AutoCAD2020绘制酒柜剖面图。
5. 运用AutoCAD2020绘制吊顶造型剖面图。
6. 运用AutoCAD2020绘制鞋柜剖面图。
7. 运用AutoCAD2020绘制别墅楼梯大样详图。
8. 运用AutoCAD2020绘制特别墙体改造大样详图。

第七章

AutoCAD2020应用实例·住宅空间图纸绘制

PPT 课件　视频教学　配套素材

* 若扫码失败请使用浏览器或其他应用重新扫码

学习难度：★★★☆☆

重点概念：沙发、茶几、床、桌椅、插入家具图块

章节导读

衣食住行是人类生活不可或缺的，随着时代的不断进步，人们对住宅设计的要求更高了，良好的住宅环境能够放松心情，缓解疲劳，因此业主在选择装修公司时会更多地注意到住宅如何设计，本章将以128m²住宅（图7-1）为例，从家具入手具体介绍装饰平面图的绘制。

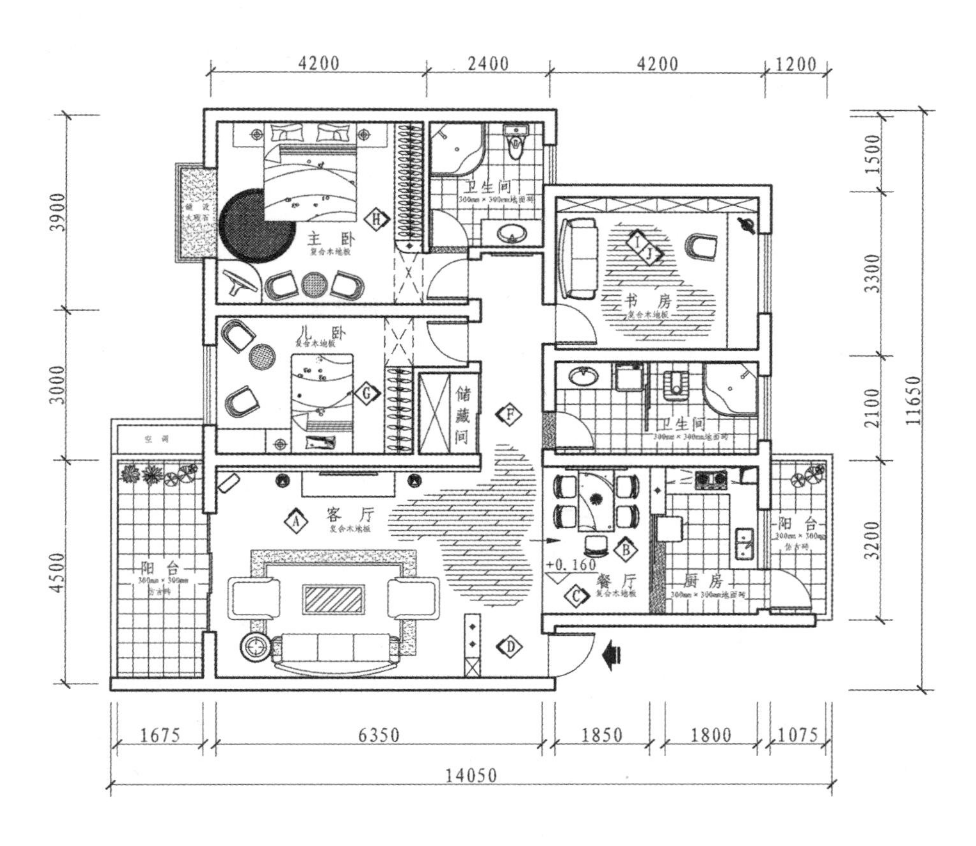

图7-1　128m²住宅装饰平面图

第一节　沙发及方形茶几绘制

一、绘图准备

1. 单击“标准”工具栏中的“打开”命令，弹出“打开文件”对话框，选择“住宅建筑平面图”文件，单击“打开”命令，打开之前绘制好的住宅建筑平面图。

2. 选择“文件”／“另存为”命令，将打开的“住宅建筑平面图”另存为“住宅装饰平面图”并进行整理，如图7-2所示。

二、绘制多人沙发

（1）单击“绘图”工具栏中的“矩形”命令，绘制一个2100mm×550mm的矩形，单击“修改”工具栏中的“分解”命令，分解矩形，如图7-3所示。

（2）单击“修改”工具栏中的“偏移”命令，将步骤（1）中绘制的矩形左侧竖直边向左进行连续偏移，偏移距离依次为300mm、300mm，再将矩形左侧竖直边向外进行连续偏移，偏移距离依次为175mm、25mm，将右侧竖直边向外进行连续偏移，偏移距离依次为175mm、25mm，将矩形上水平边向下进行连续偏移，偏移距离依次为50mm、25mm，单击“绘图”工具栏中的“直线”命令绘制直线，将偏移线段与矩形相连，如图7-4所示。

（3）单击“修改”工具栏中的“打断”／“打断于点”命令，将矩形的水平边打断为3点，断点为偏移线段与水平边的垂足，单击“修改”工具栏中的“圆角”命令，依据设计草图将步骤（1）中绘制好的矩形的边角进行圆角处理，圆角半径为30mm，然后将步骤（2）中绘制好的直线与偏移线段处同样进行圆角处理，圆角半径为120mm，如图7-5所示。

（4）单击“绘图”工具栏中的“圆弧”命令，依据设计草图在前面几步绘制好的图形适当位置绘制弧形，单击“修改”工具栏中的“偏移”命令，将矩

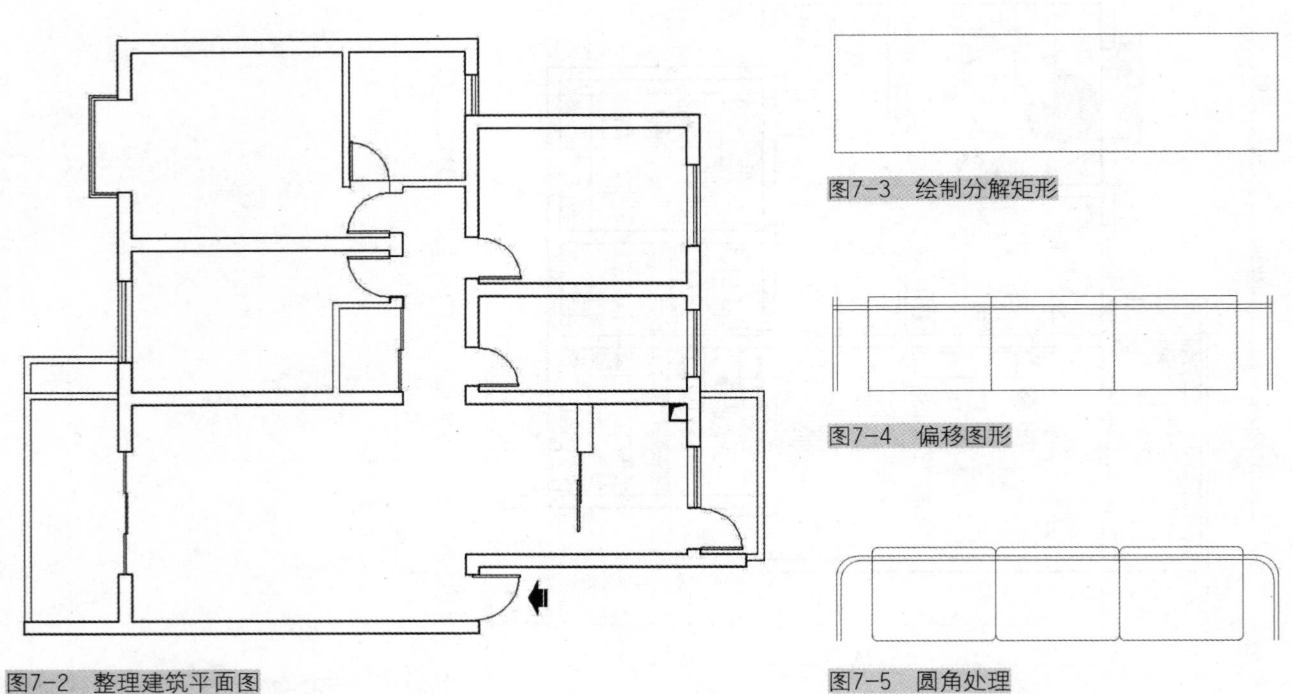

图7-2　整理建筑平面图

图7-3　绘制分解矩形

图7-4　偏移图形

图7-5　圆角处理

形水平边上弧形向外偏移80mm，并依据设计草图对图形做调整，如图7–6所示。

（5）单击“修改”工具栏中的“修剪”命令，将上述步骤中绘制好的图形多余线段进行修剪，单击“绘图”工具栏中的“创建块”命令，弹出“块定义”对话框，选择上述图形为定义对象，选择任意点为基点，将其定义为块，块名为“多人沙发”，如图7–7所示。

三、绘制茶几

（1）单击“绘图”工具栏中的“矩形”命令，在图形空白区域绘制一个长为1200mm、宽为600mm的矩形，如图7–8所示。

（2）单击“修改”工具栏中的“偏移”命令，将步骤（1）中的矩形进行偏移，偏移距离为60mm，如图7–9所示。

（3）单击“绘图”工具栏中的“图案填充”命令，打开“图案填充和渐变色”对话框。单击“图案”选项后面的命令，打开“填充图案选项板”对话框，选择“其他预定义”选项卡中的STEEL图案类型，单击“确定”按钮后退出，如图7–10所示。

（4）单击“图案填充和渐变色”对话框右侧的

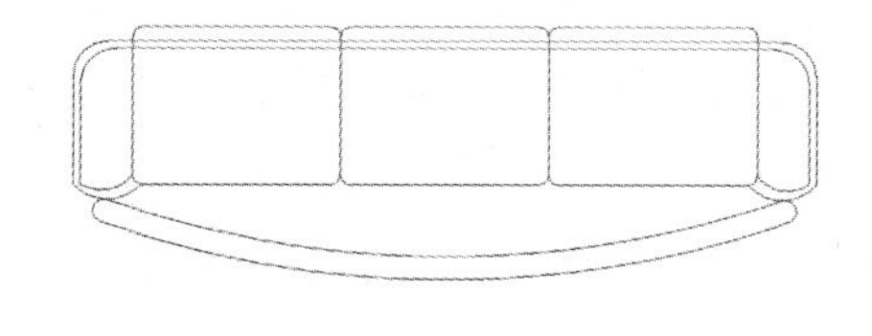

图7–6　绘制圆弧

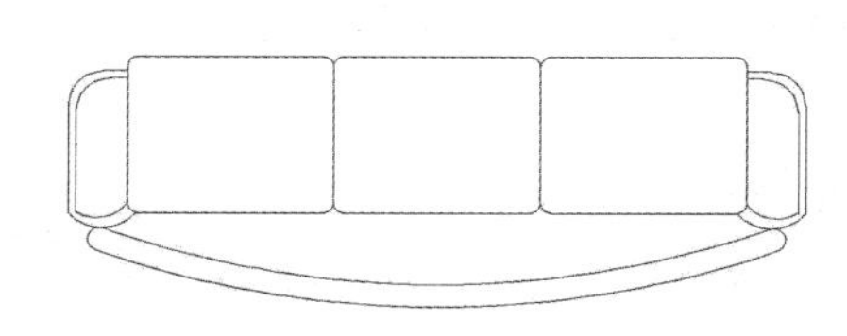

图7–7　多人沙发绘制完成

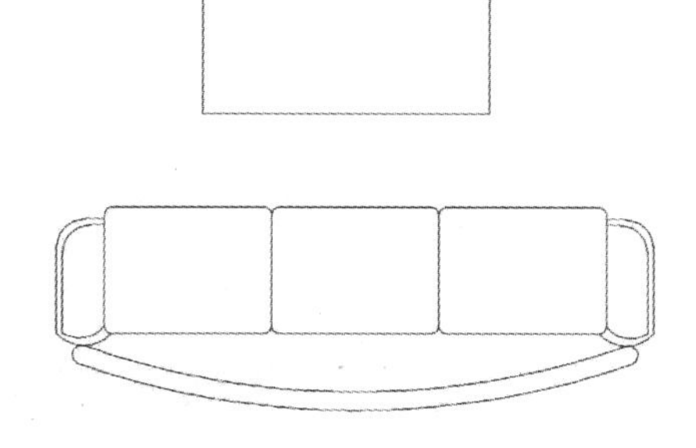

图7–8　绘制方形茶几雏形

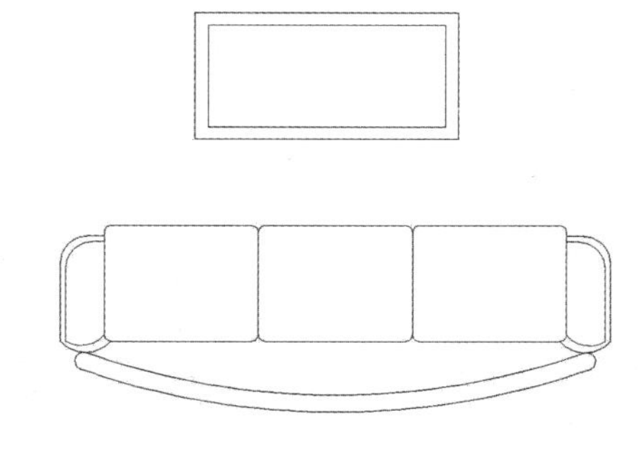

图7–9　矩形偏移

（a）

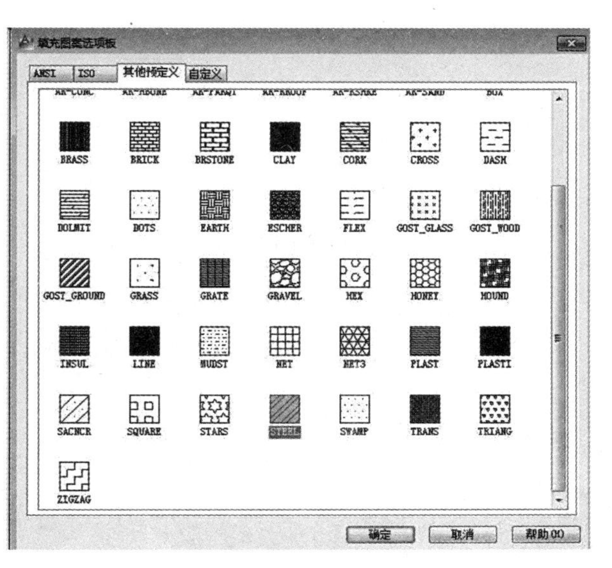

（b）

图7–10　选择要填充的方形茶几图案

"添加：拾取点"命令，选择填充区域后单击"确定"按钮，系统将会回到"图案填充和渐变色"对话框，设置填充比例为1500，然后单击"确定"按钮完成图案填充，如图7-11所示。

（5）单击"绘图"工具栏中的"创建块"命令，弹出"块定义"对话框，选择步骤（4）中绘制的图形为定义对象，选择任意点为基点，并命名为"方形茶几"。

四、绘制单人沙发

（1）单击"绘图"工具栏中的"矩形"命令，在上述图形的左侧适当位置绘制一个长为1000mm、宽为850mm的矩形，如图7-12所示。

（2）单击"修改"工具栏中的"分解"命令，选择步骤（1）中绘制的矩形为分解对象，对其进行分解，然后单击"修改"工具栏中的"偏移"命令，将分解矩形的左侧竖直边向右进行连续偏移，偏移距离依次为50mm、50mm、650mm、50mm，将上水平边向下进行连续偏移，偏移距离分依次为95mm和785mm，如图7-13所示。

（3）单击"修改"工具栏中的"圆角"命令，依据设计草图选择步骤（2）中矩形及偏移线段与矩形的边角进行圆角处理，从外往内，圆角半径依次为90mm、63mm、25mm，并裁剪掉多余部分，如图7-14所示。

（4）单击"绘图"工具栏中的"圆弧"命令，在图形适当位置绘制两段圆弧，单击"修改"工具栏中的"修剪"命令，选择步骤（3）中的多余线段并进行修剪，如图7-15所示。

（5）单击"修改"工具栏中的"旋转"命令，选择步骤（4）中修剪后的图形作为旋转对象，选择图形底部水平边为旋转基点，将其旋转90°。单击"绘图"工具栏中的"创建块"命令，弹出"块定义"对话框，选择上述图形为定义对象，选择任意点为基点，将其定义为块，块名为"单人沙发1"，如图7-16所示。

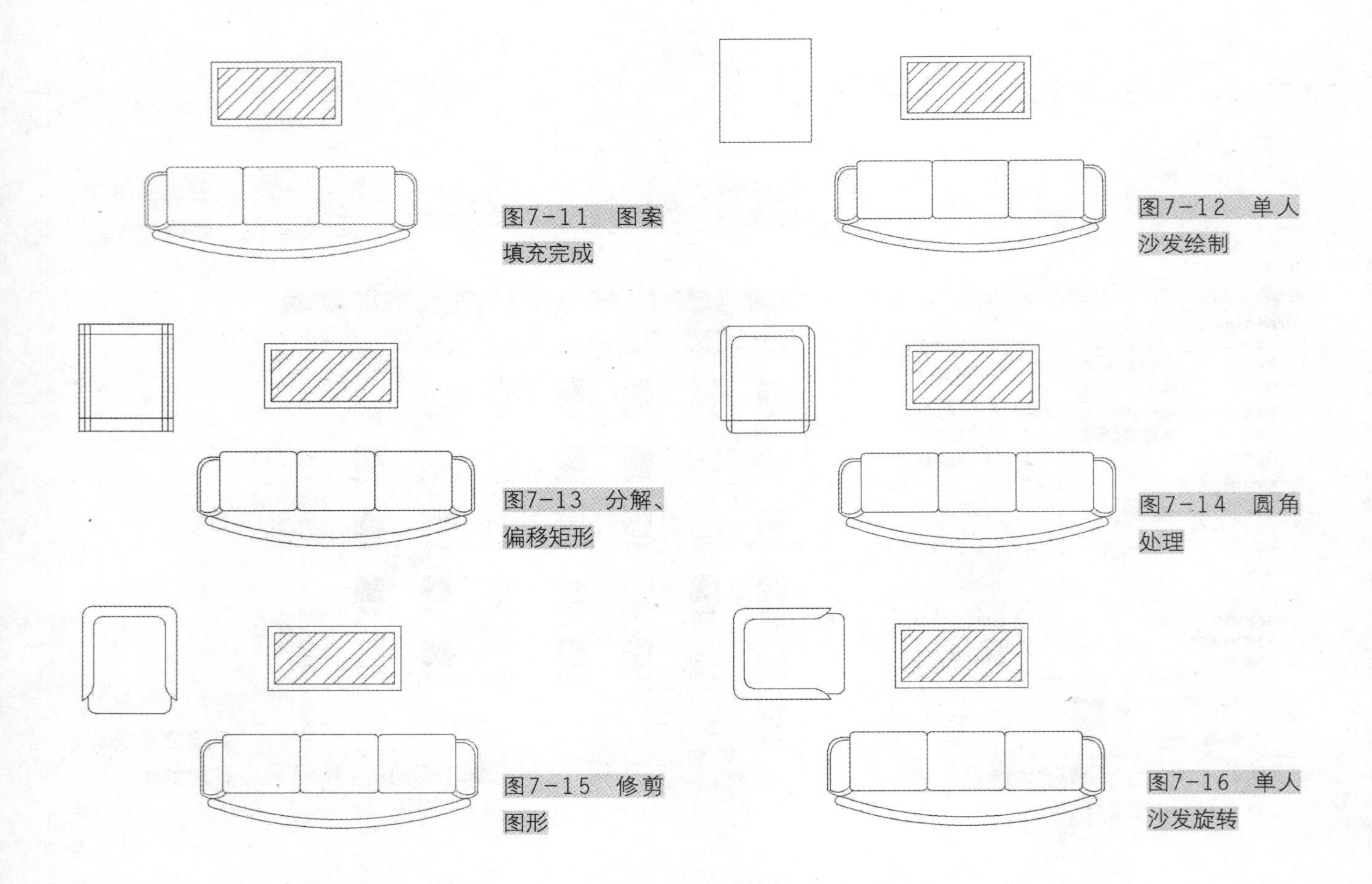

图7-11 图案填充完成

图7-12 单人沙发绘制

图7-13 分解、偏移矩形

图7-14 圆角处理

图7-15 修剪图形

图7-16 单人沙发旋转

（6）单击“修改”工具栏中的“镜像”命令，选择步骤（5）中绘制的单人沙发为镜像对象并向右侧进行镜像，单击“绘图”工具栏中的“创建块”命令，弹出“块定义”对话框，选择步骤（5）中绘制的图形为定义对象，选择任意点为基点，将其定义为块，块名为“单人沙发2”，如图7-17所示。

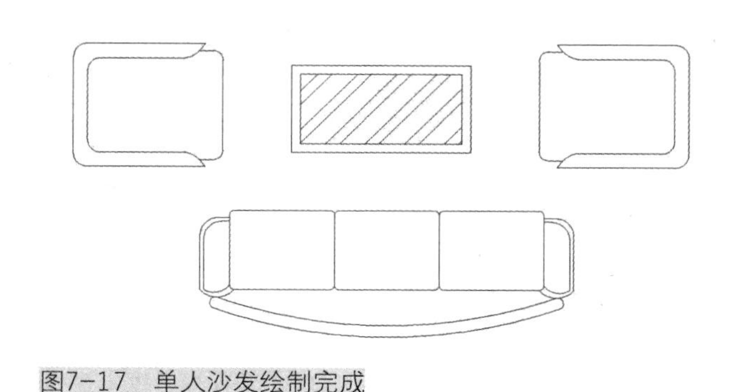
图7-17　单人沙发绘制完成

第二节　双人床绘制

一、绘制双人床及其周边家具

（1）单击“绘图”工具栏中的“矩形”命令，绘制一个长为2000mm，宽为1800mm的矩形，以此作为双人床的轮廓线，如图7-18所示。

（2）单击“绘图”工具栏中的“样条曲线”命令，绘制双人床细部轮廓线，单击“绘图”工具栏中的“圆”命令，绘制不同大小的圆，为双人床增添细部纹路，如图7-19所示。

（3）单击“绘图”工具栏中的“样条曲线”命令，绘制双人床枕头轮廓线，如图7-20所示。

（4）单击“绘图”工具栏中的“样条曲线”命令，绘制枕头细部轮廓线，单击“修改”工具栏中的“镜像”命令，选择步骤（3）中绘制的枕头轮廓线为镜像对象并向右侧进行镜像，完成枕头的绘制，如图7-21所示。

（5）单击“绘图”工具栏中的“矩形”命令，在双人床左侧床头位置

图7-18　绘制双人床外部轮廓线

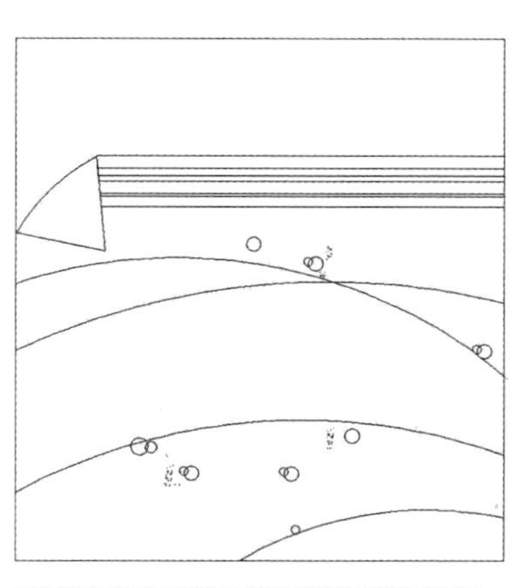
图7-19　绘制双人床细部轮廓线

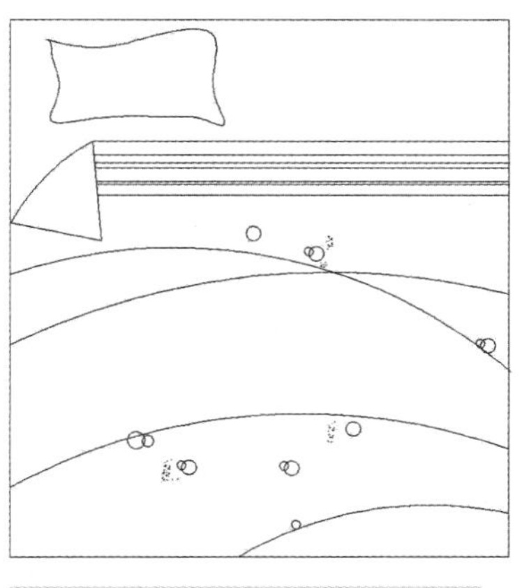
图7-20　绘制双人床枕头轮廓线

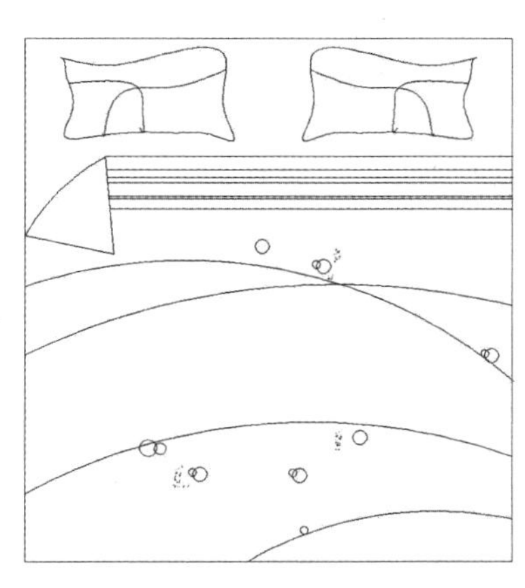
图7-21　枕头绘制完成

绘制一个长为600mm、宽为500mm的矩形，在双人床右侧床头位置绘制一个长为600mm、宽为500mm的矩形，如图7-22所示。

（6）单击“绘图”工具栏中的“圆”命令，在步骤（5）中绘制好的矩形内各绘制一个半径为100mm的圆，单击“修改”工具栏中的“偏移”命令，选择绘制的圆为偏移对象并向内进行偏移，偏移距离为50mm，如图7-23所示。

（7）单击“绘图”工具栏中的“直线”命令，过步骤（6）中偏移的圆心中点绘制十字交叉线，如图7-24所示。

（8）单击“修改”工具栏中的“镜像”命令，选择步骤（7）中绘制的台灯为镜像对象并向右侧进行镜像，如图7-25所示。

二、绘制双人床地毯

（1）单击“绘图”工具栏中的“圆”命令，在双人床左侧适当位置绘制半径为750mm的圆，然后单击“修改”工具栏中的“偏移”命令，将圆向内

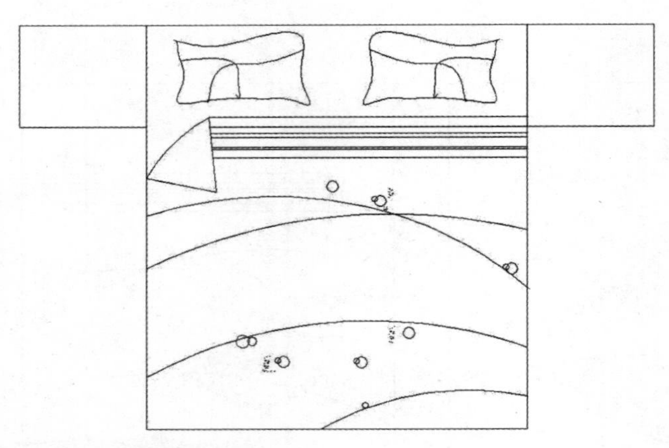

7-22　绘制床头柜

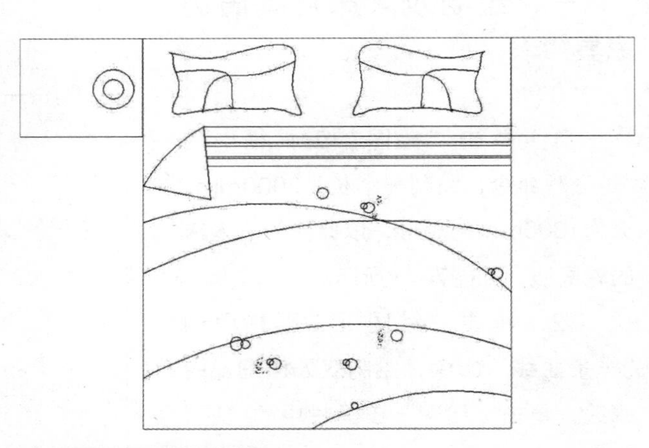

图7-23　绘制并偏移圆

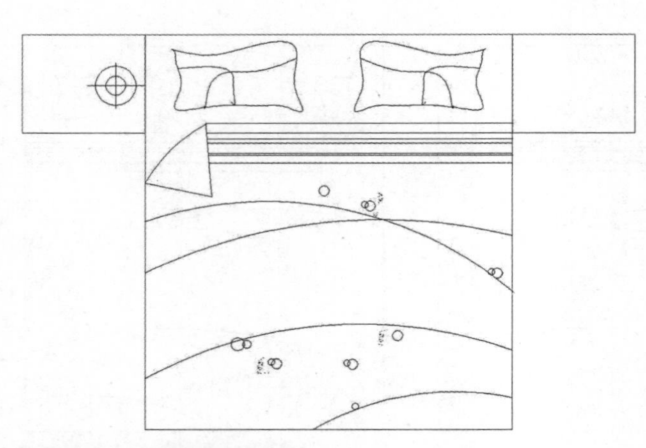

图7-24　绘制十字交叉线

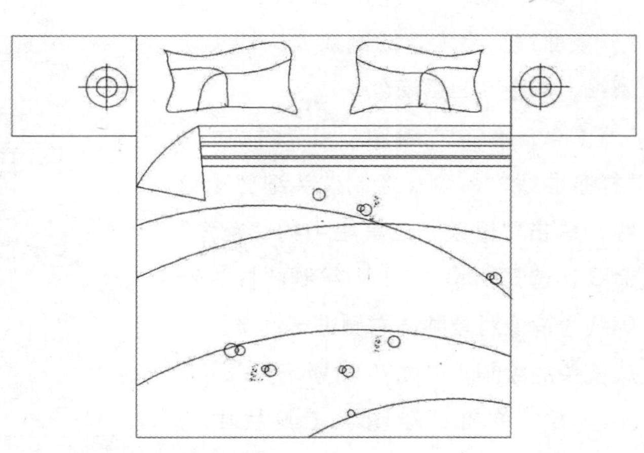

图7-25　台灯绘制完成

偏移100mm，如图7–26所示。

（2）单击“绘图”工具栏中的“图案填充”命令，打开“图案填充和渐变色”对话框。单击“图案”选项后面的按钮，打开“填充图案选项板”对话框，选择“其他预定义”中的NET图案类型，单击“确定”按钮后退出，如图7–27所示。

（3）单击“修改”工具栏中的“修剪”命令，依据设计草图将多余部分进行修剪。单击“图案填充和渐变色”对话框右侧的“添加：拾取点”命令，选择填充区域后单击“确定”命令，系统将会回到“图案填充和渐变色”对

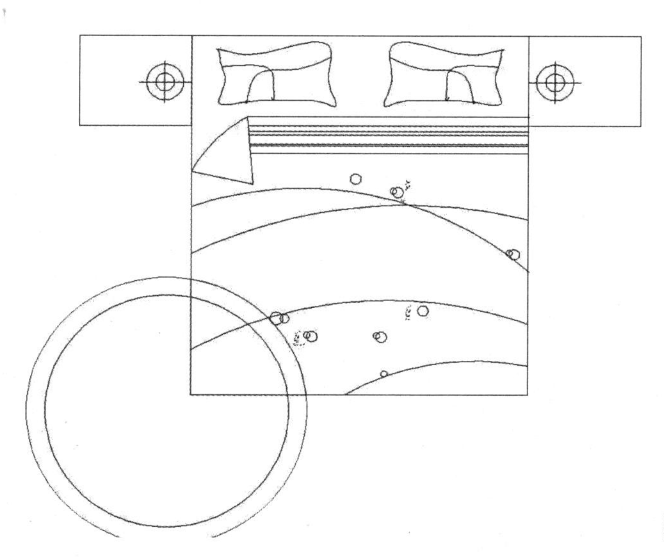

图7–26　地毯绘制、偏移

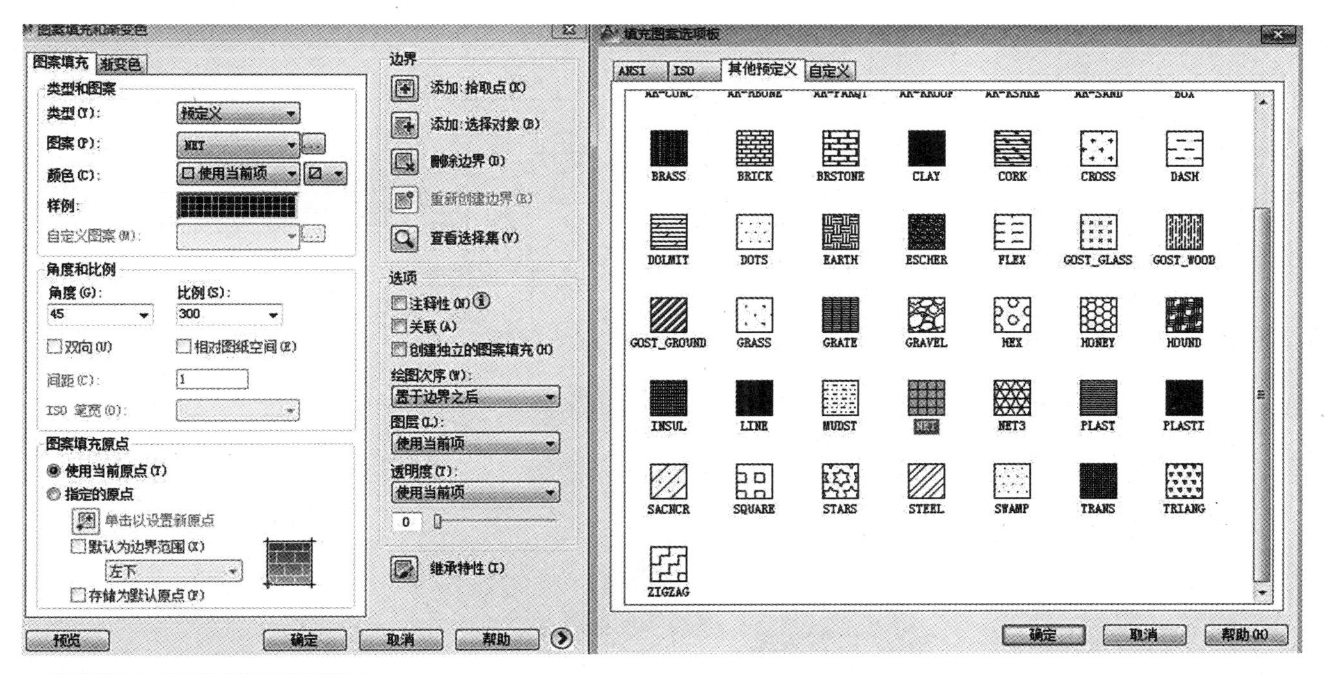

图7–27　选择要填充的地毯图案

话框，设置角度为45°，填充比例为300，然后单击“确定”命令完成图案填充，如图7-28所示。

（4）单击“修改”工具栏中的“修剪”命令，依据设计草图将多余部分进行修剪，完成卧室双人床旁地毯的绘制，并对图形进行整理。单击“绘图”工具栏中的“创建块”命令，弹出“块定义”对话框，选择绘制好的图形为定义对象，选择任意点为基点，将其定义为块，块名为“双人床”，如图7-29所示。

单人床同样按照上述方法绘制，这里不再介绍。

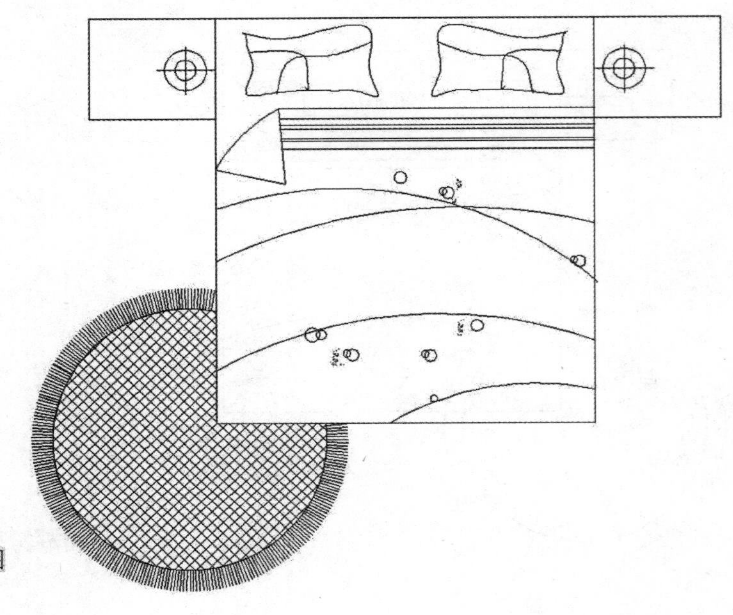

图7-28 地毯图案填充完成

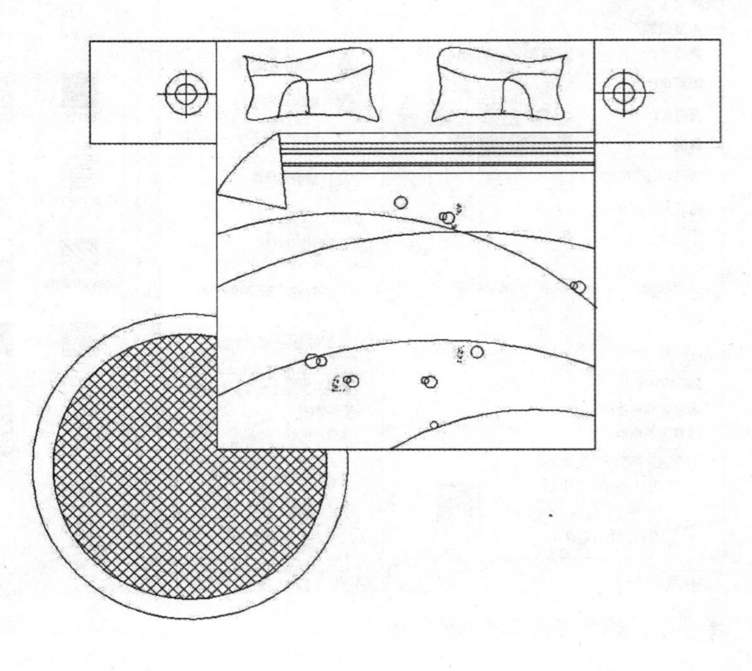

图7-29 双人床绘制完成

第三节　其他家具绘制

本节主要介绍玻璃圆桌、沙发椅以及衣柜的具体绘制，这些是住宅空间中比较常见的家具，除此之外的家具均可参考这些家具的绘制方法。

一、绘制玻璃圆桌

（1）单击“绘图”工具栏中的“圆”命令，绘制一个半径为250mm的圆，然后单击“修改”工具栏中的“偏移”命令，将圆向内进行偏移，偏移距离为30mm，如图7-30所示。

（2）单击“绘图”工具栏中的“图案填充”命令，打开“图案填充和渐变色”对话框。单击“图案”选项后面的命令，打开“填充图案选项板”对话框，选择“其他预定义”选项卡中的DASH图案类型，单击“确定”按钮后退出，如图7-31所示。

（3）单击“图案填充和渐变色”对话框右侧的“添加：拾取点”命令，选择填充区域后单击“确定”按钮，系统将会回到“图案填充和渐变色”对话框，设置角度为45°，填充比例为300，然后单击“确定”按钮完成图案填充，如图7-32所示。

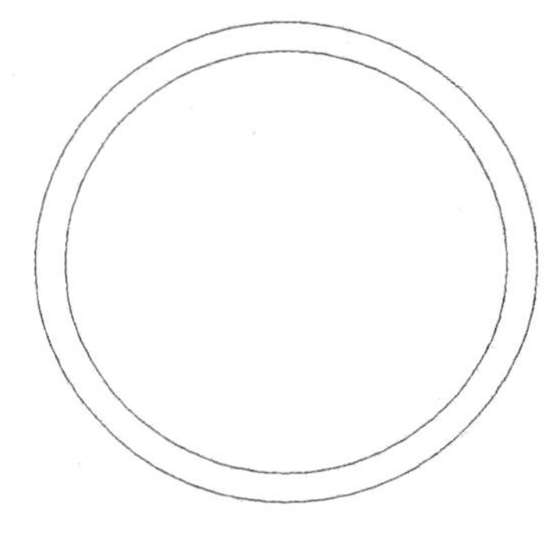

图7-30　绘制玻璃圆桌轮廓、偏移

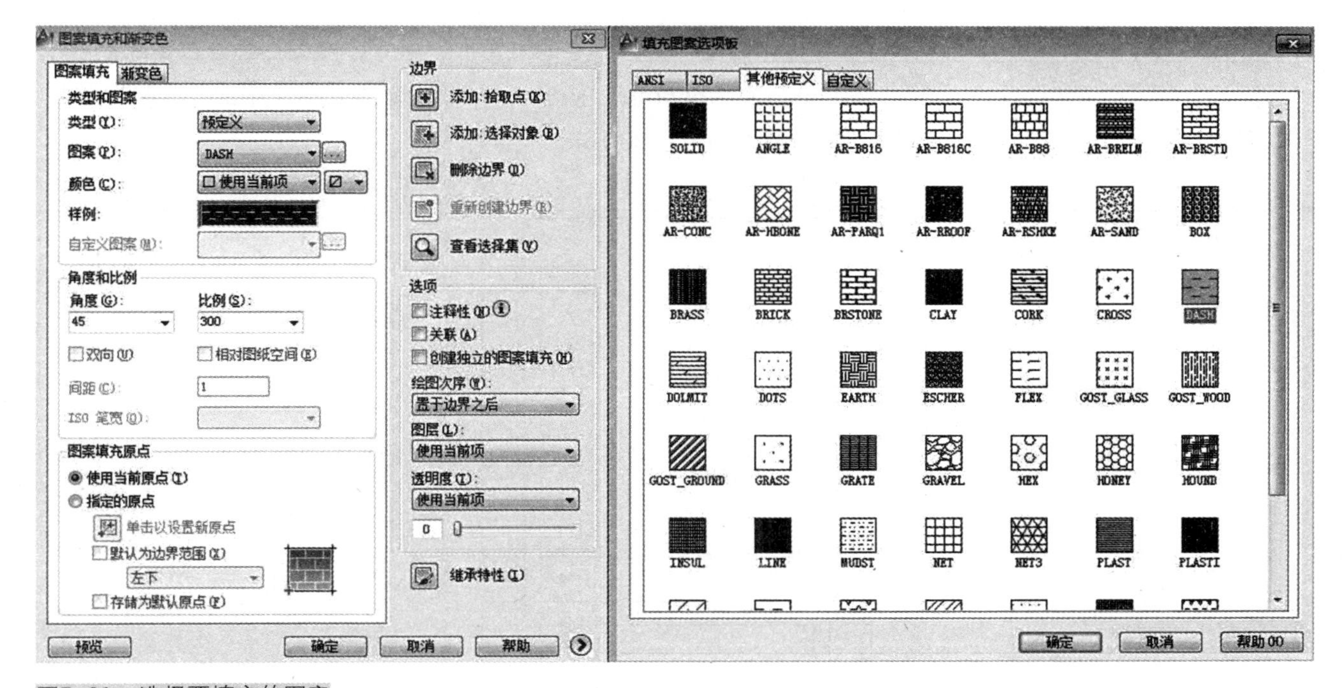

图7-31　选择要填充的图案

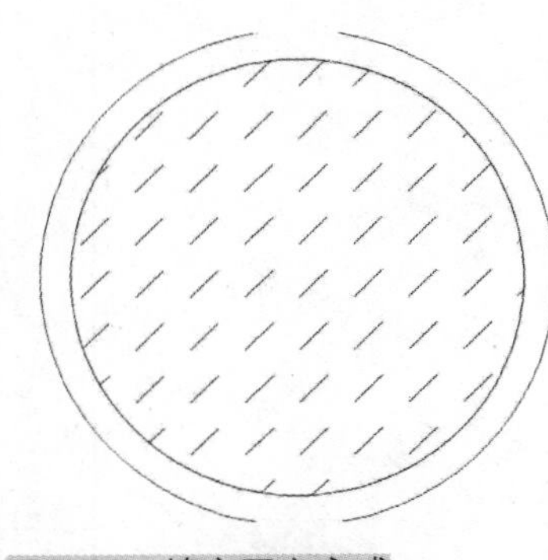
图7-32　填充图案完成

（4）单击“绘图”工具栏中的“创建块”命令，弹出“块定义”对话框，选择步骤（3）中绘制的图形为定义对象，选择任意点为基点，将其定义为块，块名为“玻璃圆桌”。

二、绘制沙发椅

（1）单击“绘图”工具栏中的“矩形”命令，绘制一个长为600mm、宽为500mm的矩形，如图7-33所示，然后单击“修改”工具栏中的“分解”命令，将绘制的矩形进行分解。

（2）单击“修改”工具栏中的“偏移”命令，将矩形的水平边向下进行连续偏移，偏移距离依次为10mm、450mm、30mm、30mm、30mm，将矩形的左侧竖直边向右进行连续偏移，偏移距离依次为45mm、10mm、20mm、350mm、20mm、10mm，如图7-34所示。

（3）单击“修改”工具栏中的“圆角”命令，依据设计草图将步骤（2）中的图形进行圆角处理，圆角半径从左至右依次为230mm、150mm、130mm、60mm、150mm、150mm，单击“修改”工具栏中的“修剪”命令，依据设计草图将多余部分进行修剪，如图7-35所示。

（4）单击“绘图”工具栏中的“创建块”命令，弹出“块定义”对话框，选择步骤（3）中绘制的图形为定义对象，选择任意点为基点，将其定义为块，块名为“椅子”。

三、绘制衣柜

（1）单击“绘图”工具栏中的“矩形”命令，在图形适当位置绘制一个长为1750mm、宽为550mm的矩形，单击“修改”工具栏中的“分解”命令，将矩形进行分解，如图7-36所示。

图7-33　绘制矩形

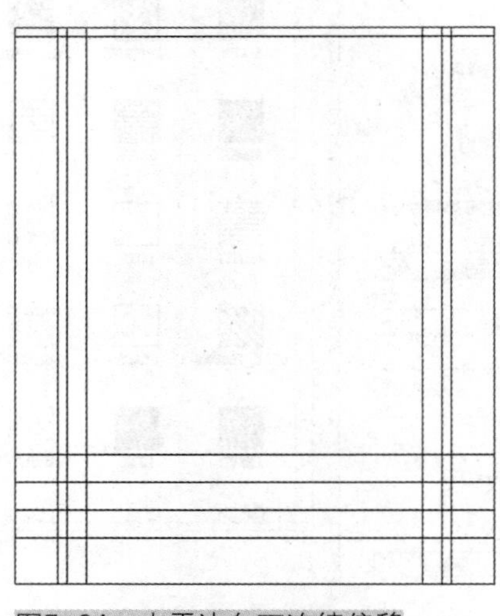
图7-34　水平边向下连续偏移

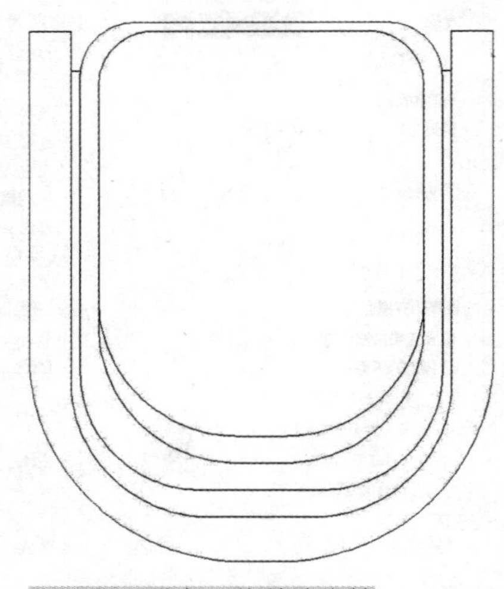
图7-35　圆角、修剪沙发椅

（2）单击“修改”工具栏中的“偏移”命令，将步骤（1）中绘制好的矩形的上边向下进行连续偏移，偏移距离依次为255mm、40mm，如图7-37所示。

（3）单击“绘图”工具栏中的“样条曲线”命令，绘制衣架外部轮廓线，如图7-38所示。

（4）单击“绘图”工具栏中的“直线”命令，绘制衣架细部轮廓线，如图7-39所示。

（5）单击“修改”工具栏中的“复制”命令，选择步骤（4）中绘制好的衣架为复制对象并进行连续复制，如图7-40所示。

（6）单击“绘图”工具栏中的“创建块”命令，弹出“块定义”对话框，选择步骤（5）中绘制的图形为定义对象，选择任意点为基点，将其定义为块，块名为“衣柜”。

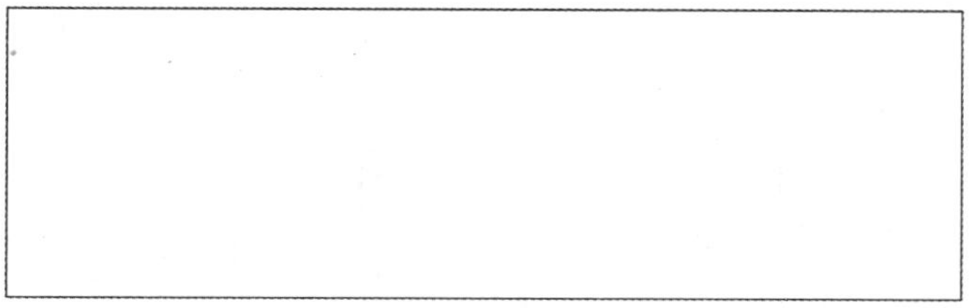

图7-36　绘制矩形衣柜轮廓

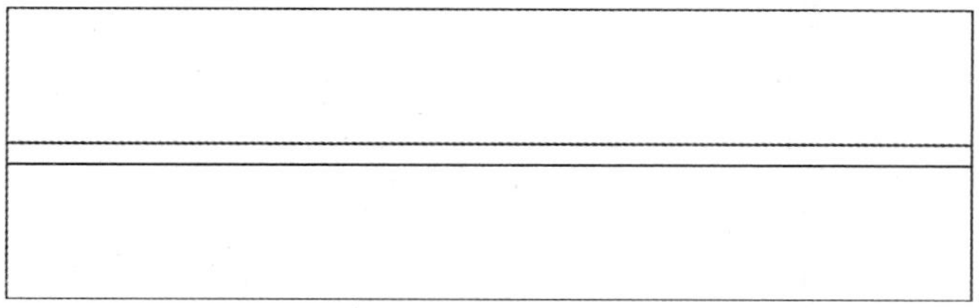

图7-37　连续偏移

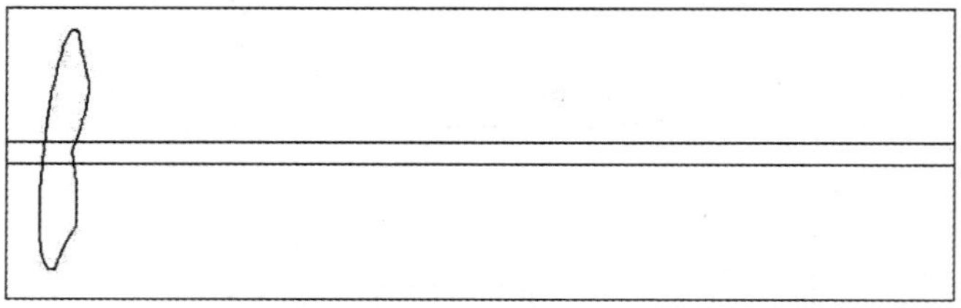

图7-38　绘制衣架外部轮廓线

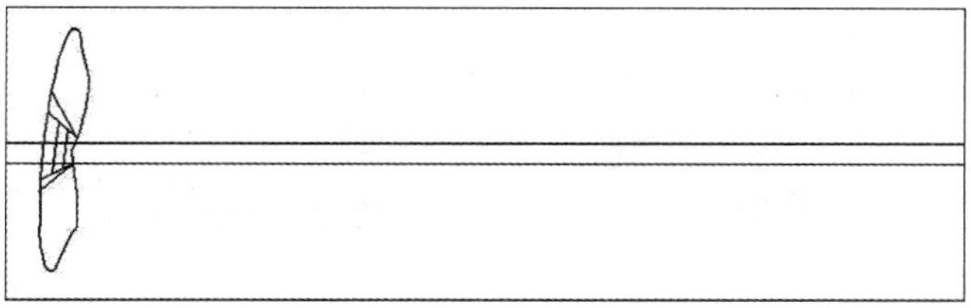

图7-39　绘制衣架细部轮廓线

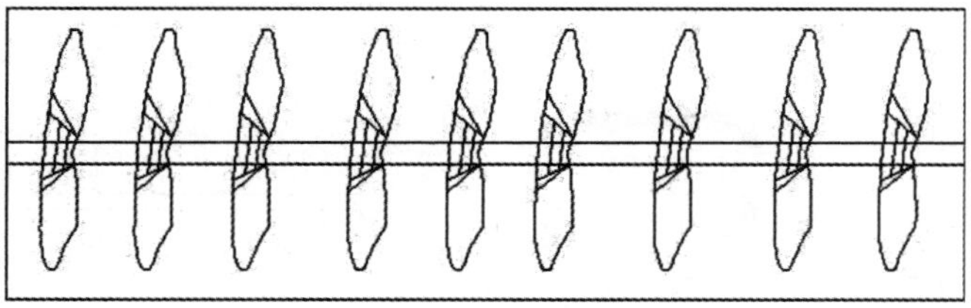

图7-40　复制衣架

第四节　家具图块布置

一、布置家具图块

（1）单击“绘图”工具栏中的“插入块”命令，弹出“插入”对话框，选择“沙发”插入到图中，单击“确定”按钮，完成沙发插入，如图7-41所示。

（2）单击“绘图”工具栏中的“插入块”命令，弹出“插入”对话框，选择“玻璃圆桌”“椅子”插入到图中，单击“确定”按钮，完成玻璃圆桌、椅子插入，如图7-42所示。

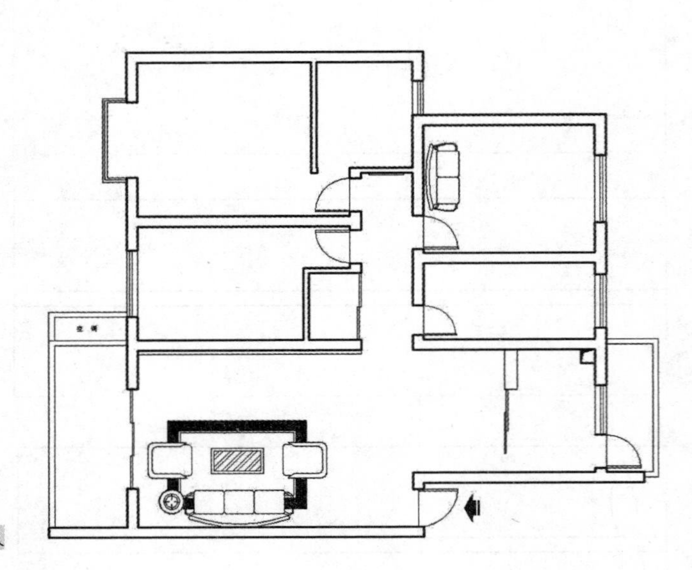

图7-41　完成沙发插入

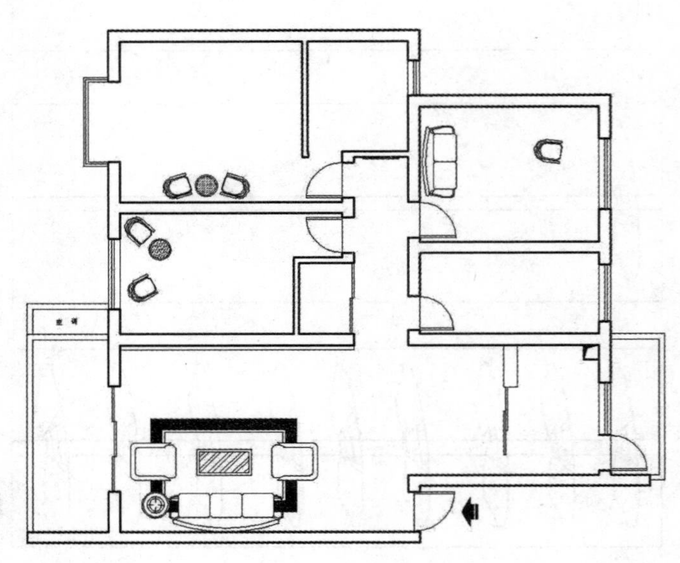

图7-42　完成玻璃圆桌、椅子插入

（3）单击“绘图”工具栏中的“插入块”命令，弹出“插入”对话框，选择“双人床”插入到图中，单击“确定”按钮，完成双人床插入，如图7-43所示。

（4）依据之前讲述的绘制方法绘制其他图块，并运用相同的方法插入其他图块。

二、添加标注

依据设计草图添加文字标注、标高以及尺寸标注，完成绘制，如图7-44所示。

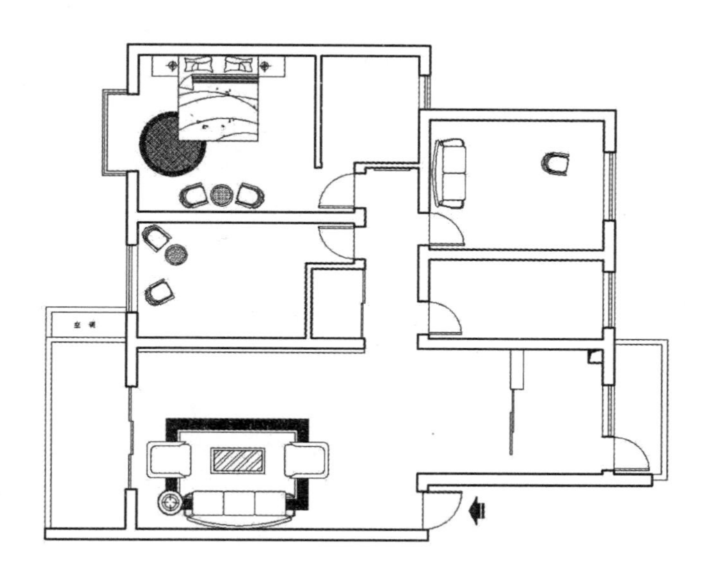

图7-43 完成双人床插入

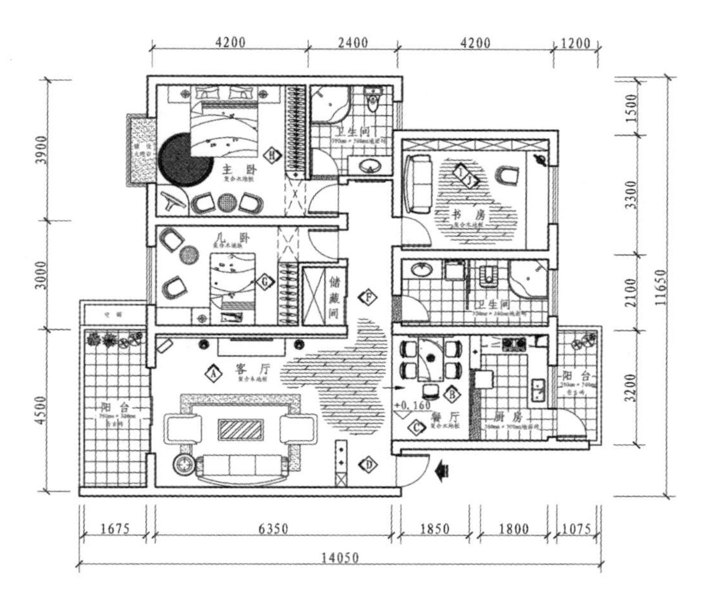

图7-44 完成绘制的住宅装饰平面图

本章小结：

住宅空间设计图的核心在于墙体绘制，当墙体、门窗等建筑构造都确定无误时，其中的家具、陈设都可以从模型库中调用，对于特殊造型的家具、构件仍需要专项绘制，但是毕竟是少数，在绘图过程中可以对这些专项绘制的图形保存好，建立属于自己的图库。

课后练习

1. 运用AutoCAD2020绘制80m^2住宅装饰平面图。
2. 运用AutoCAD2020绘制50m^2住宅装饰平面图。
3. 运用AutoCAD2020绘制小复式住宅装饰平面图。
4. 运用AutoCAD2020绘制单体摇椅。
5. 运用AutoCAD2020绘制单体沙发。
6. 运用AutoCAD2020绘制组合型圆桌。
7. 运用AutoCAD2020绘制餐桌与餐椅。

第八章 AutoCAD2020应用实例·办公空间图纸绘制

PPT 课件

视频教学

配套素材

* 若扫码失败请使用浏览器或其他应用重新扫码

学习难度：★★★★☆
重点概念：入口、楼梯、洽谈区、设计部、工程部、财务部、会议室

章节导读

办公空间设计是指对布局、格局、空间的物理和心理分割。办公空间室内设计的最大目标就是要为工作人员创造一个舒适、方便、卫生、安全、高效的工作环境，以便更大限度地提高员工的工作效率。这一目标在当前商业竞争日益激烈的情况下显得更加重要，它是办公空间设计的基础，是办公空间设计的首要目标。办公空间具有不同于普通住宅的特点，它是由办公、会议、走廊三个区域来构成内部空间使用功能的，因此在绘制其装饰平面图时更应该注意。本章将以装饰公司装饰平面图的绘制来具体讲解。

第一节 一层入口、楼梯及景观区绘制

下面以图8-1所示图形为例介绍装饰公司一层装饰平面图的具体绘制步骤。

一、绘图前准备

（1）单击“标准”工具栏中的“打开”命令，弹出“打开文件”对话框，选择“装饰公司一层建筑平面图”文件，单击“打开”按钮，打开之前绘制好的“装饰公司一层建筑平面图”。

（2）选择“文件”/“另存为”命令，将打开的“装饰公司一层建筑平面图”另存为“装饰公司一层装饰平面图”并进行整理，如图8-2所示。

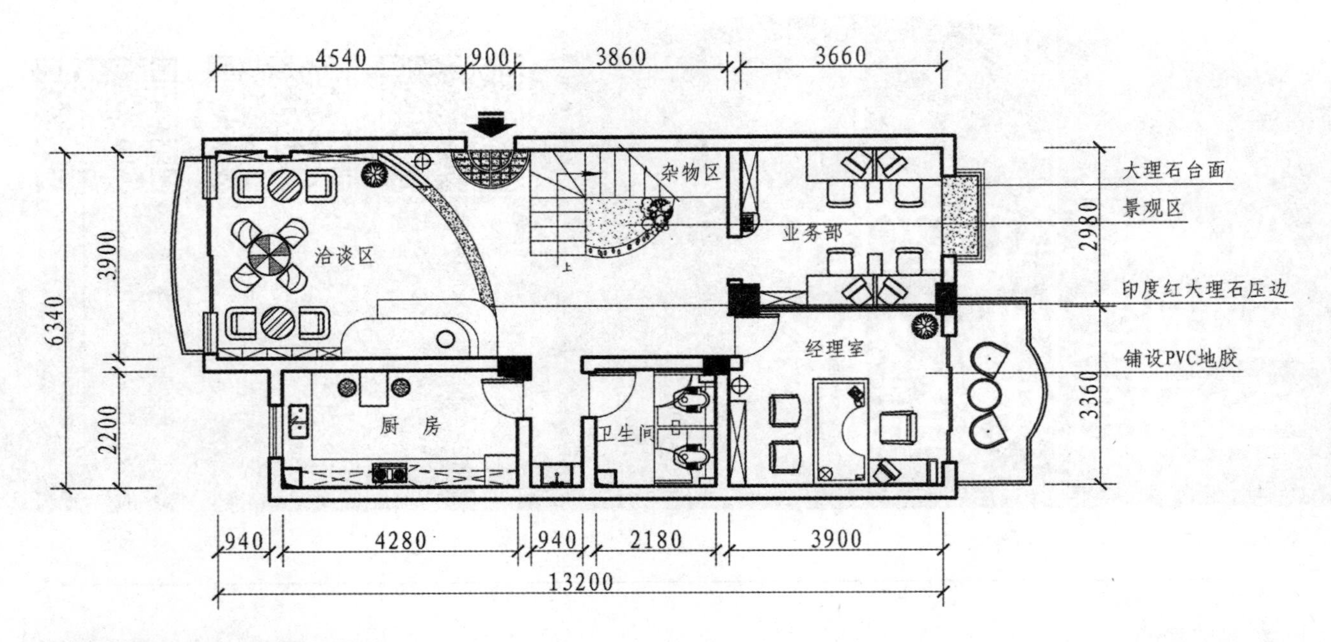

图8-1 装饰公司一层装饰平面图

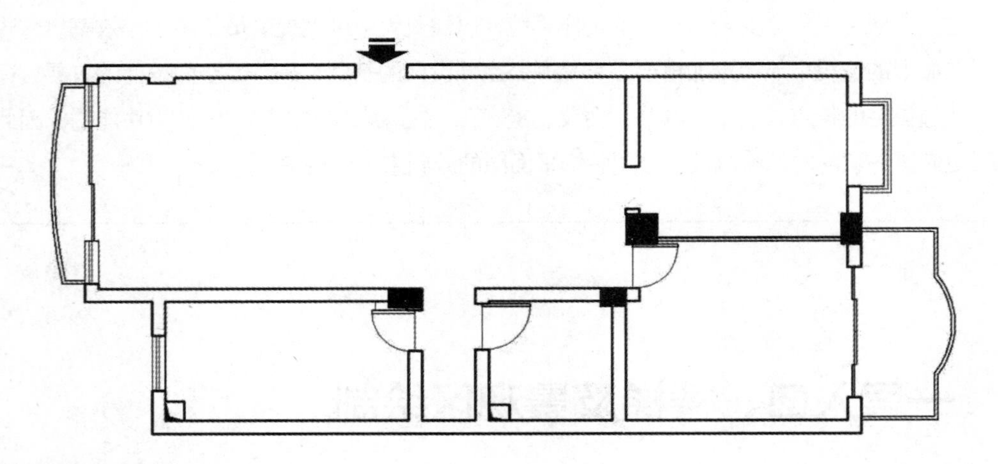

图8-2 整理装饰公司一层装饰平面图

二、绘制内容

（1）单击“绘图”工具栏中的“直线”命令，依据设计草图在入口处绘制一条长为1440mm的水平直线和一条长为720mm的竖直线（水平线中点为竖直线起点，且两线垂直），单击“修改”工具栏中的“偏移”命令，将水平直线进行连续偏移，偏移距离依次为30mm、120mm、15mm、120mm、15mm、120mm、15mm、120mm、15mm，再将竖直线向左连续偏移，偏移距离依次为20mm、150mm、20mm、150mm、20mm、150mm、20mm，向右侧偏移距离一样。单击“绘图”工具栏中的“圆”命令，以直线的中点为圆心，绘制半径为720mm的圆，并将圆向内进行连续偏移，偏移距离依次为40mm、260mm、40mm，如图8-3所示。

（2）单击“修改”工具栏中的“修剪”命令，依据设计草图修剪图形，如图8-4所示。

（3）单击“绘图”工具栏中的“图案填充”命

令，打开“图案填充和渐变色”对话框。单击“图案”选项后面的按钮，打开“填充图案选项板”对话框，选择“其他预定义”选项卡中的AR-SAND图案类型，单击“确定”按钮后退出，如图8-5所示。

（4）单击“图案填充和渐变色”对话框右侧的“添加：拾取点”命令，依据设计草图选择填充区域后单击“确定”按钮，系统将会回到“图案填充和渐变色”对话框，设置填充比例为20，然后单击“确定”按钮完成图案填充，

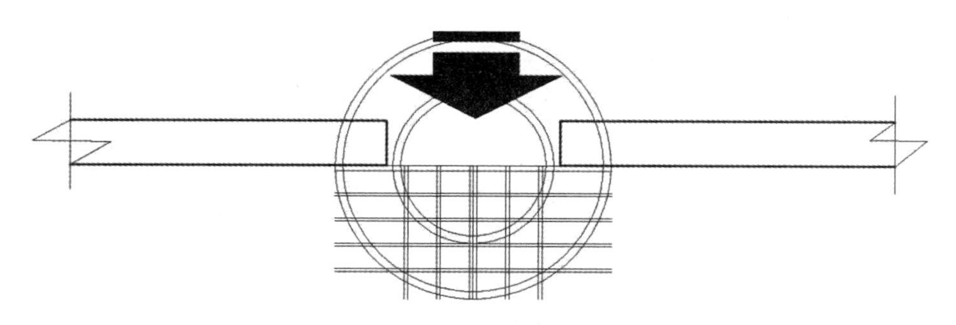

图8-3　入口拼花瓷砖绘制（一）

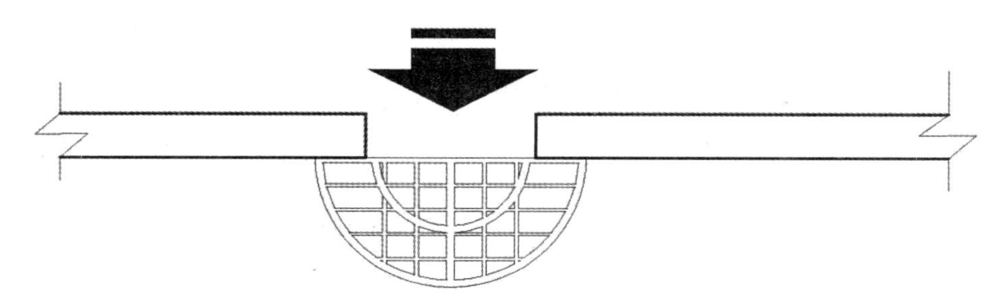

图8-4　入口拼花瓷砖绘制（二）

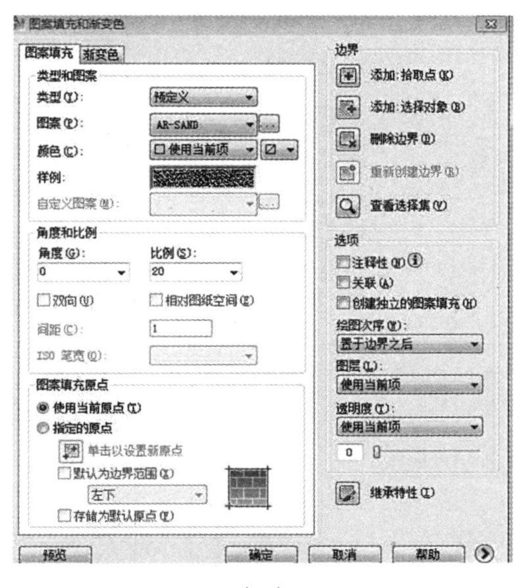

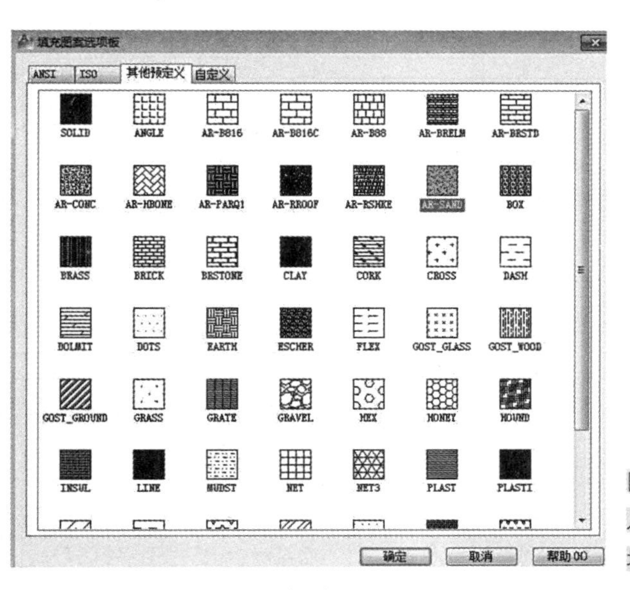

（a）　　　　　　　　（b）

图8-5　选择入口拼花瓷砖填充图案

并定义为块，块名为“入口拼花瓷砖”，如图8-6所示。

（5）单击“绘图”工具栏中的“直线”命令，依据设计草图以步骤（4）中直线的右端点为起点向下绘制一条长为1980mm的垂线［垂足为步骤（4）中直线的右端点］。单击“修改”工具栏中的“偏移”命令，将垂线向右进行连续偏移，偏移距离依次为1000mm、270mm、270mm、270mm、270mm、270mm、270mm，再将水平内墙线向下连续偏移，偏移距离依次为900mm、270mm、270mm、270mm、270mm，并依据设计草图进行修剪，如图8-7所示。

（6）单击“绘图”工具栏中的“直线”命令，依据设计草图绘制两条相交的直线，且与原始竖直线和水平线交点为一点，并绘制一条折断线来表示楼梯的分界，如图8-8所示。

（7）单击“绘图”工具栏中的“圆弧”命令，依据设计草图在图形适当位置绘制两段平行的圆弧。单击“绘图”工具栏中的“椭圆”命令，在圆弧

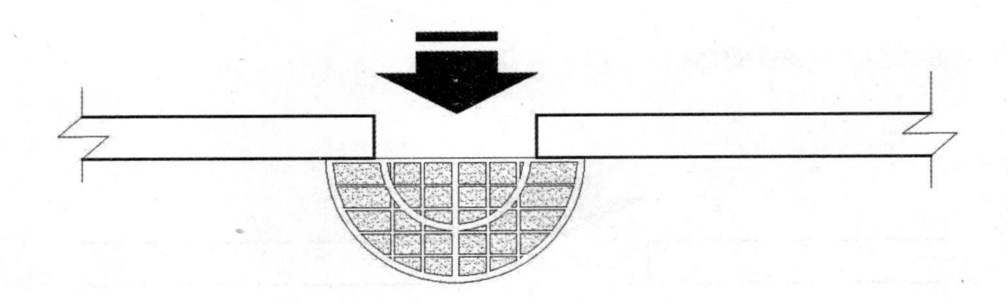
图8-6　入口拼花瓷砖绘制完成

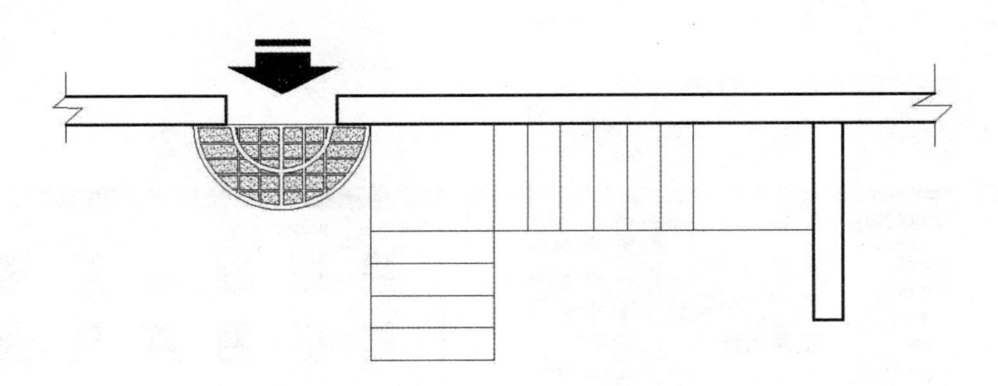
图8-7　楼梯区域绘制

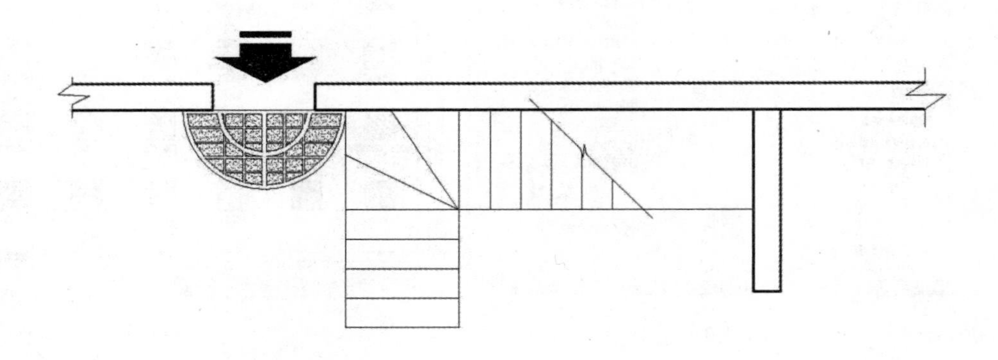
图8-8　楼梯区域绘制完成

偏移区域内绘制大小适宜的椭圆，并进行复制，如图8-9所示。

（8）单击“绘图”工具栏中的“插入块”命令，系统弹出“插入”对话框，依据设计草图选择景观植物插入到图中，并进行修剪、整理，如图8-10所示。

（9）单击“绘图”工具栏中的“图案填充”命令，打开“图案填充和渐变色”对话框。单击“图案”选项后面的按钮，打开“填充图案选项板”对话框，选择其他预定义中的AR-SAND图案类型，单击“确定”按钮后退出，如图8-11所示。

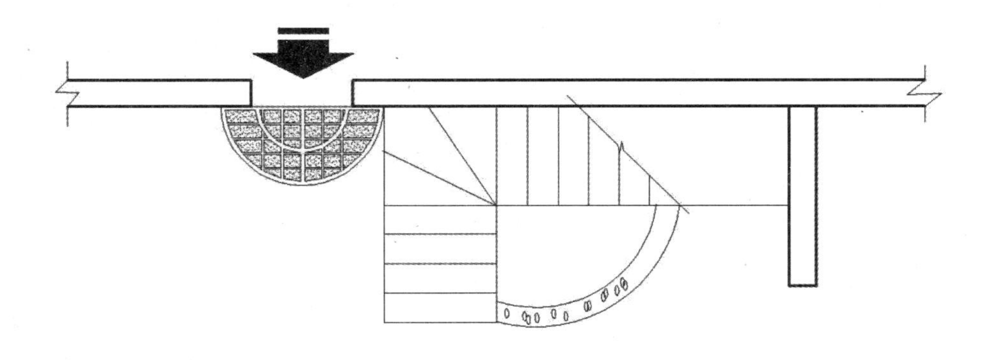

图8-9 景观区绘制（一）

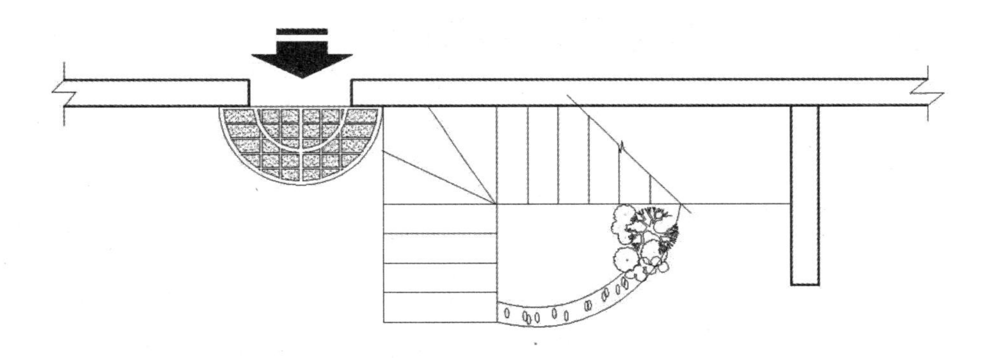

图8-10 景观区绘制（二）

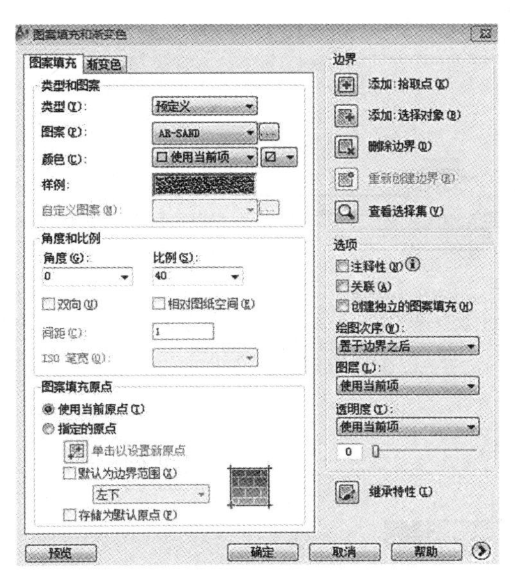

（a）

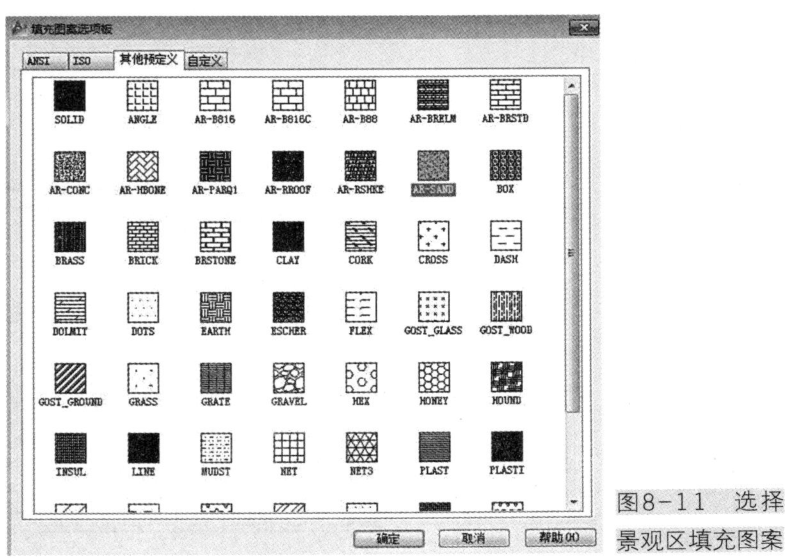

（b）

图8-11 选择景观区填充图案

（10）单击"图案填充和渐变色"对话框右侧的"添加：拾取点"命令，依据设计草图选择步骤（8）中绘制的圆为填充区域后单击"确定"按钮，系统将会回到"图案填充和渐变色"对话框，设置填充比例为40，如图8-12所示。

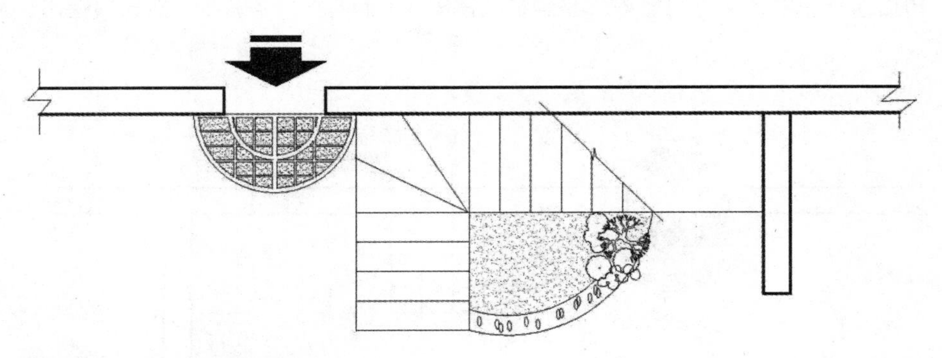

图8-12 景观区绘制完成

第二节 一层洽谈区绘制

一、偏移图形

单击"修改"工具栏中的"偏移"命令，将水平内墙线向下进行连续偏移，偏移距离依次为180mm、3520mm，将竖直内墙线向右连续偏移，偏移距离依次为452mm、452mm、452mm、452mm、452mm、680mm，并依据设计草图进行修剪，如图8-13所示。

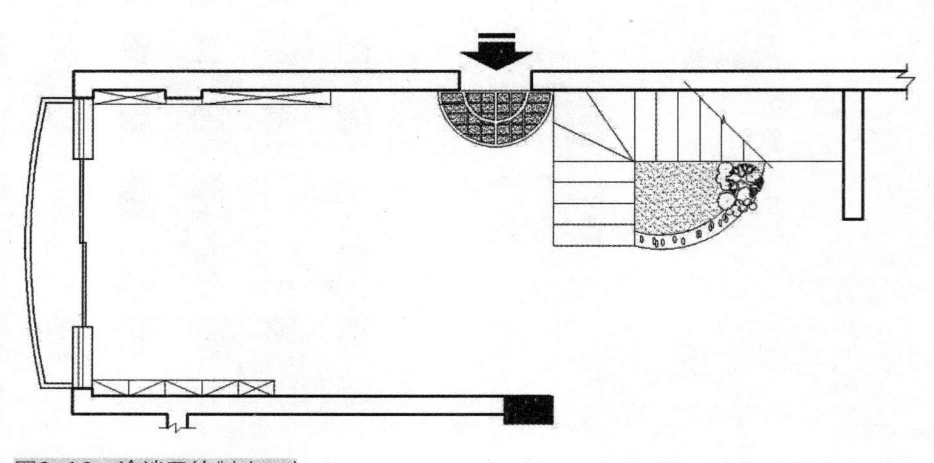

图8-13 洽谈区绘制（一）

二、偏移图形并进行圆角处理

单击“修改”工具栏中的“偏移”命令，将水平内墙线向上进行连续偏移，偏移距离依次为750mm、350mm，再将竖直内墙线向右连续偏移，偏移距离依次为2260mm、660mm、1670mm、156mm、350mm，并依据设计草图进行修剪，单击“修改”工具栏中“圆角”命令，依据设计草图进行圆角处理，圆角半径为500mm，单击“绘图”工具栏中的“圆”命令，在适当位置绘制半径为142mm的圆，并向外偏移18mm，如图8-14所示。

三、绘制圆弧并整理

单击“绘图”工具栏中的“圆弧”命令，依据设计草图在图形适当位置绘制几段圆弧。单击“绘图”工具栏中的“插入块”命令，系统弹出“插入”对话框，依据设计草图选择所需图形插入到图中，并进行修剪、整理，如图8-15所示。

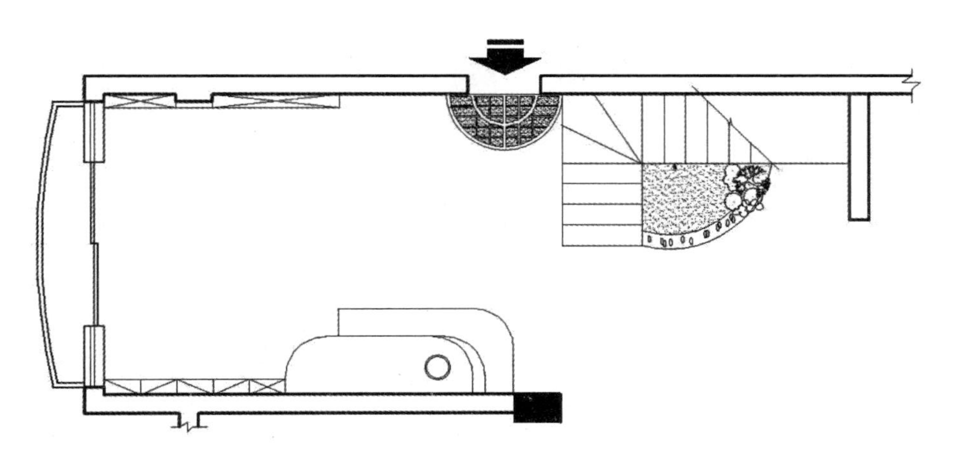

图8-14　洽谈区绘制（二）

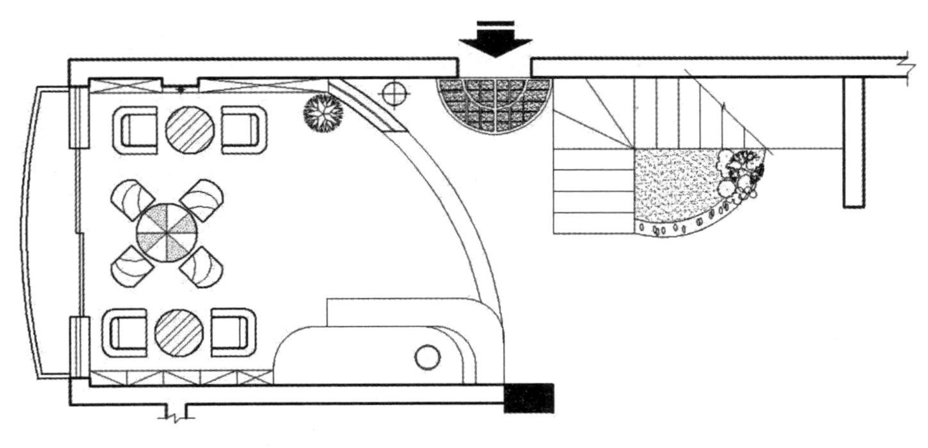

图8-15　洽谈区绘制完成

第三节　一层其他区域绘制

一、厨房绘制

（1）单击“修改”工具栏中的“偏移”命令，将厨房水平内墙线向上进行连续偏移，偏移距离依次为530mm、50mm、20mm，再将其竖直，内墙线向右连续偏移，偏移距离依次为530mm、3153mm，并依据设计草图进行修剪，如图8-16所示。

（2）单击“绘图”工具栏中的“插入块”命令，系统弹出“插入”对话框，依据设计草图选择所需图形插入到图中，并进行修剪、整理，如图8-17所示。

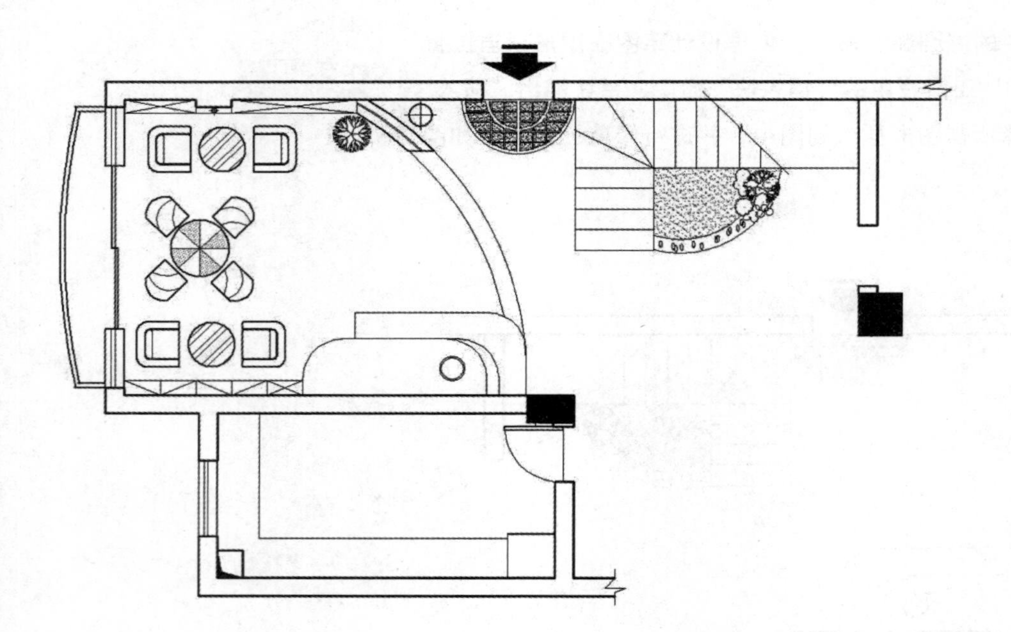

图8-16　厨房内部绘制

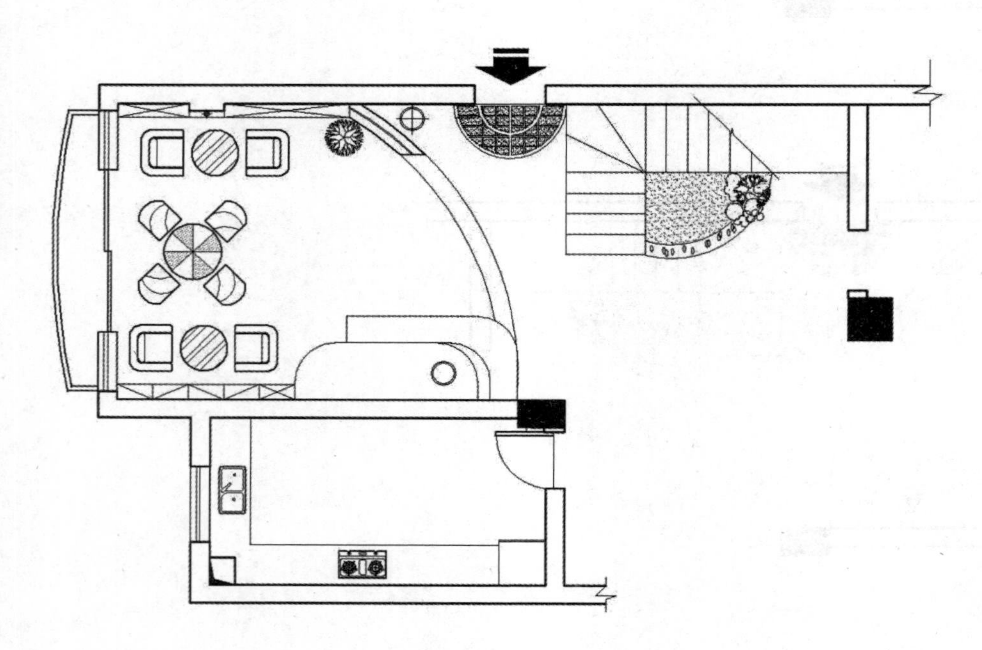

图8-17　厨房内部绘制完成

二、卫生间及其他区域绘制

（1）单击“修改”工具栏中的“偏移”命令，将卫生间水平内墙线向下进行连续偏移，偏移距离依次为50mm、50mm、600mm、368mm、60mm、370mm、600mm、50mm，将其竖直内墙线向左连续偏移，偏移距离依次为430mm、620mm、60mm，并依据设计草图进行修剪，如图8–18所示。

（2）单击“绘图”工具栏中的“矩形”命令，依据设计草图在图形适当位置绘制一个100mm×120mm的矩形，再绘制一个150mm×300mm的矩形，单击“修改”工具栏中的“偏移”命令，将该矩形向内偏移15mm，如图8–19所示。

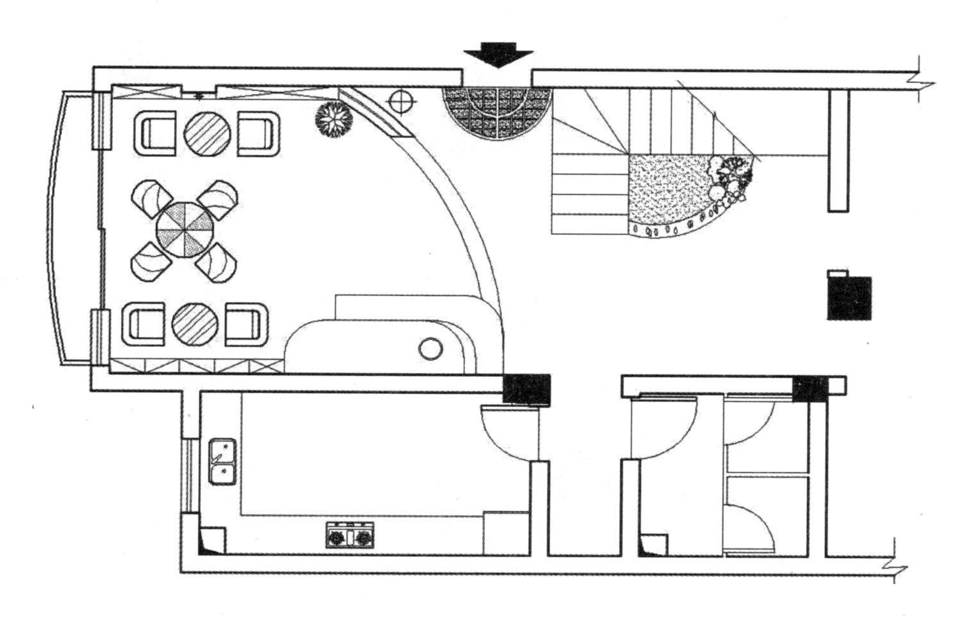

图8–18　卫生间内部绘制（一）

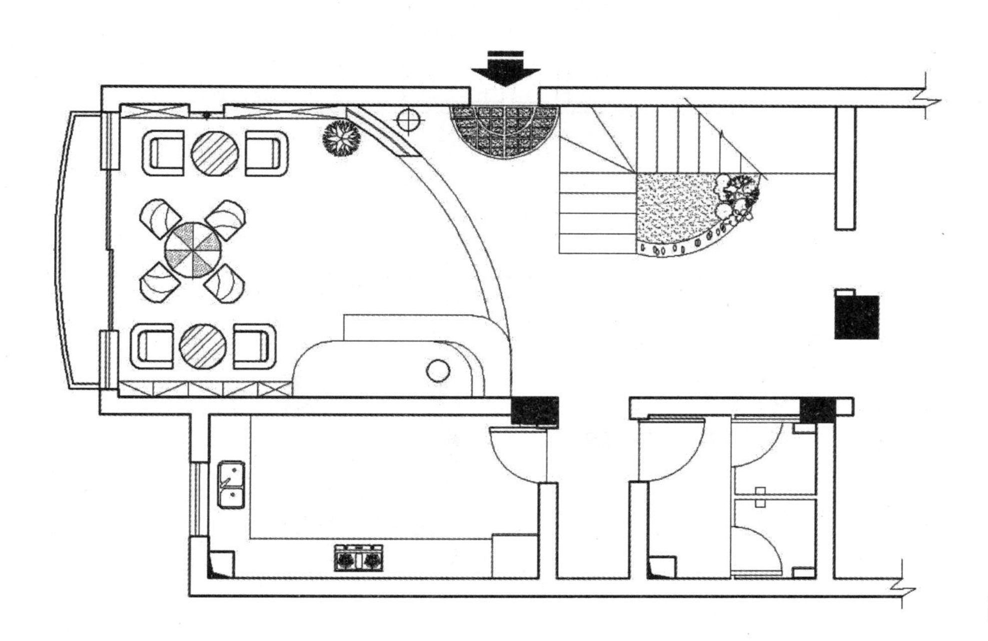

图8–19　卫生间内部绘制（二）

（3）单击“绘图”工具栏中的“插入块”命令，系统弹出“插入”对话框，依据设计草图选择所需图形插入到图中，并进行修剪、整理，如图8-20所示。

（4）依据上述方法完成其他空间的内部绘制，如图8-21所示。

（5）依据设计草图添加文字、尺寸标注和其他，并进行整理至绘制完成，如图8-22所示。

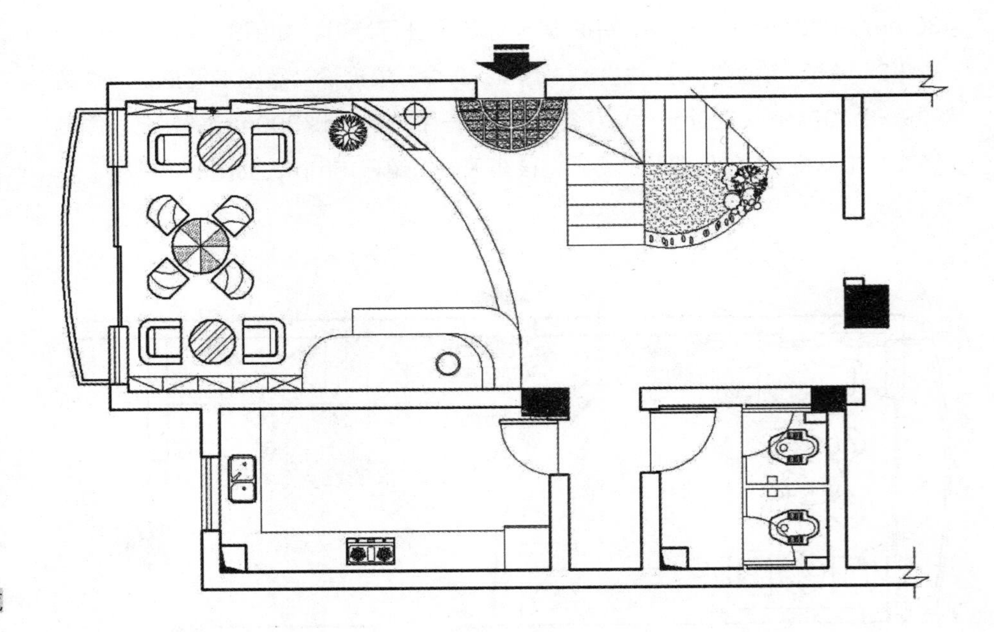

图8-20　卫生间内部绘制完成

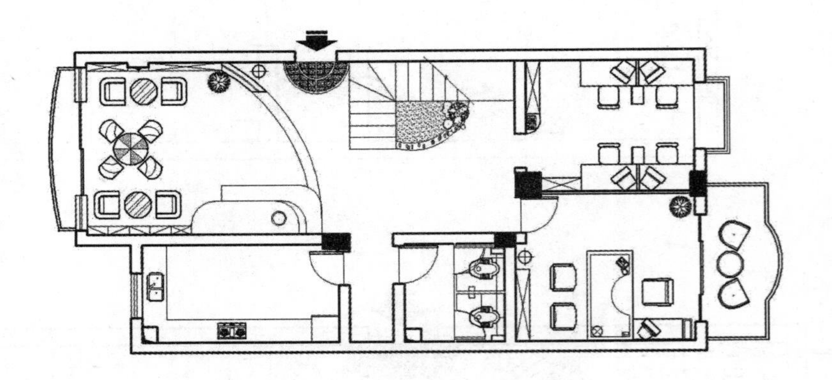

图8-21　其他空间内部绘制完成

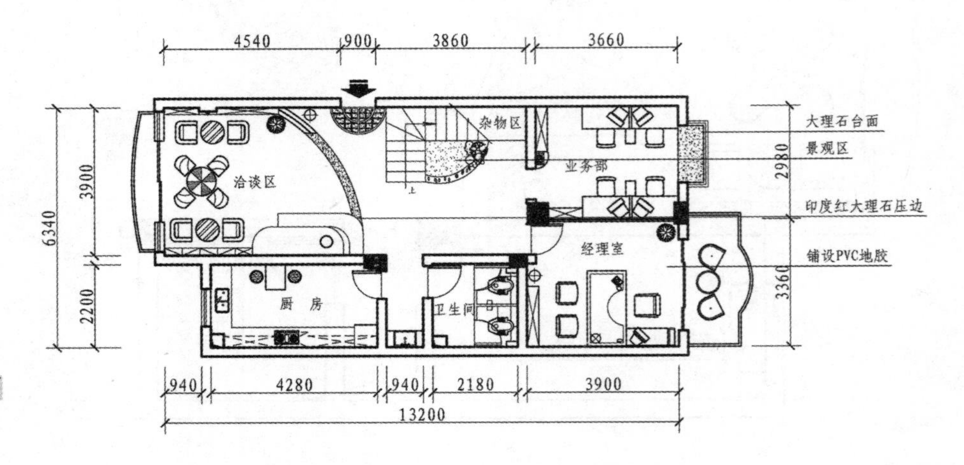

图8-22　装饰公司一层装饰平面图绘制完成

第四节　二层设计部、工程部绘制

下面以图8-23所示图形为例，介绍装饰公司二层装饰平面图的具体绘制步骤。

一、绘图前准备

（1）单击“标准”工具栏中的“打开”命令，系统弹出“打开文件”对话框，选择“装饰公司二层建筑平面图”文件，单击“打开”按钮，打开之前绘制好的装饰公司二层建筑平面图。

（2）选择“文件”/“另存为”命令，将打开的“装饰公司二层建筑平面图”另存为“装饰公司二层装饰平面图”并进行整理，如图8-24所示。

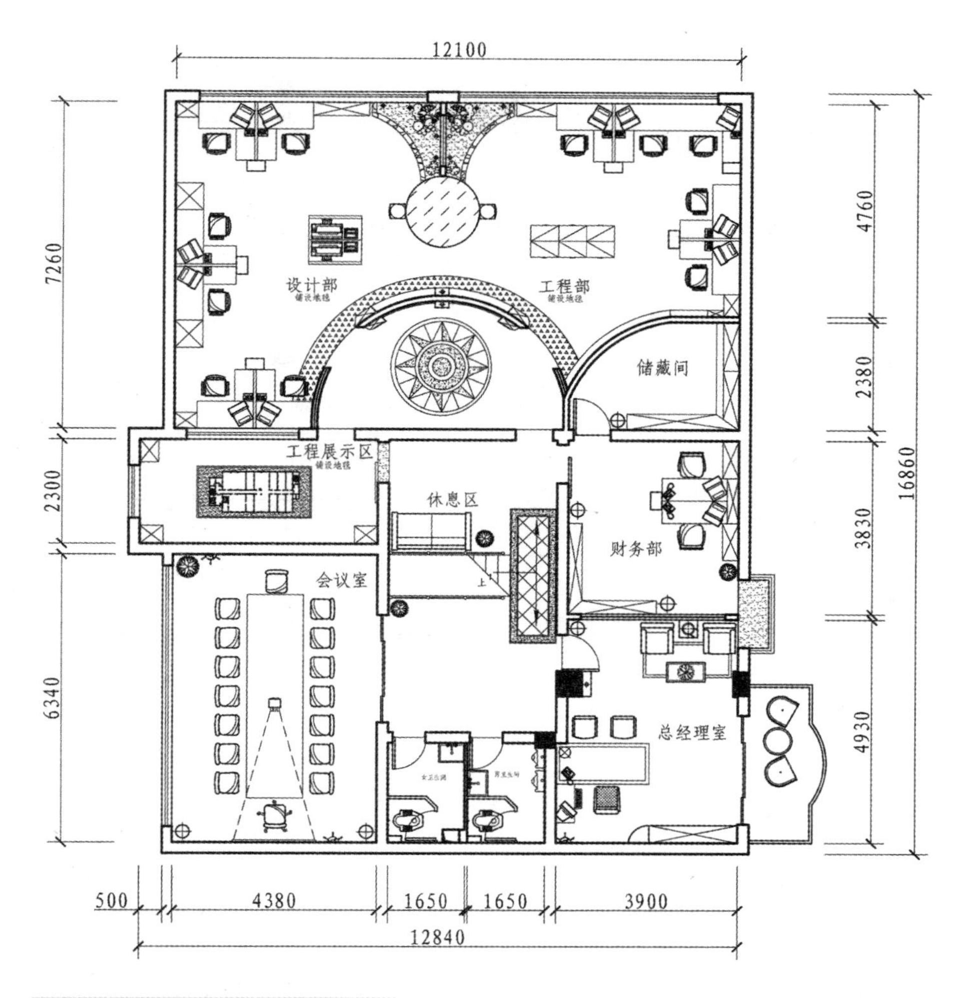

图8-23　装饰公司二层装饰平面图

二、绘制内容

（1）单击“修改”工具栏中的“偏移”命令，依据设计草图将水平窗线向下进行连续偏移，偏移距离依次为300mm、50mm、250mm、700mm、10mm、230mm、10mm，将其竖直内墙线向左连续偏移，偏移距离依次为480mm、800mm、230mm、10mm、160mm、60mm、160mm、10mm、230mm、800mm、1200mm、50mm、100mm、2844mm、100mm、50mm、856mm、800mm、230mm、10mm、160mm、60mm、160mm、10mm、230mm、1900mm，如图8-25所示。

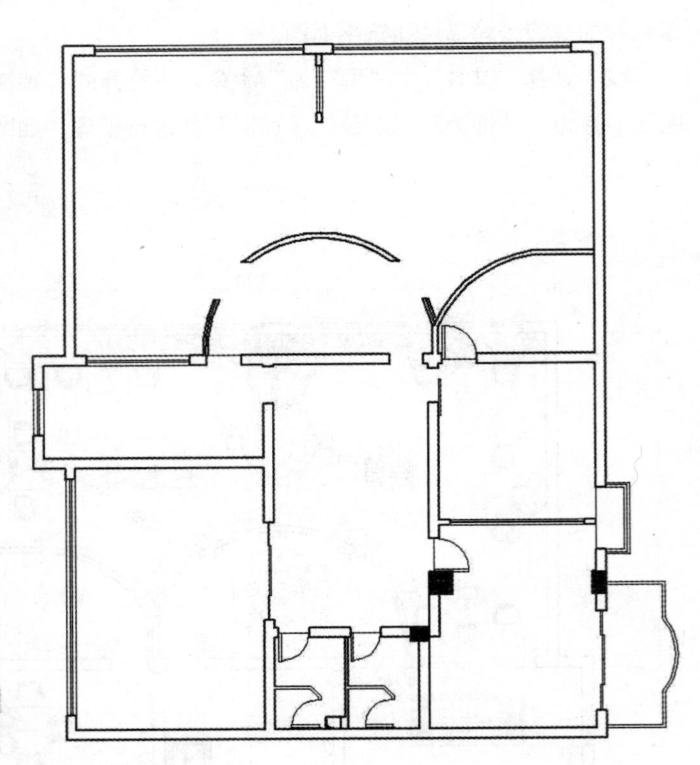

图8-24 整理装饰公司二层建筑平面图

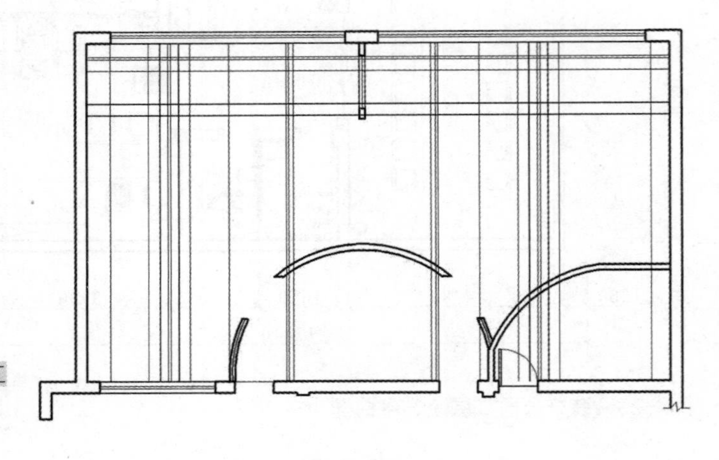

图8-25 设计部、工程部内部绘制（一）

（2）单击“绘图”工具栏中的“圆”命令，依据设计草图在步骤（1）中绘制图形适当位置绘制半径为1600mm的圆，单击“修改”工具栏中的“偏移”命令，将圆向外偏移100mm，单击“修改”工具栏中的“镜像”命令，以方形柱的中心为镜像中心镜像圆。再依据设计草图绘制一个半径为800mm的圆，将圆向内偏移15mm，并使圆与方柱相切，如图8–26所示。

（3）单击“修改”工具栏中的“修剪”命令，依据设计草图对步骤（2）中的图形进行修剪、整理，如图8–27所示。

（4）单击“绘图”工具栏中的“图案填充”命令，打开“图案填充和渐变色”对话框。单击“图案”选项后面的按钮，打开“填充图案选项板”对话框，选择“其他预定义”选项卡中的DASH图案类型，单击“确定”按钮后退出，如图8–28所示。

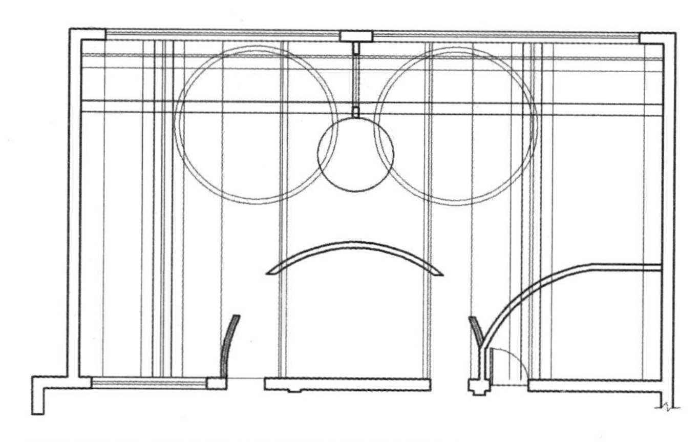

图8–26　设计部、工程部内部绘制（二）

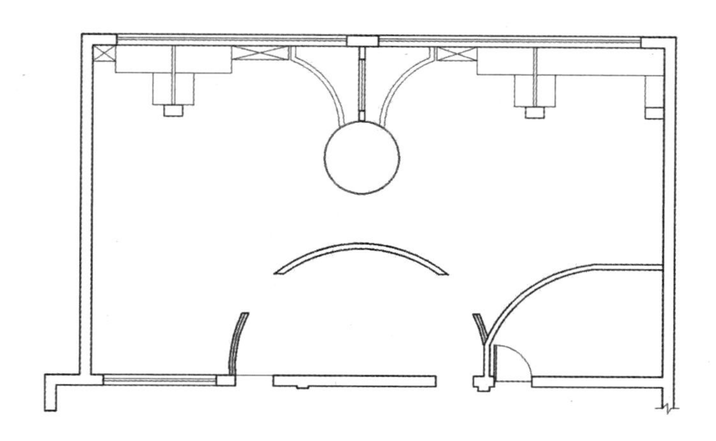

图8–27　设计部、工程部内部绘制（三）

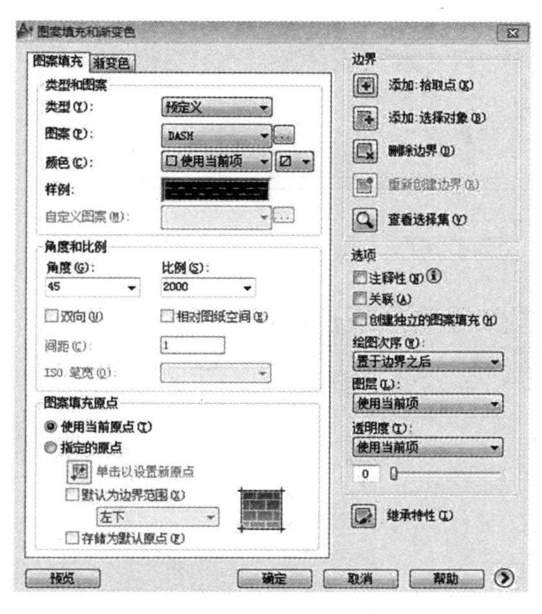

（a）

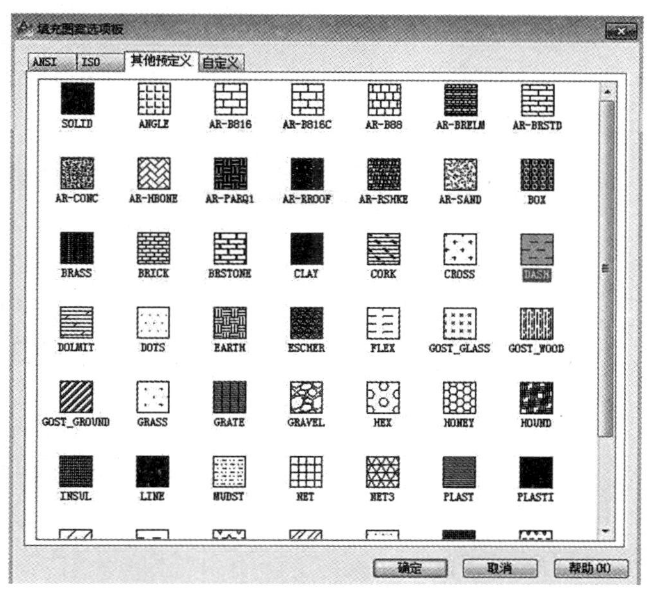

（b）

图8–28　选择圆内填充图案

（5）单击“图案填充和渐变色”对话框右侧的“添加：拾取点”命令，依据设计草图选择步骤（4）中绘制的圆为填充区域后单击“确定”按钮，系统将会回到“图案填充和渐变色”对话框，设置角度为45°，填充比例为2000，如图8-29所示。

（6）按照上述方法绘制出其他办公桌，如图8-30所示。

（7）单击“绘图”工具栏中的“插入块”命令，系统弹出“插入”对话框，依据设计草图选择所需图形插入到图中，并进行修剪、整理，如图8-31所示。

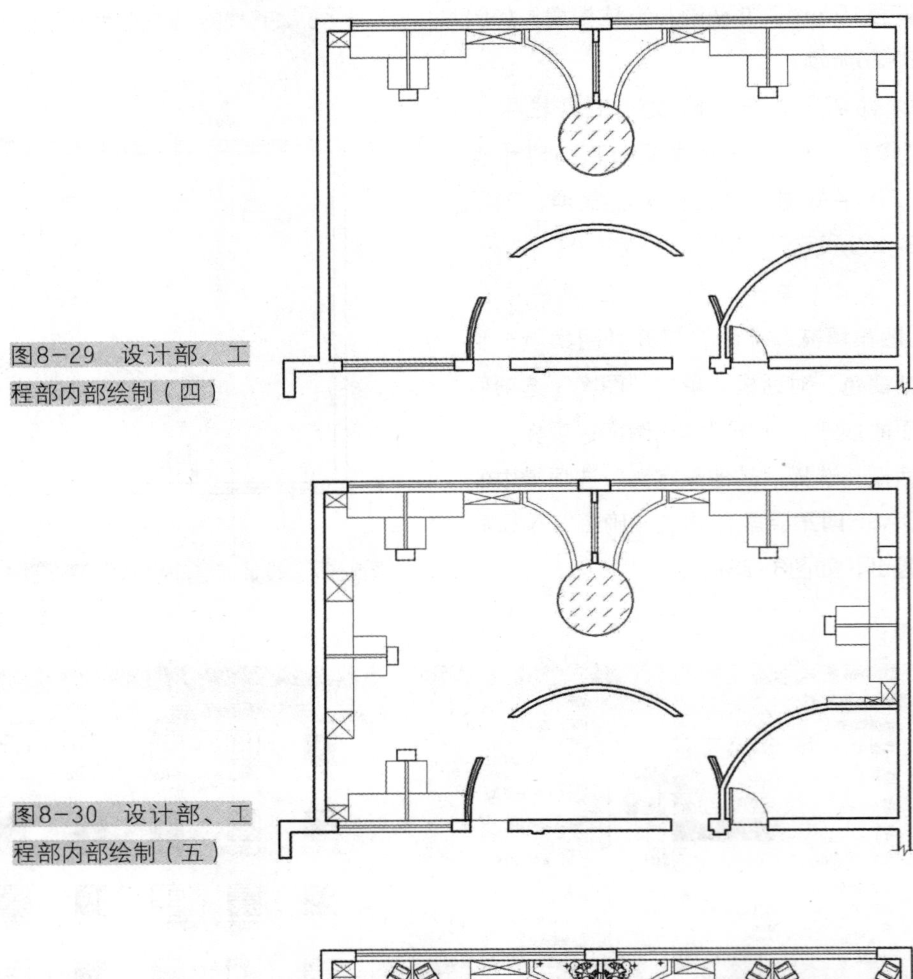

图8-29　设计部、工程部内部绘制（四）

图8-30　设计部、工程部内部绘制（五）

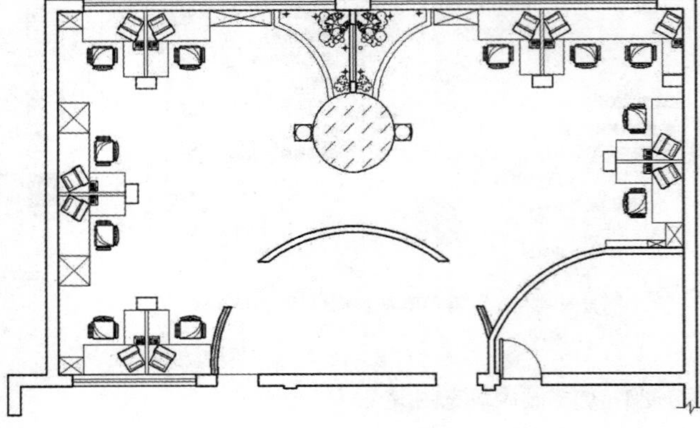

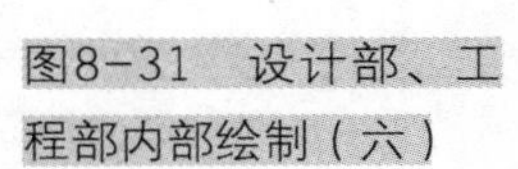

图8-31　设计部、工程部内部绘制（六）

（8）单击“绘图”工具栏中的“图案填充”命令，打开“图案填充和渐变色”对话框。单击“图案”选项后面的按钮，打开“填充图案选项板”对话框，选择“其他预定义”选项卡中的AR-SAND图案类型，单击“确定”按钮后退出，如图8-32所示。

（9）单击“图案填充和渐变色”对话框右侧的“添加：拾取点”命令，依据设计草图选择步骤（8）中绘制的圆为填充区域后单击“确定”按钮，系统将会回到“图案填充和渐变色”对话框，填充比例为60，如图8-33所示。

（10）单击“绘图”工具栏中的“矩形”命令，依据设计草图在图形适当位置绘制一个1137mm×1037mm的矩形，并分解矩形，单击“修改”工具栏中的“偏移”命令，将矩形的水平边向下连续偏移，偏移距离依次为60mm、

（a）

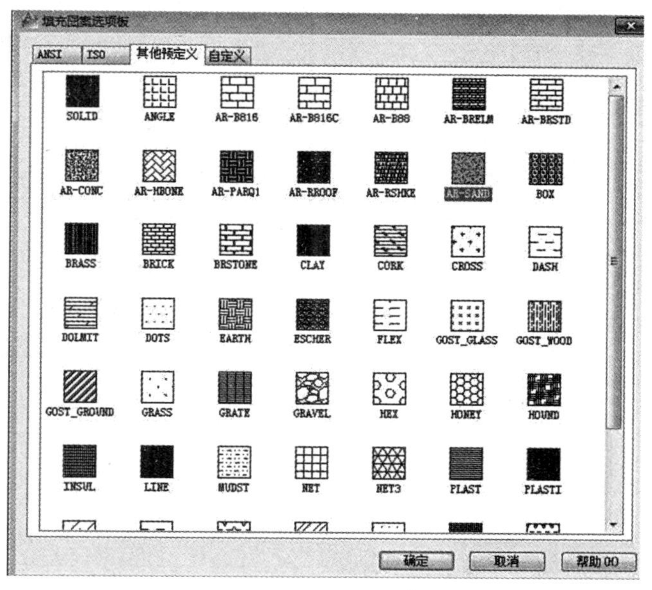

（b）

图8-32 选择图形内填充图案

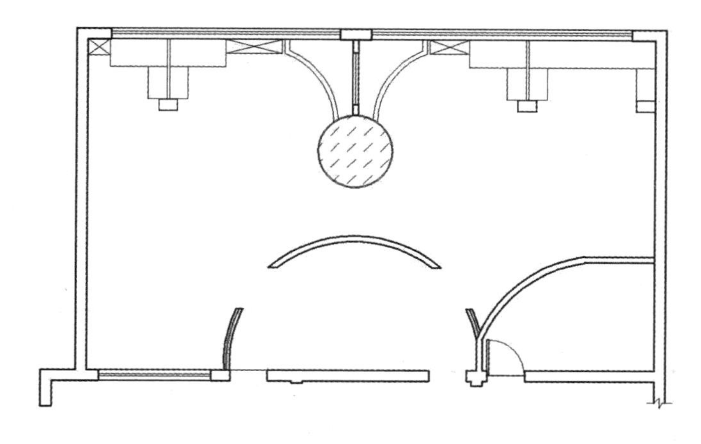

图8-33 设计部、工程部内部绘制（七）

477mm、477mm。在图形另一边适当位置再绘制一个1800mm×700mm的矩形，并分解矩形，单击“修改”工具栏中的“偏移”命令，将矩形的水平边向下偏移350mm，将矩形的竖直边向右偏移两次，偏移距离均为600mm，并依据设计草图进行修剪和补充，如图8-34所示。

（11）单击“绘图”工具栏中的“插入块”命令，系统弹出“插入”对话框，依据设计草图选择所需图形插入到图中，并进行修剪、整理和补充，如图8-35所示。

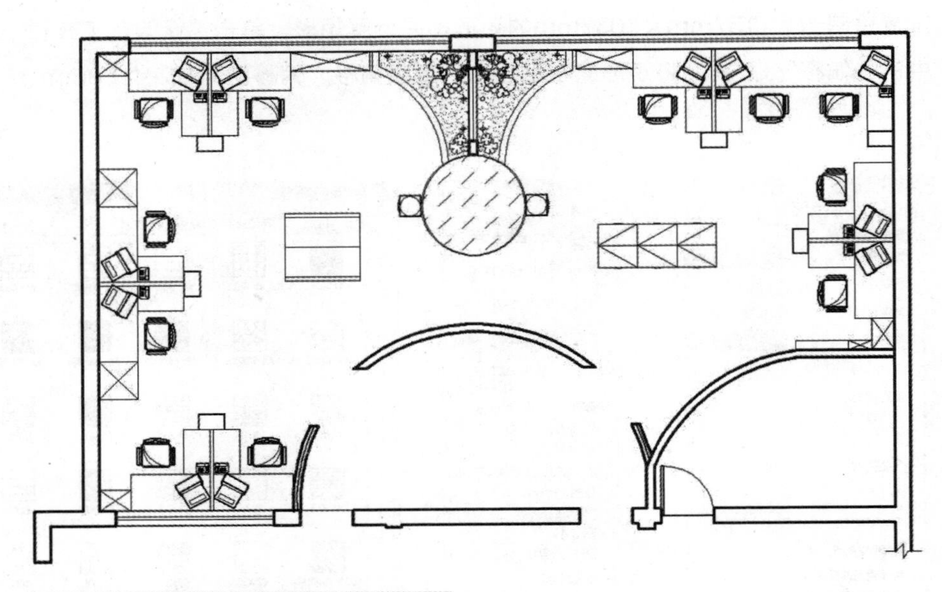

图8-34　设计部、工程部内部绘制（八）

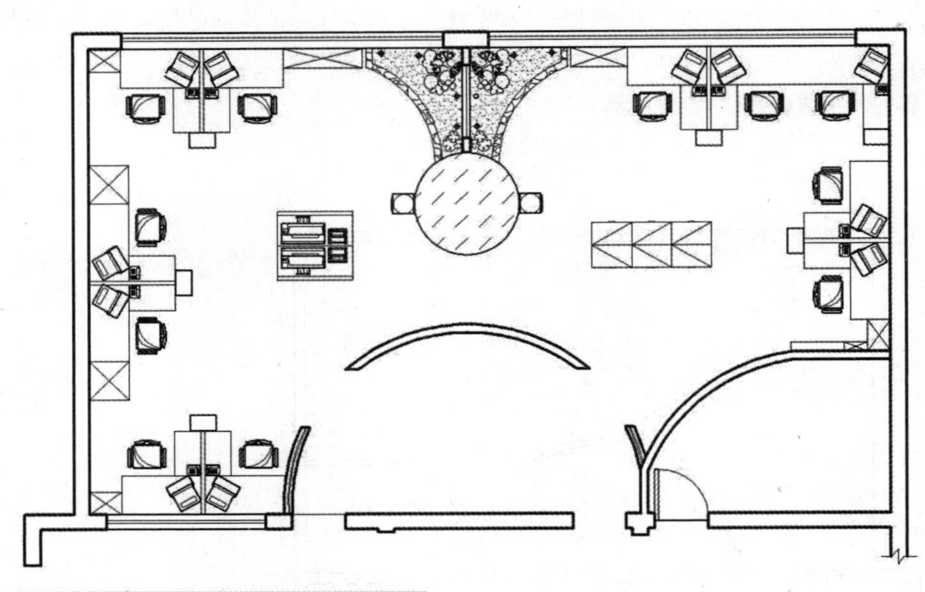

图8-35　设计部、工程部内部绘制完成

第五节　二层财务部绘制

一、财务部绘制步骤

（1）单击“绘图”工具栏中的“圆弧”命令，依据设计草图绘制两段圆弧，连接圆弧形墙线。单击“修改”工具栏中的“偏移”命令，将圆弧形墙线向下偏移40mm，向上进行连续偏移，偏移距离依次为180mm、270mm，同时将另一边圆弧形墙线向外偏移150mm，并进行修剪，如图8-36所示。

（2）单击“绘图”工具栏中的“插入块”命令，系统弹出“插入”对话框，依据设计草图选择“拼花瓷砖”“灯”等插入到图中，并进行修剪、整理和补充，如图8-37所示。

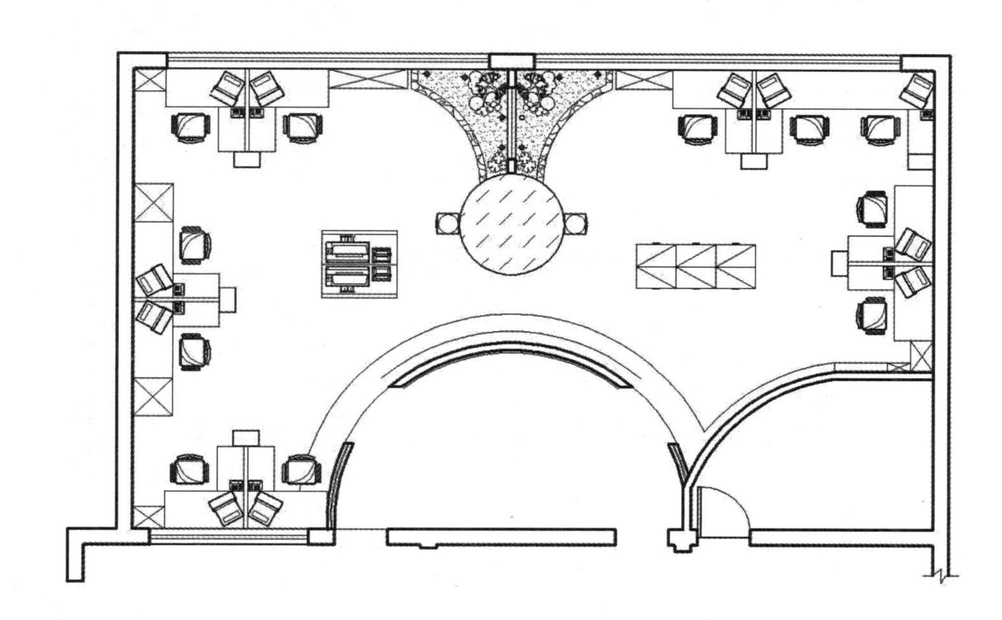

图8-36　偏移图形

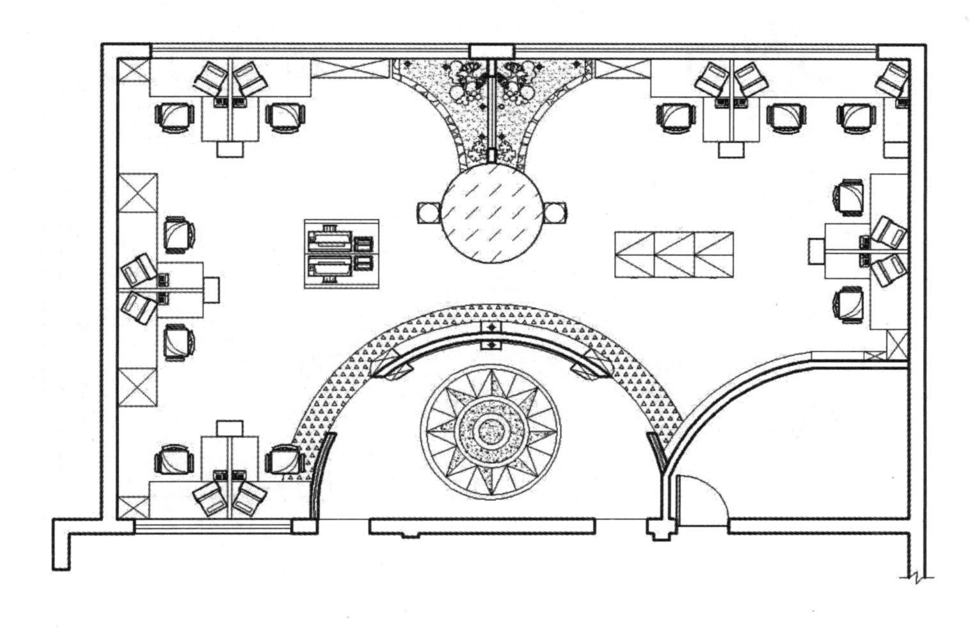

图8-37　修剪补充整理图形

（3）单击“修改”工具栏中的“偏移”命令，将竖直内墙线向左连续偏移，偏移距离依次为350mm、150mm、1910mm，将其水平内墙线向上进行连续偏移，偏移距离依次为350mm、962mm，如图8-38所示。

（4）单击“修改”工具栏中的“修剪”命令，依据设计草图对步骤（3）中绘制的图形进行修剪、整理，如图8-39所示。

（5）单击“修改”工具栏中的“偏移”命令，依据设计草图将竖直内墙线向左连续偏移，偏移距离依次为250mm、100mm、1300mm、10mm、230mm、10mm，将其上水平内墙线向下进行连续偏移，偏移距离依次为

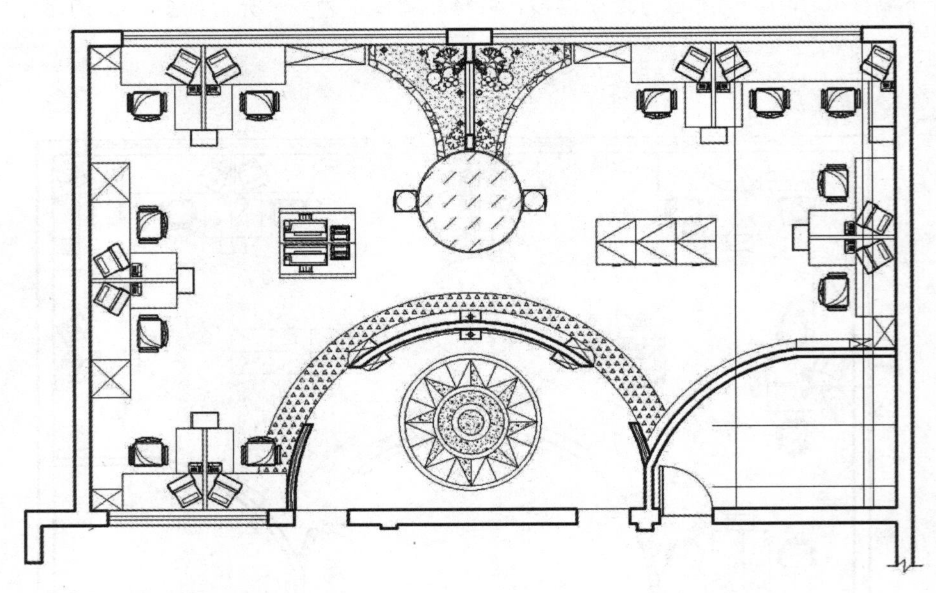

图8-38　偏移内墙线

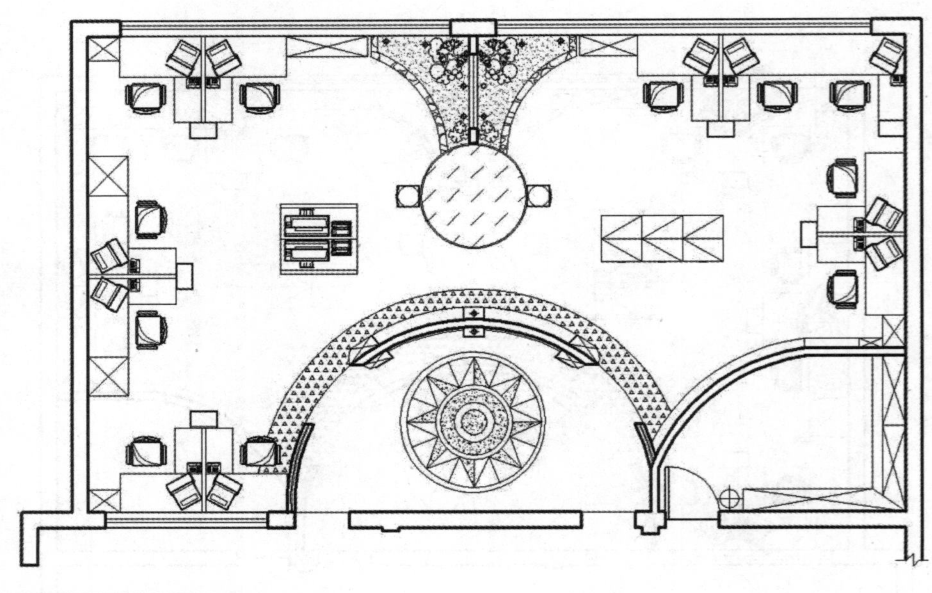

图8-39　修剪图形

820mm、300mm、10mm、190mm、190mm、10mm、300mm、820mm，单击“修改”工具栏中的“修剪”命令，依据设计草图对图形进行修剪、整理，如图8-40所示。

（6）单击“绘图”工具栏中的“矩形”命令，依据设计草图在步骤（5）区域适当位置绘制一个300mm×2000mm的矩形，在其垂直方向绘制一个1600mm×300mm的矩形，并分解矩形。单击“绘图”工具栏中的“直线”命令，依据设计草图绘制矩形的交叉线，并进行调整，如图8-41所示。

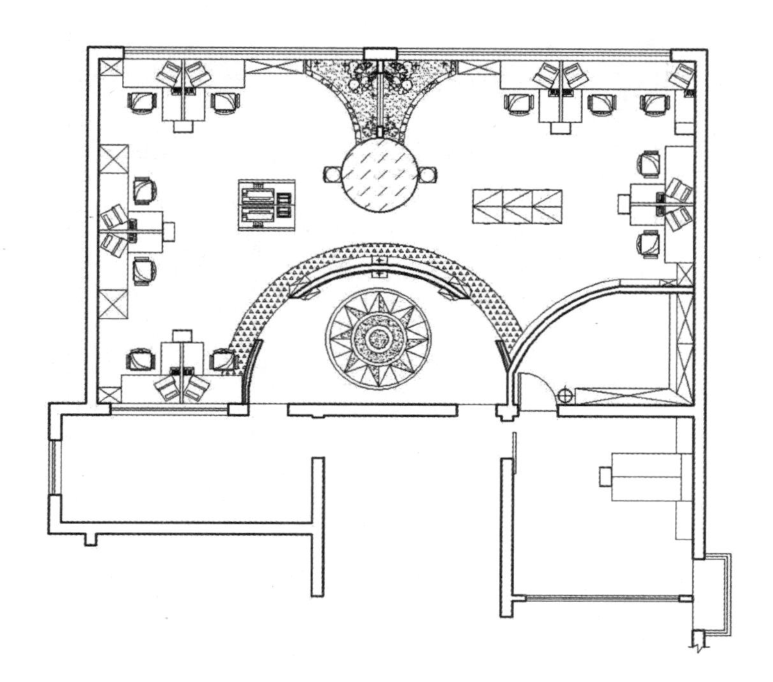

图8-40 财务部绘制（一）

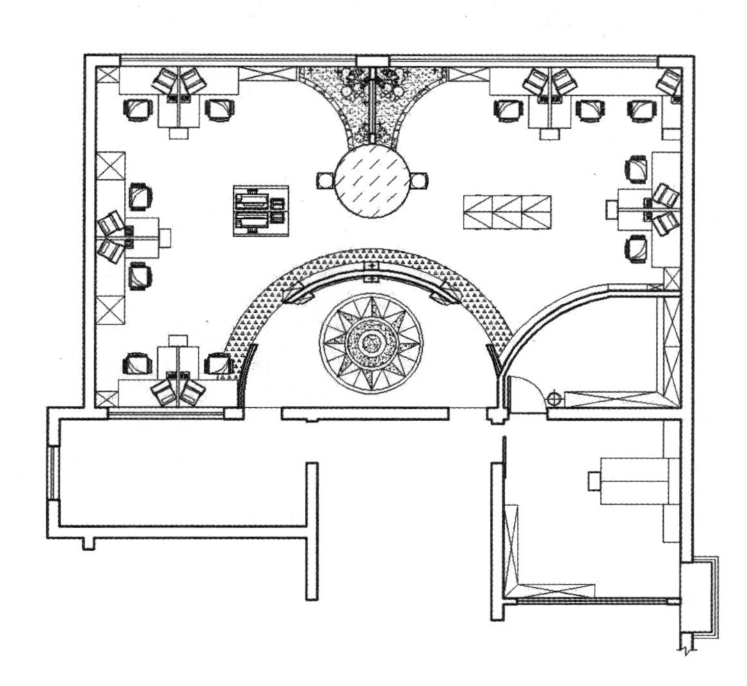

图8-41 财务部内部绘制（二）

二、财务部绘制细节处理

单击“绘图”工具栏中的“插入块”命令，系统弹出“插入”对话框，依据设计草图选择所需图形插入到图中，并进行修剪、整理和补充，如图8-42所示。

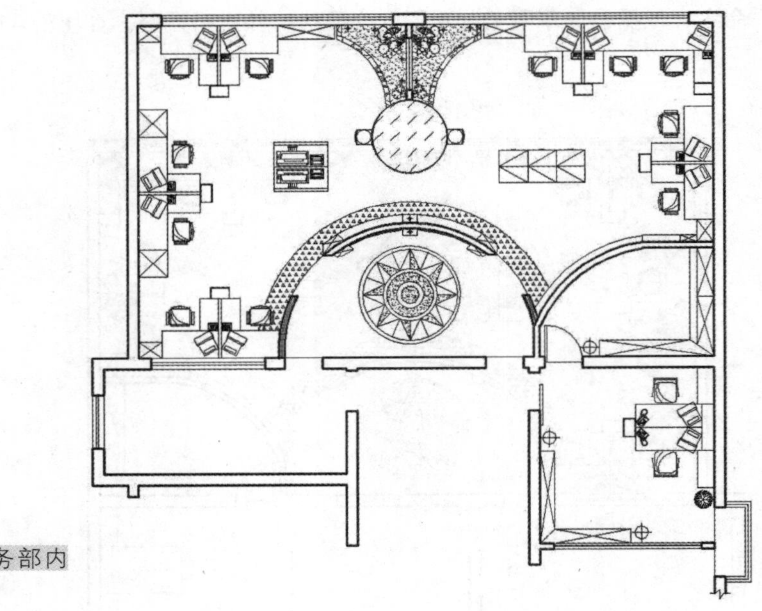

图8-42　财务部内部绘制完成

第六节　二层工程展示区和会议室绘制

一、具体绘制步骤

（1）单击“修改”工具栏中的“偏移”命令，依据设计草图将竖直内墙线向左连续偏移，偏移距离依次为1700mm、120mm、260mm、260mm、260mm，将其上水平内墙线向下进行连续偏移，偏移距离依次为1600mm、900mm，单击“绘图”工具栏中的“直线”命令，依据设计草图绘制一条斜线以及折断线，并依据设计草图对图形进行修剪、整理，如图8-43所示。

（2）单击“绘图”工具栏中的“直线”命令，依据设计草图在图形适当位置绘制两条长度为735mm的平行直线（直线间距为20mm），单击“绘图”工具栏中的“圆”命令，在直线两端各绘制一个半径为30mm的圆。并依据需要复制直线和圆，如图8-44所示。

（3）单击“绘图”工具栏中的“插入块”命令，系统弹出“插入”对话框，依据设计草图选择所需图形插入到图中，并进行修剪、整理和补充，如图8-45所示。

（4）单击“绘图”工具栏中的“矩形”命令，依据设计草图在工程展示区中心位置绘制一个2450mm×1140mm的矩形，并将该矩形向内偏移25mm，然后在该区域的三个角落各绘制一个500mm×400mm的矩形，在其入口处绘制一个55mm×888mm的矩形，并依据设计草图进行修整，如图8-46所示。

（5）单击“标准”工具栏中的“打开”命令，弹出“打开文件”对话框，选择“装饰公司二层建筑平面图”文件，单击“打开”按钮，打开之前绘制好

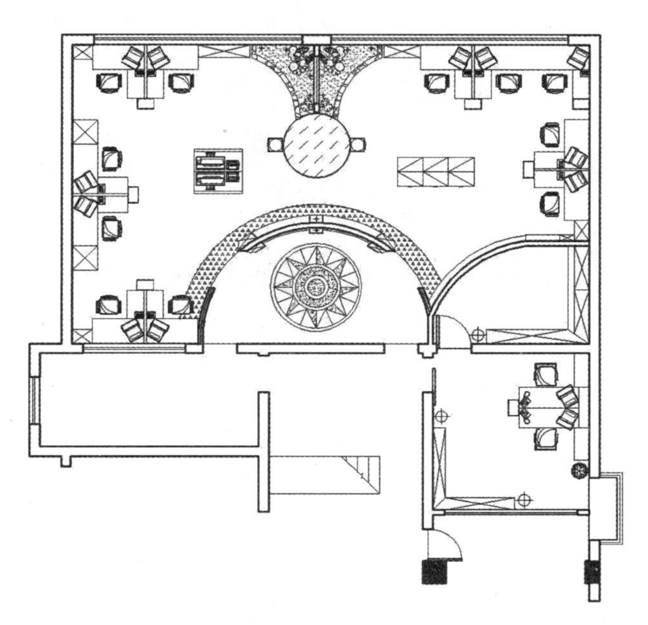

图8-43　二层楼梯绘制

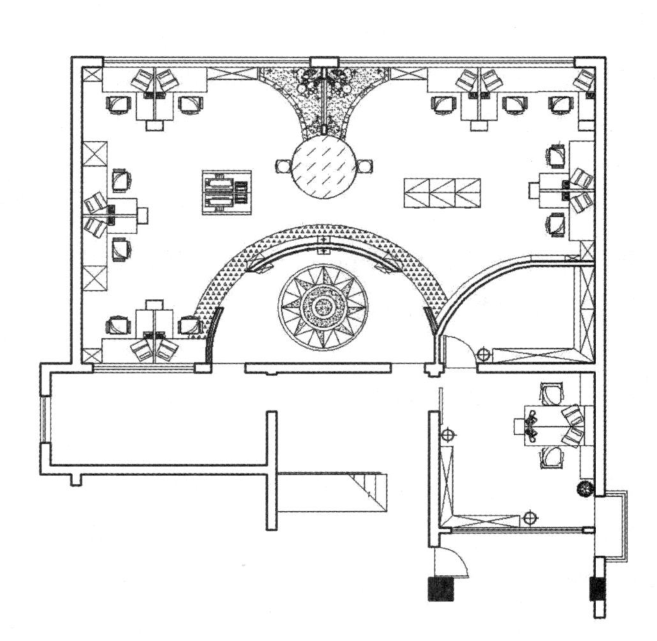

图8-44　绘制并复制图形

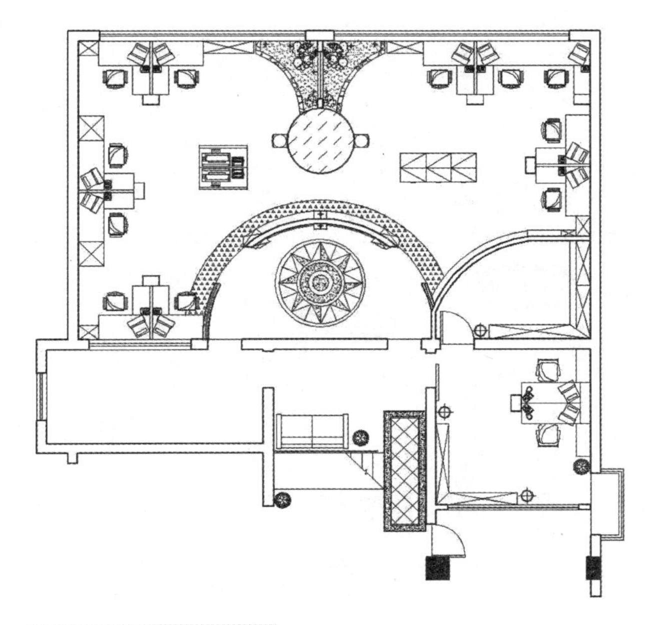

图8-45　插入所需图形

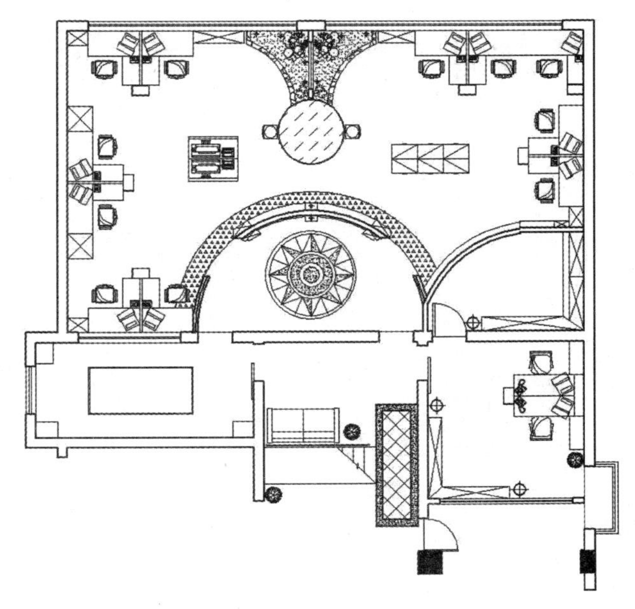

图8-46　工程展示区内部绘制

的装饰公司二层建筑平面图，并将其定义为块，块名为“装饰公司二层建筑平面图”。

（6）单击“绘图”工具栏中的“插入块”命令，系统弹出“插入”对话框，依据设计草图选择“住宅建筑平面图”插入到图中，并进行修剪、整理和补充，如图8-47所示。

（7）单击“绘图”工具栏中的“矩形”命令，依据设计草图在会议室中心位置绘制一个1200mm×4480mm的矩形，然后在该区域的下水平内墙线中点处绘制一个50mm×1800mm的矩形（该矩形水平边的中点与会议室水平内墙线的中点一致），单击“绘图”工具栏中的“圆”命令，在图形适当位置绘制一个半径为120mm的圆，并将其向内进行偏移，偏移距离依次为66mm、36mm。最后依据设计草图进行修整，如图8-48所示。

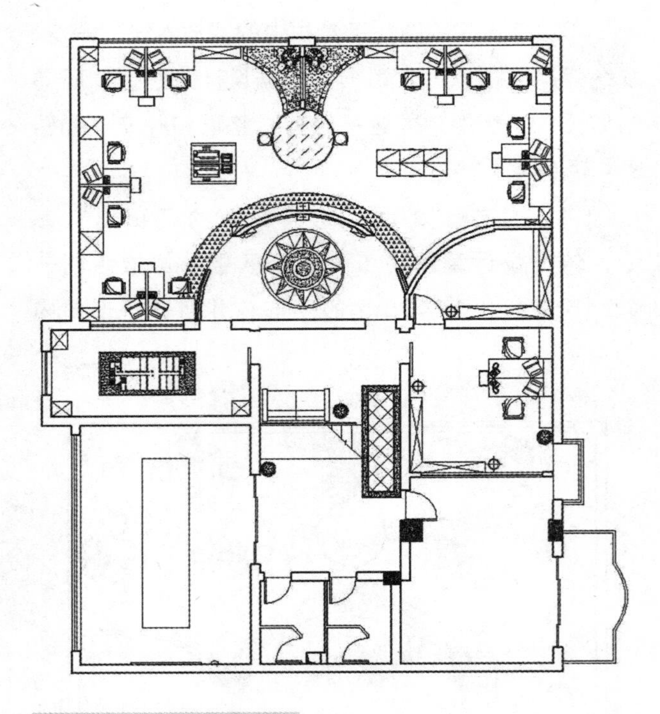

图8-48　会议室内部绘制

二、细节处理

单击“绘图”工具栏中的“样条曲线”命令，依据设计草图在圆上绘制曲线。单击“绘图”工具栏中的“插入块”命令，系统弹出“插入”对话框，依据设计草图选择所需图形插入到图中，并进行修剪、整理和补充，如图8-49所示。

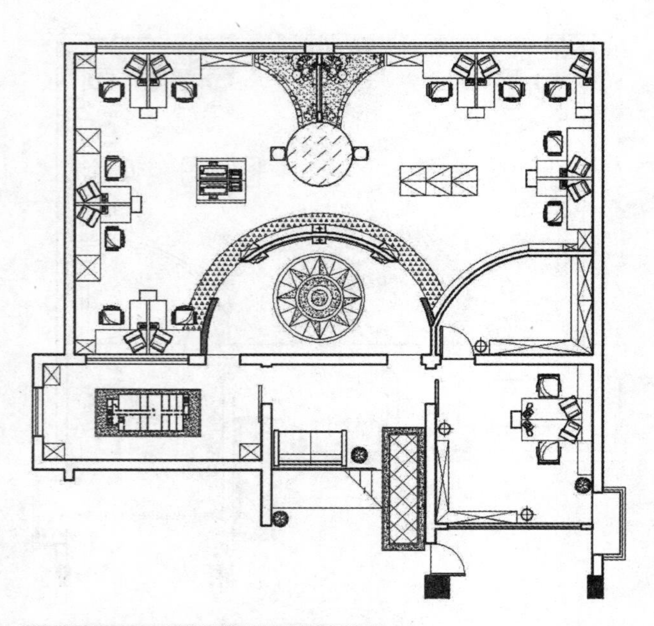

图8-47　工程展示区内部绘制完成

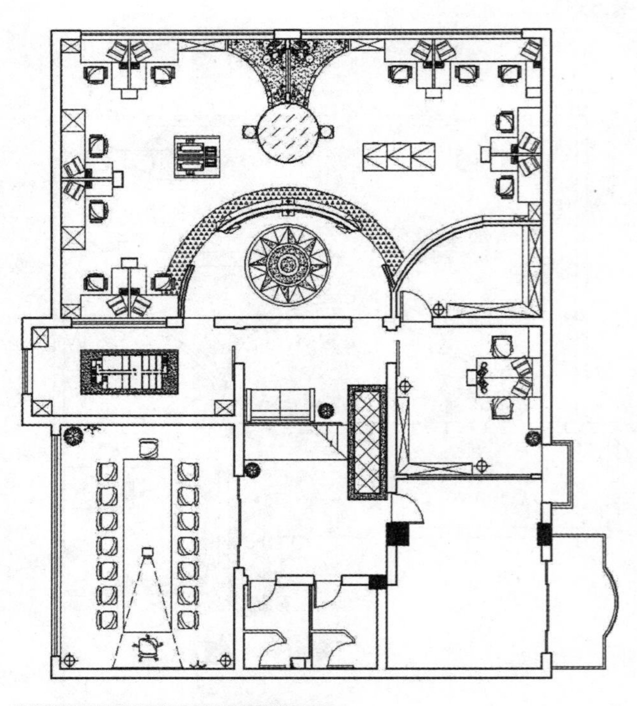

图8-49　会议室内部绘制完成

第七节　二层细节绘制与整理

一、小便池绘制

（1）单击“绘图”工具栏中的“矩形”命令，在图形空白位置绘制一个175mm×450mm的矩形，并分解。单击“修改”工具栏中的“偏移”命令，依据设计草图将矩形的竖直边向左进行连续偏移，偏移距离依次为138mm、38mm、125mm，将其水平边向下进行连续偏移，偏移距离依次为50mm、350mm、50mm，单击“绘图”工具栏中的“直线”命令，依据设计草图绘制两条斜线，如图8-50所示。

（2）单击“修改”工具栏中的“圆角”命令，依据设计草图对步骤（1）中绘制的图形进行圆角处理，单击“绘图”工具栏中的“圆”命令，在图形适当位置绘制一个半径为25mm的圆，并修剪，如图8-51所示。

（3）单击“绘图”工具栏中的“块／创建块”命令，系统弹出“块定义”对话框。选择绘制好的图形为定义对象，选择任意点为基点，并将图形定义为块，块名为“小便器”，最后单击“确定”按钮。

（4）单击“绘图”工具栏中的“插入块”命令，系统弹出“插入”对话框，依据设计草图选择卫生间所需的“蹲便器”“小便器”“洗面台”等插入到图中，并进行修剪、整理和补充，如图8-52所示。

二、总经理室绘制及后期整理

（1）单击“绘图”工具栏中的“矩形”命令，依据设计草图在总经理办公室区域内绘制一个2000mm×900mm的矩形。单击“修改”工具栏中的“偏移”命令，将矩形向内偏移80mm，在其水平边向下绘制一个850mm×405mm的矩形，然后在该矩形旁边绘制一个153mm×432mm的矩形，并将其向内偏移27mm，单击“修改”工具栏中的“圆角”命令，对小矩形的边角进行圆角处理，其圆角半径为30mm，如图8-53所示。

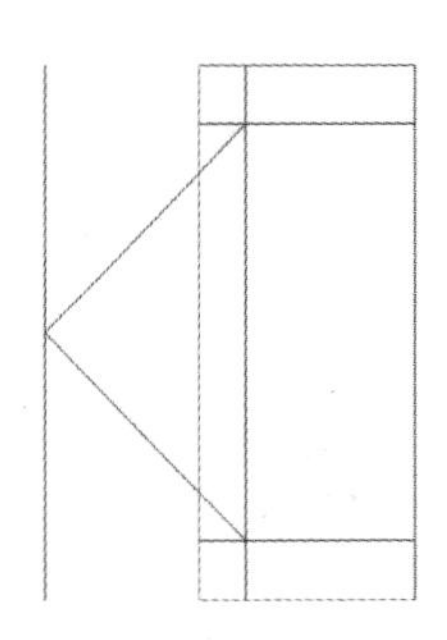

图8-50　小便器绘制（一）

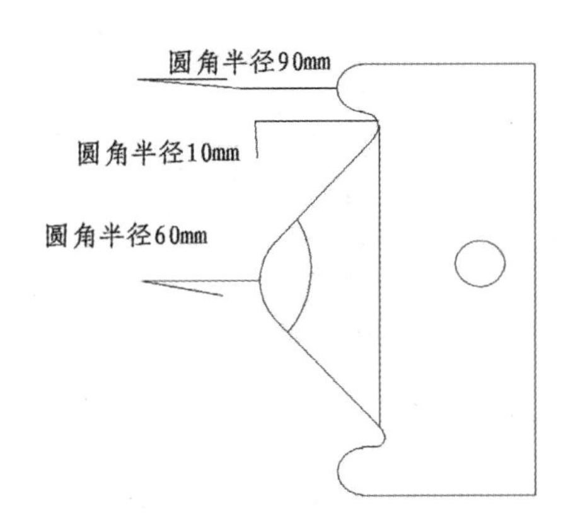

图8-51　小便器绘制（二）

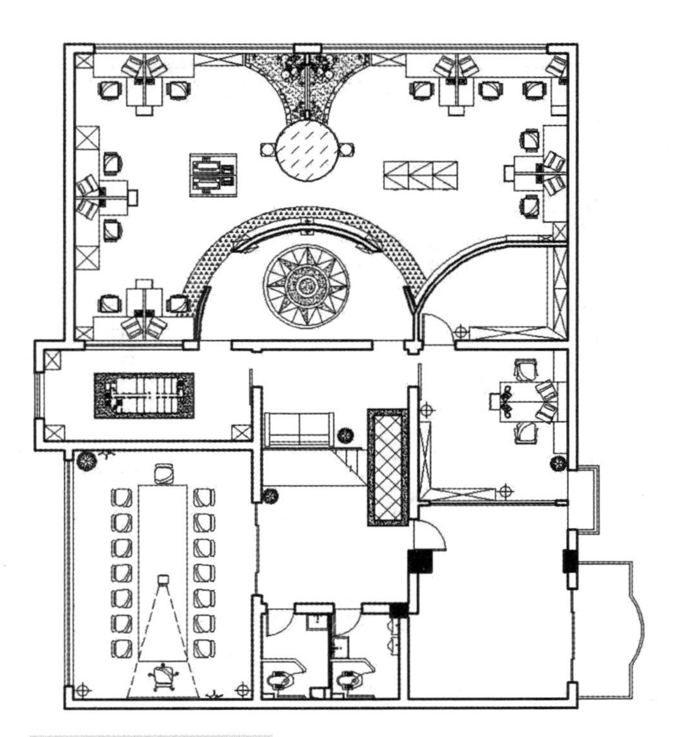

图8-52　插入所需图形

（2）单击“绘图”工具栏中的“插入块”命令，系统弹出“插入”对话框，依据设计草图选择总经理室所需图形插入到图中，并进行修剪、整理和补充，如图8-54所示。

（3）单击“绘图”工具栏中的“插入块”命令，系统弹出“插入”对话框，依据设计草图选择其他所需图形插入到图中，并进行修剪、整理和补充，如图8-55所示。

（4）依据设计草图添加文字、尺寸标注和其他，并进行整理，如图8-56所示。

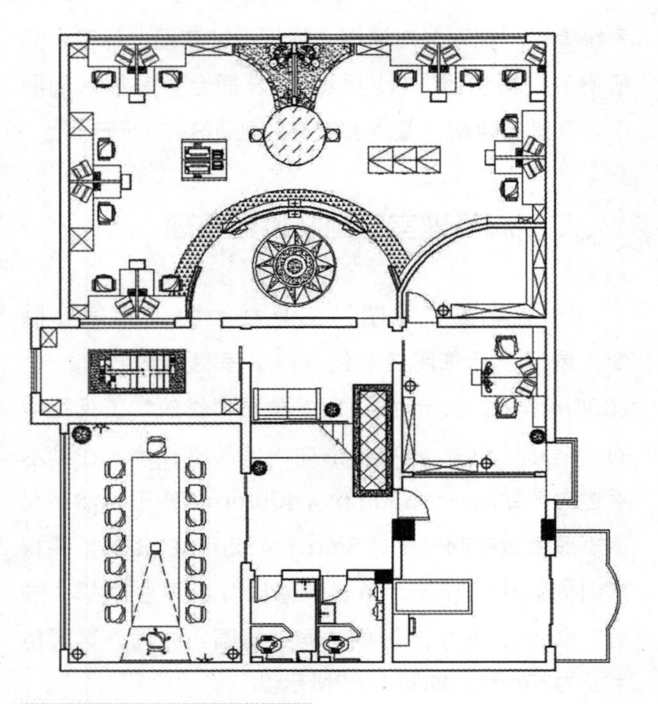

图8-53　总经理室内部绘制

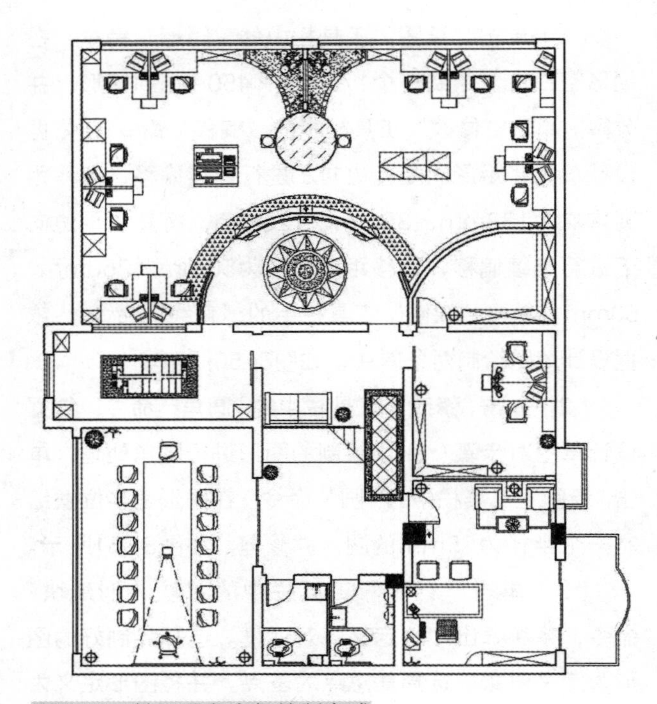

图8-54　总经理室内部绘制完成

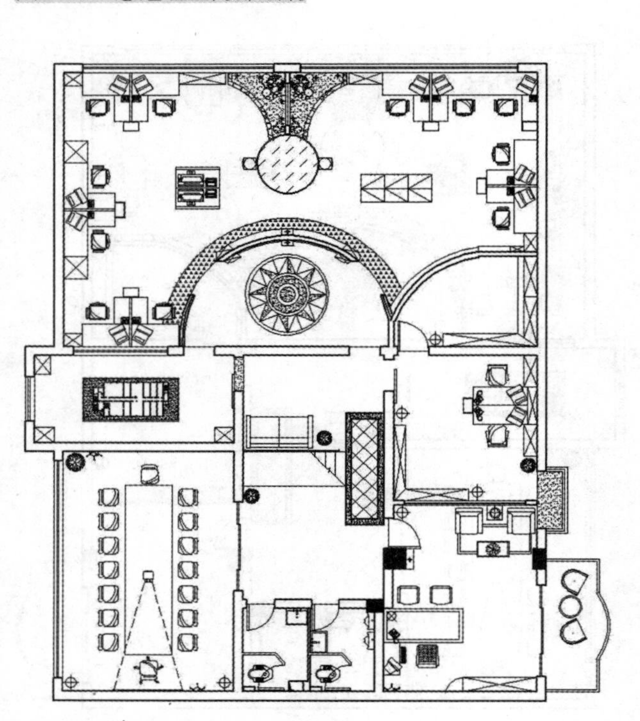

图8-55　补充其他

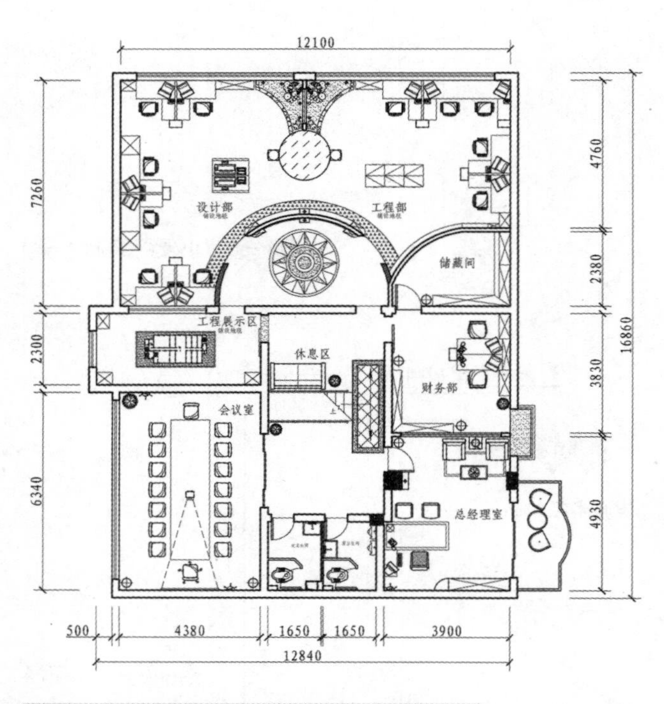

图8-56　装饰公司二层装饰平面图绘制完成

本章小结：

办公空间的墙体结构比较简单，难点在于空间内部的隔断与造型，此外办公家具可以直接调用成品模型，但是要注意成品模型的尺寸繁多，需要根据实际情况进行必要的修改。

课后练习

1. 熟练掌握基础绘图工具并绘制办公空间平面图。
2. 运用AutoCAD2020绘制主打科技的办公空间平面图。
3. 运用AutoCAD2020绘制共享办公空间平面图。
4. 运用AutoCAD2020绘制主打设计的办公空间平面图。
5. 运用AutoCAD2020绘制主打金融的办公空间平面图。

第九章

AutoCAD2020 应用实例·景观类图纸绘制

PPT 课件

视频教学

配套素材

* 若扫码失败请使用浏览器或其他应用重新扫码

学习难度：★★★★☆

重点概念：中式庭院、广场长廊

章节导读

中式庭院的设计一直受到传统的哲学和绘画的影响，历代庭院景观设计中能够让我们借鉴学习的就是离我们较近的明清两代的私家庭院景观。这一段时间的庭院景观受到文人雅士的影响，更重诗情画意、意境创造。庭院景观的主体一般为自然风光，亭台楼阁为陪衬，寄托人们淡漠厌世、超脱凡俗的思想，在物质环境中追求丰富的精神世界。

第一节　中式庭院景观平面图绘制前准备

本节及剩余节次将以图9-1所示图形为例介绍中式庭院景观平面图的具体绘制步骤。

一、打开文件

单击“标准”工具栏中的“打开”命令，弹出“打开文件”对话框，选择“中式酒楼庭院景观”文件，单击“打开”按钮，打开之前绘制好的“中式酒楼庭院景观”。

二、整理并另存文件

选择“文件”/“另存为”命令，将打开的“中式酒楼庭院景观”另存为“中式酒楼庭院景观平面图”并进行整理，如图9-2所示。

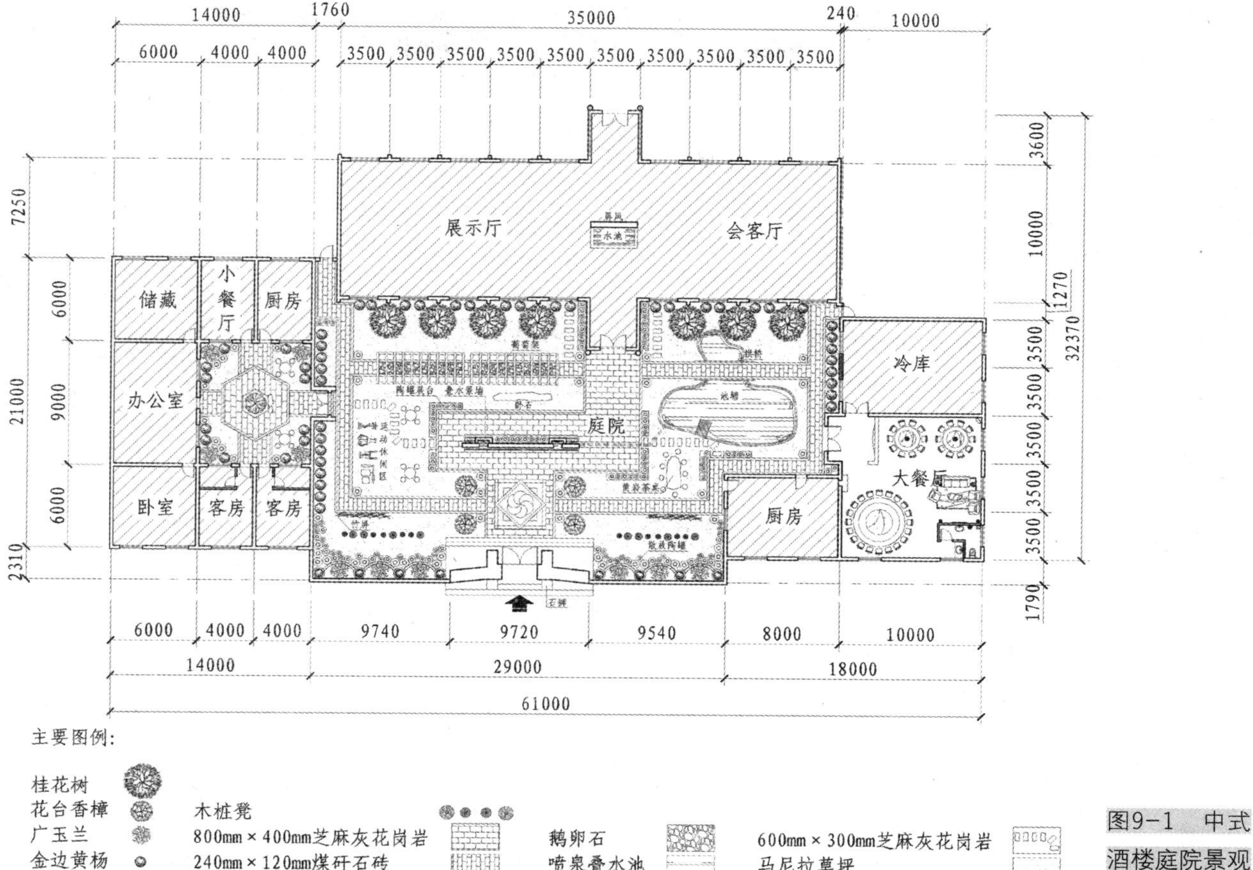

图9-1 中式酒楼庭院景观平面图绘制

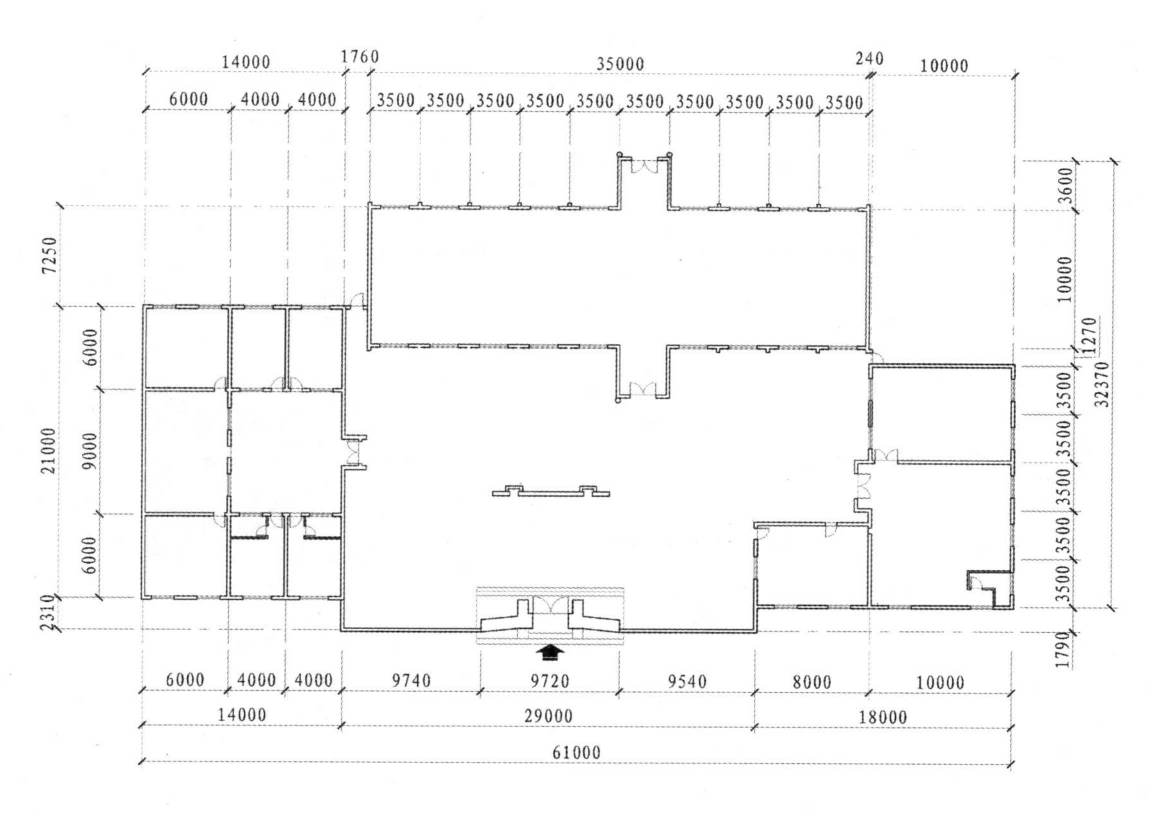

图9-2 中式酒楼庭院景观平面图

第二节　中式庭院室内空间处理

一、文字处理

单击“绘图”工具栏中的“多行文字”命令，依据设计图内容分别对非庭院景观的室内空间标注上区域名称，从左到右的房间分别是“客房”“客房”“卧室”“办公室”“储藏”“小餐厅”“厨房”“展示厅”“会客厅”“冷库”“大餐厅”和“厨房”，如图9-3所示。

二、图案填充

单击“绘图”工具栏中的“图案填充”命令，打开“图案填充和渐变色”对话框。单击“图案”选项后面的按钮，打开“填充图案选项板”对话框，选择“ANSI”选项卡中的ANSI31图案类型，单击“确定”按钮后退出，如图9-4、图9-5所示。

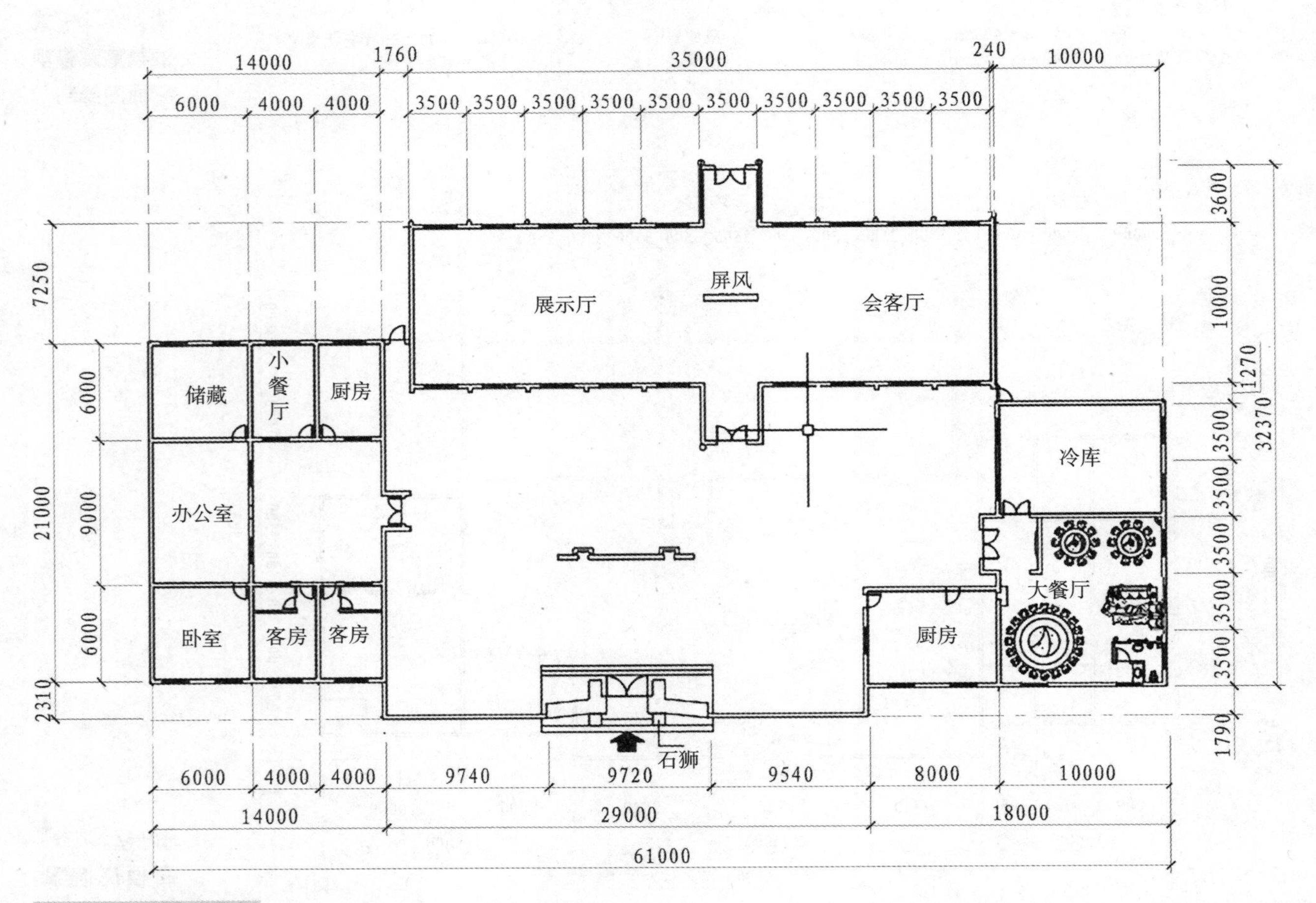

图9-3　标注室内空间

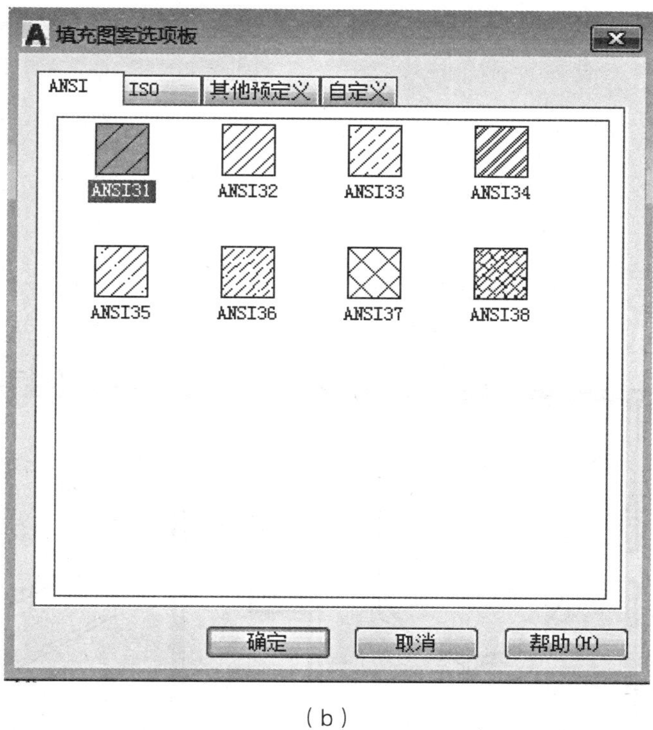

(a) (b)

图9-4 选择室内空间填充图案

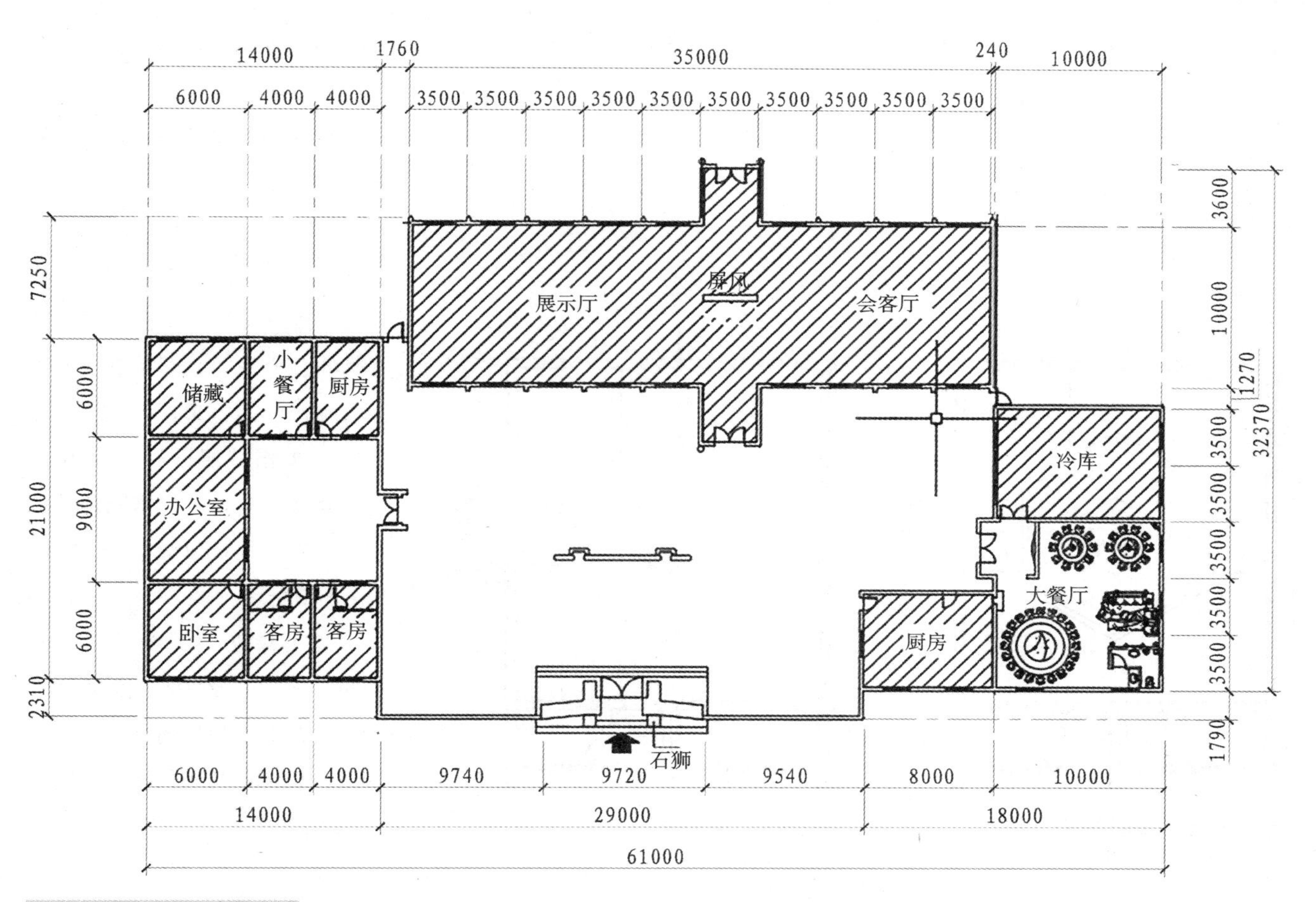

图9-5 室内空间填充完成

第三节　中式庭院路牙绘制

一、绘制六角亭轮廓

（1）单击“绘图”工具栏中的“圆”命令，以“客房”所在的小院落的中心为圆心，绘制一个直径为2400mm的圆。单击“绘图”工具栏中的“多边形”命令，输入侧面数为“6”，指定圆心，选择“内接于圆”，如图9-6所示。

（2）单击“修改”工具栏中的“偏移”命令，将六边形向内进行连续偏移，偏移距离依次为150mm 、1350mm 和240mm，如图9-7所示。

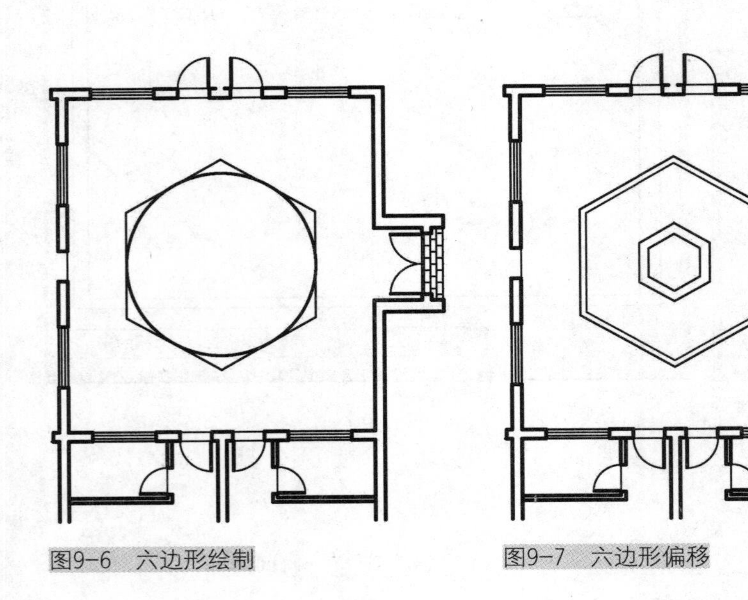

图9-6　六边形绘制　　图9-7　六边形偏移

二、绘制路牙及行走道路

（1）单击“绘图”工具栏中的“直线”命令，在六边形与院落的各个房门之间绘制一条宽2400mm的人行道路，如图9-8所示。单击“修改”工具栏中的“偏移”命令，将道路两侧的线段向内偏移150mm，做路牙，如图9-9所示。

（2）单击“绘图”工具栏中的“直线”命令，依据步骤（1）的方法绘制如图所示的院落道路，如图9-10所示，并偏移150mm做路牙，如图9-11所示。

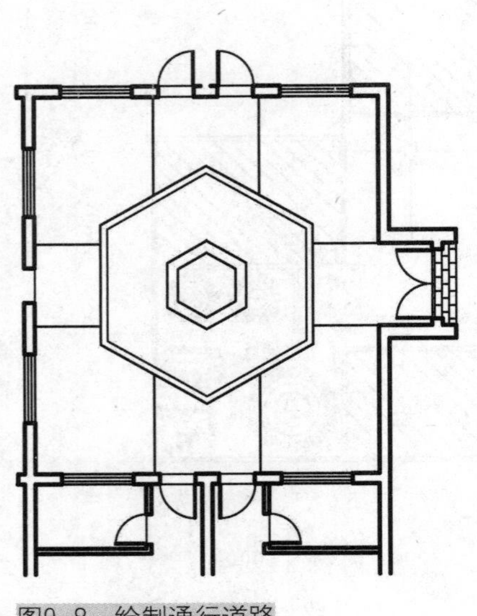

图9-8　绘制通行道路

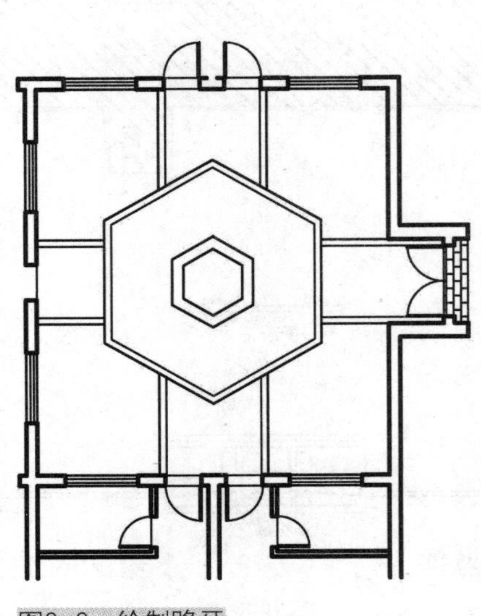

图9-9　绘制路牙

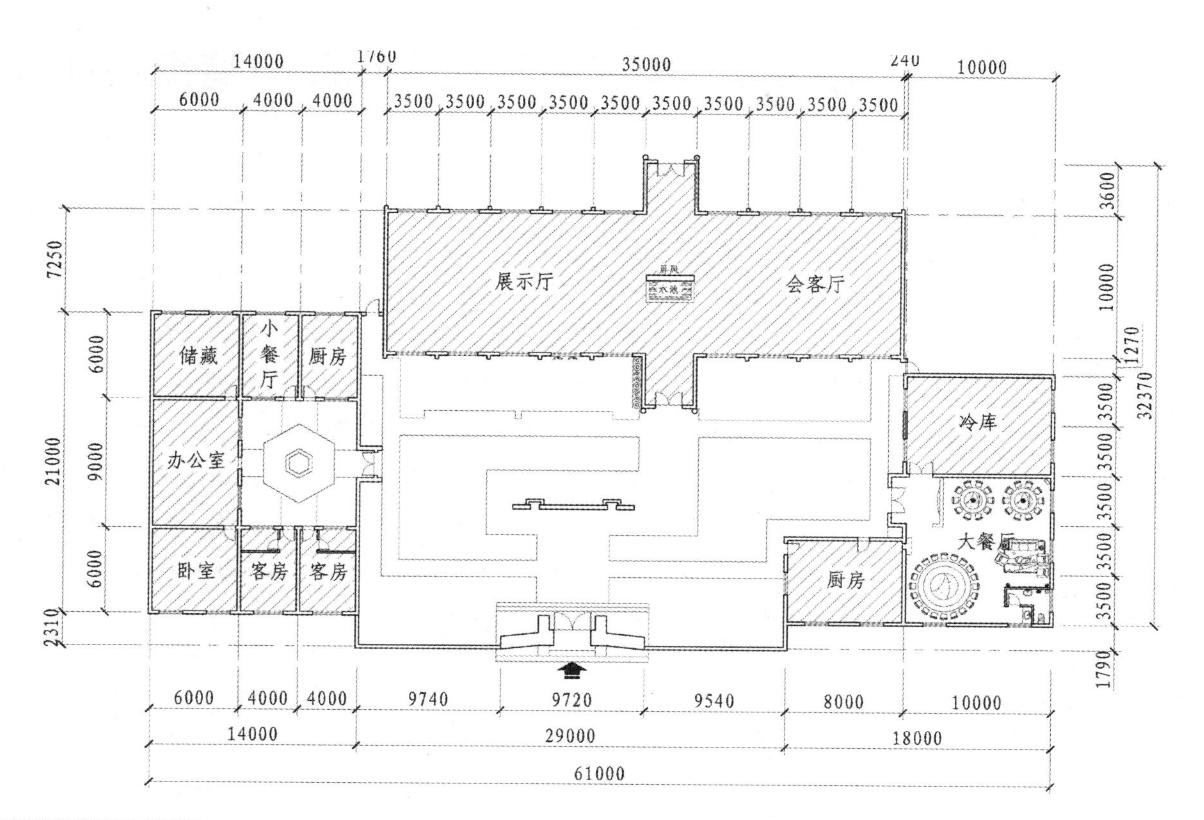

图9-10　绘制行走道路

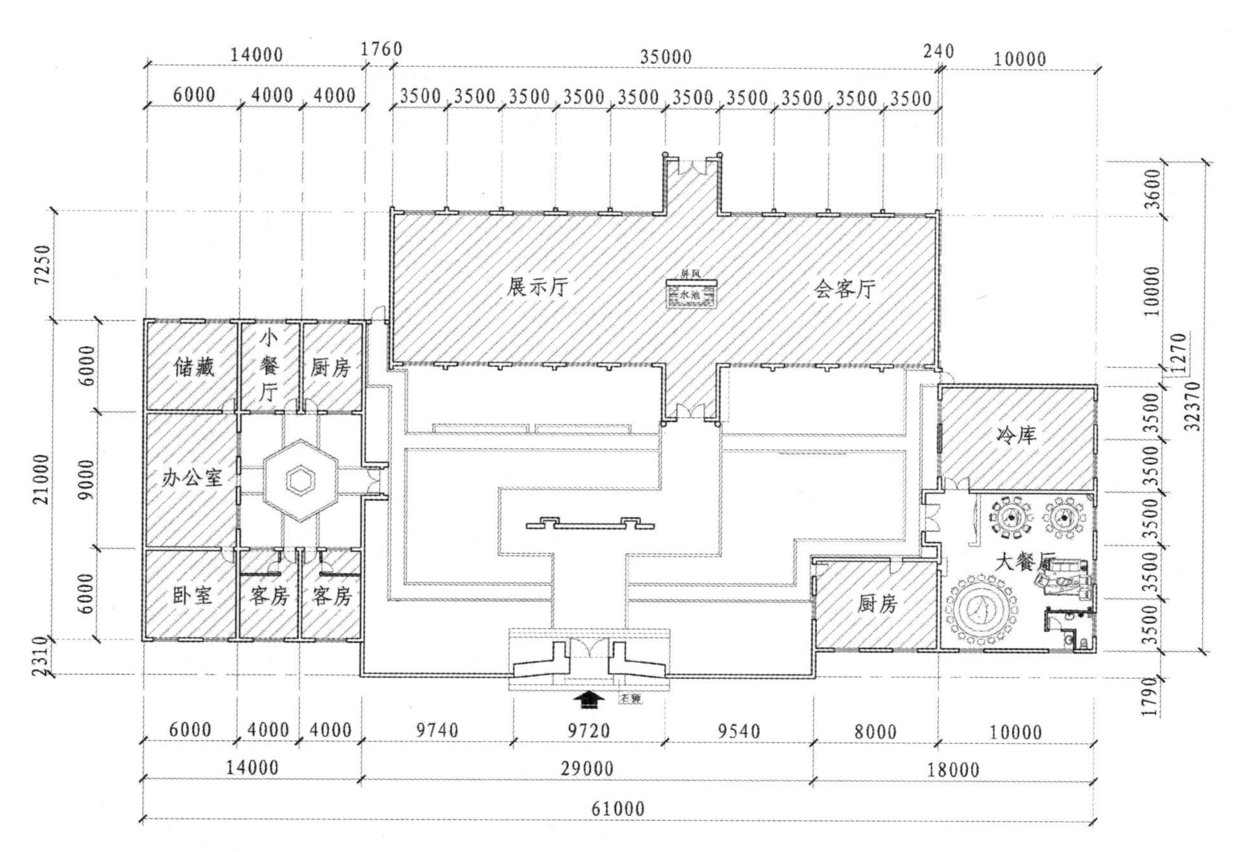

图9-11　绘制路牙

第四节　中式庭院入户花砖与踏步绘制

一、绘制花砖

（1）单击“绘图”工具栏中的“直线”命令，绘制一个边长3600mm的矩形，如图9-12所示。并向内偏移225mm和384mm，如图9-13所示。单击“修改”工具栏中的“修剪”命令，依据设计草图修剪图形，如图9-14所示。

（2）单击“绘图”工具栏中的“直线”命令，以矩形的中心为准，做两条交叉垂直的辅助线。单击“绘图”工具栏中的“直线”命令，依据设计草图绘制一个等边菱形，如图9-15所示。单击“修改”工具栏中的“偏移”命令，将菱形向内偏移173mm，如图9-16所示。

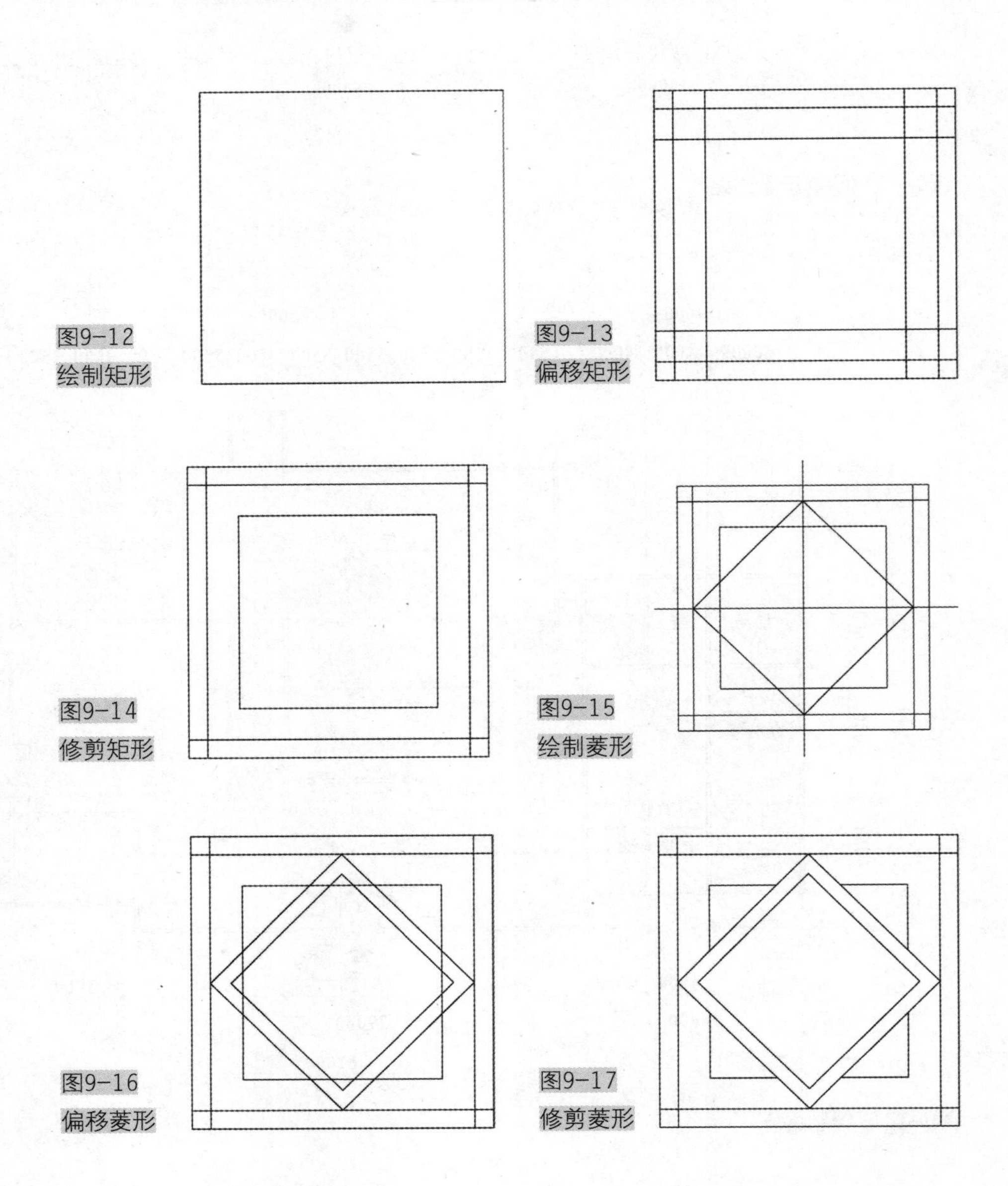

图9-12
绘制矩形

图9-13
偏移矩形

图9-14
修剪矩形

图9-15
绘制菱形

图9-16
偏移菱形

图9-17
修剪菱形

（3）单击“修改”工具栏中的“修剪”命令，依据设计草图修剪图形，如图9-17所示。单击“绘图”工具栏中的“直线”命令，找出菱形的中点，单击“绘图”工具栏中的“圆”命令，绘制一个直径为973mm的圆，如图9-18所示。

（4）选择圆，单击“修改”工具栏中的“复制”按钮，复制圆。选择圆，单击“修改”工具栏中的“旋转”命令，以圆心为基点，旋转59°。重复操作以上步骤，绘制如图9-19所示的花形。单击“修改”工具栏中的“修剪”命令，如图9-20所示修剪图形。入户花砖绘制完成。

二、绘制踏步并将其置入图纸中

单击“绘图”工具栏中的“矩形”命令输入“300，600”绘制踏步。依据设计草图摆放踏步，如图9-21所示。

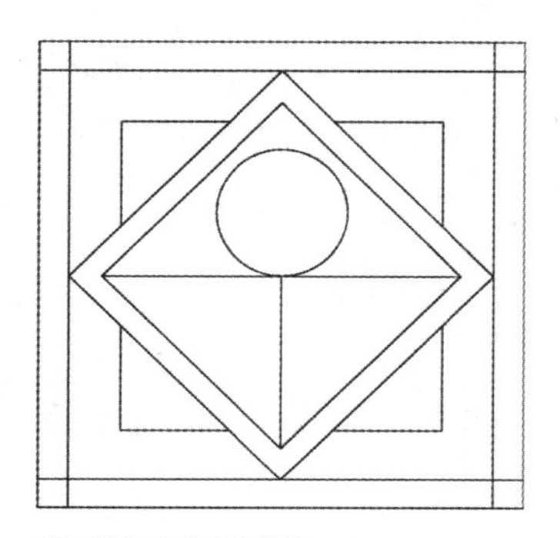

图9-18　绘制圆

图9-19　复制并旋转圆

图9-20　修剪

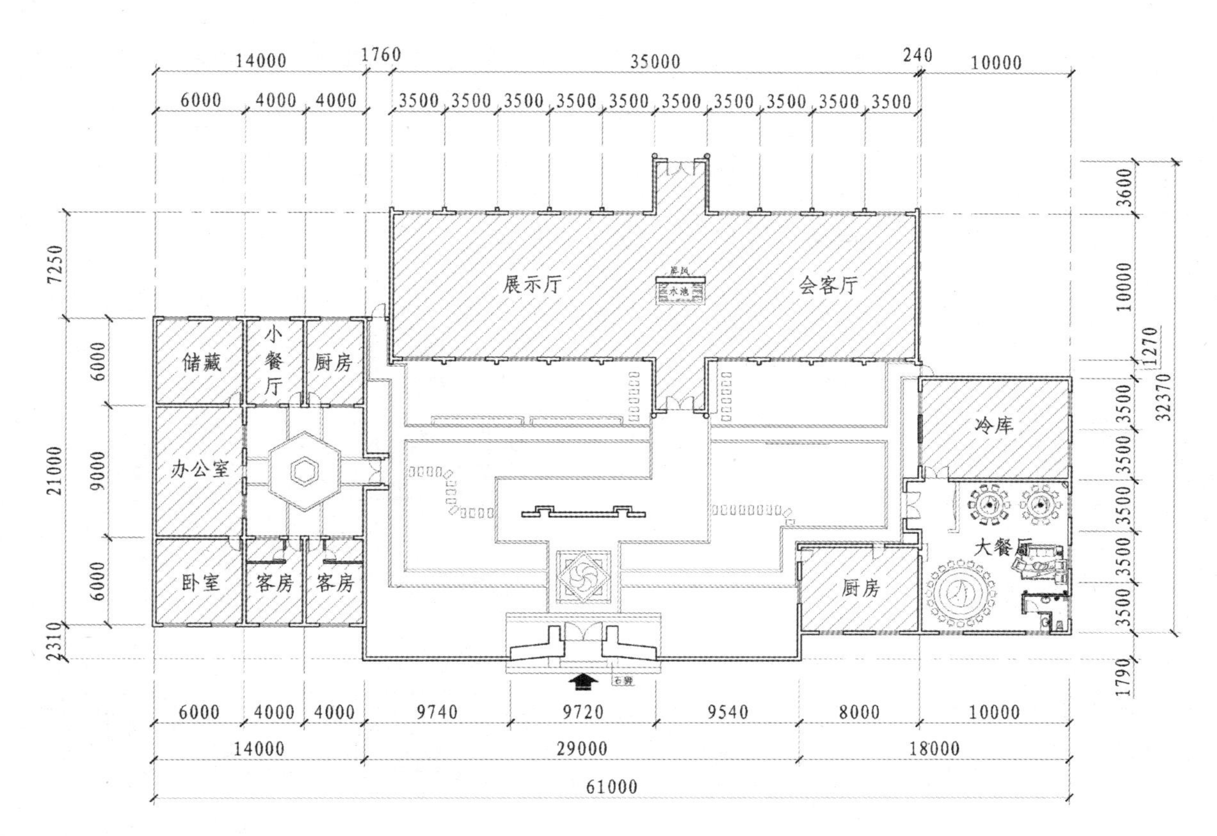

图9-21　绘制完成的入户花砖与踏步

第五节　中式庭院葡萄架绘制

一、基础轮廓绘制

（1）单击“绘图”工具栏中的矩形命令，输入“150，2300”绘制葡萄架顶的木方，如图9-22所示。

（2）单击“修改”工具栏中的“偏移”命令，偏移450mm，如图9-23所示。

（3）单击“绘图”工具栏中的“直线”命令，依据设计草图画两条连接的直线，如图9-24所示。

（4）单击“修改”工具栏中的“偏移”命令，将水平直线进行连续偏移，偏移距离依次为150mm、400mm、150mm、900mm和150mm，如图9-25所示。

二、后期整理

（1）单击“修改”工具栏中的“修剪”命令，依据设计草图进行修剪图形，如图9-26所示。

（2）单击“修改”工具栏中的“复制”命令，复制葡萄架中间的连接木方，如图9-27所示。单击“修改”工具栏中的“镜像”命令，以上一步绘制的连接木方的中点为基准复制之前绘制好的葡萄架顶。葡萄架绘制完成。

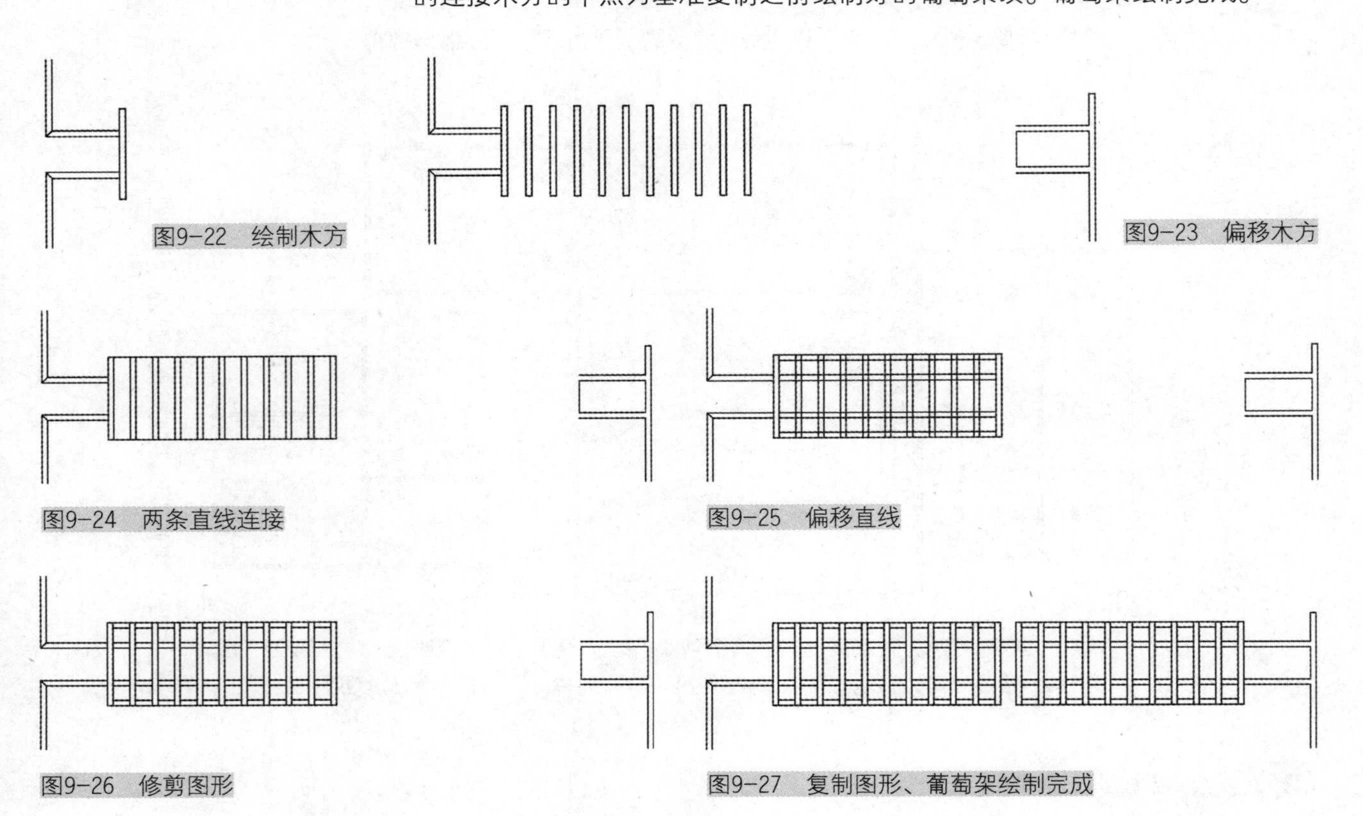

图9-22　绘制木方

图9-23　偏移木方

图9-24　两条直线连接

图9-25　偏移直线

图9-26　修剪图形

图9-27　复制图形、葡萄架绘制完成

第六节　中式庭院亲水设施绘制

一、绘制木质亲水平台

（1）单击“绘图”工具栏中的“样条曲线”命令，绘制一条如图9-28所示的闭合图形。

（2）选择图形，单击“修改”工具栏中的“偏移”命令，将图形向内进行水平直线连续偏移，偏移距离为130mm和150mm。并将偏移之后的图形进行适当的调整，使其看起来更加自然，如图9-29所示。

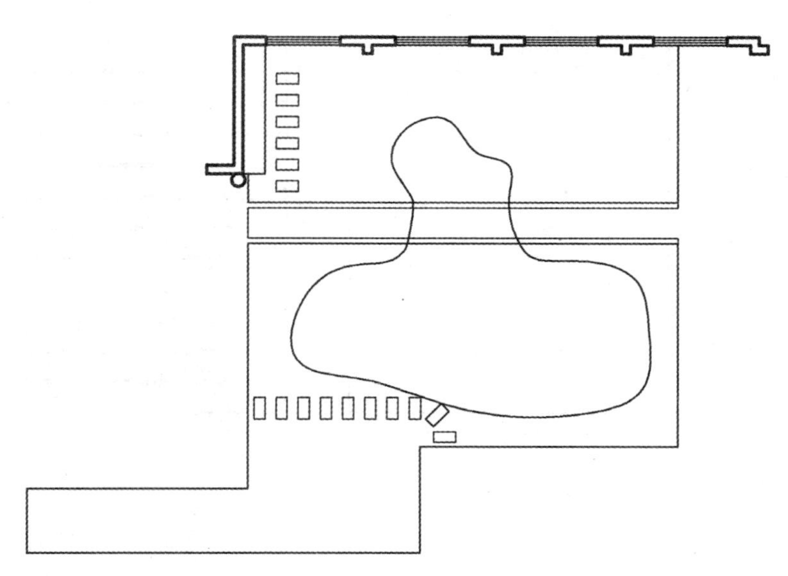

图9-28
绘制闭合线

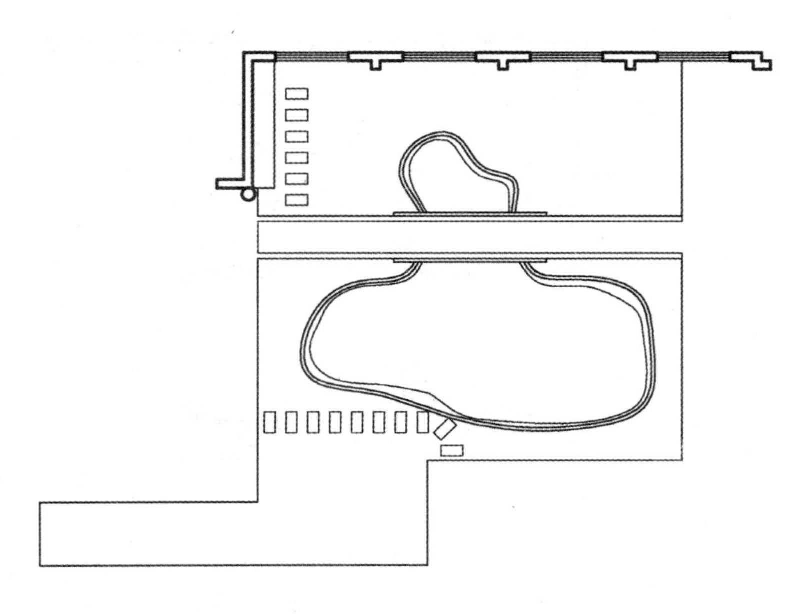

图9-29　偏移
闭合线并调整

（3）单击“绘图”工具栏中的“矩形”命令，输入“800，1190”。分解矩形，然后单击“修改”工具栏中的“偏移”命令，将800的线段向内水平偏移90mm、10mm、90mm、10mm、90mm、10mm、90mm、10mm、90mm、10mm、90mm、10mm、90mm、10mm、90mm、10mm、90mm、10mm、90mm、10mm、90mm、10mm。木质亲水平台绘制完成，如图9-30所示。

二、绘制驳岸石和池塘

（1）单击“绘图”工具栏中的“多段线”命令，依据设计草图绘制驳岸石，如图9-31所示。

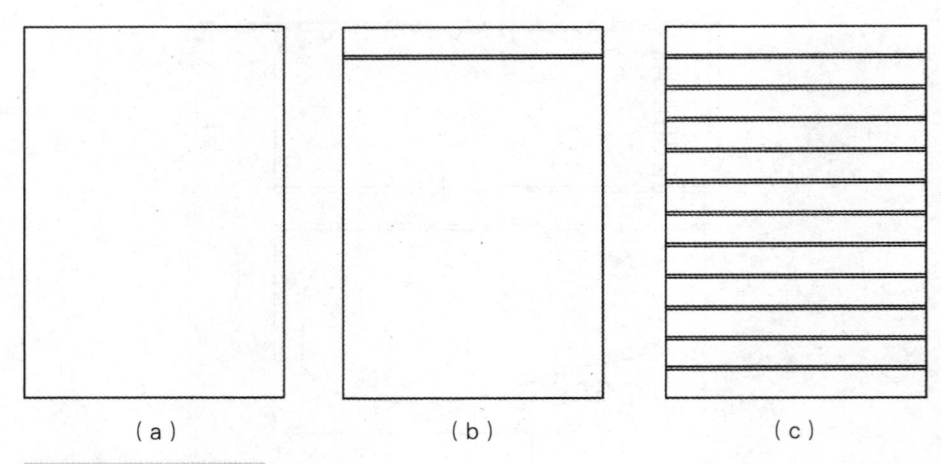

图9-30 绘制亲水平台

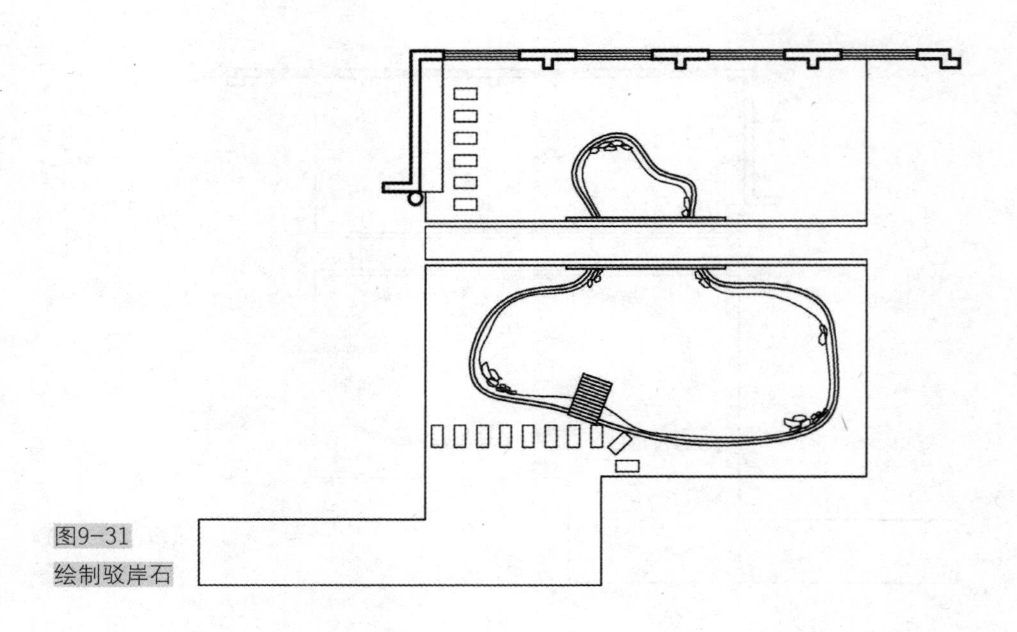

图9-31
绘制驳岸石

（2）单击“绘图”工具栏中的“多行文字”命令，命名“池塘”，如图9-32所示。单击“绘图”工具栏中的“图案填充”命令，打开“图案填充和渐变色”对话框。单击“图案”选项后面的按钮，打开“填充图案选项板”对话框，选择“其他预定义”选项卡中的“AR－RROOF”图案类型，单击“确定”按钮后退出，如图9-33所示。

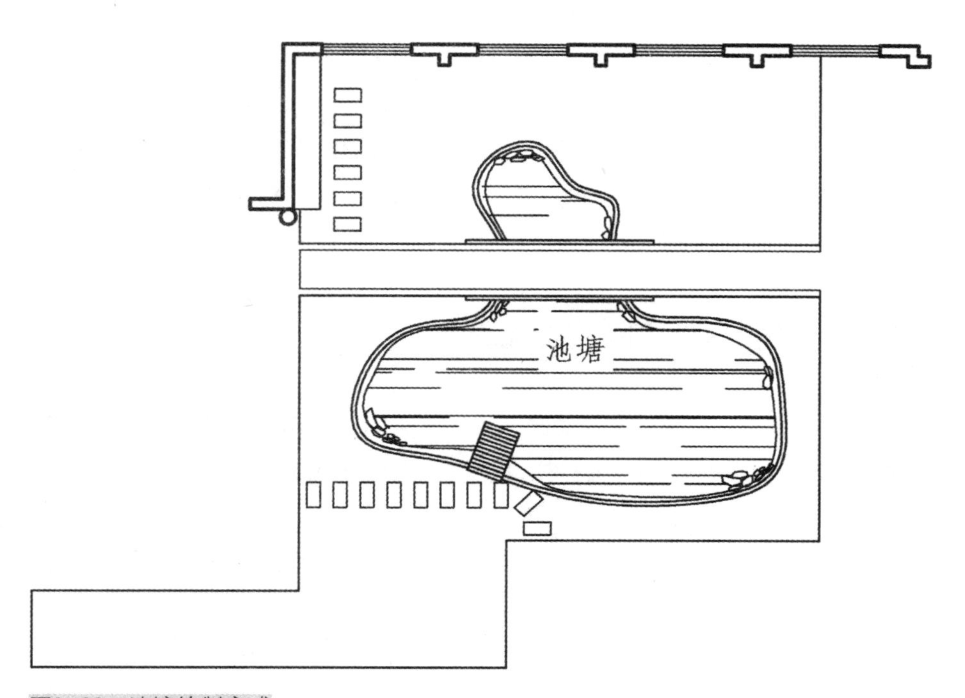

图9-32　池塘绘制完成

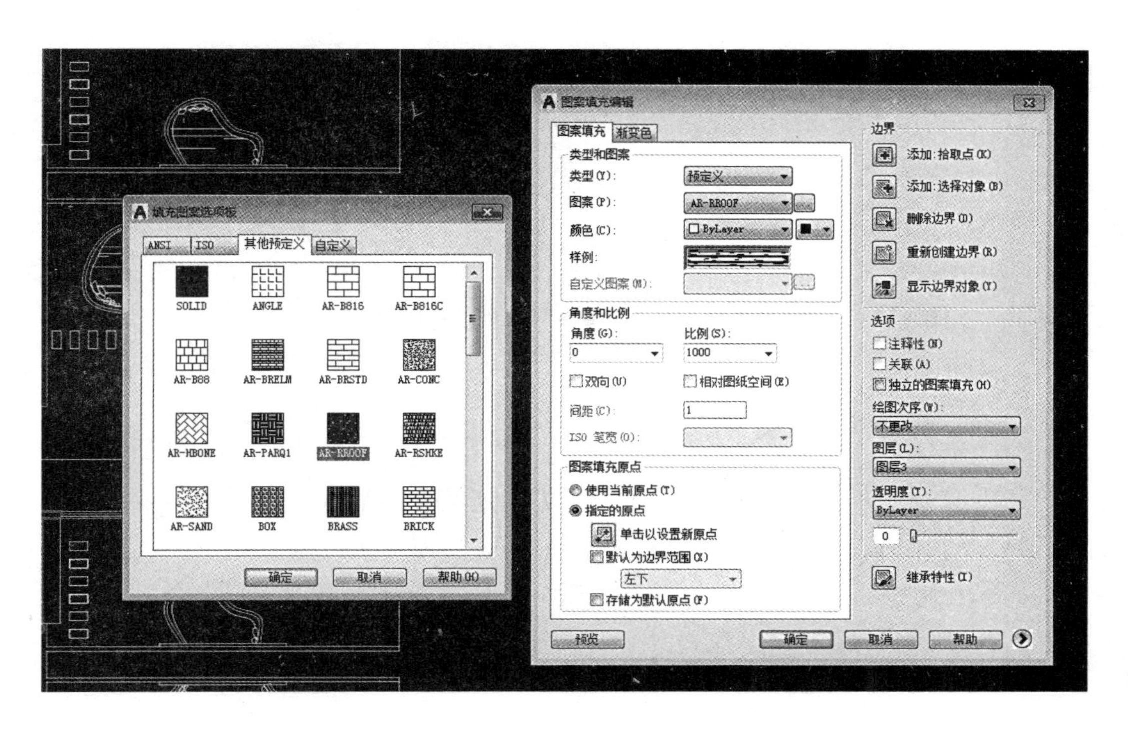

图9-33　图案填充

第七节　中式庭院其他物件绘制

一、绘制圆形桌椅和黄岩茶桌椅

（1）单击“绘图”工具栏中的“圆”命令，输入半径400mm绘制圆心茶桌。单击“绘图”工具栏中的“圆”命令，输入半径180mm绘制圆形座椅，如图9-34所示。

（2）单击“绘图”工具栏中的“多段线”命令，依据设计草图绘制黄岩茶桌。单击“绘图”工具栏中的“圆”命令，输入半径180mm绘制圆形座椅，如图9-35所示。

二、绘制三种不同型号的陶罐

单击“绘图”工具栏中的“圆”命令，输入半径300mm绘制大号陶罐，单击“修改”工具栏中的“偏移”命令，向内偏移160mm、20mm。输入半径240mm绘制中号陶罐，单击“修改”工具栏中的“偏移”命令，向内偏移130mm、20mm。输入半径190mm绘制小号陶罐，单击“修改”工具栏中的“偏移”命令，向内偏移100mm、15mm，如图9-36所示。

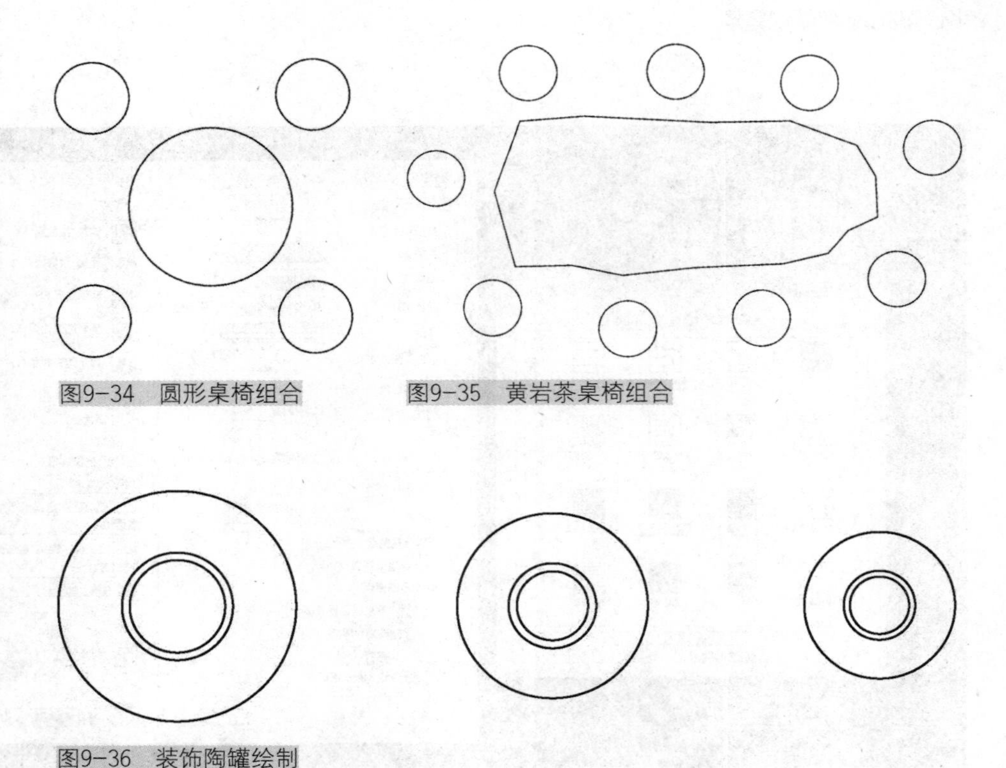

图9-34　圆形桌椅组合

图9-35　黄岩茶桌椅组合

图9-36　装饰陶罐绘制

三、置入景观小品

（1）将绘制好的桌椅组合以及陶罐摆放至如图9-37所示的位置。单击“标准”工具栏中的“打开”命令，弹出“打开文件”对话框，选择“中式酒楼庭院景观小品”文件，单击“打开”按钮，打开文件，选择运动休闲设施，移动到设计草图所示位置。

（2）单击“标准”工具栏中的“打开”命令，弹出“打开文件”对话框，选择“中式酒楼庭院景观小品”文件，单击“打开”按钮，打开文件，将“中式酒楼庭院景观小品”文件中的小品复制到“中式酒楼庭院景观平面图”文件中，并依据设计草图摆放植物及各类小品，如图9-38所示。

（3）单击“绘图”工具栏中的“多行文字”命令，依据设计草图分别给各类空间及物品命名，如图9-39所示。

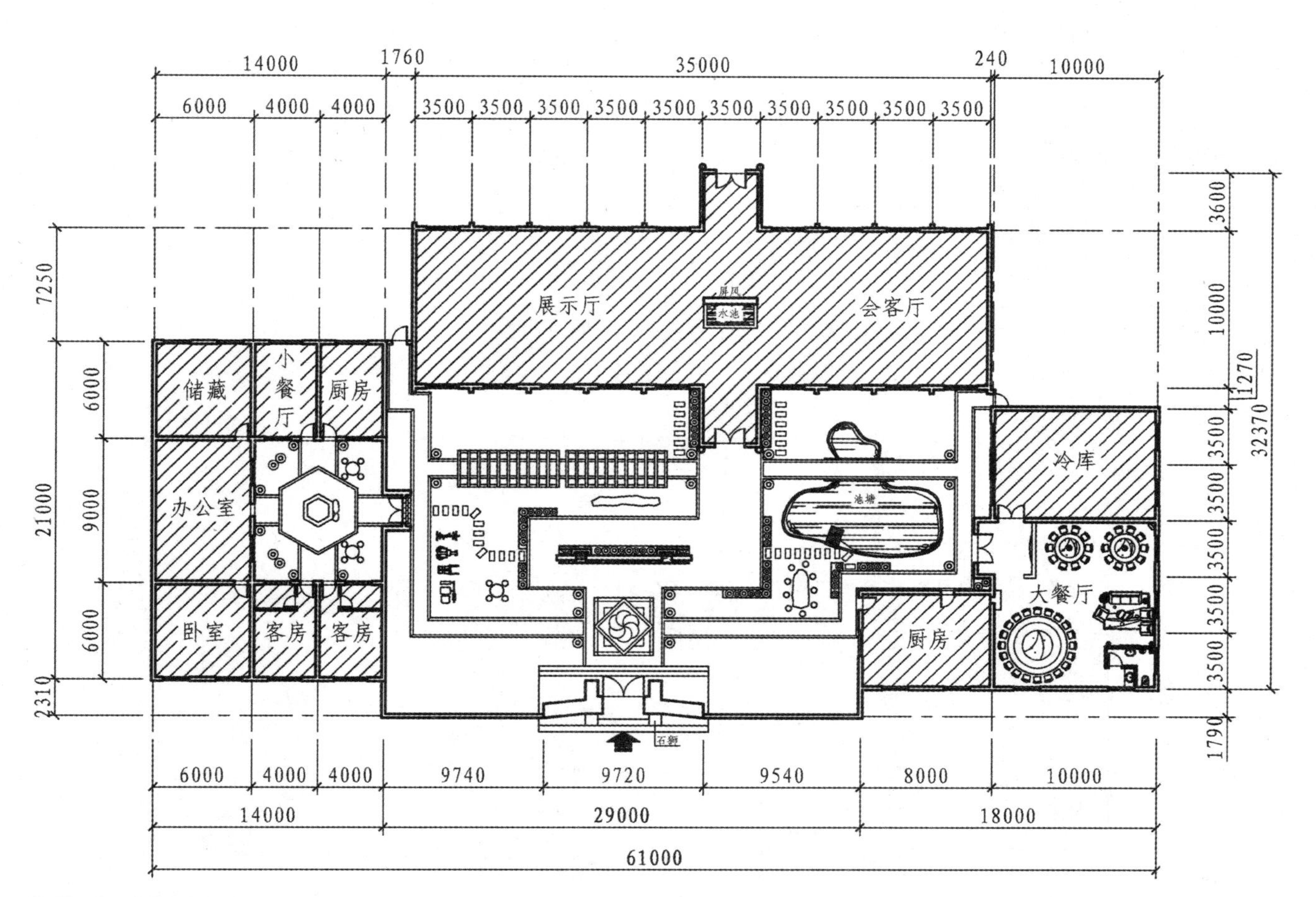

图9-37　放置小品

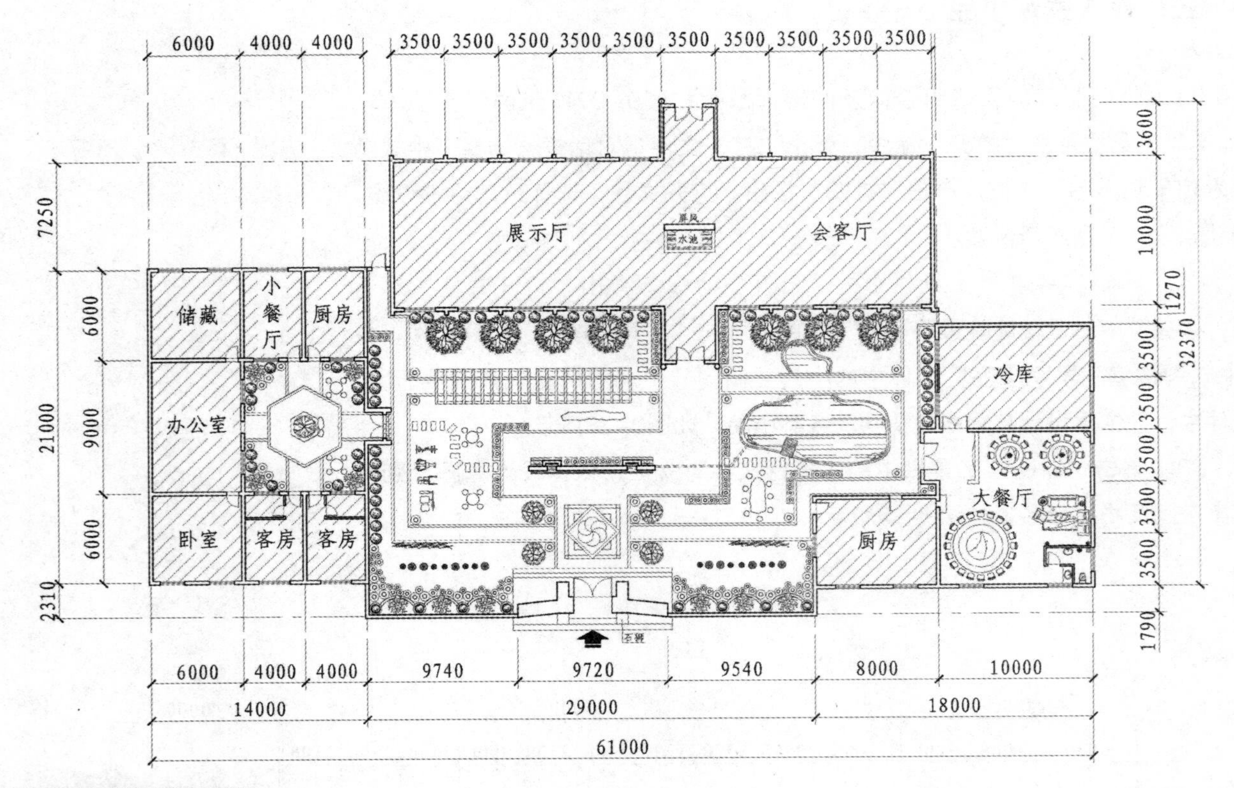

图9-38　摆放植物及小品

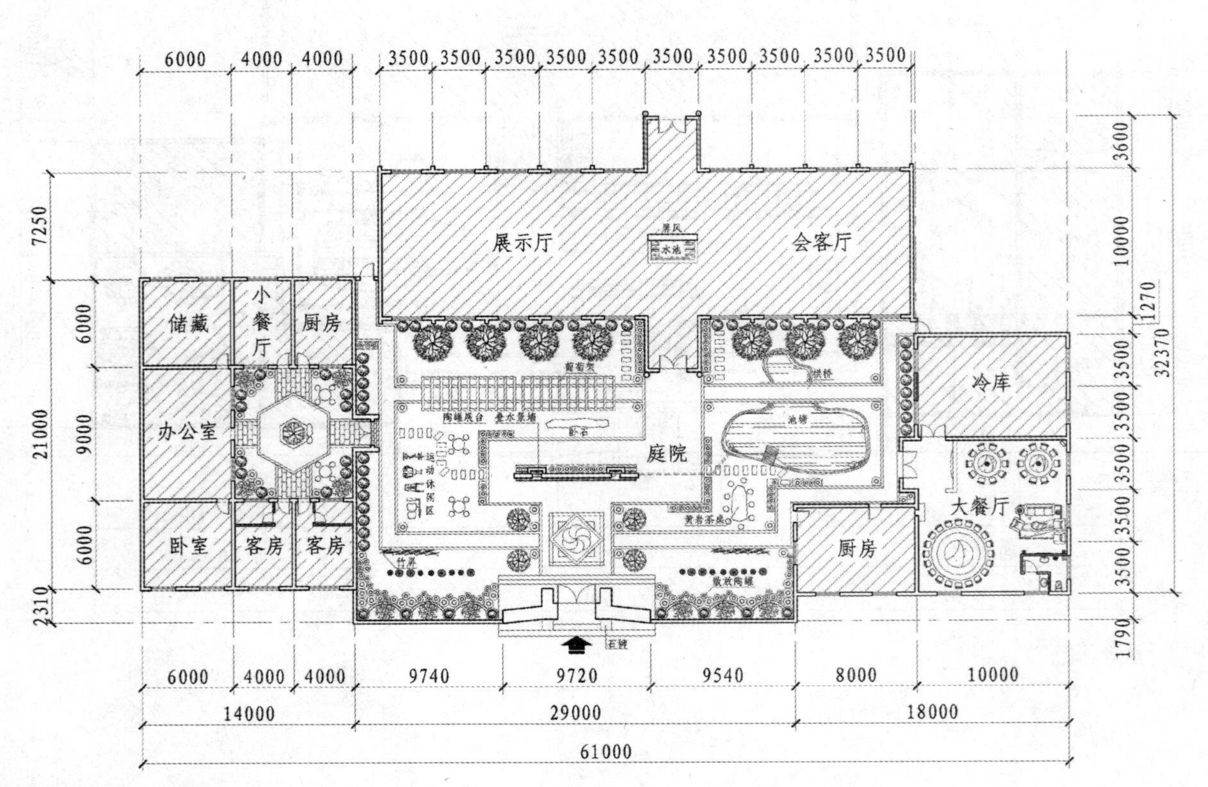

图9-39　命名

第八节　中式庭院景观平面图细节整理

一、地面铺装材料填充

（1）选择草地，单击“绘图”工具栏中的“图案填充”命令，打开“图案填充和渐变色”对话框。单击“图案”选项后面的按钮，打开“填充图案选项板”对话框，选择“其他预定义”选项卡中的“AR－SAND”图案类型，单击“确定”按钮后退出，如图9－40所示。

（2）选择硬质铺地，单击“绘图”工具栏中的“图案填充”命令，打开“图案填充和渐变色”对话框。单击“图案”选项后面的按钮，打开“填充图案选项板”对话框，选择“其他预定义”选项卡中的“AR－B816C”图案类型，单击“确定”按钮后退出，如图9－41所示。

（a）

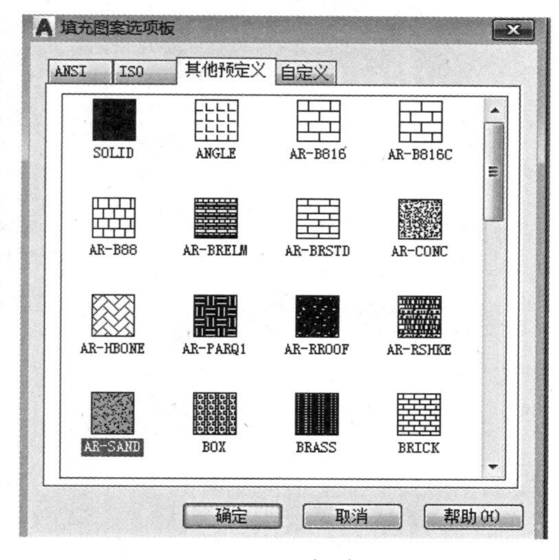

（b）

图9－40　填充草地

（a）

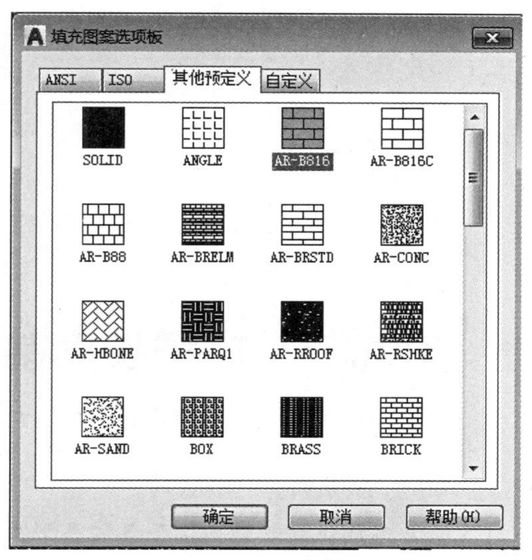

（b）

图9－41　填充硬质铺地

二、添加标注

依据设计草图添加文字、尺寸标注，并对图形做最后调整，完成最终绘制，如图9-42所示。

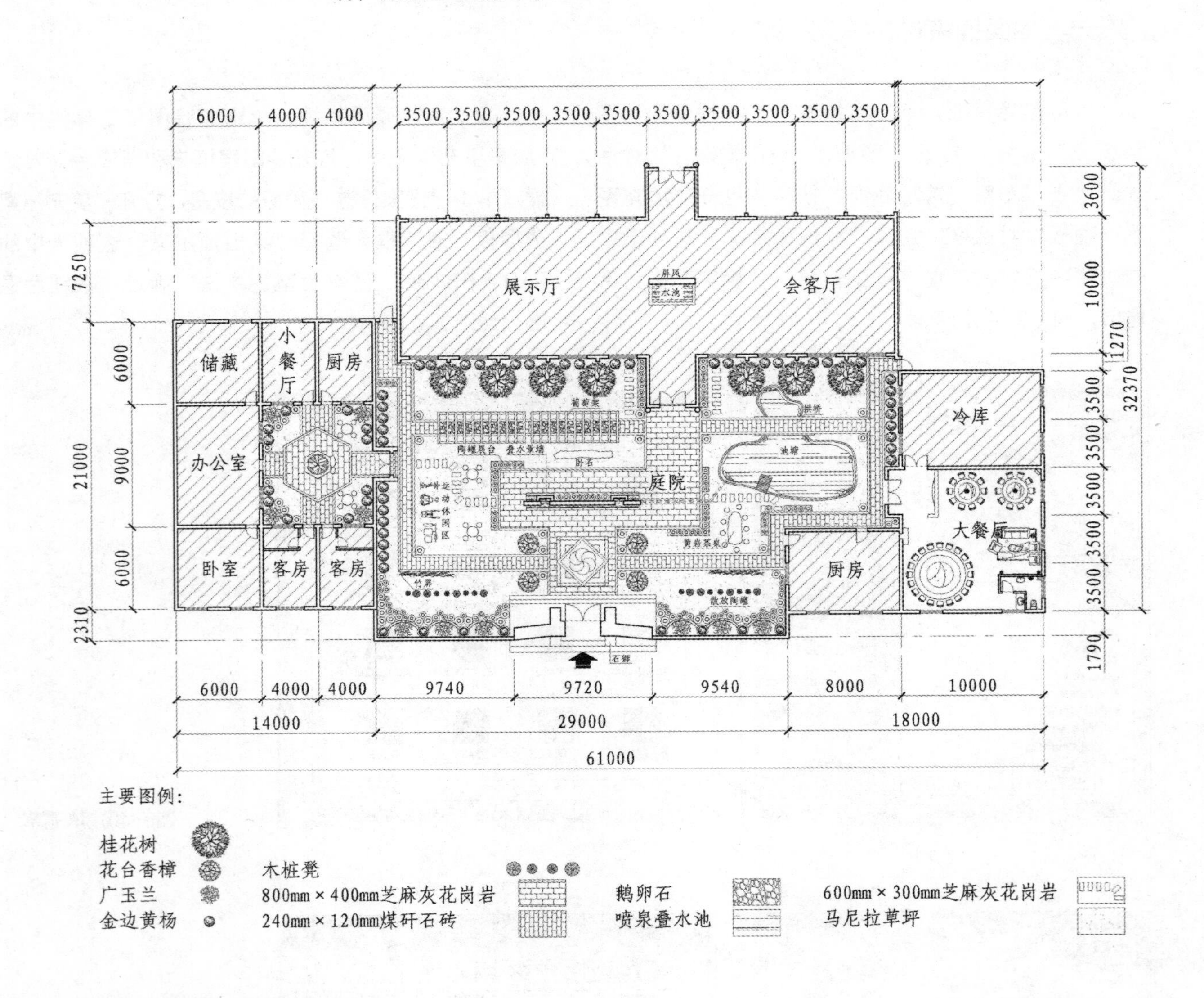

图9-42　中式酒楼庭院景观平面图绘制完成

第九节　广场长廊前期绘制

木质休憩长廊可用于各种类型的广场、园林绿地中，一般设置在风景优美的地方供休息或观景。休憩长廊可以为游人遮阳纳凉，若是在长廊上种植攀爬植物则可以起到分隔景物的作用。在广场空间中设置景观长廊，能够增添浓厚的艺术气息。

一、长廊轮廓绘制

下面以图9-43所示图形为例介绍广场长廊景观平面图的具体绘制步骤。

（1）单击“绘图”工具栏中的“矩形”命令，输入“600，600”绘制廊柱外部轮廓。单击“修改”工具栏中的“偏移”命令将矩形向内偏移50mm、100mm以及50mm。单个廊柱绘制完成，选择廊柱，单击“修改”工具栏中的“偏移”命令，将廊柱向下偏移3300mm、3400mm。选择前两个廊柱，单击“修改”工具栏中的“偏移”命令，将这两个廊柱向右偏移3600mm、3700mm、3100mm、3700mm以及3600mm，最后删除最下方一排中间的四个廊柱，只留下两边的廊柱，如图9-44所示。

（2）删除最下方两边廊柱内的偏移矩形，仅留下外部轮廓，单击“修改”工具栏中的“偏移”命令将矩形向外偏移50mm和55mm，外廊柱绘制完成。删除上两排中间的四个廊柱内的偏移矩形，仅留下外部轮廓。单击“绘图”工具栏中的“矩形”命令，输入“600，800”绘制两个交叉的矩形，中间四个廊柱绘制完成，如图9-45所示。

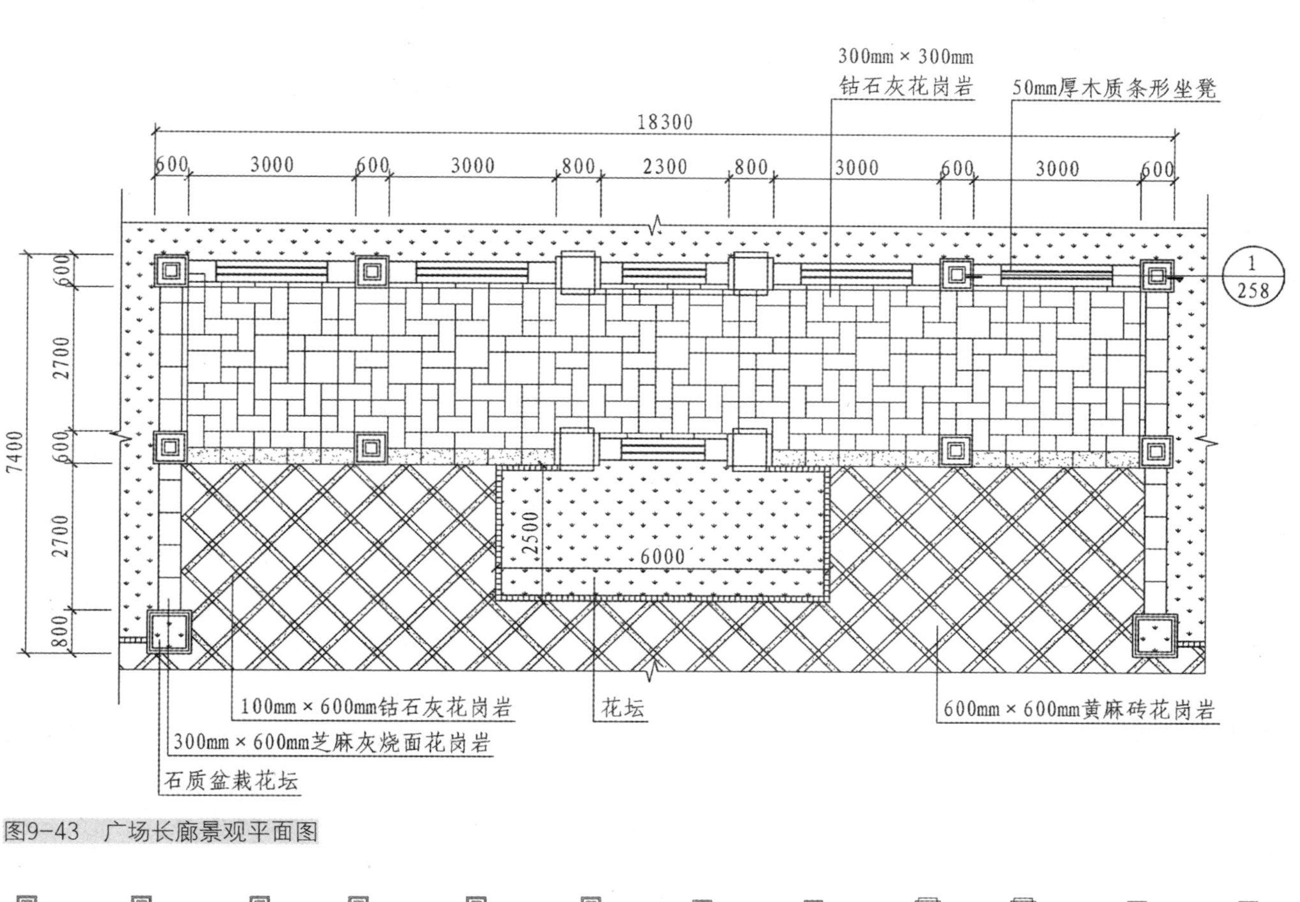

图9-43　广场长廊景观平面图

图9-44　绘制廊柱

图9-45　绘制其他廊柱

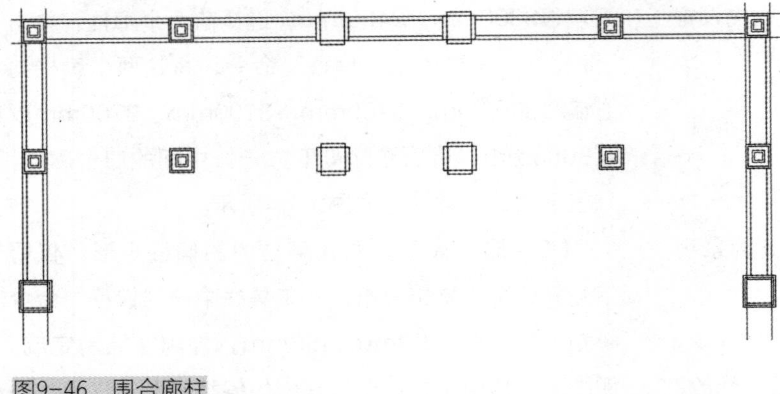

图9-46 围合廊柱

（3）单击“绘图”工具栏中的“直线”命令，作连接各个廊柱的辅助线。单击“修改”工具栏中的“偏移”命令，将连接的直线向内偏移100mm并整理，如图9-46所示。

二、后期处理

（1）选择上方廊柱的辅助线，单击“修改”工具栏中的“偏移”命令，向下偏移300mm、600mm、600mm、600mm、1500mm、600mm、600mm、600mm。选择辅助线，单击“修改”工具栏中的“偏移”命令，向右偏移500mm、2000mm、1600mm、2000mm、1700mm、1500mm、1700mm、2000mm、1600mm、2000mm。并依据设计草图进行修剪，如图9-47所示。

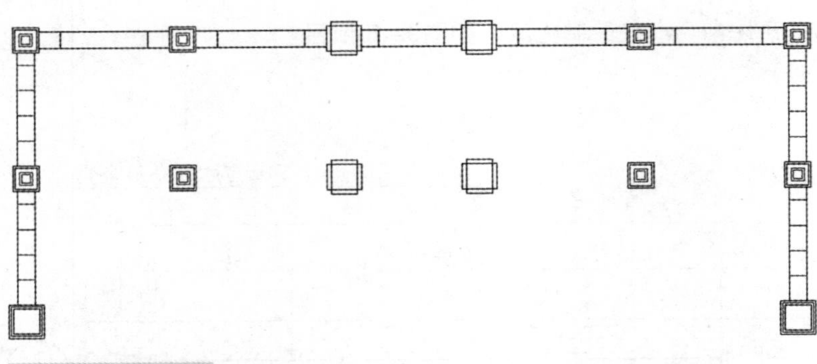

图9-47 连接廊柱

（2）单击“修改”工具栏中“偏移”命令，依据设计草图，将上方廊柱的连接线向下进行连续偏移，偏移距离依次为123mm、20mm、123mm、20mm。单击“修改”工具栏中的“修剪”命令，依据设计草图将所绘制的图形进行修剪和整理，如图9-48所示。

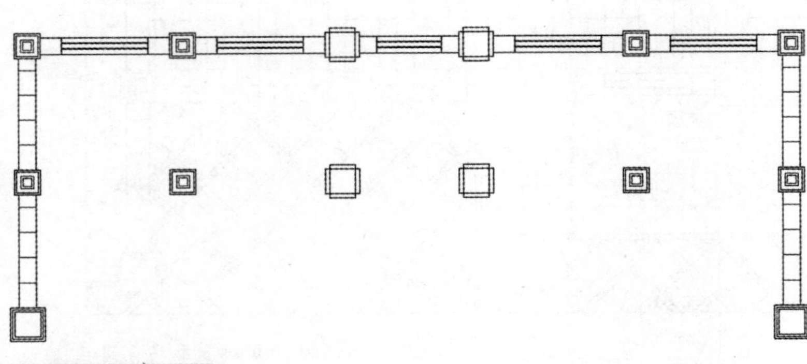

图9-48 绘制座椅

（3）单击“绘图”工具栏中的“直线”命令，以左侧的门廊柱为基准，绘制花坛，线段的长度分别为1050mm、2500mm、6000mm、2500mm和1050mm。之后向内偏移100mm，花坛绘制完成。选择上方正中间的座椅，单击“修改”工具栏中的“复制”命令，将座椅复制到如图9-49所示位置。

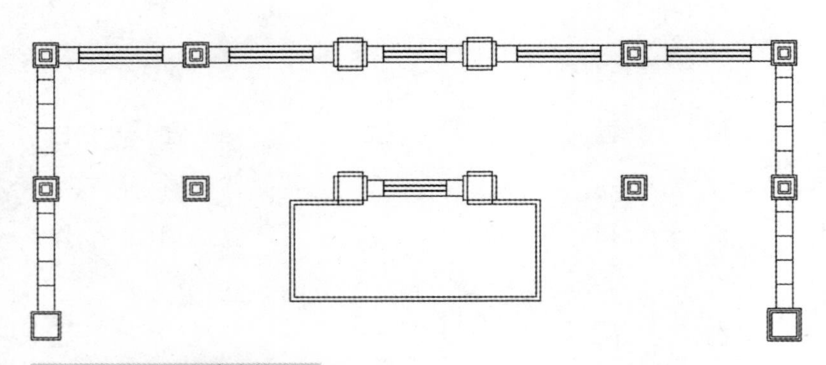

图9-49 绘制硬质铺装广场

第十节　广场长廊地面铺装绘制

一、绘制绿化区

（1）单击“绘图”工具栏中的“直线”命令，连接上方左右两侧的廊柱。选择连接的线段，单击“修改”工具栏中的“偏移”命令，向上偏移1200mm，向下进行连续偏移11次300mm之后再向下偏移3800mm。单击“绘图”工具栏中的“直线”命令，连接左侧的两个廊柱。选择连接的线段，单击“修改”工具栏中的“偏移”命令，向右偏移1200mm，向右进行连续偏移57次300mm之后再向右偏移1200mm，如图9-50所示。

（2）单击“修改”工具栏中的“修剪”命令，依据设计草图将所绘制的图形进行修剪和整理，如图9-51所示。

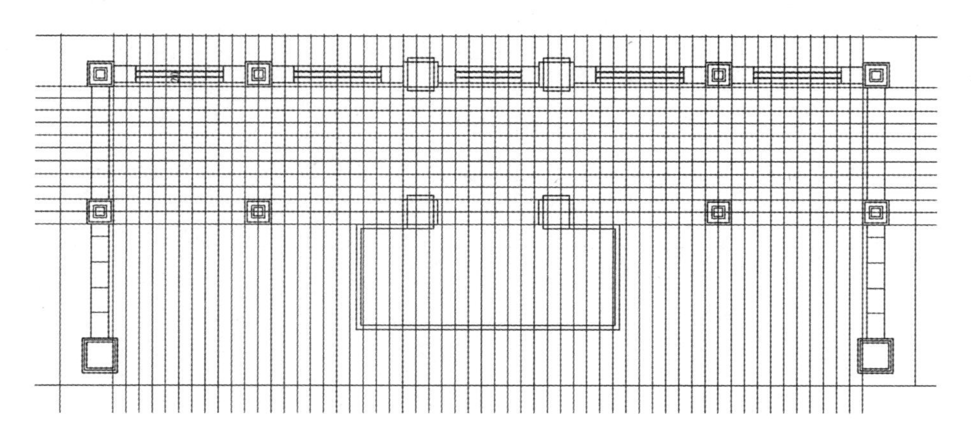

图9-50　偏移辅助线

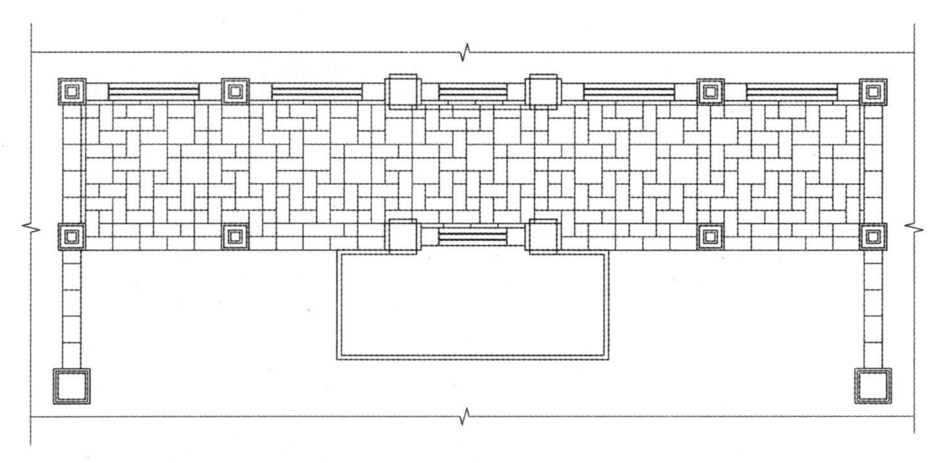

图9-51　依据设计草图进行修剪

（3）单击“绘图”工具栏中的“直线”命令，绘制两条宽100mm的如图9-52所示的绿化分割线。

（4）单击“绘图”工具栏中的“直线”命令，绘制一条垂直于右侧廊柱的辅助直线。单击“修改”工具栏中的“旋转”命令，输入“45°”，选择旋转后的直线，单击“修改”工具栏中的“偏移”命令，向左偏移23次700mm，单击“修改”工具栏中的“偏移”命令，将斜线都向左偏移100mm，形成一个宽度，如图9-53所示。

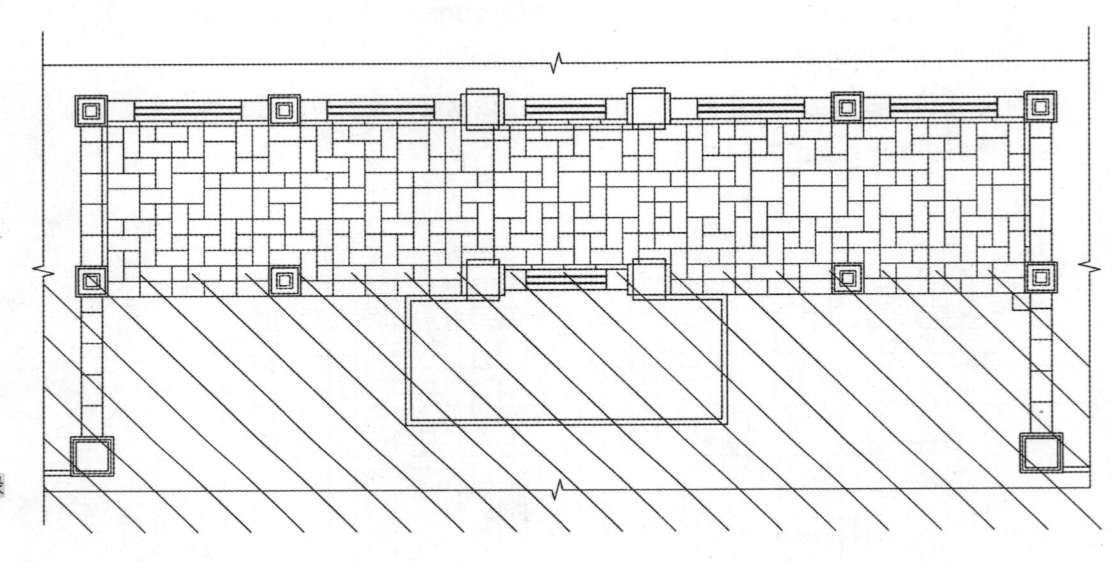

图9-52　绘制绿化分隔线

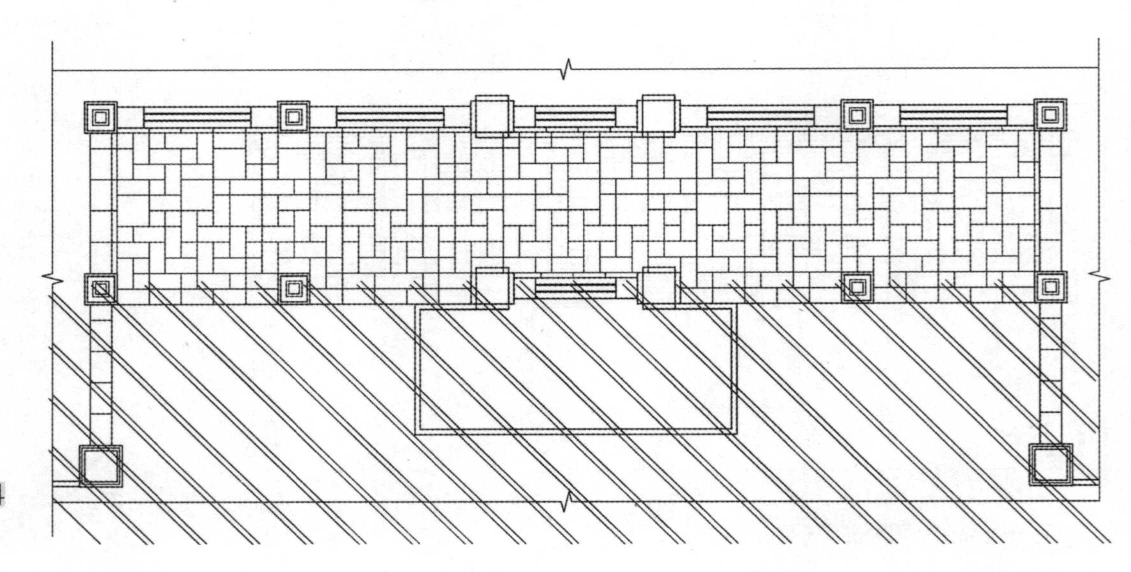

图9-53　绘制斜线条

（5）单击“绘图”工具栏中的“直线”命令，绘制一条垂直于左侧廊柱的辅助直线。单击“修改”工具栏中的“旋转”命令，输入“-45°”选择旋转后的直线，单击“修改”工具栏中的“偏移”命令，向左偏移22次700mm，单击“修改”工具栏中的“偏移”命令，将斜线都向右偏移100mm，形成一个宽度，如图9-54所示。

（6）单击“修改”工具栏中的“修剪”命令，依据设计草图将所绘制的图形进行修剪和整理，如图9-55所示。

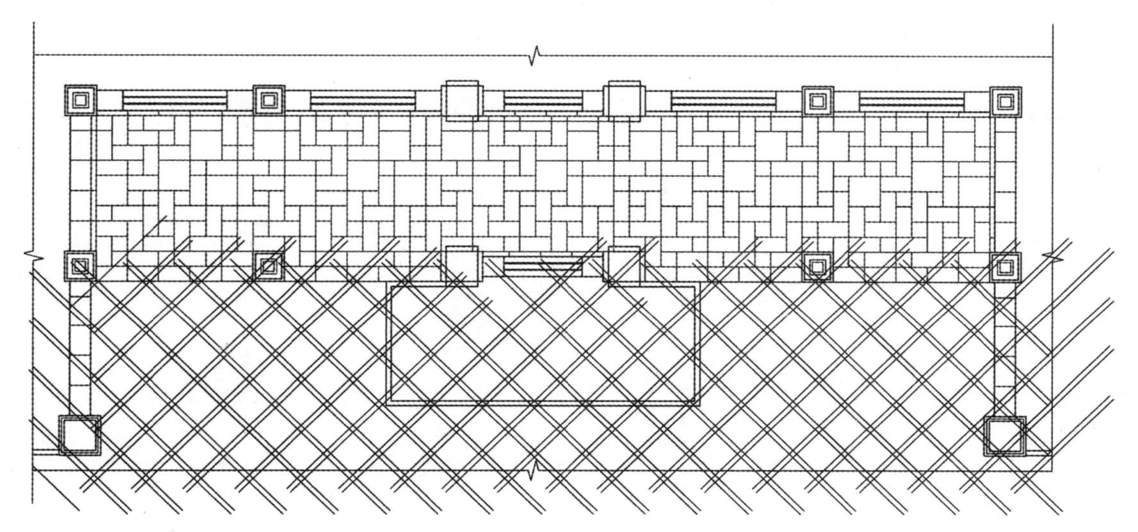

图9-54　绘制交叉线条

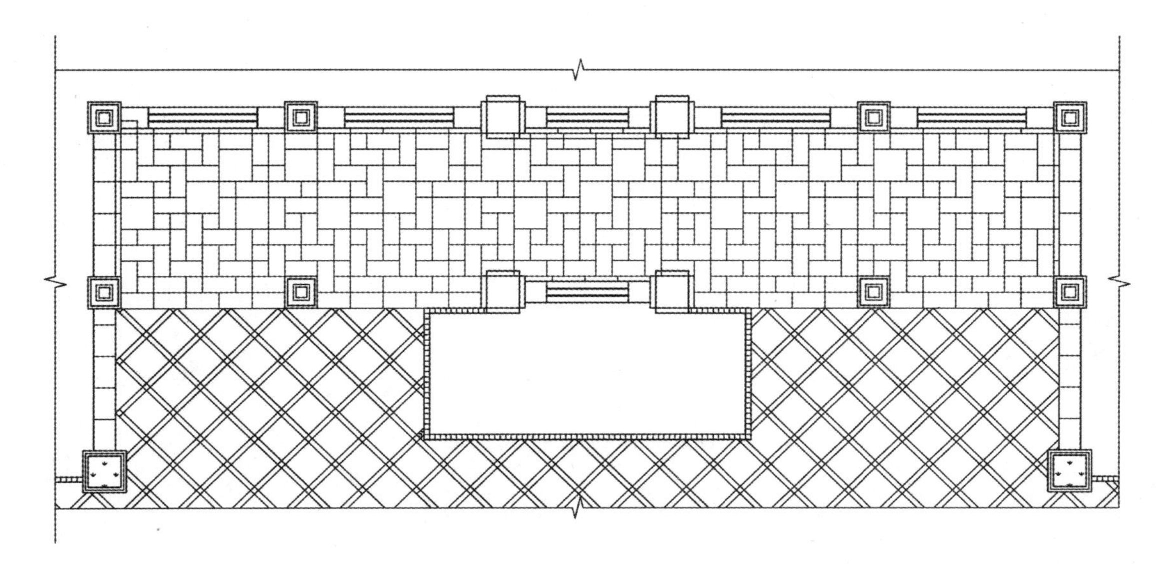

图9-55　修剪图形

二、图案填充

（1）选择草地绿化区域，单击“绘图”工具栏中的“图案填充”命令，打开“图案填充和渐变色”对话框。单击“图案”选项后面的按钮，打开“填充图案选项板”对话框，选择“其他预定义”选项卡中的“GRASS”图案类型，单击“确定”按钮后退出，如图9-56、图9-57所示。

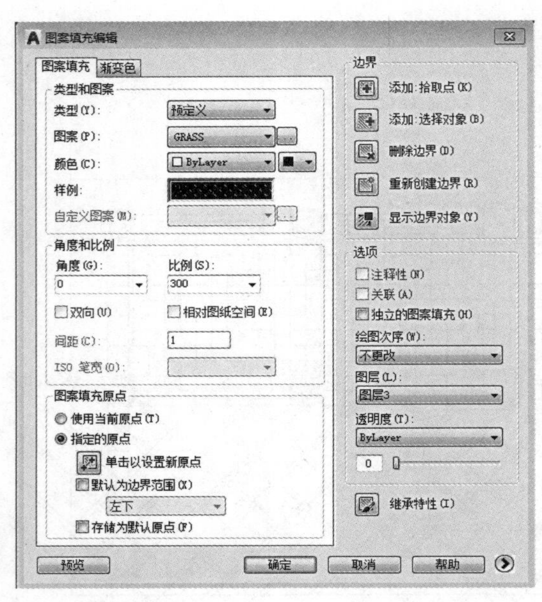

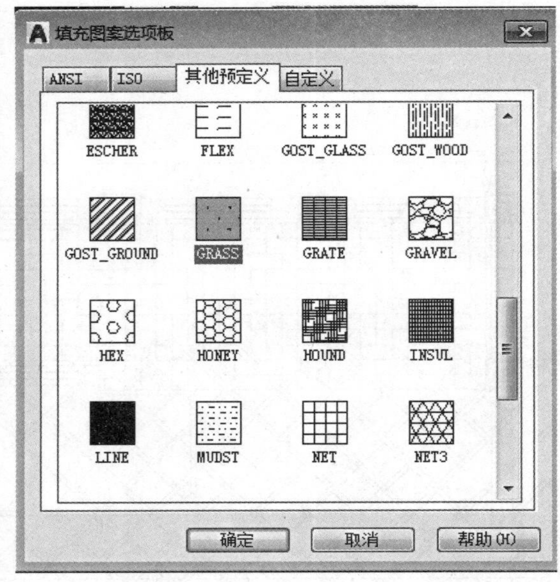

（a）　　　　（b）

图9-56　选择草地填充图案

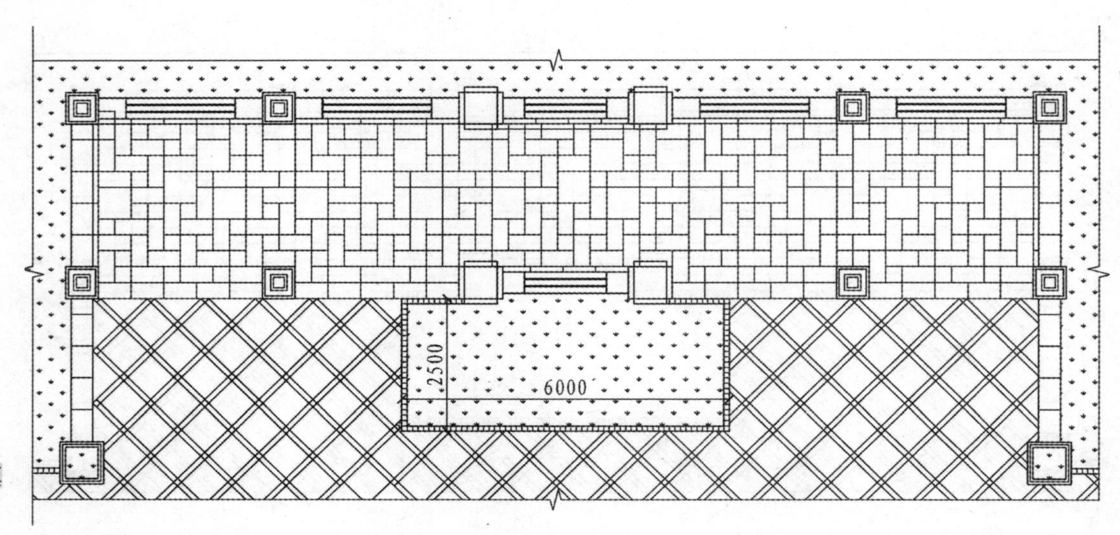

图9-57　草地填充完成

（2）选择硬质铺装区域，单击“绘图”工具栏中的“图案填充”命令，打开“图案填充和渐变色”对话框。单击“图案”选项后面的按钮，打开“填充图案选项板”对话框，选择“其他预定义”选项卡中的“AR-SAND”图案类型，单击“确定”按钮后退出，如图9-58、图9-59所示。

（3）依据设计草图添加文字、尺寸标注，并对图形做最后调整，完成最终绘制，如图9-60所示。

（a）

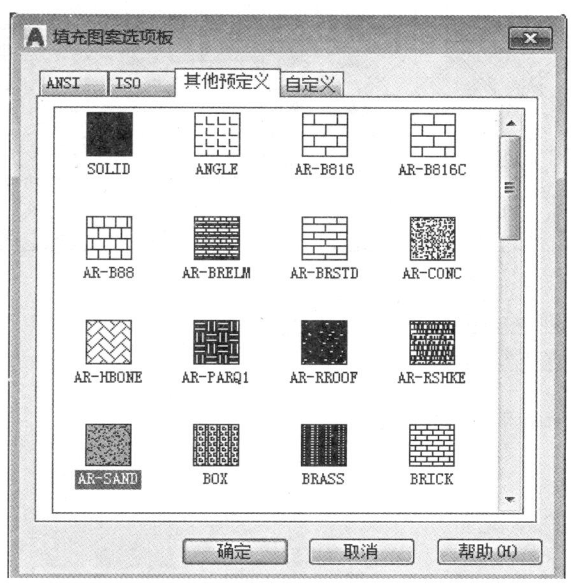

（b）

图9-58　选择硬质铺装填充图案

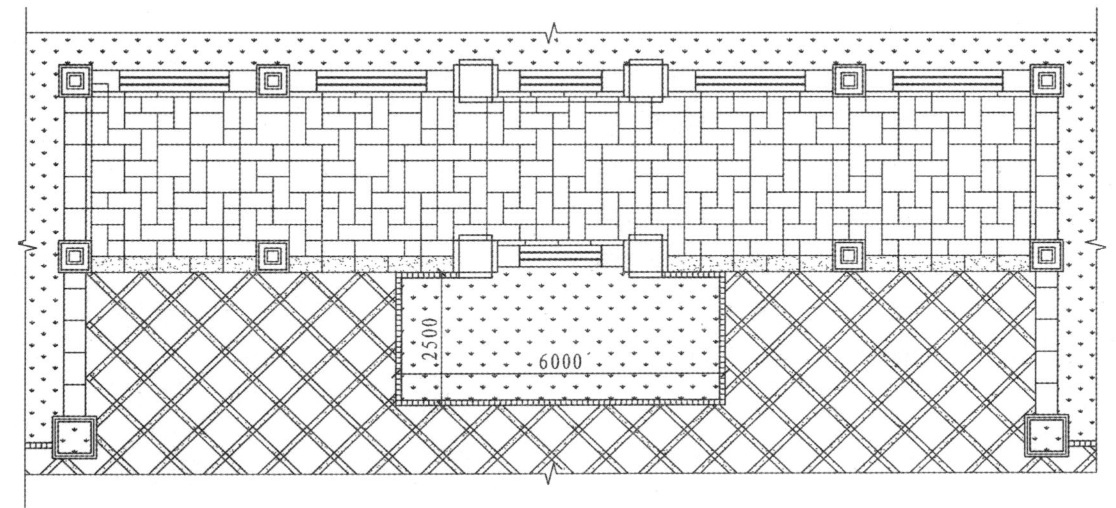

图9-59　硬质铺装填充完成

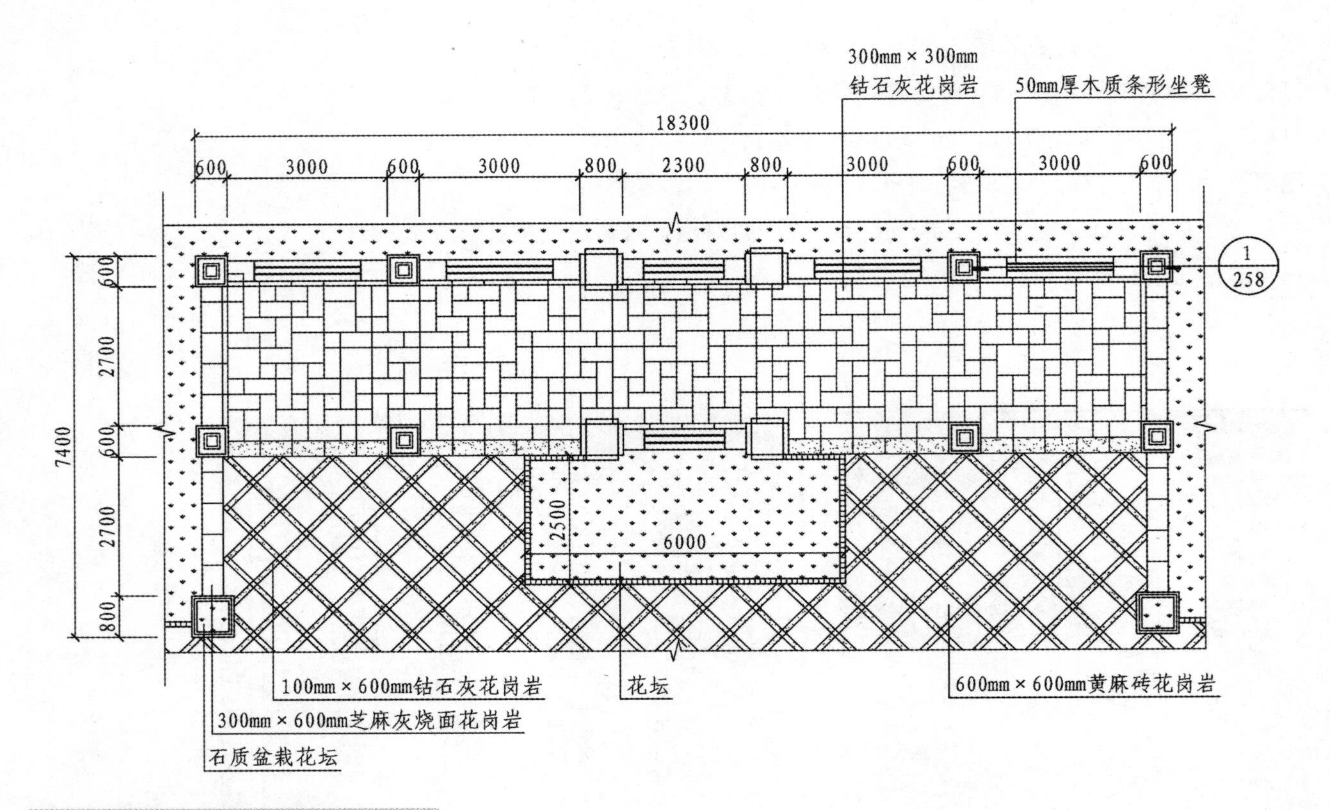

图9-60　广场长廊景观平面图绘制完成

本章小结：

建筑与户外设计图的绘制是最复杂的，既要把控好建筑结构，又要配置绿化植物，提高图面效果，图纸绘制的关键在于填充，对不同绿化、地面铺装材质等图案的选择应当谨慎，避免彼此间产生雷同而混淆。

课后练习

1. 运用AutoCAD2020绘制公园装饰平面图。
2. 运用AutoCAD2020绘制喷泉广场平面图。
3. 运用AutoCAD2020绘制私家庭院平面图。
4. 运用AutoCAD2020绘制交通广场平面图。
5. 运用AutoCAD2020绘制商业广场平面图。
6. 运用AutoCAD2020绘制屋顶花园平面图。

附录－AutoCAD2020快捷键一览表

序号	图标	命令	快捷键	备注
1		LINE	L	绘制直线
2		PLINE	PL	绘制多段线
3		MLINE	ML	绘制多线
4		SPLINE	SPL	绘制样条曲线
5		XLINE	XL	绘制构造线
6		RECTANG	REC	绘制矩形
7		POLYGON	POL	绘制多边形
8		CIRCLE	C	绘制圆
9		ELLIPSE	EL	绘制椭圆
10		ARC	A	绘制圆弧
11		DONUT	DO	绘制圆环
12		WBLOCK	W	创建图块
13		INSERT	I	插入图块
14		BLOCK	B	块编辑器
15		TABLE	TB	插入表格
16		POINT	PO	绘制点
17		DIVIDE	DIV	定数等分
18		MEASURE	ME	定距等分

续表

序号	图标	命令	快捷键	备注
19		HATCH	H	图案填充
20		REGION	REG	面域
21		MTEXT	T/MT	多行文字
22		TEXT		单行文字
23		QDIM		快速标注
24		DIMLINEAR	DLI	线性标注
25		DIMALIGNED	DAL	对齐标注
26		DIMARC	DAR	标注弧长
27		DIMRADIUS	DRA	标注半径
28		DIMDIAMETER	DDI	标注直径
29		DIMANGULAR	DAN	标注角度
30		DIMBASELINE	DBA	基线标注
31		DIMCONTINUE	DCO	连续标注
32		TOLERANCE	TOL	公差（形位公差）
33		QLEADER	LE	引线标注
34		ERASE	E	删除图形
35		COPY	CO	复制图形
36		MIRROR	MI	镜像图形
37		OFFSET	O	偏移图形

续表

序号	图标	命令	快捷键	备注
38		ARRAY	AR	矩形阵列
				环形阵列
				路径阵列
39		MOVE	M	移动图形
40		ROTATE	RO	旋转图形
41		SCALE	SC	依据比例缩放图形
42		STRETCH	S	拉伸图形
43		LENGTHEN	LEN	拉长线段
44	-/--	TRIM	TR	修剪图形
45	--/	EXTEND	EX	延伸实体
46		BREAK	BR	打断线段
47		CHAMFER	CHA	对图形进行倒直角处理
48		FILLET	F	对图形进行圆角处理
49		EXPLODE	X	分解、炸开图形
50		JOIN	J	合并图形
51		LIMITS		设置图形界限
52	?		F1	获得更多帮助
53			F2	显示文本窗口
54			F3	对象捕捉

续表

序号	图标	命令	快捷键	备注
55			F4	三维对象捕捉
56			F6	允许/禁止动态UCS
57			F7	显示栅格
58			F8	正交
59			F9	捕捉模式
60			F10	极轴追踪
61			F11	对象捕捉追踪
62			F12	动态输入
63			Ctrl + Shift + P	快捷特性
64			Ctrl + W	选择循环
65		DIMSTYLE	D	标注样式管理器
66		DDEDIT	ED	编辑文字
67		HATCHEDIT	HE	编辑图案填充
68		LAYER	LA	图层特性管理
69		MATCHPROP	MA	特性匹配
70		NEW	Ctrl + N	新建文档
71		OPEN	Ctrl + O	打开文档
72		SAVE	Ctrl + S	保存文档
		SAVEAS		文档另存为
73		PASTECLIP	Ctrl + V	将剪贴板中的对象粘贴到当前图形中

续表

序号	图标	命令	快捷键	备注
74		COPYCLIP	Ctrl + C	将选定对象复制到剪贴板
75		U	Ctrl + Z	放弃命令
76		PLOT	Ctrl + P	打印
77		SHEETSET	Ctrl + 4	图纸集管理器
78		PROPERTIES	Ctrl + 1	特性
79		DIST	DI	测量距离
80		QDICKCALC	Ctrl + 8	快速计算器
81		TOOLPALETTES	Ctrl + 3	工具选项板窗口
82		ADCENTER	Ctrl + 2	设计中心

参考文献

REFERENCES

[1] 王芳. AutoCAD2018室内装饰设计实例教程 [M]. 北京：北京交通大学出版社. 2018.
[2] 俞大丽，张莹，李海翔. 中文版AutoCAD建筑制图高级教程 [M]. 北京：中国青年出版社. 2016.
[3] 姜云桥. AutoCAD适用教程 [M]. 北京：中国传媒大学出版社. 2011.
[4] 胡仁喜. 详解AutoCAD2018标准教程（第5版）[M]. 北京：电子工业出版社. 2018.
[5] 王建华. AutoCAD2017官方标准教程 [M]. 北京：电子工业出版社. 2017.
[6] 李良训，余志林等. AutoCAD二维、三维教程-中文2016版 [M]. 上海：上海科学技术出版社. 2016.
[7] 黄凌玉，侯金雨，魏珍. AutoCAD2018中文版基础教程 [M]. 北京：中国青年出版社. 2018.
[8] 李括，刘琦. 中文版AutoCAD2019实用教程 [M]. 北京：清华大学出版社. 2018.
[9] 天津美术学院. 环境艺术设计AutoCAD教程-从平面到空间 [M]. 北京：中国建筑工业出版社. 2008.
[10] 孙炳江，温培利. AutoCAD2016室内设计基础教程 [M]. 北京：清华大学出版社. 2017.
[11] 赵武. AutoCAD建筑绘图与天正建筑实例教程 [M]. 北京：机械工业出版社. 2014.
[12] 天工在线. AutoCAD2018家具设计从入门到精通实战案例版 [M]. 北京：水利水电出版社. 2018.
[13] 郑运廷. AutoCAD2007中文版应用教程 [M]. 北京：机械工业出版社. 2011.
[14] 毛璞. 中文版AutoCAD辅助设计案例教程 [M]. 北京：中国青年出版社. 2018.
[15] 晏孝才. AutoCAD实训教程 [M]. 北京：中国电力出版社. 2008.